地表水环境数值模拟与预测
——EFDC 建模技术及案例实训

李一平 龚 然 〔美〕保罗·克雷格 著

科学出版社

北 京

内 容 简 介

本书针对地表水环境数值模拟与预测的应用展开，全面介绍环境流体动力学模型（environmental fluid dynamics code, EFDC）的基本原理、建模技术和案例实训。全书重点描述了可视化工具 EFDC_Explorer （EE）的基本功能和建模操作方法，并提供 6 个模型案例作为实训素材，涵盖河流、浅水湖泊、深水湖泊（水库）和河口区域等；同时还将 EE 用户使用过程中最常遇到的各种疑难问题进行归纳和总结。

本书可作为高等院校环境工程、环境科学、水文水资源等相关专业开设现代水环境模拟技术、水环境模拟与预测、水生态系统模拟等课程的研究生参考用书，也可作为使用 EFDC 模型和研究地表水环境数值模拟与预测的高校教师、科研人员、工程技术人员的参考书。

图书在版编目（CIP）数据

地表水环境数值模拟与预测：EFDC 建模技术及案例实训/李一平，龚然，(美)保罗·克雷格著. —北京：科学出版社，2019.5
ISBN 978-7-03-061103-1

Ⅰ. ①地… Ⅱ. ①李… ②龚… ③保… Ⅲ. ①地面水-水环境质量评价-研究 ②地面水-水质监测-研究 Ⅳ. ①X824 ②X832

中国版本图书馆 CIP 数据核字（2019）第 079165 号

责任编辑：惠 雪／责任校对：杨聪敏
责任印制：赵 博／封面设计：许 瑞

科 学 出 版 社 出版
北京东黄城根北街 16 号
邮政编码：100717
http://www.sciencep.com
北京建宏印刷有限公司印刷
科学出版社发行 各地新华书店经销
*
2019 年 5 月第 一 版 开本：720×1000 1/16
2024 年 5 月第二次印刷 印张：27 1/2
字数：534 000
定价：259.00 元
（如有印装质量问题，我社负责调换）

序

在我国，地表水是十分珍贵的淡水资源。随着近几十年经济的高速增长，地表水资源短缺、生态环境问题日渐突出，受到了全社会的广泛关注。如何在不破坏水生态环境系统的前提下，通过实施人为控制、水量调度和科学管理的手段，合理有效地利用水资源，是科学工作者亟待解决的难题。

通常来说，研究地表水生态环境问题的手段包括野外观测、室内试验和数值模拟（数学模型）三大类。其中，数学模型扮演着越来越重要的角色，甚至有些问题由于构建物理模型环境极难实现而只能通过数学模型的方法来研究。同时，数学模型的应用，已从模拟水动力过程和流场分析，或简单水质变量的模拟与预测，发展到了对复杂的水生态环境过程开展模拟与预测。如今的应用非常广泛，例如环境规划、环境保护标准、总量控制、排污许可证、环境影响评价、污染防治规划、环境功能区划、水系规划方案和制定应急预案等诸多方面。所能解决问题的综合性、系统性和复杂程度越来越高，是水环境生态领域研究的热点。

由于地表水环境模型比较复杂，研究者通过自身摸索完成建模的学习成本较高，很多问题在建模的实践中无法解决，在没有参考书和专业指导的情况下，很难正确使用。尽管一些模拟代码或软件配有说明书，但多是泛泛介绍，没有完整的案例可实践，没有技巧可循，存在着很大的使用障碍。同时，在环境管理过程中发现，使用不同环境质量模型预测有关环境政策、标准、技术等实施效果时，即使是同一种情景，也会出现不同的结果，势必影响管理决策的一致性和公平性。

《地表水环境数值模拟与预测——EFDC 建模技术及案例实训》一书紧扣这一亟待解决的问题，对 EFDC 模型的使用进行了详尽的撰述，尤其是采用的 6 个案例，对建模的关键步骤进行具体指导，各有特色，内容非常丰富。全书内容由以下几个部分构成：（1）简述了地表水环境模型的发展历程、研究热点和趋势；（2）详述了 EFDC 模型的基本原理和各模块所使用的基本方程；（3）EFDC_Explorer 功能详解，包括软件每个模块的选项卡简介及操作注意事项等；（4）案例建模详解；描述了包括河流、浅水湖泊、深水湖泊（水库）、河口共 6 个案例从网格构建到结果分析的详细步骤；（5）归纳总结了建模软件使用过程中的各种常见问题，这是许多模型使用者最需要解决的疑难。对于有一定基础的读者在阅读并加以理解之后，应当可独立完成较复杂的模型构建工作。对使用 EFDC 模型的科研人员，具有很好的参考意义。

可以说，这是一本内容丰富、有针对性和实践意义的专业书籍，希望借助此书的出版，促进我国地表水环境模型未来的规范化工作，也希望通过我们的努力，实现人与自然的和谐共处。

2019 年 5 月

前　　言

　　地表水环境数值模拟与预测是当前认识和研究地表水环境演变规律，预测污染物质的迁移和转化，以及地表水资源管理和工程措施决策等方面的重要工具之一。自 1925 年的 S-P（Streeter-Phelps）模型开始算起至今，水环境模型的发展历史已超过 90 年，由一维稳态到三维非稳态，由简单变量的单一模型到多模块的耦合模型。随着计算机技术的发展和算法的优化，世界各国的研究者们陆续集成和开发出几十种地表水环境模型和可视化工具软件。

　　本书介绍的环境流体动力学模型（environmental fluid dynamics code, EFDC）可用于模拟三维的水动力、泥沙输运、物质输移、水质、沉水植物和底泥沉积成岩等过程，该模型是由美国弗吉尼亚海洋研究所 John M. Hamrick 博士于 1988 年最早开始开发的。EFDC 模型当前已被广泛应用于地表水环境的模拟与预测，包括河流、湖泊、水库、湿地、河口、海湾和海岸带等，用于解决预测与评价、工程项目方案决策、发展 TMDLs 计划和制定环境事件应急预案等问题。自 1998 年以来，美国DSI 公司（Dynamic Solutions-International, LLC）为 EFDC 模型程序提供持续的改进，包括增添了许多新的功能和特性，并开发了友好的用户界面 EFDC_Explorer（EE）。EE 的不断改进促使更多的用户敢于尝试使用 EFDC 模型，改变了原先只有少数专业科研人员使用代码的状况。在美国，EFDC 模型是美国环局（EPA）推荐使用的标准模型之一。在我国，环境规划和环境影响评价界希望推出标准化模型，其中 EFDC 模型的被接纳度位于前列，但目前尚未见专门讲解 EFDC 模型理论和建模方法的专著。本书正是基于这些亟待解决的问题而撰写，重点介绍使用 EFDC 模型的建模技术，附以 6 个真实且具有很强代表性的案例，力求让读者快速掌握建模思路和 EE 操作方法，并正确地、规范地、有效率地进行模型的构建工作。

　　全书共分为八章。第 1 章为绪论，主要介绍地表水环境模型的发展历程、研究热点和发展趋势；第 2 章为环境流体动力学模型（EFDC）基本理论，简述了 EFDC 模型七大模块的基本原理和主要控制方程；第 3 章为地表水环境模型构建程序与EFDC_Explorer 基本功能，详细讲解了地表水环境模型的构建程序，并以EFDC_Explorer Version 8.3（EE8.3）为例，全面介绍 EE 的基本使用方法；第 4~7章为案例实训部分，分别列举了 6 个代表性的案例，涵盖河流、浅水湖泊、深水湖泊（水库）和河口地区，并详细描述了这些不同特点的案例模型构建的具体过程，包括网格生成、初始和边界条件的设定、模型参数设定、模型敏感性和不确定性分析、参数率定、情景模拟和模型应用等环节，充分展示了不同模拟对象之间在建模思路和方法上的共性和区别；第 8 章为 EFDC_Explorer 常见问题及处理方法，主要介绍 EFDC 模型的代码结构和输入文件，并列举了常见错误及其处理方法。

本书的主要撰写人员为：第 1 章，李一平、龚然；第 2 章，龚然（翻译）、保罗·克雷格（Paul Craig）、凯斯特·斯坎德雷特（Kester Scandrett）；第 3 章，李一平、轩晓博、龚然、唐春燕、贾鹏、于占辉、魏进、罗凡；第 4 章，李一平、董飞、魏蓥蓥；第 5 章，李一平、龚然、唐春燕、姜龙、罗凡、魏蓥蓥；第 6 章，李一平、施媛媛；第 7 章，王健健；第 8 章，唐春燕、施媛媛。全书由龚然统稿整理，罗凡、魏蓥蓥、施媛媛等协助。

本书出版获得国家重点研发计划项目（2017YEC0405203）、水体污染控制与治理科技重大专项（2017ZX07204003，2017ZX07101004-001）、南京工程学院基金项目（JCYJ201619，ZKJ201804）的共同资助。在本书的撰写过程中，得到了国家环境保护环境影响评价数值模拟重点实验室的大力支持，广泛听取了众多专家、学者和管理人员的宝贵建议，在此一并表示衷心感谢！

由于作者知识水平有限以及对该领域的研究认识水平尚浅，书中的错误、缺点和不足之处在所难免，敬请广大读者批评指正。

作　者
2019 年 4 月

目　　录

1 绪　　论

1.1 引　　言

自 19 世纪弗劳德（W. Froude）奠定了物理比尺模型的理论基础，并首次应用于模型试验后，物理模型一直是研究流体力学和水力学工程问题的唯一手段。但随着工程问题的大尺度化、边界条件的复杂化和考虑到经济的合理性，仅依赖物理模型的研究远不能满足实际需求，因此数学模型的发展受到广泛重视。

数学模型方法是将已知的问题方程化描述，在一定的定解条件（初始条件和边界条件）下求解数学方程，从而达到模拟某个环境参数，以解决实际工程问题的一系列方法。采用传统的公式计算，其实也是一种"数学模拟"，计算公式也是一种"数学模型"。但由于它只涉及初等数学理论，能解决的问题十分简单，还不能算是真正的数学模型。20 世纪 60 年代以后，随着计算机技术的蓬勃发展，大量的数学模型被建立，用以解决一系列的工程问题。之后，数学模型涉及的范围和内容越发广泛化和系统化，其功能已远远超过物理模型。

地表水环境数学模型是数学模型在地表水环境领域的应用，大致可划分为水动力学模型、水质模型和水生态模型三大类。其基本原理是基于计算机技术，将气象条件、水动力条件、水质边界条件等因素进行定量化约束。通过求解方程组，获得所求参数的时空分布特征及迁移转化规律，并以此为基础，进一步分析和判别各环境因子之间的相互关系，以及根据研究需要，进行模拟与预测等应用。通常，研究水环境问题的手段主要包括野外观测、室内试验和数值模拟。其中，应用数学模型的手段，在解决水环境问题中扮演着越来越重要的角色。水环境数学模型的应用，已不是从前的仅仅模拟水动力过程，或简单水质变量的模拟与预测；其如今的应用非常广泛，涵盖水质模拟与预测、水环境容量计算、水系规划方案和制定应急预案等诸多方面，解决问题的综合性、系统性和复杂程度越来越高。数学模型的研究和应用已成为水环境生态领域的热点。

国内外当前大量采用数学模型的方法，对河流、湖泊（水库）、河口、海岸带的水动力/水量、水质及富营养化、泥沙输运等过程，进行系统性的定量研究。其中不乏成功的经典案例，如美国奥基乔比湖水环境生态模型（Lake Okeechobee environment model, LOEM）。LOEM 能精确地描述奥基乔比湖水动力、沉积物、水质和沉水植物的变化过程，为其管理工作提供了有力的工具，堪称水环境模型的经典之作。再如，我国的太湖富营养化模型，建立了包含水动力、风浪、沉积物、水质和拉格朗日粒子追踪等模块的综合模型，服务于"引江济太"工程项目和太湖水生态环境的保护和管理。

在中国经济高速增长，成为世界第二大经济体的背景下，作为世界上最大的发展中国家和人口最多的国家，快速的经济增长已受限于水资源短缺和水环境污染等问题。《中国环境状况公报（2017 年）》显示，全国地表水 1940 个水质断面（点位）中，Ⅳ类、Ⅴ类和劣Ⅴ类水占 32.7%；全国 112 个重点湖泊（水库）中，水质Ⅳ类及Ⅳ类以下的湖泊（水库）数量为 42 个，占 37.5%，主要污染指标为总磷、化学需氧量和高锰酸盐指数。"十二五"期间，由于国家大力实施了水环境综合整治，全国地表水国控断面劣Ⅴ类比例下降了 6.8%。2015 年 4 月，国家出台了《水污染防治行动计划》（"水十条"），明确提出解决水环境污染问题的目标和时间期限。显然，保护未受损的河湖水系和修复已退化的水生态系统，既是国家未来水环境工作的重点，也是国家水安全的保障。掌握水环境生态系统的演进过程和规律是开展这些工作的关键步骤，水环境数学模型的应用必将在此过程中发挥重要的作用。

1.2　地表水环境数学模型简述

1.2.1　水动力学模型

近代以来，对于实际液体的水动力学模型，起步于 Navier 和 Stokes 分别于 1821 年和 1845 年推导出的纳维-斯托克斯方程（Navier-Stokes equations，即 N-S 方程）。之后，法国科学家 Saint-Venant 于 1871 年首次提出了计算河道及河网水流的一维运动基本方程——圣维南方程（Saint-Venant equations）。自此，水动力学模型开始在河流和河网上逐步展开应用；20 世纪 60 年代后，随着圣维南方程的广泛应用，各种求解方法的数值稳定性和精度问题得以深入研究。同时，平原地区河道交错，水流流向/流速易受潮汐、水利调度等影响，由此催生了涉及面更广的河网模型[1]。在湖（库）方面，Hesen 于 1956 年最早提出浅水平面二维水动力学模型。之后湖泊水动力学模型的发展，主要应用于解决水流运动，包括风生环流、吞吐流，以及深水湖库因温度分层而存在的垂向密度流[2,3]。

紊流理论的不断发展和计算机技术的突飞猛进，为水动力学模型在计算方法、网络技术、紊流模型、大涡模拟等方面提供了有效借鉴，直接数值模拟（DNS）、Reynolds 平均模型（RANS）和大涡模拟（LES）等方法得以应用，使 N-S 方程进一步得到修正。此外，水动力学模型在洋流领域的研究还起到推动紊流机理深入探索的作用。洋流模型由最初的 POM 模型发展至 ECOM 模型，如今为更加完善的 FVCOM 模型[4,5]；在河口海岸区域，水动力学模型解决了存在潮汐作用下的紊流混合，因盐度差异而形成的密度流，以及因径流和盐度密度流产生的入海口滞留问题[6,7]。

水动力学模型是地表水环境模型最重要的部分，是其他模块应用的基础。水环境模型整体质量的优劣，往往取决于水动力学模型的构建。

1.2.2 水质模型

自 1925 年 Streeter 和 Phelps 建立 BOD-DO 耦合模型（S-P 模型）至今，水质模型已经历了 90 多年的发展历程。从单项水质因子发展到多项水质因子，从稳态模型发展到非稳态模型，从点源模型发展到点源和面源耦合的模型，从零维完全混合模型发展到一维、二维、三维模型[8]。当前应用广泛的水质模型是在水动力学模型的基础之上，根据物质守恒原理，将各种污染物质在水体中发生的物理、化学和生物变化加入模型之中。水质模型的发展过程大致分为以下四个阶段[9]：

第一阶段（1925~1965 年），简单的氧平衡模型阶段。集中于氧平衡的研究，也涉及一些非耗氧物质的研究，并不断地在 S-P 模型的基础上进行修正。

第二阶段（1965~1985 年），迅速发展阶段。开始考虑污染物不同形态对环境的影响。20 世纪 70 年代初，美国的一些研发机构开始陆续推出 QUAL-Ⅰ 等综合水质数学模型软件，后续将其他污染源、底泥、边界等作用列入影响范围内，推出的一系列 QUAL 模型可应用于河流综合水质规划和管理[10]。同时期研发、推出的还有著名的 WASP（water quality analysis simulation program）模型[11]。

第三阶段（1985~1998 年），水质模型研究深入和广泛应用阶段。许多复杂的水质过程被纳入模型系统，例如，考虑沉积物"土-水"界面动态过程的沉积成岩模型[12]。模型应用的范围扩大，涵盖河流、湖泊（水库）、河口、海岸带等。这一时期是理论发展、程序开发和应用拓展的快速时期。

第四阶段（1998 年~至今），水质模型集成化和使用设计人性化阶段。以欧美国家为主，开发了诸多水环境模型，将水动力学、水质、泥沙、生态等模块集成，并提供了模型网格生成器和前后处理工具，有的模型已商业运营多年。此外，新兴技术逐步被引入模型系统，如人工智能、遗传算法、神经网络等[13,14]。

1.2.3 水生态模型

水生态模型是描述水生生态系统中生物个体或种群间的内在变化机制及其与水文、水质、气象等因素之间的相互影响和关系的复杂模型，主要应用于定量研究水体富营养化、生物富集以及水体食物网等问题[15]。

20 世纪 70 年代初期，Vollenweider 提出的简单总磷模型成为水生态模型的基石[16]。其后的 80 年代，美国和日本开发了第一批三维生态数学模型。至今，水生态模型迅速发展到包含几十个生态变量的多种水生态动力模型，如 AQUATOX 模型[17]。近年来的水生态模型考虑了自然界中多种因素之间的相互作用及系统的时空变化，水生植物、鱼类迁移及生物栖息等模块也不断发展和应用[18,19]。例如，

RIVER2D 模型已被用于识别在研究范围内最小水深和宽度处成年大鳞大马哈鱼[20]；基于 HABITAT 模型建立的生物栖息地评价模型，能够反映泸沽湖水质变化对宁蒗裂腹鱼的影响[19]。此外，随着"水生态足迹"概念的提出，衍生出"水生态足迹"计算模型、水生态承载力计算模型和水生态赤字或盈余计算模型[21]。

当前国内水生态模型的研究主要关注水动力-水质-水生态耦合模型的应用。如太湖富营养化模型耦合了太湖三维风生湖流模型、垂向平均的二维水质模型和富营养化模型，考虑了水温、总氮、总磷和太阳辐射等因子对藻类生长的影响，模拟了藻类生消过程以及其随风生流迁移的规律[22,23]。

1.3　地表水环境数学模型研究热点和发展趋势

当前，地表水环境模型广泛应用于各类水体，解决各种环境要素的模拟与预测问题，是水环境管理方面最有力的现代化工具。其研究热点和发展趋势包括：模型参数敏感性和不确定性；模型模拟精度影响因素；模型应用范围的扩展；模型综合化、平台化和法规化；模型与新兴技术的结合等。

1.3.1　模型参数敏感性和不确定性

模型参数敏感性和不确定性分析是当前数值建模研究的热点问题。不确定性分析是将模型输出中的不确定性进行量化评定；而敏感性分析研究模型的输入因素和输出变化的响应关系。定量评估模型不确定性和分析输入条件（参数）的敏感性已成为水环境建模的必要工作。

水质模型不确定性的研究起源于 20 世纪 70 年代，O'Neill 等[24]指出单纯寻找使模型最优化的参数没有意义，而需要研究水质模型参数的不确定性，即确定参数的分布；之后，Beck[25]对水质模型的不确定性进行系统性归纳，并且 Walker、Lindenschmidt 等依据不同的标准阐述水质模型不确定性的来源及分类[26,27]；Pianosi 等[28]介绍了各种环境模型不确定性分析方法的基本原理，为模型参数排序即决策评估提供最佳建议。

数学模型模拟结果的不确定性可归纳为来自 3 个方面：①参数不确定性，参数估计存在误差；②输入数据不确定，模型边界条件和初始条件的不确定性；③模型结构不确定性，由于对复杂环境系统认识的局限性，在系统建模过程中常常对一些现象和变化过程进行概化和抽象[29]。

常用的不确定性分析的数学表达方式主要是区间数学法、模糊理论法以及概率分析法[30]。区间数学法用于计算由测量和参数估值误差而引起的不确定性；模糊理论法解决具有模糊性的系统不确定问题，但难以实现模型不确定性的定量评估；概率分析法常用在描述物理系统的不确定性，根据模型输入的概率分布来确定模型输出的概率分布,最终以概率分布的形式来表达不确定性,如蒙特卡罗(Monte Carlo)方法、拉丁超立方抽样(Latin hypercube sampling, LHS)法、GLUE方法和SCE-UA方法等[31-34]。

敏感性分析方法主要分为局部分析和全局分析方法。局部分析法有:有限差分法、直接微分法、格林函数法、多项式逼近法和自动微分法。通常采用的局部分析方法是检验单个参数的变化对模型结果的影响程度(one factor at a time, OAT)。这种方法是每次只在小范围内变动一个参数或因子而保持其他参数不变,判断该参数的微扰动导致模型输出结果的变化。局部敏感性分析方法简单、易于实施,但是计算量繁重,并且只能反映某一个参数对结果的影响[35]。全局分析法克服了局部分析方法无法解决"异参同效"的缺点,能够反映整体参数组合对结果输出不确定性的影响。全局敏感性分析的方法有很多,例如,多元回归法、响应曲面方法、傅里叶振幅敏感性检验等[36]。

敏感性分析常用的蒙特卡罗(Monte Carlo)方法是取样分析法中的一种,从输入参数的概率密度函数中随机取样,多次运行模型得到模型输出的概率统计分布,能简单有效地评价含多个参数对模型输出结果不确定性的影响,但Monte Carlo方法计算成本太高。随之应运而生的拉丁超立方抽样(LHS)方法克服了Monte Carlo方法计算成本过高的缺点。相比而言,LHS方法的样本更加精确地反映了输入概率函数的分布,不仅对抽样值高度控制,而且为它们留有变化的余地[37-39]。

当前国内外对于模型敏感性和不确定性的研究已有不少成功案例。例如,Reder等[40]采用LHS方法和全局敏感性分析法(global sensitivity analysis, GSA)在42个参数中筛选出4个不确定性最大的参数以有效提高应对非洲病原体污染建立的模型的性能;李一平等[41,42]利用EFDC模型和LHS抽样方法分析了水动力模块中的5个重要参数(风拖曳系数、床面粗糙高度、涡黏性系数、紊流扩散系数、风遮挡系数)和4个重要的外部输入条件(出入湖流量、风速、风向、初始水位)对太湖水位和流场分布的敏感性和不确定性。近年来,基于熵的不确定性的敏感性分析方法也被提出,并用以识别不确定变量对随机变量和模糊变量组合系统的影响[43,44]。全局灵敏度测算方法是一种两阶段不确定性量化方法,第一阶段采用乘法降维方法,简化不确定度量化模型,第二阶段采用广义多项式混沌法对简化模型的不确定性进行量化[45]。此外,在以往的研究中,参数的变化往往针对整个水域而言,由于风场、边界及底部地形的空间变化,各区域的参数分布也应有所差异,所以结合GIS-Lab发展的参数空间不确定分析将成为新的研究方向。

参数不确定性和敏感性分析现已成为模型构建的必要工作,通过分析筛选敏感参数、参数合理分布范围,以及各个参数对模型结果不确定性的贡献率,可大幅度减少后续模型率定验证的工作量,同时指导关键参数的监测工作,从而提高建模效率。

1.3.2　模型模拟的精度影响因素

除上述因参数不确定性引起的模型误差外，影响模型模拟精度的因素还包括模型的选择、网格划分、垂向坐标系统、计算方法、边界条件及初始状态等。

1.3.2.1　模型类型

选择合适的模型种类是模型构建之前应明确的环节。一般而言，根据模拟的对象特性、所需精度和计算效率等因素而定。例如，模拟对象为具有干/湿交替特性或洪泛区水动力特性时，应选用较为精细的水动力模型；若进行深水湖泊/水库水质模拟时，宜选用垂向二维或三维模型，以便考察垂向温度和水质的变化；若进行重金属或有毒物质迁移模拟时，最重要的是构建并校验泥沙模块，其他影响因素可进行一定程度的概化处理。由于复杂的物理、化学和生物过程无法在模型中详尽表述，模型选择的不恰当可能导致漫长的计算时间消耗，而且还不一定能达到预想的目标，因此，模型的选择并非越复杂越好，应以"最合适的模型"为佳，这需要一定的实践经验。

1.3.2.2　网格划分、坐标系统及方程离散方法

不合理的网格划分、坐标系统和方程离散方法会直接影响模拟精度。常见的平面网格形式有矩形网格、正交曲线网格、三角形网格。矩形网格便于组织数据结构计算效率高，但复杂的边界附近易产生较大误差，且网格密度调控不方便；正交曲线网格可以适应不规则边界，但处理过于复杂的边界时工作量大且效果不佳；三角形网格利于研究复杂地形和边界问题，在计算中易于控制网格密度，但其内存空间占用大，计算速度较低。鉴于这三种网格各自的优缺点，目前在计算中通常混合使用，即在边界和地形较复杂的位置采用三角形网格，而计算区域内部和地形变化不大的地方采用矩形网格或者正交曲线网格计算。

垂向坐标系统一般分为平面（z）坐标、等密度（ρ）坐标和地形拟合（σ）坐标。z 坐标模式方程简单，易于数值离散，适用于具有准水平运动特点的水体，但处理水底边界不太方便，在浅水区域难以满足必要的垂直分辨率。ρ 坐标模式常用于密度流模拟，但该坐标并不拟合地形，且在混合层、非层化水体内和底部边界层的分辨率较低，所以在模拟这些区域的物理过程时精度较低。σ 坐标模式实现了垂直相对分层，保证在浅水中具有更高的垂直分辨率，能很好地反映底部地形，但 σ 坐标变换下的斜压梯度会有较大截断误差。对于地形复杂的水域可采用混合坐标模式，如 Sigma-z（SGZ）坐标。该坐标系统适用于局部陡峭深水区，能够降低水平压力梯度误差的影响。在实际应用中，应根据岸线形状、水下地形数据和模拟精度的要求选择合适的网格和垂向坐标系统。

目前基于有限差分法、有限体积法和有限单元法的数值离散计算方法，并行计算方法，集群计算方法等，都可满足模拟的精度和效率要求。有限差分法根据时间

和空间步长对定解区域进行网格划分，用差商代替导数，求解方法简单但不易处理复杂边界问题。有限体积法可以根据实际问题的物理特点对任意形状网格体进行积分，且不会影响计算精度和守恒性，但是对于质量差的网格，离散的过程会产生更大的误差。有限单元法根据实际问题的物理特点对求解区域进行单元剖分，能够满足一定的精度要求，但对于二维和三维问题则需要建立许多人为的节点，且求解精度过于依赖网格划分，适合分析连续变形问题。

1.3.2.3 边界及初始条件

初始条件和边界条件的设定，很大程度上决定模拟的精度。初始条件是模拟水体的初始状态，包括初始水位、流速、温度、水质参数等。初始条件设置是否准确，对不同的水体影响不同。例如，对于湖泊/水库水质的模拟，初始条件就非常重要，否则依赖边界条件驱动模型到合理的初始状态下，需要一定的时间，对模拟的结果影响较大。因此，进行湖泊/水库水质模拟时，如果没有准确的实测值作为初始条件，通常需要运行模型一段时间后，才作为模拟的开始，称为模型的"预热"。相反，对于河流、河口等水动力过程较剧烈的水体，边界条件的驱动将很快使初始条件被迭代，初始条件对模拟精度的影响则很小。

边界条件是模型运行的主要驱动力，包括大气边界、出入水体流量边界、开边界的作用力、水工建筑物、取水退水边界；除此之外，水质模块的边界条件还需考虑：点源类（各种出入水体边界水质变量，如碳、氮、磷等）、非点源类（大气干湿沉降、农田面源污染、地表径流、内源释放、地下水等）。边界条件还包括垂向边界条件和水平边界条件，不同的边界条件可能导致完全不同的模拟结果。例如，大气温度和风速作为模型垂向边界条件，是不能被模型本身模拟的，但它们影响了潮流、混合和热传输等水动力过程。不适合的边界条件可能引起模型结果的明显误差，而适当的边界条件可以避免这些误差。例如，大气干湿沉降对水域整体的贡献往往不可忽略，否则将有可能导致很大的误差[46]。

1.3.3 模型应用范围的扩展

当前，水环境模型应用的热点已不仅仅是常规水质指标的模拟与预测，更多侧重于水体富营养化控制、环境容量计算、制订污染物负荷削减方案、环境风险预测，以及模拟多种藻类、重金属和毒物等方面，其应用范围更加广泛，且具有更重要的实用意义。例如，邹锐等[47]对抚仙湖开发了污染物削减计划，以 TP、TN、COD 浓度为指标，计算在不同达标频度设定下，三类指标运行排放和需要削减的总量问题；Seker-Elci[48]应用 EFDC 模型发展了美国 Hartwell 湖的水动力和沉积物输运模型，用以解决多氯联苯（PCBs）的侵袭，模型真实重现了 Hartwell 湖水体环流情况，并建立了防治工程；Jeong 等[49]模拟了韩国 Paldang 湖在遭受 50TBq 的放射性元素铯-137 袭击时，核素的迁移和转化过程，并评估了首尔地区饮用水源遭突发性水质安全事件时面临的危机。

现今使用的水质模型的功能范围大于实际的应用范围，比如，目前广泛使用的水质模型，均提供了多种藻类共生的模拟功能，但由于研究目标定位和监测数据的匮乏，鲜有应用报告[50]。再如，在许多湖泊水质模拟的研究中，对于"土-水"界面营养盐交换通量的处理，通常是采用实验室监测数据或经验公式作为模型参数。实际上，已有完整的包含沉积物水质过程的模型，即沉积成岩模型（diagenesis model），但由于难度较大、对建模数据要求较高等原因，国内外成功的应用案例很少。

1.3.4　模型综合化、平台化和法规化

针对不同的边界地形、气象水文条件、水域范围及空间时间尺度研发的水环境数学模型已有数百种，这些模型的算法原理差异导致其应用存在各自的限制，给管理决策带来一定困难。例如，水文领域更关注水动力模拟，环境领域更倾向于水质模型，水生态模型因其复杂性及广泛的涵盖方向难以进行整合归纳。因此，水环境模型正逐步以水文、水动力、生物、地理等多领域形式，以单独模块的形式耦合集成为一体，构建适用于大型流域的三维水环境生态模型，并构建统一平台，这些将会是今后地表水环境数学模型研究的热点。当前，许多模型具有良好的通用性。例如，EFDC 模型与 WASP 模型、CE-QUAL-ICM 模型、风浪模型 SWAN、流域模型 HSPF 等均可方便地实现数据互通。随着计算机技术的发展和大尺度水环境问题研究的需要，水质模型与 RS、GIS 等地信工具结合，开展更大尺度的空间分析与应用；与地下水模型、水生动植物模型、生态学模型的耦合研究和应用；与专家决策系统相结合提供水体污染风险预警和应急预案等方面，都是未来发展的重要趋势[51]。

基于 GIS 技术，模型库管理系统的建立促使水环境模型走上法规化管理道路。目前，美国环保局（EPA）已将 97 种地表水环境数学模型列入模型信息库；澳大利亚政府也针对模型选择、参数率定、敏感性分析等给出系统推荐；我国生态环境部也正式发布《环境影响评价技术导则（地表水环境）》并推荐适用于河流、湖泊、河口和海洋的数值模型[52]。

1.3.5　模型与新兴技术的结合

在与物联网、"互联网+"、云技术的碰撞下，介于传统模型应用的时空局限性，3S、云计算、人工智能等新技术的引入将成为水环境模拟与预测领域未来的研究热点。利用大数据平台的参与，能够有效解决边界条件、初始条件输入缺失等难题；超算、云计算以及人工智能算法的应用将会大大提升地表水环境数学模型的计算效率和精度，如遗传算法、模拟退火算法能够强化参数识别；VR 技术丰富了模型结果的输出展现方式，实现人性化的设计理念；基于遥感技术的水质反演模型促进了"天地一体化"水环境监测系统的建立，能够实现数字预警、识别黑臭水体、考察

海域污染，体现实时性、大尺度、高速度、动态性等优势；在 GIS-Lab 技术的引入结合下，风场、地形、床层等空间因素的考虑使得不确定性分析正从全局概化向区域性精细化发展，模拟过程更加真实，结果更加可靠。

1.4　常用地表水环境数学模型功能对比及 EFDC 模型简介

1.4.1　常用地表水环境数学模型功能对比

近 30 年来，水环境模型的研发工作主要是欧美国家领先，先后涌现出许多高品质的地表水环境数学模型软件。例如，WASP（water quality analysis simulation program）模型，素有"万能水质模型"之美誉；广泛应用的 EFDC（environmental fluid dynamics code）模型，耦合集成了水动力、水质、风浪、泥沙、重金属及有毒物质、沉积成岩和水生植物等模块，功能十分强大；此外，应用较多的模型还有 CE-QUAL 系列、MIKE 系列和 Delft3D 等模型。国内近些年也开发出诸如 CJK3D、IWIND 等地表水环境模型的商用软件。表 1.4.1 列举了国内外常用的 18 个水环境模型，统计指标包含模型特征、运行特征以及技术特征三大方面。其中，三分之二的模型设置有水动力模块，除了 MIKE SHE 外，其他模型均能进行水质模拟，能进行水生态模拟的常用模型有 AQUATOX、EFDC 和 IWIND，开发了成熟的沉积成岩模块的模型有 WASP、CE-QUAL-ICM/TOXI 和 EFDC。这些模型中，开源和具备友好的用户界面的模型更受用户的喜爱，也更利于模型的使用和推广。

表 1.4.1　常用地表水环境数学模型列表

模型名称	来源	模型特征					运行特征		技术特征		
		水动力	水质	水生态	沉积成岩	流域	代码开源	系统	免费	软件化	说明书
AQUATOX	EPA	—	●	●	—	—	●	W	—	●	●
CE-QUAL-ICM/TOXI	USACE	—	●	○	●	—	—	D/W	—	—	—
CE-QUAL-R1	USACE	●	●	○	—	—	●	D	○	○	●
CE-QUAL-RIV1	USACE	●	●	○	—	—	●	D/W	●	○	○
CE-QUAL-W2	USACE	●	●	○	—	—	●	D/U/W	●	○	●
CJK3D	南京水利科学研究院	●	●	—	—	—	—	W	—	—	—
DELFT3D	WL | Delft Hydraulics	●	●	○	—	—	●	U/W	—	—	—
ECOMSED	HydroQual, Inc.	●	●	—	—	—	●	D/U/W	●	—	●
EFDC	EPA and Tetra Tech, Inc	●	●	●	—	—	●	D/U/W	●	●	●
IWIND	EPA and Tetra Tech, Inc	●	●	●	—	—	●	D/U/W	●	●	●

续表

模型名称	来源	模型特征					运行特征		技术特征		
		水动力	水质	水生态	沉积成岩	流域	代码开源	系统	免费	软件化	说明书
MIKE 11	Danish Hydraulic Institute	●	●	—	—	—	—	W	—	●	●
MIKE 21	Danish Hydraulic Institute	●	●	—	—	—	—	W	—	●	●
MIKE SHE	Danish Hydraulic Institute	●	—	○	—	●	—	W	●	●	●
QUAL2E	EPA	—	●	○	—	—	●	D/W	●	○	●
QUAL2K	Dr. Steven Chapra, EPA TMDL Toolbox	●	●	○	—	—	●	W	●	○	●
SWAT	USDA-ARS	—	●	○	—	●	●	D/W	●	●	●
SWMM	EPA	●	●	○	—	●	●	D/W	●	●	●
WASP	EPA	●	●	●	●	●	●	D/W	●	●	●

注：—表示无；○表示一般；●表示有。

1.4.2　环境流体动力学模型（EFDC）及 EFDC_Explorer 简介

1.4.2.1　EFDC 模型简介

　　EFDC 模型是一个公共和开源的地表水模拟系统，集成了包括一维、二维和三维的水动力、泥沙输运、物质输移、水质动态变化、沉水植物以及底泥沉积成岩等模块，最早是由美国弗吉尼亚海洋研究所 John M. Hamrick 博士于 1988 年开始开发的。美国环境保护局（USEPA），包括科学技术办公室（The Office of Science and Technology）和研究与发展办公室（The Office of Research and Development），一直在为 EFDC 的开发提供持续的支持。EFDC 模型的持续发展在很大程度上也是由其用户推动的，这些用户来自学术界、政府部门和个人用户等。EFDC 模型已经成功应用于 100 个以上的水体，涉及河流、湖泊、水库、湿地、河口、海湾和海岸带等，应用领域包括水环境预测与评价、工程项目方案决策、发展 TMDLs 计划等。

　　自 1998 年以来，美国 DSI 公司（Dynamic Solutions-International, LLC）针对各种地表水体、沉积物输运和水质工程等实际应用项目，为 EFDC 模型程序提供改进，增添了许多新的功能和特性。EFDC 模型的主要理论汇集于参考文献[53]～[58]。

1.4.2.2　EFDC 模型的主要功能模块

　　EFDC 模型采用 FORTRAN 语言编制，其功能模块包括水动力模块、温度和传热模块、物质输运模块、泥沙输运模块、水质与富营养化模块、有毒物质污染与运移模块和拉格朗日粒子追踪模块等。这些模块相对独立又相互耦合，构成了完整的 EFDC 模型系统（图 1.4.1）。其中，水动力模块描述水流的运动，是整个模型系统的基础，也是构建泥沙输运、营养物质和有毒物质迁移与扩散的关键模块。物质输运模块描述了物质在水体中对流-扩散的基本问题；温度和传热模块描述了温度的传递规律、水体与大气界面以及沉积物界面的传递过程，是水质与富营养化模块的基础；泥沙输运模块基于水动力学模块，包含黏性与非黏性两类泥沙，可构建多层底床结构，模拟这两类泥沙的输运、推移、沉积和再悬浮过程；水质和富营养化模块内容丰富，包括水柱水质、沉积成岩和沉水植物等子模块。水质模块共有 22 个变量，可同时模拟 4 种藻类（蓝藻、绿藻、硅藻和大型藻类）生长和衰减的动态过程。沉积成岩模块可提供恒定和随时间变化的底部释放通量以及完整的沉积成岩模块，包含上下两层结构（有氧、厌氧）共 27 个变量，能够模拟底泥营养盐的物理、化学和生物过程，并对上覆水提供连续变化的底部释放速率。沉水植物模块可模拟沉水植物生长与衰减、沉水植物与水柱和底泥之间营养盐的循环等过程；有毒物质污染与运移模块可模拟有毒物质在泥沙和水体中的衰减、迁移和扩散过程；拉格朗日粒子追踪模块用于模拟漂浮物随水流运动和随机移动的迁移路径，可用于溢油事故的模拟。

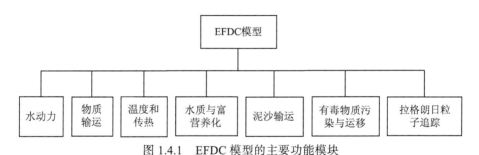

图 1.4.1　EFDC 模型的主要功能模块

1.4.2.3　EFDC 模型的改进

自 1998 年起，DSI 持续地在 EPA 原有的 EFDC 代码（https://www.epa.gov/exposure-assessment-models/efdc）的基础上进行更新和改进工作，这些更新和改进主要包括：

（1）动态存储分配。动态存储分配无须为不同的计算网格域和数据集所需的最大数组差异而重新编译 EFDC 代码，即允许用户对不同水体的案例采用同样的可执行代码。此外，还有助于防止无意的错误，并为源代码开发提供良好的溯源性。

（2）多线程计算（open-multithreading）。多线程大大提高了计算效率，根据计算机应用程序和操作系统的不同，线程关联会对应用程序速度产生很大影响。DSI 版的 EFDC 模型在六核处理器上的运行时间通常比传统的单线程 EFDC 模型快约 4 倍。

（3）σ-z（SGZ）垂向分层。为了降低因水体底部地形剧烈变化造成的压力梯度误差，EFDC 模型提供 SGZ 垂向分层选择。新的垂向分层方案可以允许垂向层数根据水深的不同而调整变化，因此，每个平面网格可以有不同的垂向层数。z 坐标系统随着每个不同的网格而变化，与相邻近的网格匹配激活的层数，这种转换被称为 SGZ 坐标系统。这种垂向分层对于模拟热力分层过程在精度上具有明显的改善。

（4）水工构筑物。EFDC 模型中加入了涵洞、堰、闸和孔等水工构筑物的控制方程。这种改进方法比以往描述水工结构水头与流量关系更加简便。

（5）其他增添和改进的新模块。EFDC 模型在泥沙输运模块上进行较大幅度的改进，并在此基础上大大增强了有毒物质污染与运移的模拟能力；在水质与富营养化模块中，增加了沉水植物和附生植物模块（rooted plant & epiphyte model，RPEM），可以模拟沉水植物和附生植物的生长与衰减过程，以及与水柱和沉积物的营养盐交换过程；在温度模拟方面增添了冰封模块（ice submodel），用以实现结冰和融冰的模拟；增加了风波子模块，用以计算风生波产生的底床切应力，及其对泥沙再悬浮的影响；增加了拉格朗日粒子追踪模块（Lagrangian particle tracking，LPT），可以模拟粒子随流运动过程中的迁移路径，同时实现溢油事故的模拟。

1.4.2.4 EFDC_Explorer（EE）软件

EFDC 模型已被集成为一个多模块的基于 Windows 系统的前/后处理软件 EE（EFDC_Explorer），提供友好的前后处理界面，方便用户的选择和使用。

1）EFDC_Explorer（EE）的发展历程

EFDC 模型在过去的几十年里发布了许多不同的版本（表 1.4.2）。目前，EE 支持 EFDC 模型所发布的两个版本，即 2010 年发布的 EFDC_GVC 版本和 2013 年发布的 EFDC_DSI 版本，而且，后发布的版本支持以往版本所构建模型的导入。

表 1.4.2　EFDC 版本主要更新和发布情况

版本名称	主要描述	时间
EFDC_1D	功能不完整，可采用断面数据	2000 年之前
EFDC	GVC 版本之前的 EE 的一个完整版本	2000～2007 年
EFDC_Hydro	EE 完整版的简化版，只包括水动力模块，采用三时间层解，可与 WASP 对接	2000～2007 年
EFDC_GVC	GVC 版本的完整 EE，EPA2008 年发布	2007～2010 年
EFDC_DSI	DSI 版本的 EE，包括动态存储器分配，拉格朗日粒子追踪和内部耦合风波模块	2000～2015 年
EFDC_DSI	增加 SGZ 坐标的 DSI 版本的 EE	2014～2015 年
EFDC_DSI	增加多线程计算（OMP）等模块	2016 年以后

2）EE8.3 的软件界面和主要工具条

当前，EE 软件已成功商业运营多年（https://www.eemodelingsystem.com），截至 2019 年 4 月，优化后的 EE8.3 主界面如图 1.4.2 所示。EE8.3 的主界面包含三个基本部分：①工具栏；②子模块及功能模块；③建模操作区域。这里简单介绍工具栏图表的含义（表 1.4.3），其余各部分的功能和操作将在第 3～7 章中逐步讲解。

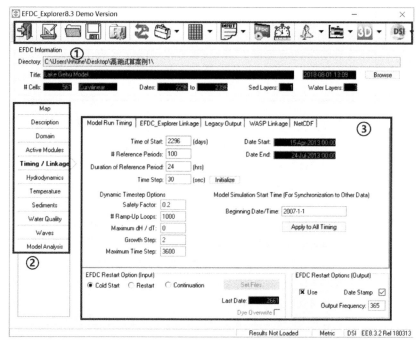

图 1.4.2 EE8.3 软件主界面

表 1.4.3 EE8.3 工具栏图表含义简介

图表	名称	功能及提示
	退出	退出 EE，应检查是否保存 EE 模型
	新建	新建一个 EE 模型，包括网格构建/导入，EFDC.inp 模板导入；坐标和底部高程的设置等
	打开	打开/读取一个 EE 模型
	保存	保存现有的一个 EE 模型，覆盖或另存
	设置	设置可执行文件调用位置，选择版本及一些通用参数
	转换	公历日期和儒略日的转换、网格标签和坐标系统的转换
	工具包	地图制作、模型重新载入/更改/合并等工具集
	网格工具	网格统计、输出、调整和转角；地形数据输出/转换等工具集
	文本工具	查询和更改模型主控文件和其他输入文件
	运行	运行模型开关，应检查是否保存
	执行记录	查阅模型运行详细记录
	2D 显示	2D 平面显示，模型数据、初始条件、边界条件和计算结果等
	剖面显示	剖面显示，模型数据、初始条件、边界条件和计算结果等
	3D 显示	3D 显示，模型数据、初始条件、边界条件和计算结果等
	帮助	包括软件注册、更新和帮助文件等

3）EE8.3 可实现的功能

EE8.3 拥有强大的前/后处理功能，可以为使用 EFDC 模型的建模工作提供极大的便利，未来还将有更多的新功能。表 1.4.4 列出 EE8.3 具有的主要功能。

表 1.4.4 EE8.3 的主要功能列举

分类	功能
◆通用	➤EFDC 模型常用的功能均可由可视化图形界面进行处理； ➤所有子模块均可由可视化图形界面进行处理； ➤对输入/输出数据可点击查询； ➤广泛使用弹出提示，帮助用户选择正确的输入和便捷的错误查询； ➤公历日期和儒略日（Julian Dates）均可使用，并便捷转换； ➤允许对二进制文件进行访问； ➤可以选择输出和编辑任意数量的快照； ➤图表均可选择公制或英文单位表示； ➤可以读、写和显示 ESRI®.SHP 格式文件/Mapinfo®.TAB 格式文件； ➤可以编辑 KML 格式文件； ➤可实现多线程计算（OMP），以降低计算时间； ➤提供风浪模型 SWAN 的接口至 EE； ➤建模无须使用 Template 文件
◆前处理-通用	➤适用于 EFDC_DSI/EFDC_GVC 版本的 2D 和 3D 模型； ➤可导入和识别以前的许多版本的主控文件； ➤Courant 数和 Courant-Fredrick-Levy 的计算和显示工具； ➤运行日志和状态错误提示窗口
◆前处理-模型构建	➤可构建笛卡儿网格（加密/旋转）和简单的曲线网格； ➤可便捷地增减垂向分层数； ➤可实现外部导入各类网格，如 CVL、Delft3D、Grid95、SEAGrid 和基于标准节点坐标文件的网格； ➤可从其他水动力学模型导入网格，如 CH3D-WES、CH3D-IMS、ECOMSED 及以往版本的 EFDC 模型； ➤可导入多重子区域的网格
◆前处理-网格工具	➤可进行网格正交性的统计与绘图； ➤能以 RGFGrid 网格的 GRD 格式输出任意 EFDC 模型的网格； ➤能以 p2d 文件格式输出模型区域边界和网格单元； ➤可对网格 I 和 J 编号进行转置； ➤可利用工具清除和修复 dx/dy 和单元角度问题； ➤边界上的三角形单元网格切换选项； ➤可实现用 N-S 和/或 E-W 连接器连接各子区域

分类	功能
◆前处理-初始条件	➢便捷和快速地利用各查询选项查看模型的平面视图； ➢从数字地形模型（DTM's）或不规则高程数据创建和修改地形； ➢创建/编辑沉积物底床（有毒物质模块）； ➢点击设定/编辑模型网格属性； ➢用户定义的多边形单元格选择编辑； ➢使用简单的操作符编辑一个或任意数量的单元格； ➢查看/设置植被分布图（利用多边形快速指定）； ➢查看/设置地下水分布图； ➢通过激活/反激活网格单元手工优化计算网格； ➢快速设定初始条件的水位或深度； ➢利用三维多段线快速设定初始条件； ➢为模型运行创建/读取一个压缩的二进制"Archive"文件； ➢使用垂直剖面的测量/估计数据指定初始条件； ➢查询/编辑/指定区域糙率、Courant 数、CFL 等参数； ➢查看/分配/编辑"通道修改器"信息/配置； ➢自动的大气和风力的权重分配； ➢基础数据的自动更新； ➢设置粒子配置用于 LPT 模块
◆前处理-边界条件	➢定义/编辑/绘制流动、水力结构、开边界等各类边界条件； ➢点击设定/编辑模型网格的边界条件； ➢边界条件时间序列智能编辑和一键绘图； ➢使用熟悉的名称识别和标记边界单元格并输入时间序列； ➢可在 2D 地图上标记边界组和/或将组标签导出到文件中，以便更好地控制 EFDC_Explorer 或 GIS 应用程序中地图的标记； ➢快速导入由 HSPF 模型生成的边界结果到 EFDC； ➢针对开边界条件生成空间插值的时间序列边界； ➢对水质边界条件采用浓度条件替代质量负荷条件； ➢采用最新 EFDC 模型的风生波计算的底部切应力和水流； ➢采用最新 EFDC 模型计算泥沙输运和 HMK； ➢针对往复流动增加了取水/退水的边界条件； ➢EE8.3 更新了水力结构的边界条件设置； ➢可进行射流/羽流边界条件的编辑； ➢可分组设置的 N-S 和 E-W 连接器

续表

分类	功能
◆前处理-质量守恒/边界负荷	➤可利用时间序列绘图和表格输出，计算各种模型成分的质量平衡； ➤绘制各种模型成分或导出参数（如总磷、总氮或总碳）的边界条件负荷； ➤使用时间序列绘图工具的"平均"和"累加"特性计算平均负载和累积负载； ➤为每个模拟参数生成质量载荷汇总表； ➤水质边界条件可以作为浓度加载，而不仅仅是质量加载
◆前处理-模型比较	➤通过从"基础"模型上减去叠加比较的"比较"模型相应值，以 2D 平面显示； ➤比较模型水柱的初始条件； ➤比较模型间的沉积床条件和床高； ➤网格不需要相同，但需要水平重叠
◆前处理-工具集	➤示踪剂配置工具； ➤位图地理定位工具； ➤可在模型运行之前，对输入数据执行正确性检查； ➤合并多个连续运行数据到单个数据设置； ➤从以前运行中保存的结果创建新模型运行； ➤可实现 Unix 到 Windows 的 CR/LF 转换； ➤可实现渐变填充形式的 2D 平面图视图的显示； ➤能够拖放 EFDC 模型的 INP 文件或项目目录导入 EE 地址框以打开该项目； ➤能够在查看模型时拖放模型注释文件（覆盖、标签和标记）
◆后处理-通用	➤适用于 EFDC_DSI/EFDC_GVC 版本的 2D 和 3D 模型； ➤适用于 SEDZLJ 泥沙模块（含有毒物质）； ➤绘图和动画可采用公历或儒略日； ➤可设置模型计算结果加密输出； ➤可选择标题的输出样式，绘制彩色/灰色渐变； ➤可选择沉积床输出频率以节约磁盘空间； ➤可实现模型计算结束后自动统计和绘图，并自动保存； ➤可设置重启可连续计算
◆后处理-显示界面	➤查看单元标签和 2D 图； ➤动画输出计算结果至视频文件（avi 等）； ➤可输出结果至其他商业图形显示软件（Tecplot、Google Earth 等）； ➤可利用多边形进行计算结果的区域统计； ➤在图形显示上进行层的覆盖，添加标签等； ➤可以输出为网络公共数据格式，NetCDF； ➤可叠加一个或多个背景图，允许网格透明查看背景图和计算结果； ➤可输出用户定义分辨率的位图；

分类	功能
◆后处理-显示界面	➤可显示多个边界条件的"时间轴",用以对计算结果进行临时参考,包括开边界、入/出流、取水/回水和风力等; ➤可以不同单位显示空间尺度; ➤可在原有的模型某时刻计算结果基础上直接生成新的模型; ➤可查看水位/水深,生成动画和时间序列图、洪泛图,依据设定水深和时间段/洪水危害系数等参数,计算/显示水域范围; ➤可叠加 3 个同样的模型,进行不同情境计算结果的对比; ➤可计算/显示总水头和 FEMA 等能量参数; ➤具有模型分析的低通滤波器; ➤可查看沉积床计算结果和生成动画(逐层/平均);包括底床地形高程、侵蚀/沉积、底床粒度分布、质量密度分布、孔隙率、底切应力; ➤查询流速分布(大小/矢量),多层叠加的流速场; ➤可查看水柱计算结果,生成动画和时间序列图; ➤可逐层/平均/指定深度或高程的水柱结果抽取和统计参数,包括:温度、盐度、染料浓度、水龄、有毒物质、沉积物、水质指标等; ➤查看边界条件分布和时间序列,输出边界条件时间序列,统计/比较; ➤查看底床的沉积成岩模块计算的营养盐释放速率; ➤查看网格正交性统计、Courant 数、Richardson 数等参数; ➤查看纵向剖面图,生成纵向水柱和沉积物断面图、提取计算结果,生成动画等; ➤可叠加校验参数/信息至 2D 平面,站点信息、时间坐标信息、误差信息; ➤查看 LPT 和溢油,输出一个或多个粒子轨迹至 ASCII 文件,可将粒子分组进行处理和显示粒子,可赋值沉速或自由漂流; ➤提供外部 LPT 模型数据接口至 EE,可实现溢油蒸发和生物降解模拟设定; ➤查看 RPEM 模块,包括芽碳、根碳、碎屑和附生植物的生长与衰减; ➤保存绘图尺寸、位置、注释等信息以便重复使用; ➤可绘制等值线; ➤可绘制风频玫瑰图; ➤时间序列形式的模型域的标注平面图; ➤可实现飞行路径动画展示
◆后处理-剖面显示(水平)	➤查看剖面流速(大小/矢量); ➤查看水柱计算结果,生成动画; ➤查看剖面等值线; ➤查看冰厚
◆后处理-垂向剖面	➤查看指定 i 或 j 或用户自定义多段线的 2D 剖面,包括流速、盐度、温度、水质、沉积物等
◆后处理-3D 可视化	➤查看任意垂向剖面并生成动画,包括水动力、水质参数、沉积物底床等; ➤加载背景图,导入 COLLADA 结构; ➤随鼠标移动的即时帮助信息

续表

分类	功能
◆后处理-其他	➤查看物质的通量计算，指定层或平均，或用户自定义多段线； ➤查看沉积物质量平衡/负荷； ➤输出指定高度的时间序列； ➤高/低时间序列过滤器
◆后处理-校验	➤可校验水柱以层/指定高度/平均等方式的水动力和水质参数； ➤可校验垂向各参数； ➤可进行相关性绘图； ➤可输出统计误差和结果，RMS 误差、平均误差、绝对/相对误差等； ➤自动生成校验结果、自动统计误差
◆后处理-模型比较	➤可在 2D 显示中比较不同模型的计算结果； ➤可比较不同模型水柱的输入和输出结果； ➤可比较不同模型的沉积床条件、底床切应力、侵蚀/沉降等； ➤网格不需要相同，但需要水平重叠

参 考 文 献

[1] 卢士强, 徐祖信. 平原河网水动力模型及求解方法探讨[J]. 水资源保护, 2003, 19（3）：5-9.

[2] Hamrick J M, Mills W B. Analysis of water temperatures in Conowingo Pond as influenced by the Peach Bottom atomic power plant thermal discharge[J]. Environmental Science & Policy, 2000, 3（supp-S1）：197-209.

[3] Li Y, Tang C, Wang J, et al. Effect of wave-current interactions on sediment resuspension in large shallow Lake Taihu, China[J]. Environmental Science and Pollution Research, 2017, 24（4）：4029-4039.

[4] Lyu H, Zhu J. Impact of the bottom drag coefficient on saltwater intrusion in the extremely shallow estuary[J]. Journal of Hydrology, 2018, 557: 838-850.

[5] Li B, Tanaka K R, Chen Y, et al. Assessing the quality of bottom water temperatures from the Finite-Volume Community Ocean Model （FVCOM）in the Northwest Atlantic Shelf region[J]. Journal of Marine Systems, 2017, 173: 21-30.

[6] Rippeth T P, Vlasenko V, Stashchuk N, et al. Tidal conversion and mixing poleward of the critical latitude （an Arctic Case Study）[J]. Geophysical Research Letters, 2018, 44（24）：12349-12357.

[7] 聂学富. 径流及盐度对瓯江口滞留时间影响的数值模拟研究[J]. 浙江水利水电学院学报, 2017, 29（4）：12-19.

[8] Ji Z G. Hydrodynamics and Water Quality: Modeling Rivers, Lakes, and Estuaries[M]. John Wiley & Sons, 2017.

[9] Wang Q, Li S, Jia P, et al. A review of surface water quality models[J]. The Scientific World Journal, 2013: 1-7.

[10] 周华, 王浩. 河流综合水质模型 QUAL2K 研究综述[J]. 水电能源科学, 2010, 28（6）：71-75.

[11] Ambrose R B, Wool T A, Martin J L. The Water Quality Simulation Program, WASP5: model theory, user's manual, and programmer's guide[M]. US Environmental Protection Agency, Athens, GA, 1993.

[12] Boudreau B P. A method-of-lines code for carbon and nutrient diagenesis in aquatic sediments[J]. Computers & Geosciences, 1996, 22（5）：479-496.

[13] 王建平, 程声通, 贾海峰. 环境模型参数识别方法研究综述[J]. 水科学进展, 2006, 17（4）：574-580.

[14] 李继选, 王军. 水环境数学模型研究进展[J]. 水资源保护, 2006, 22（1）：9-14.

[15] Anagnostou E, Gianni A, Zacharias I. Ecological modeling and eutrophication—A review[J]. Natural Resource Modeling, 2017, 30（3）：e12130.

[16] Vollenweider A R. Input-output models with special reference to the phosphorus loading concept in limnology[J]. Sch Weize Rische Zeitschrift Hydrol, 1975, 37: 53-84.

[17] 刘永, 郭怀成, 范英英, 等. 湖泊生态系统动力学模型研究进展[J]. 应用生态学报, 2005, 16（6）：1169-1175.

[18] Triantafyllou G, Yao F, Petihakis G, et al. Exploring the Red Sea seasonal ecosystem functioning using a three-dimensional biophysical model[J]. Journal of Geophysical Research: Oceans, 2014, 119（3）：1791-1811.

[19] 黄炜. 基于 HABITAT 模型的生物栖息地评价——以泸沽湖宁蒗裂腹鱼为例[J]. 环保科技, 2014, 20(5): 37-42.

[20] Cowan W R, Rankin D E, Gard M. Evaluation of central valley spring-run chinook salmon passage through lower butte creek using hydraulic modelling techniques[J]. River Research and Applications, 2017, 33（3）：328-340.

[21] 张义, 张合平, 郭琳. 我国水生态足迹研究进展[J]. 水电能源科学, 2013, 31（2）：57-60.

[22] Wang J, Pang Y, Li Y, et al. Experimental study of wind-induced sediment suspension and nutrient release in Meiliang Bay of Lake Taihu, China[J]. Environmental Science and Pollution Research, 2015, 22（14）：10471-10479.

[23] Jalil A, Li Y, Du W, et al. The role of wind field induced flow velocities in destratification and hypoxia reduction at Meiling Bay of large shallow Lake Taihu, China[J]. Environmental Pollution, 2018, 232: 591-602.

[24] O'Neill R V, Rust B. Aggregation error in ecological models[J]. Ecological Modelling, 1979, 7（2）：91-105.

[25] Beck M B. Water quality modeling: A review of the analysis of uncertainty[J]. Water Resources Research, 1987, 23（8）：1393-1442.

[26] Walker W E, Harremoës P, Rotmans J, et al. Defining uncertainty: A conceptual basis for uncertainty management in model-based decision support[J]. Integrated Assessment, 2003, 4（1）：5-17.

[27] Lindenschmidt K E, Fleischbein K, Baborowski M. Structural uncertainty in a river water quality modelling system[J]. Ecological Modelling, 2007, 204（3-4）：289-300.

[28] Pianosi F, Beven K, Freer J, et al. Sensitivity analysis of environmental models: A systematic review with practical workflow[J]. Environmental Modelling & Software, 2016, 79: 214-232.

[29] Pan F, Zhu J, Ye M, et al. Sensitivity analysis of unsaturated flow and contaminant transport with correlated parameters[J]. Journal of Hydrology, 2011, 397（3-4）：238-249.

[30] 邢可霞, 郭怀成. 环境模型不确定性分析方法综述[J]. 环境科学与技术, 2006, 29（5）：112-115.

[31] Kim S H, Song M S, Sun G M, et al. A proposal on accuracy estimation method for the sampling-based uncertainty analysis with Monte Carlo simulation technique[J]. Journal of Nuclear Science and Technology, 2016, 53（2）：295-301.

[32] Sheikholeslami R, Razavi S. Progressive Latin Hypercube Sampling: An efficient approach for robust sampling-based analysis of environmental models[J]. Environmental Modelling & Software, 2017, 93:

109-126.

[33] Beven K, Binley A. The future of distributed models: model calibration and uncertainty prediction[J]. Hydrological Processes, 1992, 6（3）: 279-298.

[34] Gelleszun M, Kreye P, Meon G. Representative parameter estimation for hydrological models using a lexicographic calibration strategy[J]. Journal of Hydrology, 2017, 553: 722-734.

[35] Jacques J, Lavergne C, Devictor N. Sensitivity analysis in presence of model uncertainty and correlated inputs[J]. Reliability Engineering & System Safety, 2006, 91（10-11）: 1126-1134.

[36] 陈卫平, 涂宏志, 彭驰, 等. 环境模型中敏感性分析方法评述[J]. 环境科学, 2017（11）: 4889-4896.

[37] McKay M D, Beckman R J, Conover W J. Comparison of three methods for selecting values of input variables in the analysis of output from a computer code[J]. Technometrics, 1979, 21（2）: 239-245.

[38] McKay M D, Beckman R J, Conover W J. A comparison of three methods for selecting values of input variables in the analysis of output from a computer code[J]. Technometrics, 2000, 42（1）: 55-61.

[39] Li Y P, Tang C Y, Zhu J T, et al. Parametric uncertainty and sensitivity analysis of hydrodynamic processes for a large shallow freshwater lake[J]. Hydrological Sciences Journal, 2015, 60（6）: 1078-1095.

[40] Reder K, Alcamo J, Flörke M. A sensitivity and uncertainty analysis of a continental-scale water quality model of pathogen pollution in African rivers[J]. Ecological Modelling, 2017, 351: 129-139.

[41] 李一平, 唐春燕, 余钟波, 等. 大型浅水湖泊水动力模型不确定性和敏感性分析[J]. 水科学进展, 2012, 23（2）: 271-277.

[42] 李一平, 邱利, 唐春燕, 等. 湖泊水动力模型外部输入条件不确定性和敏感性分析[J]. 中国环境科学, 2014, 34（2）: 410-416.

[43] 倪祥龙, 康建设, 王广彦, 等. 基于熵的不确定性敏感性分析[J]. 数学的实践与认识, 2016, 46（5）: 194-203.

[44] Zhang C T, Zhen Z L, Wang P, et al. An entropy-based global sensitivity analysis for the structures with both fuzzy variables and random variables[J]. Proceedings of the Institution of Mechanical Engineers, Part C: Journal of Mechanical Engineering Science, 2013, 227（2）: 195-212.

[45] Duong P L T, Goncalves J, Kwok E, et al. A two-stage approach of multiplicative dimensional reduction and polynomial chaos for global sensitivity analysis and uncertainty quantification with a large number of process uncertainties[J]. Journal of the Taiwan Institute of Chemical Engineers, 2017, 78: 254-264.

[46] 何宗健, 蔡静静, 倪兆奎, 等. 洱海不同途径氮来源季节性特征及对水体氮贡献[J]. 环境科学学报, 2018, 38（5）: 1939-1948.

[47] 邹锐, 张晓玲, 刘永, 等. 抚仙湖流域负荷削减的水质风险分析[J]. 中国环境科学, 2013, 33（9）: 1721-1727.

[48] Seker-Elci S. Modeling of hydrodynamic circulation and cohesive sediment transport and prediction of shoreline erosion in Hartwell Lake, SC/GA[D]. Atlanta: Georgia Institute of Technology, 2004.

[49] Jeong H J, Hwang W T, Kim E H, et al. Radiological risk assessment for an urban area: Focusing on a drinking water contamination[J]. Annals of Nuclear Energy, 2009, 36（9）: 1313-1318.

[50] Jia H, Zhang Y, Guo Y. The development of a multi-species algal ecodynamic model for urban surface water systems and its application[J]. Ecological Modelling, 2010, 221（15）: 1831-1838.

[51] 龚然, 何跃, 徐力刚, 等. EFDC（Environmental Fluid Dynamics Code）模型在湖库水环境模拟中的应用进展[J]. 海洋湖沼通报, 2016,（6）: 12-19.

[52] 李本纲, 陶澍, 曹军. 水环境模型与水环境模型库管理[J]. 水科学进展, 2002, 12（1）: 14-20.

[53] Hamrick J M. A three-dimensional environmental fluid dynamics computer code: Theoretical and

computational aspects[D]. College of William and Mary, 1992.

[54] Hamrick J M. User's manual for the environmental fluid dynamics computer code[D]. College of William and Mary, 1996.

[55] Park K, Jung H S, Kim H S, et al. Three-dimensional hydrodynamic-eutrophication model （HEM-3D）: application to Kwang-Yang Bay, Korea[J]. Marine Environmental Research, 2005, 60（2）: 190-193.

[56] Grace M D, Thanh P H X, James S C. Sandia National Laboratories environmental fluid dynamics code: sediment transport user manual[R]. Sandia National Laboratories, 2008.

[57] DSI. The Environmental Fluid Dynamics Code: Theoretical & Computational Aspects of EFDC+, Dynamic Solutions – International, LLC, Edmonds, WA, USA, 2017.

[58] Craig P M. Theoretical & Computational Aspects of the Environmental Fluid Dynamics Code-Plus （EFDC+）, Dynamic Solutions - International, LLC, Edmonds, WA, March, 2016.

2 环境流体动力学模型（EFDC）基本理论

EFDC 模型由若干个模块构成，这些模块主要包括：水动力模块、物质输运模块、温度和传热模块、泥沙输运模块、水质与富营养化模块、有毒物质污染与运移模块、拉格朗日粒子追踪模块。每个模块中还包括其他子模块，例如，水质与富营养化模块中包含沉积成岩子模块和沉水植物子模块等。这些模块之间相对独立又相互耦合，构成完整的 EFDC 模型系统。本章将简述七大模块的基本原理和主要控制方程。

2.1 水动力模块

水动力模块主要是描述水流运动，是泥沙输运和物质迁移的必要基础，也为其他模块，如物质输运、水质与富营养化和拉格朗日粒子追踪等模块的构建提供水流信息，包括水流的速度、流量/水位、环流和密度分层等。EFDC 模型水动力模块还可以模拟近场射流、风生流，并提供外部耦合波浪模块的数据接口。本节将重点阐述 EFDC 模型的坐标系统、水动力基本方程、垂向紊流闭合模式以及不同的垂向分层选择。涉及的基本理论主要来自文献[1]和[2]，由 DSI 公司更新和整理[3]。

2.1.1 水平和垂向坐标系统

为了更好地适应水平方向真实的边界形状，一般可将方程中的水平坐标 (x, y) 表达为曲线-正交（curvilinear-orthogonal）的形式。垂向采用 σ 坐标系统，可在垂直方向上提供均匀的分辨率。σ 坐标与直角坐标的转换公式为

$$z = \frac{z^* + h}{\zeta + h} = \frac{z^* + h}{H} \tag{2.1.1}$$

式中，z 为 σ 坐标（无量纲）；z^* 为相对于参考高度的垂向直角坐标，m；h 为基于参考高度以下的水深，m；ζ 为相对参考高度的水面高程，m。图 2.1.1 为实际空间上的垂向坐标（左图）和垂向 σ 坐标系统（右图）。此外，EFDC 模型还支持 SGZ 垂向坐标，更多关于 SGZ 坐标下的垂向分层将在 2.1.4 节中讨论。关于坐标转换的详细描述，请参照文献[4]和[5]。

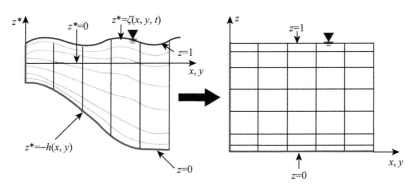

图 2.1.1　垂向 σ 坐标系统

2.1.2　水动力基本方程

基于垂向静水压力假设，采用布西内斯克方程（Boussinesq equation）近似，得到以下形式的动量和连续性方程，以及关于盐度和温度的输运方程。

x 方向的动量方程为

$$\frac{\partial}{\partial t}\left(m_x m_y Hu\right)+\frac{\partial}{\partial x}\left(m_y Huu\right)+\frac{\partial}{\partial y}\left(m_x Hvu\right)+\frac{\partial}{\partial z}\left(m_x m_y wu\right)-m_x m_y fHv$$

$$-\left(v\frac{\partial m_y}{\partial x}-u\frac{\partial m_x}{\partial y}\right)Hv=-m_y H\frac{\partial}{\partial x}\left(g\zeta+p+P_{\text{atm}}\right)-m_y\left(\frac{\partial h}{\partial x}-z\frac{\partial H}{\partial x}\right)\frac{\partial p}{\partial z}$$

$$+\frac{\partial}{\partial x}\left(\frac{m_y}{m_x}HA_H\frac{\partial u}{\partial x}\right)+\frac{\partial}{\partial y}\left(\frac{m_x}{m_y}HA_H\frac{\partial u}{\partial y}\right)+\frac{\partial}{\partial z}\left(\frac{m_x m_y}{H}A_v\frac{\partial u}{\partial z}\right)$$

$$-m_x m_y c_p D_p u\sqrt{u^2+v^2}+S_u \tag{2.1.2}$$

y 方向的动量方程为

$$\frac{\partial}{\partial t}\left(m_x m_y Hv\right)+\frac{\partial}{\partial x}\left(m_y Huv\right)+\frac{\partial}{\partial y}\left(m_x Hvv\right)+\frac{\partial}{\partial z}\left(m_x m_y wv\right)+m_x m_y fHu$$

$$+\left(v\frac{\partial m_y}{\partial x}-u\frac{\partial m_x}{\partial y}\right)Hu=-m_x H\frac{\partial}{\partial y}\left(g\zeta+p+P_{\text{atm}}\right)-m_x\left(\frac{\partial h}{\partial y}-z\frac{\partial H}{\partial y}\right)\frac{\partial p}{\partial z}$$

$$+\frac{\partial}{\partial x}\left(\frac{m_y}{m_x}HA_H\frac{\partial v}{\partial x}\right)+\frac{\partial}{\partial y}\left(\frac{m_x}{m_y}HA_H\frac{\partial v}{\partial y}\right)+\frac{\partial}{\partial z}\left(\frac{m_x m_y}{H}A_v\frac{\partial v}{\partial z}\right)$$

$$-m_x m_y c_p D_p v\sqrt{u^2+v^2}+S_v \tag{2.1.3}$$

z 方向的动量方程为

$$\frac{\partial p}{\partial z}=-gH\frac{\rho-\rho_0}{\rho_0}=-gHb \tag{2.1.4}$$

连续性方程（内、外模式）为

$$\frac{\partial}{\partial t}\left(m_x m_y \zeta\right) + \frac{\partial}{\partial x}\left(m_y Hu\right) + \frac{\partial}{\partial y}\left(m_x Hv\right) + \frac{\partial}{\partial z}\left(m_x m_y w\right) = S_h \qquad (2.1.5)$$

$$\frac{\partial}{\partial t}\left(m_x m_y \zeta\right) + \frac{\partial}{\partial x}\left(m_y HU\right) + \frac{\partial}{\partial y}\left(m_x HV\right) = S_h \qquad (2.1.6)$$

密度方程为

$$\rho = \rho\left(p, S, T, C\right) \qquad (2.1.7)$$

$$U = \int_0^1 u\,\mathrm{d}z, \quad V = \int_0^1 v\,\mathrm{d}z \qquad (2.1.8)$$

$$P = m_y Hu, \quad Q = m_x Hv \qquad (2.1.9)$$

式中，(x, y) 为水平方向的曲线-正交坐标；z 为垂向 σ 坐标；(u, v) 为 (x, y) 方向的水平速度分量，m/s；H 为总水深，m；m_x，m_y 为坐标变换系数，在笛卡儿坐标下，变换系数等于 1；P_{atm} 为大气压强，Pa；p 为参考密度 ρ_0 下的附加静水压；b 为浮力；f 为科里奥利力系数，涵盖网格曲率加速度；A_H 为水平动量扩散系数，m²/s；A_v 为垂向紊动黏性系数，m²/s；c_p 为植被阻力系数；D_p 为与每单位水平面积的流量相交的投影植被区域；S_u 和 S_v 为 (x, y) 方向动量方程的源/汇项，m²/s²；S_h 为质量守恒方程的源/汇项，m³/s；S 为盐度，ng/L；T 为温度，℃；C 为总悬浮无机颗粒浓度，g/m³；U 和 V 为 (x, y) 方向的深度平均速度分量，m/s；P 和 Q 为 (x, y) 方向的质量通量分量，m²/s。

σ 坐标下的垂向速率可表达为

$$w = w^* - z\left(\frac{\partial \zeta}{\partial t} + \frac{u}{m_x}\frac{\partial \zeta}{\partial x} + \frac{v}{m_y}\frac{\partial \zeta}{\partial y}\right) + (1-z)\left(\frac{u}{m_x}\frac{\partial h}{\partial x} + \frac{v}{m_y}\frac{\partial h}{\partial y}\right) \qquad (2.1.10)$$

式中，w 为 σ 坐标下的垂向速率，m/s；w^* 为 z 坐标下的垂向速率，m/s。

2.1.3 垂向紊流闭合

只要给定垂向紊动涡黏和扩散系数，方程组（2.1.2）～方程组（2.1.10）对于求解变量 u、v、w、p、ζ、ρ 和 C 是闭合的。垂向紊流涡黏项和扩散项根据 Mellor 和 Yamada 提出的紊流模型计算[6]，以及 Galperin 等对其进行的修正[7]。紊流模型将垂向紊动涡黏与扩散和紊动强度（q）、紊动长度尺度（l）、理查森（Richardson）数（R_q）联系起来。

垂向紊动扩散系数可表达为

$$A_v = \phi_A A_0 q l \qquad (2.1.11)$$

式中，ϕ_A 为稳定黏性系数，可表达为

$$\phi_A = \frac{\left(1 + R_q / R_1\right)}{\left(1 + R_q / R_2\right)\left(1 + R_q / R_3\right)} \qquad (2.1.12)$$

$$A_0 = A_1 \left(1 - 3C_1 - \frac{6A_1}{B_1} \right) = \frac{1}{B_1^{1/3}} \qquad (2.1.13)$$

$$\frac{1}{R_1} = 3A_2 \frac{\left(B_2 - 3A_2 \right) \left(1 - \frac{6A_1}{B_1} \right) - 3C_1 \left(B_2 + 6A_1 \right)}{1 - 3C_1 - \frac{6A_1}{B_1}} \qquad (2.1.14)$$

$$\frac{1}{R_2} = 9A_1 A_2 \qquad (2.1.15)$$

$$\frac{1}{R_3} = 3A_2 \left[6A_1 + B_2 \left(1 - C_3 \right) \right] \qquad (2.1.16)$$

垂向质量扩散系数 A_b，可表达为

$$A_b = \phi_K K_0 q l \qquad (2.1.17)$$

式中，ϕ_K 为稳定扩散系数，可表达为

$$\phi_K = \frac{1}{\left(1 + R_q / R_3 \right)} \qquad (2.1.18)$$

K_0 为无量纲系数，可表达为

$$K_0 = A_2 \left(1 - \frac{6A_1}{B_1} \right) \qquad (2.1.19)$$

理查森数 R_q 可表达为

$$R_q = \frac{gH}{q^2} \frac{l^2}{H^2} \frac{\partial b}{\partial z} \qquad (2.1.20)$$

式中，q^2 为紊动强度，m²/s²；l 为紊动长度尺度，m。

Mellor 和 Yamada 于 1982 年定义了以下常数值：A_1= 0.92，B_1=16.6，C_1=0.08，A_2=0.74，B_2=10.1。Galperin 等[7]计算出的 K_0、R_1、R_2 和 R_3 的值与 Mellor 和 Yamada 的略有不同，如表 2.1.1 所示。

表 **2.1.1** 不同紊流模型参数值

公式来源	K_0	R_1^{-1}	R_2^{-1}	R_3^{-1}
Mellor 和 Yamada[6]	0.493928	7.846436	34.676400	6.127200
Galperin 等[7]	0.493928	7.760050	34.676440	6.127200
Kantha 和 Clayson[8]	0.493928	8.679790	30.192000	6.127200

稳定系数 ϕ_A 和 ϕ_K 分别在稳定和不稳定的垂向密度分层环境下，具有减少/增强垂直混合或运输的作用。紊动强度和紊动长度尺度由一对 Mellor-Yamada 方程确定：

$$\frac{\partial}{\partial t}\left(mHq^2\right)+\frac{\partial}{\partial x}\left(Pq^2\right)+\frac{\partial}{\partial y}\left(Qq^2\right)+\frac{\partial}{\partial z}\left(mwq^2\right)$$

$$=\frac{\partial}{\partial z}\left(m\frac{A_q}{H}\frac{\partial q^2}{\partial z}\right)2m\frac{A_v}{H}\left[\left(\frac{\partial u}{\partial z}\right)^2+\left(\frac{\partial v}{\partial z}\right)^2\right]+2mgA_b\frac{\partial b}{\partial z}-2m\frac{Hq^3}{B_1 l}+S_b \quad (2.1.21)$$

$$\frac{\partial}{\partial t}\left(mHq^2 l\right)+\frac{\partial}{\partial x}\left(Pq^2 l\right)+\frac{\partial}{\partial y}\left(Qq^2 l\right)+\frac{\partial}{\partial z}\left(mwq^2 l\right)$$

$$=\frac{\partial}{\partial z}\left[m\frac{A_{ql}}{H}\frac{\partial}{\partial z}\left(q^2 l\right)\right]+mlE_1\left\{\frac{A_v}{H}\left[\left(\frac{\partial u}{\partial z}\right)^2+\left(\frac{\partial v}{\partial z}\right)^2\right]+E_3 gA_b\frac{\partial b}{\partial z}\right\}$$

$$-mE_2\frac{Hq^3}{B_1}\left[1+E_4\left(\frac{l}{\kappa Hz}\right)^2+E_5\left(\frac{l}{\kappa H(1-z)}\right)^2\right]+S_l \quad (2.1.22)$$

$$\frac{1}{L}=\frac{1}{H}\left(\frac{1}{z}+\frac{1}{1-z}\right) \quad (2.1.23)$$

式中，经验常数 E_1=1.8，E_2=1.0，E_3=1.8，E_4=1.33，E_5=0.25；S_b 为紊动强度方程的源汇项；S_l 为紊动长度尺度方程的源汇项；A_q 为紊动强度方程的垂向紊动扩散系数；A_{ql} 为紊动长度尺度方程的垂向紊动扩散系数。

2.1.4　EFDC 模型垂向分层选项

EFDC 模型在垂直方向原本采用 σ 坐标系统，近年来又采纳了一种更有效率的垂向坐标系统——SGZ，该坐标系统的优势体现在可降低因水平压力梯度产生的误差，并可以使计算网格大大减少，从而增加计算的精度和效率。

1）σ 坐标系统

σ 坐标系统是一种垂直方向可适应地形的坐标系统，被广泛应用于三维水动力模型，在 2.1.1 节已做介绍。在这种垂向坐标下，整个计算区域无论水深大小，处处均有相同的垂向层数。这样无论在浅水或是深水区域，都可以同时有效地计算，并且适用于复杂地形和底部高程变化较大的情况。虽然 σ 坐标系统广泛应用于许多案例中，并取得良好的结果，但传统的 z 坐标系统仍在诸如深水水库这样底部高差变化较大的案例中可获得更加准确的计算结果。此外，还有许多案例在不同计算区域结合了 σ 坐标和 z 坐标两种系统，对垂向进行分层，获得更加令人满意的计算结果和效率。典型的案例就是河口浅滩中的深水航道，如果 σ 坐标的垂向网格划分将导致内部压力梯度误差，从而得不到准确的计算结果[9]。

2）SGZ 坐标系统

众所周知，标准的 σ 坐标进行垂向转换时，会在包括浓度、速度和压强等变量的水平梯度项中引入误差。一般而言，这个误差仅在底部高程发生急剧变化时才变得明显。为了克服这个难点，开发了全新高计算效率的垂向分层方法并应用到 EFDC

模型系统中[10]。新的垂向分层方案可以允许垂向层数根据水深的不同来调整变化，因此，每个平面网格可以有不同的垂向层数。z 坐标系统随着每个不同的网格而变化，与相邻近的网格匹配激活的层数，这种转换称为 SGZ 坐标系统。SGZ 也有两个选项，其区别在于对每个平面网格垂向层厚度的计算。图 2.1.2 说明层数为 10 层时的 3 种垂向分层情况。图 2.1.2（a）为标准的垂向 σ 坐标网格。图 2.1.2（b）为 SGZ 的选项一，即每个平面网格的分层数不同但层厚相同。图 2.1.2（c）为 SGZ 的选项二，即每个平面网格分层数不同，每层的厚度也不同。在 SGZ 坐标中，每个平面网格的层数可能差别很大，但与类似 σ 这样的坐标系统相比，计算时间大大缩短，并且效率更高。

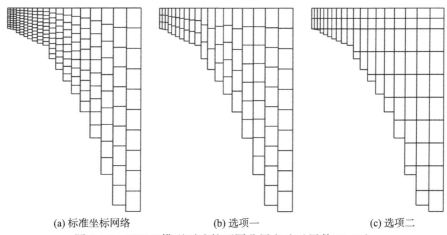

(a) 标准坐标网络　　　　　　　(b) 选项一　　　　　　　(c) 选项二

图 2.1.2　EFDC 模型可选的不同分层方法（层数 K=10）

对于 SGZ 坐标的转换方程与标准的 σ 坐标相同，但是每个平面网格的层数是不同的，取决于一个基于底床高程和最小高程的比例因子。此外，网格垂向每层的厚度满足以下方程：

$$\sum_{k=n}^{KC}\Delta_k = 1 \tag{2.1.24}$$

式中，KC 为最大分层数；n 为底床层的序数；Δ_k 为第 k 层的厚度。

对于 σ 坐标，底床层的序数往往是 n=1，但在 SGZ 坐标中，n 的数值可以在 1～K 之间，根据分层的情况而变化。这样提高了对于第 k 层网格 L（i，j）变量 $C_{i,j,k}$ 水平梯度计算的准确性：

$$\frac{\partial C_{i,j,k}}{\partial x} = \frac{C_{i,j,k} - C_{i-1,j,k}}{\Delta x} \tag{2.1.25}$$

在泥沙输运和底床形态的模拟时，每个时间步长都需要重新确定底床层的序数。这是因侵蚀或沉积作用导致每个时间步长下的水深和最大值的比例发生变化，因此，对于 SGZ 坐标系统，整个计算区域的分层更新是非常重要和必要的。另一个对 SGZ 坐标系统的必要改进是在计算水平梯度过程中当网格 $L(i-1, j)$ 的层数小于网格 $L(i, j)$ 时对于干/湿交替的处理。值得注意的是，这种情况在 σ 坐标下是不会出现的，因为每个水平网格所具有的层数是相同的，但也意味着 σ 坐标系统需要更多的计算时间。

2.2　物质输运模块

本节介绍 EFDC 模型中物质输运模块使用的基本方程，其他关于水动力和物质输运理论请参见文献[1]。

2.2.1　对流-扩散传输的基本方程

对于溶解态和悬浮物质，完整的对流-扩散传输方程为

$$\frac{\partial}{\partial t}\left(m_x m_y HC\right) + \frac{\partial}{\partial x}\left(m_y HuC\right) + \frac{\partial}{\partial y}\left(m_x HvC\right) + \frac{\partial}{\partial z}\left(m_x m_y wC\right) - \frac{\partial}{\partial z}\left(m_x m_y w_{sc}C\right)$$

$$= \frac{\partial}{\partial x}\left(\frac{m_y}{m_x} HA_H \frac{\partial C}{\partial x}\right) + \frac{\partial}{\partial y}\left(\frac{m_x}{m_y} HA_H \frac{\partial C}{\partial y}\right) + \frac{\partial}{\partial z}\left(\frac{m_x m_y}{H} A_b \frac{\partial C}{\partial z}\right) + S_C \qquad (2.2.1)$$

式中，(x, y) 为水平方向的正交-曲线坐标，m；z 为 σ 坐标（无量纲）；C 为传输物质的浓度（溶解态/悬浮态），g/m³；H 为总水深，m；(u, v) 为水平方向的速度分量，m/s；w 为垂向速度分量，m/s；A_H 为水平紊动扩散系数，m²/s；A_b 为垂向紊动扩散系数，m²/s；w_{sc} 为沉降速率（悬浮态时）；S_C 为源/汇项。

经简化后盐度的输运方程可表达为

$$\frac{\partial}{\partial t}(mHC) + \frac{\partial}{\partial x}(PC) + \frac{\partial}{\partial y}(QC) + \frac{\partial}{\partial z}(mwC) = \frac{\partial}{\partial z}\left(\frac{m}{H} A_b \frac{\partial C}{\partial z}\right) + S_C \qquad (2.2.2)$$

式中，C 为盐度，g/m³；$m=m_x m_y$，m_x 和 m_y 为坐标变换系数；P 和 Q 为式（2.1.9）所定义的通量。

2.2.2　染料/水龄

EFDC 模型中的染料功能是模拟可被稀释物质在水柱中的输运，且不会影响任何水动力参数（如密度）和过程（如光的衰减）。该功能可以用于示踪剂（可降解）和水龄的计算。染料在水柱中传输的方程为式（2.2.1）。

染料物质也可以设置一阶衰减，其公式表达为

$$\frac{\mathrm{d}C}{\mathrm{d}t} = -KC \qquad (2.2.3)$$

式中，C 为染料浓度，g/m³；K 为一阶衰减速率，s⁻¹。

染料物质输运也可以用来计算水龄（ C ），选择零阶动力学速率，其公式表达为

$$\frac{\mathrm{d}C}{\mathrm{d}t} = -K \tag{2.2.4}$$

式中，C 为水龄值，d；K 的单位为 $-1/\mathrm{d}$。

2.3　温度和传热模块

本节介绍温度和热传递的基本方程，水柱与表面、底床的热交换，以及冰封模块。

2.3.1　热传递的基本方程

σ 坐标下水柱中温度和热传递的基本方程为[2]

$$\frac{\partial}{\partial t}\left(m_x m_y HT\right) + \frac{\partial}{\partial x}\left(PT\right) + \frac{\partial}{\partial y}\left(QT\right) + \frac{\partial}{\partial z}\left(m_x m_y wT\right) = \frac{\partial}{\partial z}\left(\frac{m_x m_y}{H} A_b \frac{\partial T}{\partial z}\right) = \frac{\partial I}{\partial z} + S_T \tag{2.3.1}$$

式中，（ $x,\ y$ ）为水平方向的正交-曲线坐标，m；z 为 σ 坐标（无量纲）；（ $m_x,\ m_y$ ）为坐标变换系数；T 为温度，℃；H 为总水深，m；w 是垂向速度分量，m/s；A_b 为垂向紊动扩散系数，m²/s；I 为太阳短波辐射强度，W/m²；S_T 为热交换的源汇项，J/s。

以上方程的求解，水动力参数（ u,v,w ）和紊流项 A_b 均由 2.1 节水动力学模块获得。水深方向太阳辐射的加热效应为指数函数，由比尔定律形式表达为

$$I\left(D\right) = I_S \exp\left(-K_e D\right) \tag{2.3.2}$$

式中，$I\left(D\right)$ 为沿水深 D 方向的太阳辐射强度，W/m²；I_S 为水面（ $D=0$ ）的太阳辐射强度，W/m²；D 为低于水面的距离，m；K_e 为消光系数，m⁻¹。

太阳辐射穿过水体表面后，被水柱吸收，从而使水柱的温度升高。这种加热效应可以延伸到一定的深度，取决于光衰减的快慢（ K_e ）。K_e 为消光系数（又称光衰减系数），是衡量光强在水柱中衰减程度的量。水面的太阳辐射强度 I_S 是位置、时间、气象以及其他因素的函数。

2.3.2　水体表面热交换

2.3.2.1　水体表面热交换方程

1）平衡温度方法

EFDC 模型中采用温度平衡方法计算水体表面的热交换，是基于 CE-QUAL-W2 模型中采用的计算方法[11]。定义平衡温度 T_e，是作为表面净热交换量为零时的温度。根据定义，线性化后的表面热交换率 H_{aw} 为

$$H_{aw} = -K_{aw}\left(T_s - T_e\right) \tag{2.3.3}$$

式中，H_{aw} 为表面热交换率，W/m^2；K_{aw} 为表面热交换系数，$W/(m^2 \cdot ℃)$；T_s 为水面温度，$℃$；T_e 为平衡温度，$℃$。表面热交换系数和平衡温度涵盖了 7 个独立的热交换过程。

根据式（2.3.3）表面热交换系数的定义，可以作为泰勒展开的第一项：

$$H_{aw} = \frac{\mathrm{d}K_{aw}}{\mathrm{d}T_s}(T_s - T_e) \tag{2.3.4}$$

式中，K_{aw} 由式（2.3.3）导出；T_s 为水面温度。

平衡温度子模块与冰封模块（见第 2.3.4 节）相互联系，用于结冰和融冰过程的计算。

2）全热平衡方法

在水面处（$z=1$），温度传输方程（式（2.3.1））的边界条件为

$$-\frac{\rho c_p A_b}{H}\frac{\partial T}{\partial z} = H_L + H_E + H_C \tag{2.3.5}$$

式中，ρ 为水体密度，kg/m^3；c_p 为水的比热容，$J/(kg \cdot ℃)$；A_b 为垂向紊动扩散系数，m^2/s；H 为水深，m；H_L 为长波反射造成的表面热交换，W/m^2；H_E 为蒸发/凝结作用导致的表面热交换，W/m^2；H_C 为对流造成的表面热交换，W/m^2。

根据 Rosati 和 Miyakoda 提供的方法[12]，Hamrick 将下式用于水面温度的边界条件[1]：

$$H_L = \varepsilon\sigma T_s^4\left(0.39 - 0.05\sqrt{e_a}\right)(1 + B_cC) + 4\varepsilon\sigma T_s^3\left(T_s - T_a\right) \tag{2.3.6}$$

$$H_E = c_e\rho_a L_E W_s\left(e_s - e_a\right)\frac{0.622}{P_a} \tag{2.3.7}$$

$$H_C = c_h\rho_a c_{pa}W_s\left(T_s - T_a\right) \tag{2.3.8}$$

式中，ε 为水体辐射系数，$\varepsilon=0.97$；σ 为斯特藩-玻尔兹曼（Stefan–Boltzmann）常数，$\sigma=5.67\times10^{-8}W/(m^2 \cdot K^4)$；$e_a$ 为实际蒸气压力，mbar；C 为云覆盖系数，$C=0$ 时无云，$C=1$ 时全覆盖；B_c 为经验常数，$B_c=0.8$；T_s 为水面温度，$℃$；T_a 为大气温度，$℃$；$c_e=c_h$ 为紊动交换系数，$c_e=1.1\times10^{-3}$；ρ_a 为大气密度，$\rho_a=1.2kg/m^3$；c_{pa} 为大气比热容，$c_{pa}=1005J/(kg \cdot K)$；$L_E$ 为蒸发潜热，$L_E=2.501\times10^6J/kg$；W_s 为风速，m/s；e_s 为水面的饱和蒸气压力，mbar；P_a 为大气压强，mbar。

2.3.2.2　太阳辐射

太阳辐射短波进入水体后被水柱吸收，从而使水柱温度上升。这个过程伴随着光强度的衰减，水柱中的光强度可由下式表示：

$$\frac{\partial I}{\partial z^*} = -K_eI \tag{2.3.9}$$

式中，I 为太阳短波辐射强度，W/m^2；K_e 为消光系数，m^{-1}；z^* 为水面以下的深度，m。

将式（2.3.9）积分可得

$$I = I_{ws} \exp\left(-\int_0^{z^*} K_e dz^*\right) \qquad (2.3.10)$$

表面辐射强度 I 是关于位置、时间、气象以及其他因素的函数。水面光强度 I_{ws} 为

$$I_{ws} = I_0 S_f \min\left\{\exp\left[-K_{e,me}\left(H_{rps} - H\right)\right], 1\right\} \min\left\{\exp\left[-K_{e,ice} H_{ice}\right], 1\right\} \qquad (2.3.11)$$

式中，I_0 为地球表面太阳辐射强度，W/m^2；S_f 为遮蔽系数；H_{ice} 为冰的厚度，m；$K_{e,ice}$ 为冰盖的消光系数，m^{-1}；$K_{e,me}$ 为浸入水中植被消光系数，m^{-1}；H_{rps} 为沉水植被芽的高度，m；H 为水柱深度，m。

EFDC 模型中，根据采用不同的温度选项，对于消光的处理是不同的，主要包括 3 种选项：逐项热交换，EFDC 模型对每个网格在每个时间步长下均进行消光系数的计算；逐项热交换，将消光系数作为常数（EPA 版 EFDC 模型）；平衡温度交换，对每个网格在每个时间步长下均进行消光系数的计算。

1）逐项热交换

EFDC 模型采用式（2.3.10）对每个网格进行消光系数的计算。

2）逐项热交换（EPA 版 EFDC 模型）

将消光系数在时间和空间上作为常数，这是 EFDC 原有的做法。为了求解方程式（2.3.1），水动力模块中的（u, v, w）和紊动系数 A_b，由水动力模块提供。太阳辐射水深方向的分布是一个指数函数，可表达为

$$I = r I_{ws} \exp\left[-\beta_f H\left(1-z\right)\right] + \left(1-r\right) I_{ws} \exp\left[-\beta_s H\left(1-z\right)\right] \qquad (2.3.12)$$

式中，I 为 z 处的太阳辐射强度，W/m^2；I_{ws} 为水面处（$z=1$）的太阳辐射强度，W/m^2；β_f 为快速标度光衰减系数，m^{-1}；β_s 为慢速标度光衰减系数，m^{-1}；r 为分配系数，取值为 0～1。

3）平衡温度交换

EFDC 模型对每个网格在每个时间步长下均进行消光系数的计算。如果选用平衡温度交换选项，消光系数的计算和全热平衡选项相同，除了增加一个分配系数，表示最上层吸收的太阳辐射部分（无论这层的厚度和消光系数的大小如何）。用比尔定律表示为

$$H_S(z) = (1-\beta) H_S \exp(-K_e z) \qquad (2.3.13)$$

式中，$H_S(z)$ 为深度 z 处的短波辐射，W/m^2；β 为水面被吸收的份数；K_e 为消光系数，m^{-1}；H_S 为到达水面的短波辐射，W/m^2。

在全热平衡选项中，消光系数可以随着时间和空间的不同而变化。

2.3.2.3　光衰减影响因素

EFDC 模型中的逐项全热平衡表面热交换过程与以往版本最主要的区别在于：

前者采用可变的消光系数，表达为

$$K_{e,SS} = K_{e,b} + K_{e,TSS}TSS + K_{e,VSS}TSS + K_{e,Chl}\sum_{m=1}^{M}\frac{B_m}{C_{Chlm}} + K_{e,RPS}RPS \quad （2.3.14）$$

式中，$K_{e,SS}$ 为总消光系数，m^{-1}；$K_{e,TSS}$ 为总悬浮无机颗粒产生的消光系数，$m^{-1}/(g\cdot m^{-3})$；$K_{e,b}$ 为背景光消光系数，m^{-1}；$K_{e,VSS}$ 为挥发性悬浮颗粒产生的消光系数，$m^{-1}/(g\cdot m^{-3})$；TSS 为无机悬浮颗粒物浓度（由泥沙模块提供），g/m^3；VSS 为挥发性悬浮颗粒浓度（由水质模块提供），g/m^3；$K_{e,Chl}$ 为藻类产生的消光系数，$m^{-1}/(mg\cdot m^{-3})$；B_m 为第 m 种藻浓度，g/mL；C_{Chlm} 为第 m 种藻的碳-叶绿素比，g/mg；$K_{e,RPS}$ 为根生植物芽产生的消光系数，$m^{-1}/(mg\cdot m^{-3})$；RPS 为植物芽的密度，g/m^3。

当使用 EFDC 模型的全热平衡选项或平衡温度选项时，温度模块和水质模块采用统一的消光系数 K_e，这与使用原有的 EFDC 模型全热平衡选项是不一样的。当原有的 EFDC 模型全热平衡选项被使用时，消光系数是时间和空间的常数，就必须指定其他参数，如 K_e（快）和 K_e（慢）等。

如果仅模拟水动力和温度过程，则使用背景光消光系数；如果模拟水动力、温度和泥沙过程，总消光系数是背景光消光系数和由于 TSS 产生的消光系数之和；如果泥沙过程和完整的水质过程均被模拟，总的消光系数则是背景光、TSS、VSS、叶绿素和植物的函数。全热平衡方法中含有可变的光衰减变量，并且和冰封模块耦合用于模拟结冰和融冰过程。

2.3.3 沉积床温度模块

水柱与沉积物交界的"土-水"界面的热交换过程相比于水面而言是很小的，通常被忽略。然而，对于深水湖库的温度模拟，若包含沉积床温度的交换则更加准确。以下介绍 EFDC 模型沉积床温度的交换过程和方程。

沉积床和水柱底层热交换可表示为

$$H_b = -\left(K_{b,v}U + K_{b,c}\right)\left(T_w - T_b\right) \quad （2.3.15）$$

$$U = \sqrt{u_1^2 + v_1^2} \quad （2.3.16）$$

式中，H_b 为沉积床-水柱热交换率，W/m^2；$K_{b,v}$ 为对流热交换系数，$W/(m^2\cdot ℃)$；$K_{b,c}$ 为传导热交换系数，$W/(m^2\cdot ℃)$；u_1 为底层水流速度分量，m/s；v_1 为底层水流速度分量，m/s；T_w 为底层水温，$℃$；T_b 为底床温度，$℃$。

$K_{b,c}$ 一般为 $0.3W/(m^2\cdot ℃)$，大致比表面热交换系数小两个数量级。$K_{b,c}$ 不经常使用，可设为零，但其取值范围在 $0\sim10$。年均的大气温度可作为 T_b 的初始温度，且因热交换而随时变化：

$$\frac{\delta\left(D_bT_b\right)}{\delta t} = -\left(K_{b,v}U + K_{b,c}\right)\left(T_b - T_w\right) \quad （2.3.17）$$

式中，D_b 为沉积床厚度（可传导热），m。此厚度的选择由初始的估计来确定，厚度越大，底床温度变化越慢。

2.3.4 冰封模块

EFDC 模型中加入了一个"冰封模块"（ice submodel），其理论来自于 CE-QUAL-W2[11]。因此，结冰和融冰的过程可以通过和温度模块相耦合来模拟，同时，还将引入冰的动力学过程。

2.3.4.1 热平衡

对于水-冰-大气系统的热平衡可由方程表达：

$$\rho_i L_f \frac{dh}{dt} = h_{ai}(T_i - T_e) - h_{wi}(T_w - T_m) \qquad (2.3.18)$$

式中，ρ_i 为冰的密度，kg/m³；L_f 为冰的融化潜热，J/kg；dh/dt 为冰厚度随时间的变化速率，m/s；h_{ai} 为冰-大气界面热交换系数，W/(m²·℃)；h_{wi} 为通过融化层界面水-冰的热交换系数，W/(m²·℃)；T_i 为冰的温度，℃；T_e 为冰-大气热交换的平衡温度，℃；T_w 为冰下水柱温度，℃；T_m 为冰的融化温度，℃。

2.3.4.2 成冰过程

冰的形成条件是在正常的表面热交换过程中，其温度低于水温并达到凝结点。随着热量散失的增多，冰逐渐在水面形成。水面温度变为负值，负的水温可转换为等效的冰厚，散失的热量作为源汇项传递给水柱。其表达式为

$$\theta_0 = -\frac{T_{wn}\rho_w c_{pw}h}{\rho_i L_f} \qquad (2.3.19)$$

式中，θ_0 为在一个时间步长中冰形成的初始厚度，m；T_{wn} 为当地瞬时负水温，℃；h 为层厚，m；ρ_w 为水的密度，kg/m³；c_{pw} 为水的比热容，J/(kg·℃)；ρ_i 为冰的密度，kg/m³；L_f 为冰的融化潜热，J/kg。

1）冰的表面温度

冰的表面温度可表示为

$$T_s^n \approx \frac{\theta^{n-1}}{K_i}\left[H_{sn}^n + H_{an}^n - H_{br}(T_s^n) - H_c(T_s^n)\right] \qquad (2.3.20)$$

$$H_{sn} + H_{an} - H_{br} - H_e - H_c + q_i = \rho_i L_f \frac{d\theta_{ai}}{dt} \quad (T_s=0℃) \qquad (2.3.21)$$

$$q_i = K_i \frac{T_f - T_s(t)}{\theta(t)} \qquad (2.3.22)$$

式中，K_i 为冰的热传导率，(W·m⁻¹)/℃；T_f 为结冰温度，℃；q_i 为冰的热通量，

W/m²；H_{sn} 为反射的太阳短波辐射，W/m²；H_{an} 为反射的太阳长波辐射，W/m²；H_{br} 为水面反射的辐射，W/m²；H_e 为蒸发热量损失，W/m²；H_c 为传导热量，W/m²。

2）结冰温度

结冰温度和总溶解性颗粒关系如下：

$$T_f = \begin{cases} -0.0545\, TDS, & TDS < 35ng/L \\ -0.3146 - 0.0417\, TDS - 0.000166\, TDS^2, & TDS > 35ng/L \end{cases} \qquad (2.3.23)$$

式中，T_f 为结冰温度，℃；TDS 为总溶解性颗粒，ng/L。

2.3.4.3 冰的生长和融化

1）大气-水交界面冰的融化

冰在大气-水交界面的融化过程可表达为

$$\rho_i c_{pi} \frac{T_s(t)}{2} \theta(t) = \rho_i L_f \Delta \theta_{ai} \qquad (2.3.24)$$

式中，c_{pi} 为冰的比热容，J/（kg·℃）；$T_s(t)$ 为交界面温度；L_f 为冰的融化潜热，J/kg；$\theta(t)$ 为冰的厚度；θ_{ai} 为冰的融化值，m⁻¹。

2）底层冰的生长和融化

底层冰的生长和融化过程可由以下方程表达：

$$q_i - q_{iw} = \rho_i L_f \frac{d\theta_{iw}}{dt} \qquad (2.3.25)$$

式中，q_i 为冰的热通量，W/m²；q_{iw} 为冰-水界面的热通量，W/m²；θ_{iw} 为冰在冰-水界面的生长/融化。

3）底层冰的太阳辐射

底层冰的太阳辐射可表达为

$$H_{ps} = H_s (1 - \alpha_i)(1 - \beta_i) \exp\left[-\gamma_i \theta(t)\right] \qquad (2.3.26)$$

式中，H_{ps} 为冰盖下水吸收的太阳辐射，W/m²；H_s 为入射的太阳辐射，W/m²；α_i 为冰的反射率；β_i 为被冰表面吸收的太阳辐射的份数；γ_i 为冰消光系数，m⁻¹。

2.4 泥沙输运模块

本节介绍 EFDC 模型泥沙输运的基本理论。在 EFDC 模型中包含两个泥沙输运模块选项：一个是基于 Hamrick 工作原有的 EFDC 模型泥沙输运模块[1]；另一个是名称为 "SEDZLJ" 的泥沙输运解决方案，理论来自 Ziegler、Lick、James 和 Jones 的研究工作[13-16]。

2.4.1 悬浮泥沙输运的基本方程

悬浮泥沙在水柱中的输运方程。即为式（2.2.1）的溶解态与悬浮物质基本传输方程。由于逆风计算格式导致内部数值扩散很小，式（2.2.1）中的水平扩散项可以被省略：

$$\frac{\partial}{\partial t}(mHC_j)+\frac{\partial}{\partial x}(PC_j)+\frac{\partial}{\partial y}(QC_j)+\frac{\partial}{\partial z}(mwC_j)-\frac{\partial}{\partial z}(mw_{s,j}C_j)$$
$$=\frac{\partial}{\partial z}\left(m\frac{A_b}{H}\frac{\partial}{\partial z}C_j\right)+S_{s,j}^E+S_{s,j}^I \tag{2.4.1}$$

式中，C_j 为第 j 类泥沙的浓度，g/m³；源汇项被分解为内/外两项，$S_{s,j}^E$ 为外源项，包含点源、非点负荷；$S_{s,j}^I$ 为内源项，包含有机泥沙的反应衰减、不同类泥沙的絮凝和分解等；$m=m_x m_y$，m_x 和 m_y 为坐标变换系数；P 和 Q 为式（2.1.9）定义的通量。

方程式（2.4.1）垂向边界条件为

$$-\frac{A_b}{H}\frac{\partial}{\partial z}C_j-w_{s,j}C_j=J_{jo} \quad (z=0) \tag{2.4.2}$$

$$-\frac{A_b}{H}\frac{\partial}{\partial z}C_j-w_{s,j}C_j=0 \quad (z=1) \tag{2.4.3}$$

式中，J_{jo} 为"土-水"界面净通量，正值表示由土向水的方向。

2.4.2 原有的 EFDC 模型泥沙输运模块

2.4.2.1 非黏性泥沙

1）沉降速度

非黏性无机泥沙是以分散的颗粒形式沉降的。沉降受阻和多相相互作用在接近底床附近的高浓度区非常明显。在低浓度条件下，第 j 类非黏性泥沙的沉降速率，即为单个颗粒的沉速，表达为

$$w_{sj}=w_{soj} \tag{2.4.4}$$

单个颗粒的沉速与泥沙密度、有效粒径和流体运动黏度有关，可采用下式计算[17]：

$$w_{soj}=\sqrt{g'd_j}\begin{cases}\dfrac{Re_{dj}}{18}, & d_j\leqslant100\mu m \\[2mm] \dfrac{10}{Re_{dj}}\left(\sqrt{1+0.01Re_{dj}^2}-1\right), & 100\mu m<d_j\leqslant1000\mu m \\[2mm] 1.1, & d_j>1000\mu m\end{cases} \tag{2.4.5}$$

$$g'=g\left(\frac{\rho_{sj}}{\rho_w}-1\right) \tag{2.4.6}$$

$$Re_{dj} = \frac{d_j\sqrt{g'd_j}}{\nu} \tag{2.4.7}$$

式中，w_{soj} 为第 j 类泥沙单个颗粒的沉速，m/s；Re_{dj} 为第 j 类泥沙颗粒雷诺数；ρ_{sj} 为第 j 类泥沙颗粒密度，g/cm³；ν 为运动黏度，m²/s。

在浓度较高和沉降受阻的条件下，沉降速率比单个颗粒的速率要小，表达为

$$w_{sj} = \left(1 - \sum_i^I \frac{C_i}{\rho_{si}}\right)^n w_{soj} \tag{2.4.8}$$

式中，n 在 2～4 之间取值。

2）沉积和再悬浮

非黏性泥沙是以推移质和悬移质两种形式输运的。当底床切应力 τ_b 超过以应力定义的临界应力（τ_{cs}）时，泥沙在沉积床上从侵蚀和再悬浮开始进行推移质和悬移质的输运。临界应力与泥沙颗粒的直径、密度以及动力黏度相关，有经验公式表达为

$$\theta_{csj} = \frac{\tau_{csj}}{g'd_j} = \frac{u_{*csj}^2}{g'd_j} = f\left(Re_{dj}\right) \tag{2.4.9}$$

式中，θ_{csj} 为临界 Shield 数。

式（2.4.9）的数值表示，采用 van Rijn 的公式：

$$\theta_{csj} = \begin{cases} 0.24\left(Re_{dj}^{2/3}\right)^{-1}, & Re_{dj}^{2/3} < 4 \\ 0.14\left(Re_{dj}^{2/3}\right)^{-0.64}, & 4 \leqslant Re_{dj}^{2/3} < 10 \\ 0.04\left(Re_{dj}^{2/3}\right)^{-0.1}, & 10 \leqslant Re_{dj}^{2/3} < 20 \\ 0.013\left(Re_{dj}^{2/3}\right)^{0.29}, & 20 \leqslant Re_{dj}^{2/3} < 150 \\ 0.055, & Re_{dj}^{2/3} \geqslant 150 \end{cases} \tag{2.4.10}$$

许多方法都用于区分，在某个特定的流速条件下，不同粒径泥沙是以推移质还是以悬移质的方式来输运的。通常采用底床切应力或底床摩阻流速来衡量：

$$u_* = \sqrt{\tau_b} \tag{2.4.11}$$

式中，u_* 为底床摩阻流速；τ_b 为底床切应力，N/m²。

EFDC 模型采用 van Rijn 的公式[18]表示为

$$u_{*csj} = \sqrt{\tau_{csj}} = \sqrt{g'd_j\theta_{csj}} \tag{2.4.12}$$

当底床流速小于临界摩阻流速时，没有侵蚀和再悬浮发生，即没有推移质输运。在这种条件下，悬浮的泥沙沉降到底床。当底床摩阻流速超过临界摩阻流速，但小于沉降速度时，泥沙将从底床上被侵蚀并以推移质的形式输运：

$$u_{*csj} < u_* < w_{soj} \qquad (2.4.13)$$

当底床剪切流速超过临界剪切流速和沉降速率时，推移质的输运停止，泥沙将以悬移质的方式输运。图 2.4.1 说明不同泥沙粒径、沉降速率和临界 Shield 剪切流速之间的关系。对于颗粒直径小于 1.3×10^{-4} m（130μm），沉降速率小于临界 Shield 剪切速率，泥沙自底床再悬浮；当底床切应力大于临界切应力时，泥沙将全部以悬移质输运。对于颗粒直径大于 1.3×10^{-4} m，依据式（2.4.13），侵蚀的泥沙将以推移质输运，当底床剪切流速大于沉降速率时，则以悬移质的方式输运。

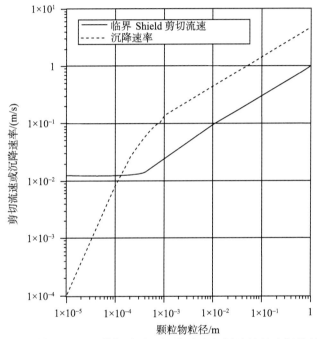

图 2.4.1　临界 Shield 剪切流速、沉降速率与泥沙粒径之间的关系

在 EFDC 模型中，前述规则用于确定多尺度非黏性泥沙的输运方式。采用一般的推移质传输率公式：

$$\frac{q_B}{\rho_s d \sqrt{g'd}} = \phi(\theta, \theta_{cs}) \qquad (2.4.14)$$

式中，q_B 为近底水平流速矢量方向推移质传输率（单位质量/单位时间/单位宽度）；函数 ϕ 取决于 Shield 数，则由式（2.4.9）、式（2.4.10）可得

$$\theta = \frac{\tau_b}{g'd_j} = \frac{u_*^2}{g'd_j} \qquad (2.4.15)$$

许多推移质的传输公式都明确包含沉降速率，然而，由于临界 Shield 数和沉降

速率均为沉积物颗粒密度的雷诺数,沉降速率则又可以表达为临界 Shield 数的方程(式(2.4.14))。

2.4.2.2 黏性泥沙

1)沉降速率

黏性泥沙的沉降过程非常复杂,其沉降速率涉及许多因素,包括颗粒尺寸、含沙量、水动力条件(水平剪切)、紊动强度和泥沙絮凝等,可用半经验公式表达:

$$w_{\text{se}} = w_{\text{se}}\left(d, C, \frac{\mathrm{d}u}{\mathrm{d}z}, q\right) \tag{2.4.16}$$

EFDC 模型提供以下诸多可供选择的沉降速率选项:

(1)Hwang 和 Mehta 根据对奥基乔比湖(Lake Okeechobee)的研究,提出沉降速率公式[19]:

$$w_{\text{s}} = \frac{aC^n}{\left(C^2 + b^2\right)^m} \tag{2.4.17}$$

式中,w_{s} 为沉降速率,mm/s;C 为泥沙浓度,g/L;a、b、m 和 n 可使用最小二乘法来拟合,针对奥基乔比湖的参数分别为 a=33.38、b=3.7、m=1.78 和 n=1.6。

(2)Shrestha 和 Orlob[20]在 Mehta 等[21]的基础上提出一个沉降速两率公式:

$$\begin{cases} w_{\text{s}} = C^{\alpha} \exp\left(-4.21 + 0.147G\right) \\ \alpha = 1.11075 + 0.0386G \end{cases} \tag{2.4.18}$$

式中,G 为水平流速的垂直切变,

$$G = \sqrt{\left(\frac{\partial u}{\partial z}\right)^2 + \left(\frac{\partial v}{\partial z}\right)^2} \tag{2.4.19}$$

(3)Ziegler 和 Nisbet[22,23]提出的经验公式:

$$w_{\text{s}} = ad_{\text{f}}^b \tag{2.4.20}$$

式中,絮凝直径 d_{f} 为

$$d_{\text{f}} = \sqrt{\frac{\alpha_{\text{f}}}{C\sqrt{\tau_{xz}^2 + \tau_{yz}^2}}} \tag{2.4.21}$$

$$a = B_1\left(C\sqrt{\tau_{xz}^2 + \tau_{yz}^2}\right)^{-0.85} \tag{2.4.22}$$

$$b = -0.8 - 0.5\log\left(C\sqrt{\tau_{xz}^2 + \tau_{yz}^2} - B_2\right) \tag{2.4.23}$$

式中,B_1 和 B_2 由实验确定;C 为泥沙浓度,g/L;α_{f} 为实验确定的常数;τ_{xz} 和 τ_{yz} 分别为水柱中某点 x 和 y 方向的紊动切应力,N/m²。

（4）一个广义的依据剪切应力来计算沉降速率的方法：

$$w_s = \begin{cases} 1.510\times10^{-5}(C')^{0.45}, & C' < 40\times10^{-4}(g\cdot s^2)/m^2 \\ 8\times10^{-5}, & 40\times10^{-4}(g\cdot s^2)/m^2 \leqslant C' \leqslant 400\times10^{-4}(g\cdot s^2)/m^2 \\ 0.893\times10^{-6}(C')^{0.75}, & C' > 400\times10^{-4}(g\cdot s^2)/m^2 \end{cases} \quad (2.4.24)$$

$$C' = \tau C \quad (2.4.25)$$

式中，τ 为剪切应力，cm²/s²；C 为黏性泥沙浓度，g/m³。

（5）Burban 等基于胡萨托尼克河（Housatonic River）回归的沉降速率[24, 25]：

$$w_s = \begin{cases} \dfrac{1.270}{86400(C')^{0.79}}, & C' < 3.8\times10^{-4}(g\cdot s^2)/m^2 \\ \dfrac{3.024}{86400(C')^{0.14}}, & C' \geqslant 3.8\times10^{-4}(g\cdot s^2)/m^2 \end{cases} \quad (2.4.26)$$

$$C' = \tau C \quad (2.4.27)$$

式中，τ 为剪切应力，cm²/s²；C 为黏性泥沙浓度，g/m³。

（6）另一个广义的依据剪切应力来计算沉降速率的方法：

$$w_s = \begin{cases} 2.32\times10^{-5}(C')^{0.5}, & C' < 100g/m^3 \\ 3.68\times10^{-5}(C')^{0.4}, & C' \geqslant 100g/m^3 \end{cases} \quad (2.4.28)$$

$$C' = \tau C \quad (2.4.29)$$

式中，τ 为剪切应力，cm²/s²；C 为黏性泥沙浓度，g/m³。

2）沉积

泥沙在土-水界面的沉积和再悬浮非常复杂，影响因素众多，包括近底床水流环境和地质条件等。当底切应力微弱时，泥沙将沉积底床。广泛使用的沉积通量公式为

$$J_o^d = \begin{cases} -w_s C_d\left(\dfrac{\tau_{cd}-\tau_b}{\tau_{cd}}\right) = -w_s P_d C_d, & \tau_b < \tau_{cd} \\ 0, & \tau_b \geqslant \tau_{cd} \end{cases} \quad (2.4.30)$$

式中，J_o^d 为泥沙沉积通量，g/（cm²·s）；τ_b 为水流施于底床的应力；τ_{cd} 为临界沉积应力，N/m²；C_d 为近底床沉积泥沙浓度；P_d 为基于（$\tau_{cd}-\tau_b$）/τ_{cd} 的沉积概率。

临界沉积应力 τ_{cd} 通常由实验确定或现场观测，文献报道的取值范围为 0.06～1.1 N/m²[19, 22, 23]。EFDC 模型中通常将其作为一个校验参数处理。

3）侵蚀

黏性沉积床发生侵蚀时有两种形式：块侵蚀和表面侵蚀。当底床表面以下某一深度的剪切强度无法平衡水流施于底床的切应力时，发生块侵蚀，侵蚀过程将以大片泥沙移动的方式发生。当底部切应力超过底床临界应力时，表面侵蚀就会发生，表面侵蚀将单个的泥沙颗粒从底床表面剥离。

EFDC 模型目前应用 Hwang 和 Mehta 给出的表面侵蚀方程[19]：

$$J_o^r = w_r C_r = \frac{dm_e}{dt}\left(\frac{\tau_b - \tau_{ce}}{\tau_{ce}}\right)^\alpha, \quad \tau_b \geqslant \tau_{ce} \tag{2.4.31}$$

或

$$J_o^r = w_r C_r = \frac{dm_e}{dt}\exp\left(-\beta\left(\frac{\tau_b - \tau_{ce}}{\tau_{ce}}\right)^\gamma\right), \quad \tau_b \geqslant \tau_{ce} \tag{2.4.32}$$

式中，dm_e/dt 为底床单位表面积的表面侵蚀速率；τ_{ce} 为表面侵蚀或再悬浮的临界应力；α、β 和 γ 为与野外观测站点相关的参数。

式（2.4.31）适合于固结的底床，式（2.4.32）更适合于部分固结的底床，这两个方程中的参数通常需要由实验数据或站点野外观测资料确定[21]。

文献报道的表面侵蚀速率（dm_e/dt）取值范围为 0.005～0.1g/（s·m²），并且随容积密度的增加而减小。临界侵蚀应力与底床剪切强度有关，通常小于底床剪切强度，而底床剪切强度又取决于泥沙类型和底床固结的状态。通过实验得到，临界表面侵蚀应力和底床干密度之间的关系表达式为[21]

$$\tau_{ce} = c\rho_s^d \tag{2.4.33}$$

式中，τ_{ce} 为临界表面侵蚀应力；ρ_s 为底床干密度；c 和 d 为站点参数。

EFDC 模型允许用户定义临界表面侵蚀应力或通过以下方程计算 τ_{ce}。

（1）Hwang 和 Mehta 提出的关系[19]

$$\tau_{ce} = \begin{cases} a(\rho_b - \rho_1)^b + c, & \rho_b > 1.065\text{g/cm}^3 \\ 0, & \rho_b \leqslant 1.065\text{g/cm}^3 \end{cases} \tag{2.4.34}$$

式中，ρ_b 为底床容积密度，g/cm³；ρ_1 为底床最上层容积密度，$\rho_1 = 1.065$g/cm³；a、b 和 c 为站点参数，$a=0.883$、$b=0.2$ 和 $c=0.05$。

（2）Sanford 和 Maa 提出的关系方程[26]

$$\tau_{ce} = \tau_{ci}\frac{(1+\text{VR}_r)}{(1+\text{VR}_b)} \tag{2.4.35}$$

式中，τ_{ci} 为参考临界表面侵蚀速率，m²/s²；VR_r 和 VR_b 分别为参考孔隙率和底床孔隙率。

（3）常规关系

$$\tau_{ce} = \tau_{ci} \tag{2.4.36}$$

（4）胡萨托尼克河经验关系

$$\tau_{ce} = \begin{cases} \dfrac{0.2}{1000}, & L \leqslant 265 \\ \dfrac{0.4}{1000}, & L > 265 \end{cases} \tag{2.4.37}$$

式中，L 为胡萨托尼克河 EFDC 模型网格标签，只适用于 DFDC 模型。

2.4.3　新的泥沙输运解决方案（SEDZLJ 模型）

EFDC 模型采用新的泥沙输运解决方案——SEDZLJ 模型，对侵蚀、沉降和推移质采用统一的数学框架表达。SEDZLJ 模型的理论主要来自文献[14]～[16]。

在水生态系统中，常见和典型的泥沙输运监测指标是悬浮泥沙浓度。然而，侵蚀和沉降的许多组合都可以导致相同的悬浮泥沙浓度。例如，在稳定状态，当泥沙侵蚀和沉降达到平衡时，可表达为

$$E - Pw_s C = 0 \qquad (2.4.38)$$

式中，E 为侵蚀速率，cm/s；P 为沉降概率；w_s 为泥沙颗粒沉降速率，m/s；C 为悬浮泥沙浓度。

$$C = \frac{E}{Pw_s} \qquad (2.4.39)$$

由此可见，无数种 E 和 Pw_s 的组合，都能产生相同的 C，因此，悬浮泥沙浓度的测量，不足以决定侵蚀和沉降，也不能预测泥沙输运等。

以往，侵蚀是由底床切应力和颗粒尺寸的理论关系确定。但同时依然存在许多参数可以导致同样的悬浮浓度。为了更加准确地预测侵蚀和沉降，应通过实验或基于实验理论确定其与泥沙特性和水动力参数的方程。

2.4.3.1　底床切应力

底床切应力通常用 τ_b 表达为

$$\tau_b = c_f V \qquad (2.4.40)$$

式中，V 为流速大小，cm/s；c_f 为底床切应力摩擦系数，可由下式计算：

$$c_f = \begin{cases} \dfrac{\kappa^2}{\left(\ln \dfrac{H}{2z_b} \right)^2}, & H \geqslant H_{min} \\ 0, & H < H_{min} \end{cases} \qquad (2.4.41)$$

式中，κ 为冯卡门常数，取值为 0.42；z_b 为底床表面粒径 d_{50} 颗粒的摩擦系数，m；H_{min} 为允许剪切计算的最小深度，m。

2.4.3.2　侵蚀速率

图 2.4.2 为 Conowingo 水库（美国）泥沙水槽实验的一个典型案例结果。侵蚀速率 E 是深度（cm）和切应力 τ（N/m²）的函数，其单位为 cm/s。侵蚀速率在底床表面时最大，并随着切应力 τ 的增大而增大，随着深度的增大而减小。泥沙的这种属性对准确预测泥沙输运十分关键[16]。

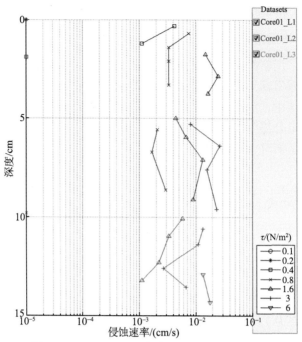

图 2.4.2　Conowingo 水库泥沙的水槽实验数据

　　通常侵蚀速率 E 的单位是 cm/s，为了将其转换为通量单位，如 g/(cm²·s)，方便用于模型计算，需要引入泥沙的体积质量参数。为此，可以用泥沙的容积密度 ρ 表示：

$$\rho = \rho_s x_s + \rho_w x_w = \rho_s x_s + \rho_w \left(1 - x_s\right) \tag{2.4.42}$$

式中，ρ_s 为泥沙密度，g/cm³；x_s 为泥沙的体积分数；ρ_w 为水的密度，g/cm³；x_w 为水的体积分数，$x_w = 1 - x_s$；$x_s\rho_s$ 即为泥沙的体积质量，可表达为

$$x_s\rho_s = \frac{\rho_s\left(\rho - \rho_w\right)}{\rho_s - \rho_w} = \frac{2.6}{1.6}\left(\rho - 1\right) \tag{2.4.43}$$

式中，假定 $\rho_s = 2.6\mathrm{g/cm^3}$ 和 $\rho_w = 1.0\mathrm{g/cm^3}$，只要知道泥沙的容积密度，侵蚀速率（g/(cm²·s)）就可以通过 cm/s 为单位的侵蚀速率乘以 $x_s\rho_s$ 确定。

　　根据上述所知，侵蚀速率是随着深度变化而变化的，这个过程通过一个独立的分层系统被纳入泥沙底床模型中，其中在每一层界面上定义侵蚀速率，并且在整个层中定义泥沙粒径分布和容积密度为常数。根据现场实际数据，可以引入任意层数和厚度来近似计算泥沙性质随深度的变化。

　　EFDC 模型应用的泥沙输运模块可以根据现场实际搜集的空间和深度上离散的侵蚀数据，通过插值的方法推算无侵蚀数据的区域值。总侵蚀速率则是通过泥沙层厚度和剪切应力插值求得，内插公式可表达为

$$E(\tau) = \left(\frac{\tau_{i+1} - \tau}{\tau_{i+1} - \tau_i}\right)E_i + \left(\frac{\tau - \tau_i}{\tau_{i+1} - \tau_i}\right)E_{i+1} \qquad (2.4.44)$$

式中，下标"i"表示切应力小于τ，而"$i+1$"表示切应力大于τ。

由于E随深度变化很快，因此，对数内插可以更好地表示侵蚀速率和深度之间的关系：

$$\ln[E(T)] = \left(\frac{T_0 - T}{T_0}\right)\ln(E_j) + \frac{T}{T_0}\ln(E_{j+1}) \qquad (2.4.45)$$

式中，T为实际层厚，m；T_0为初始层厚，m；下标"j"和"$j+1$"表示层顶部和底部的数值。

式（2.4.44）和式（2.4.45）合并可求因切应力和深度共同造成的侵蚀速率。

2.4.3.3 临界侵蚀切应力

泥沙侵蚀过程中，另一个至关重要的参数是临界侵蚀应力τ_{ce}。由于很难精确地定义侵蚀开始时的临界流速或者临界切应力，临界侵蚀应力则定义为可以量测到的少量泥沙开始侵蚀时的应力。不同侵蚀速率时切应力被定义为τ_{ce}，Roberts 等[27]定义此时的侵蚀速率为10^{-6}m/s，约为 15min 被侵蚀 1mm 的度量。

临界侵蚀应力与泥沙颗粒粒径d的函数关系如图 2.4.3 所示。当$d>200\mu m$，主要以非黏性泥沙侵蚀为主，泥沙固结快速；$d<200\mu m$ 时，以黏性泥沙行为为主，固结缓慢。临界侵蚀应力τ_{ce}不但是颗粒粒径的函数，而且是容积密度的函数，其随粒径d的减小和容积密度的增加而增加。

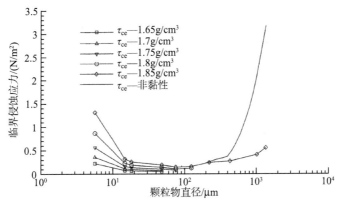

图 2.4.3 临界侵蚀应力和泥沙颗粒粒径之间的关系

Soulsby 提出了临界侵蚀应力近似的计算公式[28]：

$$\tau_{ce} = \rho g d\theta = \rho g d\left\{\frac{0.3}{1+1.2d_*} + 0.055\left[1 - \exp(-0.02d_*)\right]\right\} \qquad (2.4.46)$$

$$d_* = d\left[\left(\rho_{sd} / \rho_w - 1\right) g / v^2\right]^{1/3} \qquad (2.4.47)$$

式中，d_* 为无量纲的颗粒直径；v 为运动黏度；θ 为 Shield 数，展开式见式（2.4.46）。

2.4.3.4　侵蚀后的悬移质和推移质

底床泥沙被侵蚀后，一部分被悬起进入上覆水以悬移质方式输运，另一部分在底床表面翻滚或跳跃以推移质方式输运。输运方式取决于泥沙颗粒粒径和底床切应力大小。假定 $d<200\mu m$ 的泥沙（通常为黏性），均是以悬移质方式输运的；而更粗一些的泥沙，粒径 $d>200\mu m$ 可以以悬移质或者推移质的方式输运。

对于特定尺寸的泥沙颗粒，悬移质（或泥沙再悬浮）的临界应力定义为 τ_{cs}（N/m²），可以由 van Rijn 的公式表达[17]为

$$\tau_{cs} = \begin{cases} \dfrac{1}{\rho_w}\left(\dfrac{4w_s}{d_*}\right)^2, & d \leqslant 400\mu m \\[3mm] \dfrac{1}{\rho_w}\left(0.4w_s\right)^2, & d > 400\mu m \end{cases} \qquad (2.4.48)$$

式中，d_* 为无量纲的颗粒直径，可表达为

$$d_* = d\left[\left(\rho_s - 1\right) g / v^2\right]^{1/3} \qquad (2.4.49)$$

式中，d 为颗粒直径，cm；w_s 为颗粒沉降速率，cm/s；当 $\tau^b > \tau_{cs}$ 时，泥沙颗粒以推移质和悬移质两种方式运移；当 τ^b 更大时，泥沙则全部以悬移质方式输运。

沉降速率可由 Cheng、van Rijn 或者其他公式决定。其中 Cheng 提出的公式为[29]

$$w_s = \frac{v}{d}\left(\sqrt{25 + 1.2d_*^2} - 5\right)^{1.5} \qquad (2.4.50)$$

式中，v 为运动黏度，cm²/s。Cheng 的公式是基于真实泥沙沉降实验获得，比传统的 Stokes 公式沉速小，这是因为真实的泥沙沉降颗粒大小和形状不规则，比理想状况下受水动力阻滞效应更大。

van Rijn 采用的计算泥沙沉降速率的公式为

$$w_s = \begin{cases} \dfrac{1}{18}\left[\dfrac{(s-1)gD_s^2}{v}\right], & D_s < 100\mu m \\[4mm] 10\dfrac{v}{D_s}\left\{\left[1 + \dfrac{0.01(s-1)gD_s^3}{v^2}\right]^{0.5} - 1\right\}, & 100\mu m \leqslant D_s < 1000\mu m \\[4mm] 1.1\left[(s-1)gD_s\right]^{0.5}, & D_s \geqslant 1000\mu m \end{cases} \qquad (2.4.51)$$

式中，D_s 为典型颗粒直径，m；s 为比重。

Guy 等对于 d_{50} 为 190～930μm 尺寸大小的泥沙进行推移和悬移的实验，其研究表明：当摩阻流速与沉降速率之比增加时，悬移质部分占总输运部分的比例（q_s/q_t）增加，实验数据的公式化表达为

$$\frac{q_s}{q_t} = \begin{cases} 0, & \tau_b < \tau_{cs} \\ \dfrac{\ln\left(u_*/w_s\right) - \ln\left(\sqrt{\tau_{cs}/\rho_w}/w_s\right)}{\ln 4 - \ln\left(\sqrt{\tau_{cs}/\rho_w}/w_s\right)}, & \tau_b > \tau_{cs} \text{且} \dfrac{u_*}{w_s} < 4 \\ 1, & \dfrac{u_*}{w_s} > 4 \end{cases} \quad (2.4.52)$$

自然界中的泥沙粒径是连续分布的，但在数值模型中，泥沙颗粒尺寸是离散的，被按颗粒尺寸划分许多不同的组。模型中沉积床中的泥沙也被描述为颗粒尺寸组别和相应的份数。通过 q_s/q_t 值将不同的颗粒尺寸组别 j 累加为总的侵蚀通量，同时计算出 j 组的悬浮泥沙通量 $E_{s,j}$，推移质的侵蚀量 $E_{b,j}$ 则通过 $(1-q_s/q_t)$ 计算而得，因此，j 组泥沙的侵蚀通量可由下式计算：

$$E_{s,j} = \begin{cases} 0, & \tau_b < \tau_{ce} \\ \dfrac{q_s}{q_t} f_j E, & \tau_b \geqslant \tau_{ce} \end{cases} \quad (2.4.53)$$

$$E_{b,j} = \begin{cases} 0, & \tau_b < \tau_{ce} \\ \left(1 - \dfrac{q_s}{q_t}\right) f_j E, & \tau_b \geqslant \tau_{ce} \end{cases} \quad (2.4.54)$$

式中，f_j 为第 j 组颗粒泥沙的质量分数。

2.4.3.5　悬移质

对悬浮泥沙来说，水柱的三维非稳态泥沙输运方程为式（2.4.1），总的净悬浮泥沙通量 Q_s，可由总侵蚀悬移通量 $E_{s,j}$ 减去沉降通量 $D_{s,j}$ 获得

$$Q_{s,j} = E_{s,j} - D_{s,j} \quad (2.4.55)$$

式中，

$$Q_s = \sum_j Q_{s,j} \quad (2.4.56)$$

在静止的液体中，由于没有底床切应力的存在，悬浮泥沙的沉降通量可以由水柱中泥沙沉降速率和浓度表达。然而，在流动的液体中，沉降通量还受到紊流和底

床切应力的影响，表达式中需包括沉降概率（P_j）：

$$D_{sj} = P_j w_{sj} C_{sj} \qquad (2.4.57)$$

黏性泥沙的沉降概率和非黏性泥沙的不同。对于黏性泥沙颗粒，有效粒径小于 200μm 时，Krone 给出的沉降概率公式为[31]

$$P_j = \begin{cases} 0, & \tau_b > \tau_{cs,j} \\ \left(1 - \dfrac{\tau^b}{\tau_{cs,j}}\right), & \tau_b < \tau_{cs,j} \end{cases} \qquad (2.4.58)$$

对于更大的非黏性泥沙颗粒，有效粒径大于 200μm 的组别，Gessler 给出的沉降概率公式为[32]

$$P_j(Y) = \mathrm{erf}\left(\frac{Y}{2}\right) = \frac{2}{\sqrt{\pi}} \int_0^{Y/2} \exp\left(-\xi^2\right) \mathrm{d}\xi \qquad (2.4.59)$$

式中，

$$Y = \frac{1}{\sigma}\left(\frac{\tau_{cs,j}}{\tau_b} - 1\right) \qquad (2.4.60)$$

式中，$\tau_{cs,j}$ 为第 j 组颗粒的临界切应力；σ 为标准差，约为 0.57。

对于 $Y>0$，误差小于 0.001%时的估计值为[33]

$$P_j = 1 - F(Y)(0.4632X - 0.1202X^2 + 0.9373X^3) \qquad (2.4.61)$$

式中，

$$F(Y) = \frac{1}{(2\pi)^{1/2}} \exp\left(-\frac{1}{2}Y^2\right) \qquad (2.4.62)$$

$$X = \frac{1}{1 + 0.33267Y} \qquad (2.4.63)$$

当 $Y<0$ 时，可由下式表达：

$$P_j = 1 - P(|Y|) \qquad (2.4.64)$$

图 2.4.4 为黏性和非黏性泥沙颗粒的沉降概率分布。

2.4.3.6　推移质

对于推移质输运的描述，采用 van Rijn 的方法[18]。计算推移质颗粒浓度的质量

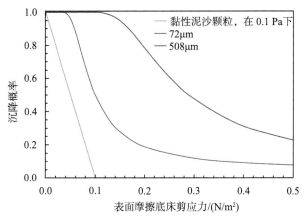

图 2.4.4　黏性和非黏性泥沙颗粒的沉降概率分布

守恒方程可表达为

$$\frac{\partial\left(mC_{\mathrm{b}}\right)}{\partial t}=\frac{\partial\left(mq_{\mathrm{bx}}\right)}{\partial x}+\frac{\partial\left(mq_{\mathrm{by}}\right)}{\partial y}+Q_{\mathrm{b}} \qquad (2.4.65)$$

式中，C_{b} 为推移质浓度，g/cm²；q_{b} 为 x 或 y 方向的水平推移质通量，g/(s·cm)；m 为单元面积，cm²；Q_{b} 为沉积床和推移质之间的泥沙垂向净通量，g/s。

水平推移质通量可表达为

$$q_{\mathrm{b}}=u_{\mathrm{b}}C_{\mathrm{b}} \qquad (2.4.66)$$

式中，u_{b} 为推移质速率，cm/s；推移质速率和厚度可由 van Rijn 公式计算[18]：

$$u_{\mathrm{b}}=1.5T^{0.6}\left[\left(\rho_{\mathrm{s}}-1\right)gd\right]^{0.5} \qquad (2.4.67)$$

$$h_{\mathrm{b}}=3dd_{*}^{0.6}T^{0.9} \qquad (2.4.68)$$

参数 T 的计算公式为

$$T=\frac{\tau_{\mathrm{b}}-\tau_{\mathrm{ce}}}{\tau_{\mathrm{ce}}} \qquad (2.4.69)$$

沉积床和推移质之间的泥沙净通量 Q_{b}，可由侵蚀成推移质的量 E_{b} 减去推移质沉降到底床的量 D_{b}，即

$$Q_{\mathrm{b}}=E_{\mathrm{b}}-D_{\mathrm{b}} \qquad (2.4.70)$$

式中，D_{b} 计算公式可表达为

$$D_{\mathrm{b}}=Pw_{\mathrm{s}}C_{\mathrm{b}} \qquad (2.4.71)$$

在平衡状态下，推移质的泥沙浓度 C_{e} 是侵蚀和沉降的动态平衡：

$$E_b = P w_s C_e \qquad (2.4.72)$$

因此，沉降概率 P 可表达为

$$P = \frac{E_b}{w_s C_e} \qquad (2.4.73)$$

侵蚀速率的大小可由水槽实验决定，而沉降速率可由式（2.4.51）计算。平衡浓度 C_e 采用 van Rijn 的公式计算[18]：

$$C_e = 0.117 \frac{\rho_s T}{d_*} \qquad (2.4.74)$$

平衡浓度 C_e 是基于均匀泥沙颗粒的实验得到的。通常来说，沉积床包含多种尺寸的泥沙颗粒。因此，对于一种特定尺寸泥沙颗粒的侵蚀速率可以表达为 $f_j E_b$，在此方程中，隐含了每种 j 组尺寸颗粒泥沙都保持着动态平衡的假定。于是第 j 组尺寸颗粒泥沙的沉降概率表达为

$$P_j = \frac{f_j E_b}{w_{sj} f_j C_{ej}} = \frac{E_b}{w_{sj} C_{ej}} \qquad (2.4.75)$$

2.4.3.7　底床粗化

随着细小泥沙被不断侵蚀和大颗粒泥沙的不断沉积、压实，底床的侵蚀速率不断减小，使得沉积床表面粗糙程度加大，可称为粗化。泥沙的压实和侵蚀的减缓可以通过水槽实验现场测量获得。假定在沉积床表面有一个薄层（活跃层），这个活跃层的存在可使沉降和侵蚀发生在不连续的层中，不允许沉降的泥沙干扰更深层的泥沙（图 2.4.5）。van Niekerk 等建议采用以下公式计算活跃层的厚度[34]：

$$T_a = 2 d_{50} \frac{\tau_b}{\tau_{ce}} \qquad (2.4.76)$$

式中，d_{50} 为平均粒径。该公式考虑了随着剪切应力的增加，紊流对床面有更深层的影响。

由于活跃层厚度是常数，则有可能出现 3 种情况。①活跃层侵蚀量大于沉降量，导致活跃层厚度为 T，那么 $T_a - T$ 的厚度将加入活跃层以保持常数，增加厚度的泥沙组分与活跃层下方层一致；②活跃层侵蚀量小于沉降量，导致活跃层厚度为 T，那么 $T - T_a$ 则成为活跃层下的一个新层，其泥沙颗粒尺寸组分与活跃层一致；③活跃层侵蚀量与沉降量一致，即 $T = T_a$，这种情况下，没有层的变化。

活跃层侵蚀速率的大小依赖于泥沙颗粒尺寸，图 2.4.6 表示侵蚀速率、剪切应力和颗粒直径的关系。

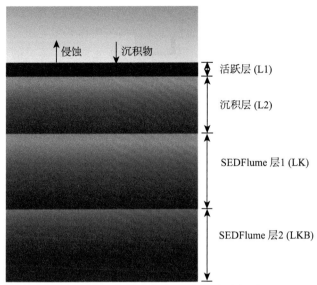

图 2.4.5 水槽实验中泥沙分层示意图

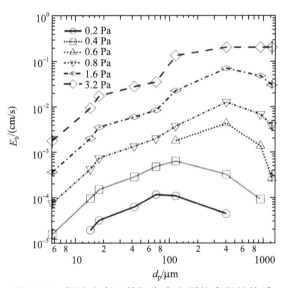

图 2.4.6 侵蚀速率、剪切应力和颗粒直径的关系

2.5 水质与富营养化模块

2.5.1 概述

水质与富营养化模块是 EFDC 模型的核心模块，其变量定义和动力学过程描述

来源于 CE-QUAL-ICM 水质模型[35, 36]。表 2.5.1 列出该模块完整的水质变量,图 2.5.1 为水质变量的相互关系。早期的水质模型往往用生物需氧量(BOD)表示耗氧有机物,例如 WASP 模型[37]。而 EFDC 模型是基于碳元素的,藻类的生物量均是以碳量表示,三类有机碳的变量与 BOD 的作用相当。有机形态的碳、氮和磷均表达为难溶颗粒态、活性颗粒态和溶解态三类。这种分类的应用从化学反应的角度为有机物质形态提供更加合理的分布。

表 2.5.1　EFDC 模型水质变量

序号	水质状态变量	符号	单位	分类
1	蓝藻	Bc	mg/L C	
2	硅藻	Bd	mg/L C	藻类
3	绿藻	Bvg	mg/L C	
4	难溶颗粒态有机碳	RPOC	mg/L	
5	活性颗粒态有机碳	LPOC	mg/L	有机碳
6	溶解态有机碳	DOC	mg/L	
7	难溶颗粒态有机磷	RPOP	mg/L	
8	活性颗粒态有机磷	LPOP	mg/L	
9	溶解态有机磷	DOP	mg/L	磷
10	总磷酸盐	PO4	mg/L	
11	难溶颗粒态有机氮	RPON	mg/L	
12	活性颗粒态有机氮	LPON	mg/L	
13	溶解态有机氮	DON	mg/L	氮
14	氨氮	NH4	mg/L	
15	硝态氮	NO2+NO3	mg/L	
16	颗粒态生物硅	SU	mg/L	硅
17	溶解态可用硅	SA	mg/L	
18	化学需氧量	COD	mg/L	
19	溶解氧	DO	mg/L	
20	总活性金属	TAM	mol/m³	其他
21	粪大肠杆菌	FCB	MPN/100mL	
22	大型藻类/底栖藻类	BM	mg/L C	

以下章节将详细讨论这些变量及其相互作用的动力学方程,包括沉积物和上覆水之间"土-水"界面的通量等。

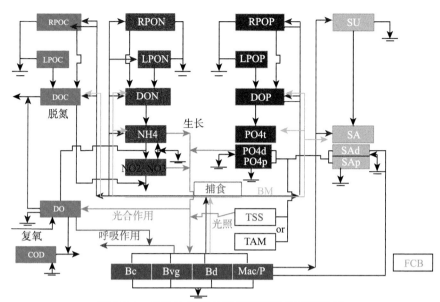

图 2.5.1　EFDC 模型水质模型变量关系结构图

2.5.2　水柱富营养化控制方程

2.5.2.1　质量守恒方程

水质变量的质量守恒方程可表达为

$$\frac{\partial}{\partial t}\left(m_x m_y HC\right) + \frac{\partial}{\partial x}\left(m_y HuC\right) + \frac{\partial}{\partial y}\left(m_x HvC\right) + \frac{\partial}{\partial z}\left(m_x m_y wC\right)$$

$$= \frac{\partial}{\partial x}\left(\frac{m_y HA_x}{m_x}\frac{\partial C}{\partial x}\right) + \frac{\partial}{\partial y}\left(\frac{m_x HA_y}{m_y}\frac{\partial C}{\partial y}\right) + \frac{\partial}{\partial z}\left(m_x m_y \frac{A_z}{H}\frac{\partial C}{\partial z}\right) + m_x m_y HS_C \quad （2.5.1）$$

式中，C 为水质变量浓度，mg/L；u、v、w 分别为水平-曲线坐标和垂向 σ 坐标下的 x、y 和 z 的速度分量，m/s；A_x、A_y 和 A_z 分别为 x、y 和 z 三个方向的紊动扩散系数，m^2/s；S_C 为内/外源汇项；H 为水柱深度，m；m_x 和 m_y 为水平-曲线坐标变化因子。

式（2.5.1）等号左边的后三项为对流传输项；右边的前三项为扩散传输项，最后一项为源汇项。

2.5.2.2　状态变量的动力学方程

描述动力过程和外部负荷的方程，表达如下：

$$\frac{\partial C}{\partial t} = S_C \quad （2.5.2）$$

动力学过程包括物理过程（如沉降、吸附）、化学过程（如硝化作用）或者生物过程（如藻类生长和吸收）。一阶动力学可表达为

$$\frac{\partial C}{\partial t} = kC + R \tag{2.5.3}$$

式中，k 为动力学速率；R 为由于外部负荷和/或内部反应引起的源/汇项。

1）藻类

藻类在整个水质过程中占据最重要的角色（图 2.5.1）。藻类在 EFDC 模型中被分为四类变量：蓝藻（蓝绿藻）、硅藻和绿藻分别以下标 c, d, g 表示，大型藻类不随水流而移动，用 m 表示。藻类的源汇项包含：①生长；②基础新陈代谢；③被捕食；④沉降；⑤外源负荷。藻的动力过程可表达为

$$\frac{\partial B_x}{\partial t} = \left(P_x - \text{BM}_x - \text{PR}_x\right)B_x + \frac{\partial}{\partial Z}\left(\text{WS}_x B_x\right) + \frac{W_{B_x}}{V} \tag{2.5.4}$$

式中，B_x 为第 x 类藻的生物量，g/m³；t 为时间，d；P_x 为第 x 类藻的生长速率，d^{-1}；BM_x 为第 x 类藻的基础新陈代谢速率，d^{-1}；PR_x 为第 x 类藻的被捕食速率，d^{-1}；WS_x 为第 x 类藻的沉降速率，m/d；W_{B_x} 为第 x 类藻的外源负荷，g/d；V 为单元体积，m³。

（1）藻的生长。藻的生长依赖于营养盐水平、光照和温度等条件，可用公式表达为

$$P_x = \text{PM}_x f_1(N) f_2(I) f_3(T) f_4(S) \tag{2.5.5}$$

式中，PM_x 为第 x 类藻最佳条件下的最大生长速率，d^{-1}；$f_1(N)$ 为营养盐生长限制函数，$0 \leqslant f_1 \leqslant 1$；$f_2(I)$ 为光照生长限制函数，$0 \leqslant f_2 \leqslant 1$；$f_3(T)$ 为温度生长限制函数，$0 \leqslant f_3 \leqslant 1$；$f_4(S)$ 为盐度生长限制函数，$0 \leqslant f_4 \leqslant 1$。

① 营养盐限制。根据 Liebig 的"木桶原理（law of the minimum）"，藻的生长是由供应营养盐最少的元素决定，营养盐限制方程可表达为

$$f_1(N) = \left(\frac{C_{\text{NH4}} + C_{\text{NO3}}}{K_{\text{HN}_x} + C_{\text{NH4}} + C_{\text{NO3}}}, \frac{C_{\text{PO4d}}}{K_{\text{HP}_x} + C_{\text{PO4d}}}, \frac{C_{\text{SAd}}}{K_{\text{HS}} + C_{\text{SAd}}}\right) \tag{2.5.6}$$

式中，C_{NH4} 为氨氮浓度，g/m³；C_{NO3} 为硝态氮浓度，g/m³；K_{HN_x} 为第 x 类藻代谢氮的半饱和常数，g/m³；C_{PO4d} 为溶解性磷酸盐浓度，g/m³；K_{HP_x} 为第 x 类藻代谢磷的半饱和常数，g/m³；C_{SAd} 为溶解性可用硅浓度，g/m³；K_{HS} 为硅藻代谢硅的半饱和常数，g/m³。

② 光限制。水柱中的光场可表达为

$$\frac{\partial I}{\partial Z_*} = -K_{\text{e,ss}} I \tag{2.5.7}$$

式中，I 为光强，W/m^2；$K_{e,ss}$ 为消光系数，m^{-1}；Z_* 为水面以下的深度，m。

消光系数为水深的函数，将式（2.5.7）积分得

$$I = I_{ws} \exp\left(-\int_0^{Z_*} K_{e,ss}\, \mathrm{d}Z_*\right) \qquad (2.5.8)$$

水面光强 I_{ws} 可表达为

$$I_{ws} = I_o \min\left(\exp\left(-K_{e,me}(H_{RPS}-H)\right),1\right) \qquad (2.5.9)$$

式中，I_o 为挺出水面植被芽的顶端光强或沉水植被水面光强，W/m^2；$K_{e,me}$ 为挺出水面植被芽的消光系数，m^{-1}；H_{RPS} 为植被芽的高度，m；H 为水柱深度，m。

当沉水植被被模拟时，水柱中高于植被部分的消光系数表达为

$$K_{e,ac} = K_{e,b} + K_{e,TSS} \cdot TSS + K_{e,VSS} \cdot VSS + K_{e,Chl}\sum_{m=1}^{M}\left(\frac{B_m}{C_{Chlm}}\right) \qquad (2.5.10)$$

植被以下水柱的消光系数表达为

$$K_{e,ic} = K_{e,b} + K_{e,TSS} \cdot TSS + K_{e,VSS} \cdot VSS + K_{e,Chl}\sum_{m=1}^{M}\left(\frac{B_m}{C_{Chlm}}\right) + K_{e,RPS}\cdot RPS \qquad (2.5.11)$$

式中，$K_{e,b}$ 为背景光消光系数，m^{-1}；$K_{e,TSS}$ 为无机悬浮颗粒消光系数，m^{-1}/（g·m^{-3}）；TSS 为无机悬浮颗粒浓度（水动力模型提供），g/m^3；$K_{e,VSS}$ 为挥发性悬浮颗粒消光系数，m^{-1}/（g·m^{-3}）；VSS 为挥发性悬浮颗粒浓度（水质模型提供），g/m^3；$K_{e,Chl}$ 为叶绿素消光系数，m^{-1}/（mg·m^{-3}）；B_m 为第 m 类藻浓度，g/mL；C_{Chlm} 为第 m 类藻的碳-叶绿素比，g/mg；$K_{e,RPS}$ 为沉水植被消光系数，m^{-1}/（g·m^{-3}）；RPS 为植被芽的密度，g/m^2。

在 CE-QUAL-ICM 模型中，原始的版本是使用 Steel 方程表达光限制[35]：

$$f_2(I) = \frac{I}{I_{sx}}\exp\left(1-\frac{I}{I_{sx}}\right) \qquad (2.5.12)$$

Steel 方程积分后，除去植被遮光因素，表达为

$$f_2 = \frac{\exp(1)FD}{K_{e,ss}(ZB-ZT)}\left(\exp(-\alpha_B)-\exp(-\alpha_T)\right) \qquad (2.5.13)$$

$$\alpha_B = \left(\frac{I_{ws,avg}}{FD I_{sx}}\right)\exp(-K_{e,ss}ZB) \qquad (2.5.14)$$

$$\alpha_T = \left(\frac{I_{ws,avg}}{FD I_{sx}}\right)\exp(-K_{e,ss}ZT) \qquad (2.5.15)$$

式中，FD 为日长分数，$0\leq FD\leq 1$；$K_{e,ss}$ 为总消光系数，m^{-1}；ZT 为水面到层顶的距离，m；ZB 为水面到层底的距离，m；$I_{ws,avg}$ 为水面每日总光强，lan/d；I_{sx} 为第 x 类藻最佳光强，lan/d。

藻类光合作用的最佳光强受藻类种属、温度、暴露时间、营养盐水平等因素影

响，可表达为

$$I_{sx} = \min\left(I_{oavg}\exp\left(-K_{e,ss}\,D_{optx}\right), I_{sxmin}\right) \tag{2.5.16}$$

式中，D_{optx} 为第 x 类藻最大生长深度，m；I_{oavg} 为修正的光强，lan/d；I_{sxmin} 为最佳光强的最小值，W/m^2。I_{sxmin} 的意义为藻类在更低的光强下无法大量生长。修正的表面光强 I_{oavg} 可由下式估算：

$$I_{oavg} = C_{I_a}I_0 + C_{I_b}I_1 + C_{I_c}I_2 \tag{2.5.17}$$

式中，I_1 为模拟日前一天的日光强，lan/d；I_2 为模拟日前两天的每日光强，lan/d；C_{I_a}、C_{I_b} 和 C_{I_c} 分别为 I_0、I_1 和 I_2 的权重因子，$C_{I_a} + C_{I_b} + C_{I_c} = 1$。

Bunch 等[38]采用 Monod 形式的方程表达光限制：

$$f_2(I) = \frac{I}{K_{HI} + I} \tag{2.5.18}$$

或改进的 Monod 形式的光限制[39]：

$$f_2(I) = \frac{I}{\sqrt{K_{HI}^2 + I^2}} \tag{2.5.19}$$

式中，K_{HI} 为光限制半饱和常数，W/m^2。

式（2.5.18）可以直接在水柱层平均得到：

$$f_{2avg} = \frac{1}{K_{e,ss}\left(ZB - ZT\right)}\ln\left(\frac{K_{HI} + I_{ws}\exp\left(-K_{e,ss}\,ZT\right)}{K_{HI} + I_{ws}\exp\left(-K_{e,ss}\,ZB\right)}\right) \tag{2.5.20}$$

式（2.5.19）的情况则为

$$f_{2avg} = \frac{1}{K_{e,ss}}\frac{1}{ZB - ZT}\left(\sqrt{1 + \left(\frac{I_{ws}}{K_{HI}}\exp\left(-K_{e,ss}\,ZT\right)\right)^2} - \sqrt{1 + \left(\frac{I_{ws}}{K_{HI}}\exp\left(-K_{e,ss}\,ZB\right)\right)^2}\right) \tag{2.5.21}$$

③ 温度限制。藻类生长的温度依懒性，可由高斯概率曲线表示：

$$f_3(T) = \begin{cases} \exp\left(-KT_{G1x}\left(T - T_{M1_x}\right)^2\right), & T \leqslant T_{M1_x} \\ 1, & T_{M1_x} < T < T_{M2_x} \\ \exp\left(-KT_{G2x}\left(T - T_{M2_x}\right)^2\right), & T \geqslant T_{M2_x} \end{cases} \tag{2.5.22}$$

式中，T 为温度（水动力模块提供），℃；T_{M_x} 为第 x 类藻的最佳生长温度，℃；KT_{G1x} 为第 x 类藻温度低于 T_{M1_x} 时的生长影响效果，$℃^{-2}$；KT_{G2x} 为第 x 类藻温度高于 T_{M2_x} 时的生长影响效果，$℃^{-2}$。

④ 盐度限制。淡水蓝藻生长的盐度限制可表达为

$$f_4(S) = \frac{S_{\text{TOXS}}^2}{S_{\text{TOXS}}^2 + S^2} \qquad (2.5.23)$$

式中，S_{TOXS} 为藻类生长速度减半的盐度；S 为水柱的盐度（水动力模块提供）。

（2）藻的基础新陈代谢。藻的基础新陈代谢包括呼吸和排泄作用，在此过程中，藻中的碳、氮、磷和硅等元素将重新回归到环境中。藻类新陈代谢可表达为

$$\text{BM}_x = \text{BM}_{R_x} \exp\left[\text{KTB}_x(T - T_{R_x})\right] \qquad (2.5.24)$$

式中，BM_{R_x} 为第 x 类藻在 T_R 温度下的基础新陈代谢速率，d^{-1}；KTB_x 为第 x 类藻新陈代谢的温度影响系数，$℃^{-1}$；T_{R_x} 为第 x 类藻基础新陈代谢的参考温度，$℃$。

（3）藻的被捕食。EFDC 模型暂不包含浮游动物模块，因此藻的被捕食率是藻类生物量的一部分，以系数来表示，方程可表达为

$$\text{PR}_x = \text{PR}_{R_x}\left(\frac{B_x}{B_{xP}}\right)^{\alpha_P} \exp\left[\text{KTP}_x(T - T_{R_x})\right] \qquad (2.5.25)$$

式中，PR_{R_x} 为第 x 类藻在 B_{xP} 浓度和 T_{R_x} 温度下的被捕食参考速率，d^{-1}；B_{xP} 为被捕食藻的参考浓度，g/m^3；α_P 为指数依赖系数；KTP_x 为第 x 类藻被捕食的温度影响系数，$℃^{-1}$。

（4）藻的沉降。藻类在水柱中的沉降速率受诸多因素的影响，包括藻本身的尺寸、外形、密度，以及水流的速度和紊动强度等。模拟藻的沉降速率是不现实的，大多数水质模型是以模型参数的形式表达藻的沉降速率，4 种藻类种属的沉降参数分别为 WS_c、WS_d、WS_g 和 WS_m。已发表的文献表明，藻的沉降速率差别很大，范围在 $0.05\sim015\text{m/d}$。

2）有机碳

有机碳包含三类变量：难溶颗粒态、活性颗粒态和溶解态的有机碳。难溶和活性的区分主要是降解时间尺度上的差别，数天至数周的时间尺度被定义为活性，超过数周的缓慢降解的部分则是难溶性质的。这些难溶颗粒态有机碳在沉积物中的降解将造成沉积物需氧量（SOD）的产生，颗粒态有机碳的水质过程包括：藻类捕食；水解为溶解性有机碳；沉降；外部负荷。其可表达为

$$\frac{\partial C_{\text{RPOC}}}{\partial t} = \sum_{x=c,d,g,m} \text{FCRP}_x\text{PR}_xB_x - K_{\text{RPOC}}C_{\text{RPOC}} + \frac{\partial}{\partial Z}(\text{WS}_{\text{RP}}C_{\text{RPOC}}) + \frac{W_{\text{RPOC}}}{V} \qquad (2.5.26)$$

$$\frac{\partial C_{\text{LPOC}}}{\partial t} = \sum_{x=c,d,g,m} \text{FCLP}_x\text{PR}_xB_x - K_{\text{LPOC}}C_{\text{LPOC}} + \frac{\partial}{\partial Z}(\text{WS}_{\text{LP}}C_{\text{LPOC}}) + \frac{W_{\text{LPOC}}}{V} \qquad (2.5.27)$$

式中，C_{RPOC} 为难溶颗粒态有机碳的浓度，g/m^3；C_{LPOC} 为活性颗粒态有机碳的浓度，g/m^3；FCRP 为被捕食的碳中来自难溶颗粒态有机碳的部分；FCLP 为被捕食的碳中来自活性颗粒态有机碳的部分；K_{RPOC} 为难溶颗粒态有机碳水解速率，d^{-1}；K_{LPOC}

为活性颗粒态有机碳水解速率，d^{-1}；WS_{RP} 为难溶颗粒态有机物质的沉降速率，m/d；WS_{LP} 为活性颗粒态有机物质的沉降速率，m/d；W_{RPOC} 为难溶颗粒态有机碳外部负荷，g/d；W_{LPOC} 为活性颗粒态有机碳外部负荷，g/d。

溶解态有机碳过程包括：藻类的排泄和捕食；颗粒态有机碳的水解；异养呼吸作用（分解）；反硝化作用；外部负荷。其控制方程可表达为

$$\frac{\partial C_{DOC}}{\partial t} = \sum_{x=c,d,g,m} \left(\left[FCD_x + (1-FCD_x)\left(\frac{K_{HR_x}}{K_{HR_x}+C_{DO}}\right) \right] + FCDP_x PR_x \right) B_x$$
$$+ K_{RPOC}RPOC + K_{LPOC}LPOC - K_{HR}C_{DOC} - Denit \cdot C_{DOC}$$
$$+ \frac{W_{DOC}}{V} \tag{2.5.28}$$

式中，C_{DOC} 为溶解态有机碳的浓度，g/m^3；FCD_x 为第 x 类藻基础新陈代谢中以溶解态有机碳形式析出的部分；K_{HR_x} 为第 x 类藻溶解态有机碳排泄的溶解氧半饱和常数，g/m^3；C_{DO} 为溶解氧浓度，g/m^3；$FCDP_x$ 为被捕食的碳中来自溶解态有机碳的部分；K_{HR} 为溶解态有机碳异养呼吸速率，d^{-1}；Denit 为反硝化速率，d^{-1}；W_{DOC} 为溶解态有机碳外部负荷，g/d。

式（2.5.26）、式（2.5.27）和式（2.5.28）中关于有机碳的分解和异养呼吸速率方程可表达为

$$K_{RPOC} = \left(K_{RC} + K_{RCalg}\sum_{x=c,d,g} B_x \right) \exp\left(KT_{HDR}\left(T - T_{R_{HDR}} \right) \right) \tag{2.5.29}$$

$$K_{LPOC} = \left(K_{LC} + K_{LCalg}\sum_{x=c,d,g} B_x \right) \exp\left(KT_{HDR}\left(T - T_{R_{HDR}} \right) \right) \tag{2.5.30}$$

$$K_{DOC} = \left(K_{DC} + K_{DCalg}\sum_{x=c,d,g} B_x \right) \exp\left(KT_{MIN}\left(T - T_{R_{MIN}} \right) \right) \tag{2.5.31}$$

式中，K_{RC} 为难溶颗粒态有机碳的最小溶解速率，d^{-1}；K_{LC} 为活性颗粒态有机碳的最小溶解速率，d^{-1}；K_{DC} 为溶解态有机碳的最小呼吸速率，d^{-1}；K_{RCalg} 和 K_{LCalg} 分别为与藻类生物量关联的难溶和活性颗粒态有机碳溶解常数，$d^{-1}/(g \cdot m^{-3})$；K_{DCalg} 为与藻类生物量关联的溶解态有机碳呼吸常数，$d^{-1}/(g \cdot m^{-3})$；KT_{HDR} 为颗粒态有机物水解的温度影响系数，$℃^{-1}$；$T_{R_{HDR}}$ 为颗粒态有机物水解参考温度，℃；KT_{MIN} 为溶解态有机物矿化温度影响系数，$℃^{-1}$；$T_{R_{MIN}}$ 为溶解态有机物矿化参考温度，℃。

3）磷

EFDC 模型水质模块中磷的变量有 4 个，分别为难溶颗粒态有机磷、活性颗粒态有机磷、溶解态有机磷和总磷酸盐。颗粒态磷的水质过程包括：藻的基础新陈代谢和捕食；水解至溶解态有机磷；沉降；外部负荷。难溶颗粒态和活性颗粒态有机

磷的方程可表达为

$$\frac{\partial C_{\mathrm{RPOP}}}{\partial t} = \sum_{x=\mathrm{c,d,g,m}} \left(\mathrm{FPR}_x \mathrm{BM}_x + \mathrm{FPRP}_x \mathrm{PR}_x\right)\mathrm{APC}_x B_x$$
$$- K_{\mathrm{RPOP}}C_{\mathrm{RPOP}} + \frac{\partial}{\partial Z}\left(\mathrm{WS}_{\mathrm{RP}}C_{\mathrm{RPOP}}\right) + \frac{W_{\mathrm{RPOP}}}{V} \tag{2.5.32}$$

$$\frac{\partial C_{\mathrm{LPOP}}}{\partial t} = \sum_{x=\mathrm{c,d,g,m}} \left(\mathrm{FPL}_x \mathrm{BM}_x + \mathrm{FPLP}_x \mathrm{PR}_x\right)\mathrm{APC}_x B_x - K_{\mathrm{LPOP}}C_{\mathrm{LPOP}}$$
$$+ \frac{\partial}{\partial Z}\left(\mathrm{WS}_{\mathrm{RP}}C_{\mathrm{LPOP}}\right) + \frac{W_{\mathrm{LPOP}}}{V} \tag{2.5.33}$$

式中，C_{RPOP} 为难溶颗粒态有机磷浓度，g/m³；C_{LPOP} 为活性颗粒态有机磷浓度，g/m³；FPR_x 为以难溶颗粒态有机磷产生的第 x 类藻新陈代谢磷的份数；FPL_x 为以活性颗粒态有机磷产生的第 x 类藻新陈代谢磷的份数；FPRP_x 为以难溶颗粒态有机磷产生的被捕食磷的份数；FPLP_x 为以活性颗粒态有机磷产生的被捕食磷的份数；APC_x 为藻类磷-碳比的平均值，g/g；K_{RPOP} 为难溶颗粒态有机磷水解速率，d⁻¹；K_{LPOP} 为活性颗粒态有机磷水解速率，d⁻¹；W_{RPOP} 为难溶颗粒态有机磷外部负荷，g/d；W_{LPOP} 为活性颗粒态有机磷外部负荷，g/d。

溶解态有机磷的水质过程包括：藻类新陈代谢和捕食；颗粒态有机磷的水解；矿化为磷酸盐；外部负荷。动力学方程可表达为

$$\frac{\partial C_{\mathrm{DOP}}}{\partial t} = \sum_{x=\mathrm{c,d,g,m}} \left(\mathrm{FPD}_x \mathrm{BM}_x + \mathrm{FPDP}_x \mathrm{PR}_x\right)\mathrm{APC}_x B_x + K_{\mathrm{RPOP}}C_{\mathrm{RPOP}}$$
$$+ K_{\mathrm{LPOP}}C_{\mathrm{LPOP}} - K_{\mathrm{DOP}}C_{\mathrm{DOP}} + \frac{W_{\mathrm{DOP}}}{V} \tag{2.5.34}$$

式中，C_{DOP} 为溶解态有机磷浓度，g/m³；FPD_x 为以溶解态有机磷产生的第 x 类藻新陈代谢磷的份数；FPDP_x 为以溶解态有机磷产生的被捕食的磷的份数；K_{DOP} 为溶解态有机磷的矿化速率，d⁻¹；W_{DOP} 为溶解态有机磷的外部负荷，g/d。

总磷酸盐包括溶解态和吸附态两部分，其水质过程包括：藻的新陈代谢、捕食和利用；溶解态有机磷的矿化；吸附态磷酸盐的沉降；沉积物磷酸盐的通量；外部负荷。其动力学方程可表达为

$$\frac{\partial}{\partial t}\left(C_{\mathrm{PO4p+PO4d}}\right) = \sum_{x=\mathrm{c,d,g,m}} \left(\mathrm{FPI}_x \mathrm{BM}_x + \mathrm{FPIP}_x \mathrm{PR}_x - \mathrm{P}_x\right)\mathrm{APC}_x B_x$$
$$+ K_{\mathrm{DOP}}C_{\mathrm{DOP}} + \frac{\partial}{\partial Z}\left(\mathrm{WS}_{\mathrm{TSS}}C_{\mathrm{PO4p}}\right) + \frac{\mathrm{BF}_{\mathrm{PO4d}}}{\Delta Z} + \frac{W_{\mathrm{PO4p}}}{V}$$
$$+ \frac{W_{\mathrm{PO4d}}}{V} \tag{2.5.35}$$

式中，$C_{\mathrm{PO4d+PO4p}}$ 为总磷酸盐（PO4）的浓度，g/m³；C_{PO4d} 为溶解态磷酸盐的浓度，g/m³；C_{PO4p} 为颗粒（吸附态）磷酸盐；FPI_x 为以无机磷产生的第 x 类藻新陈代谢磷

的份数；FPIP 为以无机磷产生的第 x 类藻被捕食磷的份数；WS_{TSS} 为悬浮颗粒沉速（水动力模块提供），m/s；BF_{PO4d} 为来自沉积物的磷酸盐通量，g/（m²·d）；W_{PO4} 为总磷酸盐的外部负荷，g/d，$W_{PO4}=W_{PO4p}+W_{PO4d}$。

水质模块中总磷酸盐（PO4）是由溶解态（PO4d）和颗粒（吸附）态（PO4p）两部分构成，吸附-解吸的平衡通过平衡常数分配：

$$\begin{cases} C_{PO4p} = \left(\dfrac{K_{PO4p}SORPS}{1+K_{PO4p}SORPS} \right)\left(C_{PO4p+PO4d} \right) \\[3mm] C_{PO4d} = \left(\dfrac{1}{1+K_{PO4p}SORPS} \right)\left(C_{PO4p+PO4d} \right) \\[3mm] SORPS = TSS \ \text{或} \ TAM_p \end{cases} \quad (2.5.36)$$

式中，K_{PO4p} 为吸附于总悬浮颗粒（g/m³）或颗粒态总活性金属（mol/m³）的分配系数；TSS 为无机泥沙浓度，mg/L；TAM_p 为颗粒态总活性金属，mol/m³。

分配系数由式（2.5.36）可定义为

$$K_{PO4p} = \frac{C_{PO4p}}{C_{PO4d}}\frac{1}{TSS}$$

或

$$K_{PO4p} = \frac{C_{PO4p}}{C_{PO4d}}\frac{1}{TAM_p} \quad (2.5.37)$$

上式将 K_{PO4p} 显性地表达出来，表示每单位浓度的悬浮固体或总活性金属中吸附态和溶解态磷酸盐浓度的比率。

式（2.5.32）、式（2.5.33）和式（2.5.34）中关于颗粒态有机磷的水解和溶解态有机磷的矿化方程可表达为

$$K_{RPOP} = \left(K_{RP} + \left(\frac{K_{HP}}{K_{HP}+C_{PO4d}} \right) K_{RPalg} \sum_{x=c,d,g,m} B_x \right) \exp\left(KT_{HDR}\left(T-T_{R_{HDR}} \right) \right) \quad (2.5.38)$$

$$K_{LPOP} = \left(K_{LP} + \left(\frac{K_{HP}}{K_{HP}+C_{PO4d}} \right) K_{LPalg} \sum_{x=c,d,g,m} B_x \right) \exp\left(KT_{HDR}\left(T-T_{R_{HDR}} \right) \right) \quad (2.5.39)$$

$$K_{DOP} = \left(K_{DP} + \left(\frac{K_{HP}}{K_{HP}+C_{PO4d}} \right) K_{DPalg} \sum_{x=c,d,g,m} B_x \right) \exp\left(KT_{MIN}\left(T-T_{R_{MIN}} \right) \right) \quad (2.5.40)$$

式中，K_{RP} 为难溶颗粒态有机磷的最小水解速率，d⁻¹；K_{LP} 为活性颗粒态有机磷的最小水解速率，d⁻¹；K_{DP} 为溶解态有机磷的最小矿化速率，d⁻¹；K_{RPalg} 和 K_{LPalg} 分别为与藻类生物量关联的难溶和活性颗粒态有机磷水解常数，d⁻¹/（g·m⁻³）；K_{DPalg} 为与藻类生物量关联的溶解态有机磷矿化常数，d⁻¹/（g·m⁻³）；K_{HP} 为藻类利用磷的平

均半饱和常数，g/m^3。

4）氮

EFDC 模型水质模块中涉及氮的变量共有 5 个，分别为难溶颗粒态有机氮、活性颗粒态有机氮、溶解态有机氮、氨氮和硝态氮（包括硝酸盐氮和亚硝酸盐氮）。

难溶和活性颗粒态有机氮的水质过程包括：藻的基础新陈代谢和捕食；水解为溶解态有机氮；沉降；外部负荷。其方程分别可表达为

$$\frac{\partial C_{RPON}}{\partial t} = \sum_{x=c,d,g,m} \left(FNR_x BM_x + FNRP_x PR_x \right) ANC_x B_x - K_{RPON} C_{RPON}$$
$$+ \frac{\partial}{\partial Z} \left(WS_{RP} C_{RPON} \right) + \frac{W_{RPON}}{V} \tag{2.5.41}$$

$$\frac{\partial C_{LPON}}{\partial t} = \sum_{x=c,d,g,m} \left(FNL_x BM_x + FNLP_x PR_x \right) ANC_x B_x - K_{LPON} C_{LPON}$$
$$+ \frac{\partial}{\partial Z} \left(WS_{LP} C_{LPON} \right) + \frac{W_{LPON}}{V} \tag{2.5.42}$$

式中，C_{RPON} 为难溶颗粒态有机氮浓度，g/m^3；C_{LPON} 为活性颗粒态有机氮浓度，g/m^3；FNR_x 为以难溶颗粒态有机氮产生的第 x 类藻新陈代谢氮的份数；FNL_x 为以活性颗粒态有机氮产生的第 x 类藻新陈代谢氮的份数；$FNRP_x$ 为以难溶颗粒态有机氮产生的被捕食氮的份数；$FNLP_x$ 为以活性颗粒态有机氮产生的被捕食氮的份数；ANC_x 为第 x 类藻的氮-碳比，g/g；K_{RPON} 为难溶颗粒态有机氮水解速率，d^{-1}；K_{LPON} 为活性颗粒态有机氮水解速率，d^{-1}；W_{RPON} 为难溶颗粒态有机氮外部负荷，g/d；W_{LPON} 为活性颗粒态有机氮外部负荷，g/d。

溶解态有机氮的水质过程包括：藻类新陈代谢和捕食；颗粒态有机氮的水解；矿化为铵盐；外部负荷。其动力学方程可表达为

$$\frac{\partial C_{DON}}{\partial t} = \sum_{x=c,d,g,m} \left(FND_x BM_x + FNDP_x PR_x \right) ANC_x B_x + K_{RPON} C_{RPON}$$
$$+ K_{LPON} C_{LPON} - K_{DON} C_{DON} + \frac{BF_{DON}}{\Delta Z} + \frac{W_{DON}}{V} \tag{2.5.43}$$

式中，C_{DON} 为溶解态有机氮浓度，g/m^3；FND_x 为以溶解态有机氮产生的第 x 类藻新陈代谢氮的份数；$FNDP_x$ 为以溶解态有机氮产生的被捕食氮的份数；K_{DON} 为溶解态有机氮的矿化速率，d^{-1}；W_{DON} 为溶解态有机氮的外部负荷，g/d。

氨氮的水质过程包括：藻的基础新陈代谢、捕食和利用；溶解态有机氮的矿化；硝化；沉积物内源释放；外部负荷。其动力学方程可表达为

$$\frac{\partial C_{NH4}}{\partial t} = \sum_{x=c,d,g,m} \left(FNI_x BM_x + FNIP_x PR_x - PN_x P_x \right) ANC_x B_x + K_{DON} C_{DON}$$
$$- K_{nit} \cdot C_{NH4} + \frac{BF_{NH4}}{\Delta Z} + \frac{W_{NH4}}{V} \tag{2.5.44}$$

式中，FNI_x 为以无机氮产生的第 x 类藻新陈代谢氮的份数；$FNIP_x$ 为以无机氮产生的被捕食氮的份数；PN_x 为第 x 类藻利用氨氮的偏好系数，$0 \leqslant PN_x \leqslant 1$；$K_{nit}$ 为硝化速率，d^{-1}；BF_{NH4} 为沉积物氨氮内源释放通量，$g/(m^2 \cdot d)$；W_{NH4} 为氨氮的外部负荷，g/d。

硝态氮包括硝酸盐氮和亚硝酸盐氮，其水质过程包括：藻类利用；氨氮的硝化；反硝化；沉积物硝态氮内源释放；硝态氮外部负荷。其动力学方程表达为

$$\frac{\partial C_{NO3}}{\partial t} = \sum_{x=c,d,g,m} (PN_x - 1) P_x \, ANC_x \, B_x + K_{nit} \, C_{NH4} - ANDC \cdot Denit \cdot C_{DOC}$$

$$+ \frac{BF_{NO3}}{\Delta Z} + \frac{W_{NO3}}{V} \tag{2.5.45}$$

式中，ANDC 为溶解性有机碳氧化造成的硝态氮减少，取值为 0.933g/g；BF_{NO3} 为沉积物硝态氮内源释放，$g/(m^2 \cdot d)$；W_{NO3} 为硝态氮外部负荷，g/d。

藻类生长利用氨氮和硝态氮，其偏好系数 PN_x 可表达为

$$PN_x = C_{NH4} \left(\frac{C_{NO3}}{\left(K_{HN_x} + C_{NH4} \right)\left(K_{HN_x} + C_{NO3} \right)} \right)$$

$$+ C_{NH4} \left(\frac{K_{HN_x}}{\left(C_{NH4} + C_{NO3} \right)\left(K_{HN_x} + C_{NO3} \right)} \right) \tag{2.5.46}$$

式（2.5.41）~式（2.5.43）中关于颗粒态有机氮的水解和溶解态有机氮的矿化方程可表达为

$$K_{RPON} = \left(K_{RN} + \left(\frac{K_{HN}}{K_{HN} + C_{NH4} + C_{NO3}} \right) K_{RNalg} \sum_{x=c,d,g,m} B_x \right) \cdot \exp \left(KT_{HDR} \left(T - T_{R_{HDR}} \right) \right) \tag{2.5.47}$$

$$K_{LPON} = \left(K_{LN} + \left(\frac{K_{HN}}{K_{HN} + C_{NH4} + C_{NO3}} \right) K_{LNalg} \sum_{x=c,d,g,m} B_x \right) \cdot \exp \left(KT_{HDR} \left(T - T_{R_{HDR}} \right) \right) \tag{2.5.48}$$

$$K_{DON} = \left(K_{DN} + \left(\frac{K_{HN}}{K_{HN} + C_{NH4} + C_{NO3}} \right) K_{DNalg} \sum_{x=c,d,g,m} B_x \right) \cdot \exp \left(KT_{MIN} \left(T - T_{R_{MIN}} \right) \right) \tag{2.5.49}$$

式中，K_{RN} 为难溶颗粒态有机氮的最小水解速率，d^{-1}；K_{LN} 为活性颗粒态有机氮的最小水解速率，d^{-1}；K_{DN} 为溶解态有机氮的最小矿化速率，d^{-1}；K_{RNalg} 和 K_{LNalg} 分别为与藻类生物量关联的难溶和活性颗粒态有机氮水解常数，$d^{-1}/(g \cdot m^{-3})$；K_{DNalg} 为与藻类生物量关联的溶解态有机氮矿化常数，$d^{-1}/(g \cdot m^{-3})$；K_{HN} 为藻类利用氮的平均半饱和常数，g/m^3。

硝化过程是通过硝化细菌，铵离子被氧化成为亚硝酸盐，进而再被氧化为硝酸

盐的过程。其动力学方程涉及铵、溶解氧和温度，可表达为

$$K_{\mathrm{Nit\,NH4}} = f_{\mathrm{Nit}}(T)\left(\frac{C_{\mathrm{DO}}}{K_{\mathrm{HNit_{DO}}} + C_{\mathrm{DO}}}\right)\left(\frac{C_{\mathrm{NH4}}}{K_{\mathrm{HNit_N}} + C_{\mathrm{NH4}}}\right)\mathrm{Nit_{max}} \qquad (2.5.50)$$

式中，$K_{\mathrm{HNit_{DO}}}$ 为硝化过程溶解氧半饱和常数，g/m³；$K_{\mathrm{HNit_N}}$ 为硝化过程氨的半饱和常数，g/m³；$\mathrm{Nit_{max}}$ 为 T_{Nit}（硝化最佳温度）下最大硝化速率，d⁻¹。

EFDC 模型中，用 K_{Nit} 替代 $\mathrm{Nit_{max}}$，表达为

$$K_{\mathrm{Nit}} = f_{\mathrm{Nit}}(T)\left(\frac{C_{\mathrm{DO}}}{K_{\mathrm{HNit_{DO}}} + C_{\mathrm{DO}}}\right)\left(\frac{K_{\mathrm{HNit_N}}}{K_{\mathrm{HNit_N}} + C_{\mathrm{NH4}}}\right)K_{\mathrm{Nit_{max}}} \qquad (2.5.51)$$

式中，

$$K_{\mathrm{Nit_{max}}} = \frac{\mathrm{Nit_{max}}}{K_{\mathrm{HNit_N}}} \qquad (2.5.52)$$

式（2.5.51）中温度影响 $f_{\mathrm{Nit}}(T)$ 表达为

$$f_{\mathrm{Nit}}(T) = \begin{cases} \exp\left(-K_{\mathrm{Nit1}}\left(T - T_{\mathrm{Nit1}}\right)^2\right), & T \leqslant T_{\mathrm{Nit1}} \\ 1, & T_{\mathrm{Nit1}} \leqslant T \leqslant T_{\mathrm{Nit2}} \\ \exp\left(-K_{\mathrm{Nit2}}\left(T - T_{\mathrm{Nit2}}\right)^2\right), & T \geqslant T_{\mathrm{Nit2}} \end{cases} \qquad (2.5.53)$$

式中，T_{Nit1} 为硝化最佳温度的最小值，℃；T_{Nit2} 为硝化最佳温度的最大值，℃；K_{Nit1} 为低于 T_{Nit} 硝化速率的温度影响系数，℃⁻²；K_{Nit2} 为高于 T_{Nit} 硝化速率的温度影响系数，℃⁻²。

反硝化作用是通过细菌将硝酸盐还原成亚硝酸盐，进而再还原成氮气的过程，通常在缺氧的情况下发生。反硝化作用同时去除系统中的有机碳和硝酸盐，即式（2.5.28）和式（2.5.45）中的 Denit 项，用 Michaelis-Menten 函数表示为

$$\mathrm{Denit} = \left(\frac{K_{\mathrm{ROR_{DO}}}}{K_{\mathrm{ROR_{DO}}} + C_{\mathrm{DO}}}\right)\left(\frac{C_{\mathrm{NO3}}}{K_{\mathrm{HDN_N}} + C_{\mathrm{NO3}}}\right)\mathrm{AANOX} \cdot K_{\mathrm{DOC}} \qquad (2.5.54)$$

式中，$K_{\mathrm{ROR_{DO}}}$ 为溶解氧反硝化半饱和常数，g/m³；$K_{\mathrm{HDN_N}}$ 为硝酸盐反硝化半饱和常数，g/m³；AANOX 为反硝化速率和耗氧溶解性有机碳呼吸速率之比；K_{DOC} 由式（2.5.31）给出。

5）硅

EFDC 模型水质模块包含两个硅的变量，分别为颗粒态生物硅和溶解态可用硅。颗粒态生物硅的水质过程包括：硅藻基础新陈代谢和捕食；水解；沉降；外部负荷。其动力学方程可表达为

$$\frac{\partial C_{\mathrm{SU}}}{\partial t} = \left(\mathrm{FSP_d} \cdot \mathrm{BM_d} + \mathrm{FSPP} \cdot \mathrm{PR_d}\right)\mathrm{ASC_d} \cdot B_d + K_{\mathrm{SUA}} \cdot C_{\mathrm{SU}} + \frac{\partial}{\partial Z}\left(\mathrm{WS_d} \cdot C_{\mathrm{SU}}\right) + \frac{W_{\mathrm{SU}}}{V} \qquad (2.5.55)$$

式中，C_{SU} 为颗粒态生物硅浓度，g/m³；FSP_d 为以颗粒态生物硅产生的硅藻新陈代谢硅的份数；FSPP 为以颗粒态生物硅产生的硅藻捕食硅的份数；ASC_d 为硅藻的硅-碳比，K_{SUA} 为颗粒态生物硅的水解速率，d⁻¹；W_{SU} 为颗粒态有机硅的外部负荷，g/d。

可用硅的水质过程包括：硅藻的基础新陈代谢、捕食和利用；吸附的可用硅的沉降；颗粒态生物硅的水解；沉积物内源释放；外部负荷。其动力学方程可表达为

$$\frac{\partial C_{SA}}{\partial t} = \left(FSI_d \cdot BM_d + FSIP \cdot PR_d - P_d \right) ASC_d \cdot B_d + K_{SUA} \cdot C_{SU} + \frac{\partial}{\partial Z} \left(WS_{TSS} \cdot C_{SAp} \right)$$
$$+ \frac{BF_{SAd}}{\Delta Z} + \frac{W_{SA}}{V} \tag{2.5.56}$$

式中，C_{SA} 为可用硅浓度，g/m³，$C_{SA}=C_{SAd}+C_{SAp}$；C_{SAd} 为溶解态可用硅浓度，g/m³；C_{SAp} 为颗粒（吸附）可用硅浓度，g/m³；FSI_d 为以可用硅产生的硅藻新陈代谢硅的份数；FSIP 为以可用硅产生硅藻捕食硅的份数；BF_{SAd} 为沉积物内源释放，g/(m²·d)；W_{SA} 为可用硅的外部负荷，g/d。

类似磷酸盐，可用硅被分为溶解态和颗粒（吸附）态，利用分配系数进行区分：

$$\begin{cases} C_{SAp} = \left(\dfrac{K_{SAp}SORPS}{1 + K_{SAp}SORPS} \right) C_{SA} \\[3mm] C_{SAd} = \left(\dfrac{1}{1 + K_{SAp}SORPS} \right) C_{SA} \\[3mm] SORPS = TSS \ 或 \ TAM_p \end{cases} \tag{2.5.57}$$

$$C_{SA} = C_{SAp} + C_{SAd} \tag{2.5.58}$$

式中，K_{SAp} 为吸附于总悬浮颗粒（g/m³）或总活性金属（mol/m³）的分配系数。

颗粒态生物硅的水解速率与温度有关，可表达为

$$K_{SUA} = K_{SU} \exp\left(KT_{SUA} \left(T - T_{R_{SUA}} \right) \right) \tag{2.5.59}$$

式中，K_{SU} 为参考温度 $T_{R_{SUA}}$ 下颗粒态生物硅的溶解速率，d⁻¹；KT_{SUA} 为颗粒态生物硅溶解温度影响系数，℃⁻¹；$T_{R_{SUA}}$ 为颗粒态生物硅溶解参考温度，℃。

6）化学需氧量

化学需氧量常被用来表示由物质减少引起的氧气消耗，如海水中来自沉积物释放的硫化物或淡水中来自沉积物释放的甲烷，均以单位需氧量来衡量，其动力学方程可表达为

$$\frac{\partial C_{COD}}{\partial t} = -\left(\frac{C_{DO}}{K_{HCOD} + C_{DO}} \right) K_{COD} C_{OD} + \frac{BF_{COD}}{\Delta Z} + \frac{W_{COD}}{V} \tag{2.5.60}$$

式中，C_{COD} 为化学需氧量浓度，g/m³；K_{HCOD} 为氧半饱和常数，g/m³；K_{COD} 为 COD

的氧化速率，d^{-1}；BF_{COD} 为沉积物内源释放的化学需氧量，$g/(m^2 \cdot d)$；W_{COD} 为 COD 的外部负荷，g/d。

温度对 COD 氧化速率的影响可表达为

$$K_{COD} = K_{CD} \exp\left(KT_{COD}\left(T - T_{R_{COD}}\right)\right) \tag{2.5.61}$$

式中，K_{CD} 为参考温度 $T_{R_{COD}}$ 下 COD 的氧化速率，d^{-1}；KT_{COD} 为 COD 氧化温度影响系数，$℃^{-1}$；$T_{R_{COD}}$ 为 COD 氧化参考温度，$℃$。

7）溶解氧

溶解氧的水质过程包括：藻类光合作用和呼吸；硝化；溶解态有机碳异养呼吸；化学需氧量；大气复氧；沉积物需氧量；外部负荷。其动力学方程可表达为

$$\begin{aligned}
\frac{\partial C_{DO}}{\partial t} = &\sum_{x=c,d,g,m}\left(\left(1+0.3\left(1-PN_x\right)\right)P_x - \left(1-FCD_x\right)\left(\frac{C_{DO}}{K_{HR_x}+C_{DO}}\right)BM_x\right)AOCR \cdot B_x \\
&- AONT\,Nit\,C_{NH4} - AOCR \cdot K_{HR} \cdot C_{DOC} \\
&-\left(\frac{C_{DO}}{K_{HCOD}+C_{DO}}\right)K_{COD}C_{COD} + K_R\left(C_{DOS}-C_{DO}\right) + \frac{SOD}{\Delta Z} + \frac{W_{DO}}{V}
\end{aligned} \tag{2.5.62}$$

式中，AONT 为单位质量氨氮硝化耗氧量，取值为 $4.33g/g$；AOCR 为有机碳呼吸耗氧量，取值为 $2.67g/g$；K_R 为复氧系数，d^{-1}；C_{DOS} 为饱和溶解氧浓度，g/m^3；SOD 为沉积物需氧量，$g/(m^2 \cdot d)$；W_{DO} 为外部负荷，g/d；PN_x 为第 x 类藻利用氨氮的偏好系数，$0<PN_x<1$。

8）总活性金属

EFDC 模型在模拟磷和硅吸附时可能要求模拟总活性金属，其变量为铁和锰浓度之和，包括颗粒态和溶解态两类。其动力学方程可表达为

$$\begin{aligned}
\frac{\partial C_{TAM}}{\partial t} = &\left(\frac{K_{Hbmf}}{K_{Hbmf}+C_{DO}}\right)\left(\exp\left(K_{TAM}\left(T-T_{TAM}\right)\right)\right)\frac{BF_{TAM}}{\Delta z} \\
&+ \frac{\partial}{\partial Z}\left(WS_s C_{TAMp}\right) + \frac{W_{TAM}}{V}
\end{aligned} \tag{2.5.63}$$

式中，C_{TAM} 为总活性金属浓度，mol/m^3，$C_{TAM}=C_{TAMd}+C_{TAMp}$；$C_{TAMd}$ 为总溶解态活性金属浓度，mol/m^3；C_{TAMp} 为总颗粒态活性金属浓度，mol/m^3；K_{Hbmf} 为总活性金属缺氧释放速率一半时的溶解氧浓度，g/m^3；BF_{TAM} 为总活性金属的缺氧释放速率，$mol/(m^2 \cdot d)$；K_{TAM} 为总活性金属沉积物释放温度影响系数，$℃^{-1}$；T_{TAM} 为总活性金属沉积物释放参考温度，$℃$；WS_s 为颗粒态金属沉降速率，m/d；W_{TAM} 为总活性金属的外部负荷，mol/d。

铁和锰的存在形式在不同氧条件下是不同的，颗粒态和溶解态的分配遵循"最低总活性金属浓度条件"，可表达为

$$C_{\text{TAMd}} = \min\left(C_{\text{TAMdmx}}\exp\left(-K_{\text{dotam}}C_{\text{DO}}\right), C_{\text{TAM}}\right) \tag{2.5.64}$$

$$C_{\text{TAMp}} = C_{\text{TAM}} - C_{\text{TAMd}} \tag{2.5.65}$$

式中，C_{TAMdmx} 为缺氧条件总活性金属的溶解度，mol/m^3；K_{dotam} 为总活性金属溶解度和溶解氧关系系数。

9）粪大肠杆菌

EFDC 模型水质模块可模拟粪大肠杆菌在水环境过程中的动力学过程，方程可表达为

$$\frac{\partial C_{\text{FCB}}}{\partial t} = K_{\text{FCB}}\left(T_{\text{FCB}}{}^{T-20}\right)C_{\text{FCB}} + \frac{W_{\text{FCB}}}{V} \tag{2.5.66}$$

式中，C_{FCB} 为粪大肠杆菌浓度，MPN/100mL；K_{FCB} 为 20℃时的一阶衰减速率，d^{-1}；T_{FCB} 为粪大肠杆菌衰减的温度影响系数，℃^{-1}；W_{FCB} 为外部负荷，MPN/(100mL·d)。

2.5.2.3　颗粒态物质的沉降、沉积和再悬浮

颗粒态物质包括有机物、磷酸盐、硅和活性金属等的动力学方程中均包含沉降项，EFDC 模型中，采用以下方程表达[10]：

$$\frac{\partial C_{\text{PM}}}{\partial t} = \frac{\partial}{\partial z}\left(\text{WS}_{\text{PM}}C_{\text{PM}}\right) + \text{PM}_{\text{SS}} \tag{2.5.67}$$

式中，C_{PM} 为颗粒态物质浓度，g/m^3；WS_{PM} 为颗粒态物质沉降速率，m/d；PM_{SS} 为源汇项，g/m^3。

2.5.3　水生植物和附生植物

EFDC 模型的水质模块含有模拟水生植物和附生植物的子模块，称为 RPEM（rooted plant & epiphyte model），该模块建立根生植物的根、芽和附生植物生长的动力学方程，并与水柱和沉积物的相关水质参数进行耦合[3]。控制方程组可表达为

$$\frac{\partial(\text{RPS})}{\partial t} = \left[\left(1 - F_{\text{PRPR}}\right)\cdot P_{\text{RPS}} - R_{\text{RPS}} - L_{\text{RPS}}\right]\text{RPS} + \text{JRP}_{\text{RS}} \tag{2.5.68}$$

$$\frac{\partial(\text{RPR})}{\partial t} = F_{\text{PRPR}}\cdot P_{\text{RPS}}\cdot \text{RPS} - \left(R_{\text{RPR}} + L_{\text{RPR}}\right)\text{RPR} + \text{JRP}_{\text{RS}} \tag{2.5.69}$$

$$\frac{\partial(\text{RPE})}{\partial t} = \left(P_{\text{RPE}} - R_{\text{RPE}} - L_{\text{RPE}}\right)\text{RPE} \tag{2.5.70}$$

$$\frac{\partial(\text{RPD})}{\partial t} = F_{\text{PRSD}}\cdot P_{\text{RPS}}\cdot \text{RPS} - L_{\text{RPD}}\cdot \text{RPS} \tag{2.5.71}$$

式中，RPS 为根生植物芽的生物量，g/m^2；F_{PRPR} 为生长过程直接转移到根部的份数，$0 < F_{\text{PRPR}} < 1$；P_{RPS} 为芽的生长速率，d^{-1}；R_{RPS} 为芽的呼吸速率，d^{-1}；L_{RPS} 为芽的非呼吸损失速率，d^{-1}；JRP_{RS} 为自根传输到芽的碳量，$\text{g/(m}^2\text{·d)}$；RPR 为植物根的生

物量，g/m²；R_{RPR} 为根的呼吸速率，d^{-1}；L_{RPR} 为根的非呼吸损失速率，d^{-1}；RPE 为附生植物生物量，g/m²；P_{RPE} 为附生植物生长速率，d^{-1}；R_{RPE} 为附生植物呼吸速率，d^{-1}；L_{RPE} 为附生植物非呼吸损失速率，d^{-1}；RPD 为芽的碎屑生物量（水柱底部），g/m²；F_{RPSD} 为芽损失到碎屑的份数，$0<F_{RPSD}<1$；L_{RPD} 为碎屑的衰减速率，d^{-1}。

2.5.3.1 芽的生长速率

根生植物芽的生长速率 P_{RPS} 与其影响因素可表达为限制方程的形式：

$$P_{RPS} = PM_{RPS} \cdot f_1(N) \cdot f_2(I) \cdot f_3(T) \cdot f_4(S) \cdot f_5(RPS) \tag{2.5.72}$$

式中，PM_{RPS} 为植物芽在最佳条件下的最大生长率，d^{-1}；$f_1(N)$、$f_2(I)$、$f_3(T)$、$f_4(S)$ 和 $f_5(RPS)$ 分别为营养盐、光照、温度、盐度和承载能力的限制方程，取值在 0～1 之间。

1）营养盐限制

营养盐限制包括水柱和沉积物两部分。

$$f_1(N) = \min \left(\begin{array}{c} \dfrac{(C_{NH4}+C_{NO3})_w + \dfrac{K_{HN_{RPS}}}{K_{HN_{RPR}}}(C_{NH4}+C_{NO3})_b}{K_{HN_{RPS}} + (C_{NH4}+C_{NO3})_w + \dfrac{K_{HN_{RPS}}}{K_{HN_{RPR}}}(C_{NH4}+C_{NO3})_b} \\[4ex] \dfrac{C_{PO4d_w} + \dfrac{K_{HP_{RPS}}}{K_{HP_{RPR}}}C_{PO4d_b}}{K_{HP_{RPS}} + C_{PO4d_w} + \dfrac{K_{HP_{RPS}}}{K_{HP_{RPR}}}C_{PO4d_b}} \end{array} \right) \tag{2.5.73}$$

式中，C_{NH4} 为氨氮浓度，g/m³；C_{NO3} 为硝态氮浓度，g/m³；$K_{HN_{RPS}}$ 为水柱中氮利用的半饱和常数，g/m³；$K_{HN_{RPR}}$ 为沉积物中氮利用的半饱和常数，g/m³；C_{PO4d} 为溶解态磷酸盐浓度，g/m³；$K_{HP_{RPS}}$ 为水柱中磷利用的半饱和常数，g/m³；$K_{HP_{RPR}}$ 为沉积物中磷利用的半饱和常数，g/m³；下标 w 代表水柱；b 代表底床。

2）光限制

沉水植物被模拟时的光限制和水质模块中藻类光的限制计算方法一样，类似于式（2.5.7）～式（2.5.15）给出：

$$f_2(I) = \frac{2.718 \cdot FD}{K_{e,ss} \cdot H_{RPS}} (\exp(-\alpha_B) - \exp(-\alpha_T)) \tag{2.5.74}$$

$$\alpha_B = \frac{I_0}{FD \cdot I_{SSO}} \exp(-K_{e,ss} \cdot H) \tag{2.5.75}$$

$$\alpha_T = \frac{I_0}{FD \cdot I_{SSO}} \exp(-K_{e,ss} \cdot (H - H_{PRS})) \tag{2.5.76}$$

式中，FD 为太阳辐射日分量，$0 \leq FD \leq 1$，$K_{e,ss}$ 为总消光系数，m^{-1}；I_0 为瞬时太阳辐射

（FD=1）或水平太阳辐射（FD<1），lan/d；I_{SSO} 为根深植物茎顶最优光强，lan/d；H 为水柱深度，m；H_{RPS} 为底床以上平均茎高，m。

总的消光系数为

$$K_{e,ss} = K_{e,b} + K_{e,TSS} \cdot TSS + K_{e,VSS} \cdot VSS + K_{e,Chl} \sum_{m=1}^{M} \left(\frac{B_m}{C_{Chl m}} \right)$$
$$+ K_{e,RPE} \left(\frac{RPE}{C_{Chl_{RPE}}} \right) \qquad (2.5.77)$$

式中，$K_{e,b}$ 为背景光消光系数，1/m；$K_{e,TSS}$ 为无机悬浮颗粒消光系数，$m^{-1}/(g \cdot m^{-3})$；TSS 为无机悬浮颗粒浓度（水动力模型提供），g/m^3；$K_{e,VSS}$ 为挥发性悬浮颗粒消光系数，$m^{-1}/(g \cdot m^{-3})$；VSS 为挥发性悬浮颗粒浓度（水质模型提供），g/m^3；$K_{e,Chl}$ 为叶绿素消光系数，$m^{-1}/(mg \cdot m^{-3})$；B_m 为第 m 类藻浓度，g/mL；$C_{Chl m}$ 为第 m 类藻的碳-叶绿素比，g/mg；$K_{e,RPE}$ 为附生植物叶绿素消光系数，$m^{-1}/(g \cdot m^{-2})$；$C_{Chl_{RPE}}$ 为附生植物的碳-叶绿素比，g/mg。

茎生长的最优光强 I_{SSO} 为

$$I_{SSO} = \min \left(I_0 \cdot e^{-K_{e,ss} \left(H_{opt} - 0.5 H_{RPS} \right)}, I_{SSOM} \right) \qquad (2.5.78)$$

式中，H_{opt} 为根生植物最大生长速度的最佳水深，m；I_{SSOM} 为生长最优太阳辐射的最大值，lan/d。

Monod 形式的限制方程可表达为

$$f_2(I) = \left(\frac{I_{RPS}}{I_{RPS} + K_{HI_{RPS}}} \right) \qquad (2.5.79)$$

式中，I_{RPS} 为植物芽表面的光强，W/m^2；$K_{HI_{RPS}}$ 为植物芽表面光强半饱和常数，W/m^2。

3）温度限制

根生植物芽生长的温度影响效果可表达为

$$f_3(T) = \begin{cases} \exp \left[-K_{TP1_{RPS}} \left(T - T_{P1_{RPS}} \right)^2 \right], & T \leqslant T_{P1_{RPS}} \\ 1, & T_{P1_{RPS}} < T < T_{P2_{RPS}} \\ \exp \left[-K_{TP2_{RPS}} \left(T - T_{P2_{RPS}} \right)^2 \right], & T \geqslant T_{P1_{RPS}} \end{cases} \qquad (2.5.80)$$

式中，T 为温度（水动力模型提供），℃，$T_{P1_{RPS}} < T < T_{P2_{RPS}}$ 为芽生长的最佳温度范围，℃；$K_{TP1_{RPS}}$ 为温度低于 $T_{M1_{RPS}}$ 时芽生长的温度影响系数，$℃^{-2}$；$K_{TP2_{RPS}}$ 为温度高于 $T_{M2_{RPS}}$ 时芽生长的温度影响系数，$℃^{-2}$。

另一个指数型的限制方程为

$$f_3(T) = \exp\left[K_{TP_{RPS}} \left(T - T_{PREF_{RPS}} \right) \right] \qquad (2.5.81)$$

式中，$T_{PREF_{RPS}}$ 为芽生长的参考温度，℃；$K_{TP_{RPS}}$ 为芽生长的温度影响系数，℃$^{-1}$。

4）盐度限制

淡水植被生长的盐度限制方程为

$$f_4(S) = \frac{S_{TOXS}^2}{S_{TOXS}^2 + S^2} \qquad (2.5.82)$$

式中，S_{TOXS} 为芽生长速度减半时的盐度；S 为水柱的盐度（水动力模型提供）。

5）承载力限制

根生植被承载力（密度）的限制方程，可表达为

$$f_5(RPS) = 1 - \left(\sum_{species} \frac{RPS}{RPS_{sat}} \right)^2 \qquad (2.5.83)$$

式中，RPS_{sat} 为密度饱和参数，g/m^2。

2.5.3.2 芽的呼吸速率

假定植物芽的呼吸速率与温度相关，方程可表达为

$$R_{RPS} = RREF_{RPS} \cdot \exp\left[K_{TR_{RPS}} \left(T - T_{RREF_{RPS}} \right) \right] \qquad (2.5.84)$$

式中，$RREF_{RPS}$ 为植物芽的参考呼吸速率，d^{-1}；T 为温度（水动力学模块提供），℃；$T_{RREF_{RPS}}$ 为植物芽呼吸的参考温度，℃；$K_{TR_{RPS}}$ 为植物芽呼吸的温度影响系数，℃$^{-2}$。

2.5.3.3 植物芽的非呼吸损失

假定植物芽的非呼吸损失与温度相关，其方程可表达为

$$L_{RPS} = LREF_{RPS} \cdot \exp\left[K_{TL_{RPS}} \left(T - T_{LREF_{RPS}} \right) \right] \qquad (2.5.85)$$

式中，$LREF_{RPS}$ 为植物芽的参考损失速率，d^{-1}；T 为温度（水动力学模块提供），℃；$T_{LREF_{RPS}}$ 为植物芽损失的参考温度，℃；$K_{TL_{RPS}}$ 为植物芽损失的温度影响系数，℃$^{-2}$。

2.5.3.4 碳从根到芽的输运

碳从植物的根往芽上的输运定义为正向，有两个方程可以采用：

（1）基于观测的芽与根的生物量比为

$$\begin{cases} JRP_{RS} = KRPO_{RS} \cdot \left(RPR - RORS \cdot RPS \right) \\ RORS = \dfrac{RPR_{obs}}{RPS_{obs}} \end{cases} \qquad (2.5.86)$$

式中，$KRPO_{RS}$ 为根据观测得到的植物自根向芽输运碳的比例系数；$RORS$ 为观测到的植物自根向芽输运碳的比率。

（2）不利光照条件下植物自根向芽碳的输运公式为

$$\mathrm{JRP_{RS}} = \mathrm{KRP_{RS}} \left(\frac{I_{SS}}{I_{SS} + I_{SSS}} \right) \mathrm{RPR} \tag{2.5.87}$$

式中，$\mathrm{KRP_{RS}}$ 为植物自根向芽碳的传输速率，$\mathrm{d^{-1}}$；I_{SS} 为植物芽表面的太阳辐射，$\mathrm{W/m^2}$；I_{SSS} 为植物芽表面太阳辐射的半饱和常数，$\mathrm{W/m^2}$。

2.5.3.5　植物根的呼吸速率

植物根的呼吸速率假定与温度相关，方程可表达为

$$R_{RPR} = \mathrm{RREF_{RPR}} \cdot \exp\left[K_{\mathrm{TR_{RPR}}} (T - T_{\mathrm{RREF_{RPR}}}) \right] \tag{2.5.88}$$

式中，$\mathrm{RREF_{RPR}}$ 为植物根的参考呼吸速率，$\mathrm{d^{-1}}$；T 为温度（水动力学模块提供），$\mathrm{°C}$；$T_{\mathrm{RREF_{RPR}}}$ 为植物根呼吸的参考温度，$\mathrm{°C}$；$K_{\mathrm{TR_{RPR}}}$ 为植物根呼吸的温度影响系数，$\mathrm{°C^{-2}}$。

2.5.3.6　植物根的非呼吸损失

植物根的非呼吸损失假定与温度相关，方程可表达为

$$L_{RPR} = \mathrm{LREF_{RPR}} \cdot \exp\left[K_{\mathrm{TL_{RPR}}} (T - T_{\mathrm{LREF_{RPR}}}) \right] \tag{2.5.89}$$

式中，$L_{\mathrm{REF_{RPR}}}$ 为植物根的参考损失速率，$\mathrm{d^{-1}}$；T 为温度（水动力学模块提供），$\mathrm{°C}$；$T_{\mathrm{LREF_{RPR}}}$ 为植物根损失的参考温度，$\mathrm{°C}$；$K_{\mathrm{TL_{RPR}}}$ 为植物根损失的温度影响系数，$\mathrm{°C^{-2}}$。

2.5.3.7　附生植物生长速率

植物芽上的附生植物生长速率方程可表达为

$$P_{RPE} = \mathrm{PM_{RPE}} \cdot f_1(N) \cdot f_2(I) \cdot f_3(T) \cdot f_4(\mathrm{RPE,RPS}) \tag{2.5.90}$$

式中，$\mathrm{PM_{RPE}}$ 为最佳条件下的最大生长速率，$\mathrm{d^{-1}}$；$f_1(N)$ 为营养盐限制函数，$0 \leqslant f_1 \leqslant 1$；$f_2(I)$ 为光照限制函数，$0 \leqslant f_2 \leqslant 1$；$f_3(T)$ 为温度限制函数，$0 \leqslant f_3 \leqslant 1$；$f_4(\mathrm{RPE,RPS})$ 为附生植物和寄主根密度的影响，$0 \leqslant f_4 \leqslant 1$。

1）营养盐限制函数

$$f_1(N) = \min\left(\frac{C_{NH4} + C_{NO3}}{C_{\mathrm{KHN_{RPE}}} + C_{NH4} + C_{NO3}}, \frac{C_{PO4d}}{C_{\mathrm{KHP_{RPE}}} + C_{PO4d}} \right) \tag{2.5.91}$$

式中，C_{NH4} 为氨氮浓度，$\mathrm{g/m^3}$；C_{NO3} 为硝态氮浓度，$\mathrm{g/m^3}$；$C_{\mathrm{KHP_{RPE}}}$ 为附生植物利用氮的半饱和常数，$\mathrm{g/m^3}$；C_{PO4d} 为溶解态磷酸盐浓度，$\mathrm{g/m^3}$；$C_{\mathrm{KHP_{RPE}}}$ 为附生植物利用磷的半饱和常数，$\mathrm{g/m^3}$。

2）光照限制函数

附生植物生长 Monod 形式的光照限制函数为

$$f_2(I) = \left(\frac{I_{RPE}}{I_{RPE} + K_{\mathrm{HI_{RPE}}}} \right) \tag{2.5.92}$$

式中，I_{RPE} 为附生植物表面光强，W/m²；$K_{HI_{RPE}}$ 为附生植物生长光限制的半饱和常数，W/m²。

3）温度限制函数

附生植物生长温度限制函数可表达为

$$f_3\left(T\right)=\begin{cases}\exp\left[-K_{TP1_{RPE}}\left(T-T_{P1_{RPE}}\right)^2\right],&T\leqslant T_{P1_{RPE}}\\1,&T_{P1_{RPE}}<T<T_{P2_{RPE}}\\\exp\left[-K_{TP2_{RPE}}\left(T-T_{P2_{RPE}}\right)^2\right],&T\geqslant T_{P1_{RPE}}\end{cases}\qquad（2.5.93）$$

式中，T 为温度（水动力学模块提供），℃，$T_{P1_{RPE}}<T<T_{P2_{RPE}}$ 为附生植物生长最佳温度范围，℃；$K_{TP1_{RPE}}$ 为附生植物生长温度低于 $T_{P1_{RPE}}$ 的影响系数，℃⁻²；$K_{TP2_{RPE}}$ 为附生植物生长温度高于 $T_{P2_{RPE}}$ 的影响系数，℃⁻²。

或者，可以采用以下指数函数：

$$f_3\left(T\right)=\exp\left[K_{TP_{RPE}}\left(T-T_{PREF_{RPE}}\right)\right]\qquad（2.5.94）$$

式中，$T_{PREF_{RPE}}$ 为附生植物生长参考温度，℃；$K_{TP_{RPE}}$ 为附生植物生长的温度影响系数，℃⁻¹。

4）根生植物密度限制函数

附生植物生长受根生植物密度限制的影响，可表达为

$$f_4\left(RPE,RPS\right)=1-\left(\frac{RPE\cdot\delta_{RPE}}{W_{RPE}\sum_{Nspecies}\left(\frac{2\cdot RPS\cdot\delta_{RPS}}{W_{RPS}}\right)}\right)^2\qquad（2.5.95）$$

式中，δ_{RPE} 为附生植物干质量与碳质量之比；W_{RPE} 为植物芽的单位面积最大附生植物量。

2.5.3.8　附生植物呼吸速率

附生植物呼吸速率假定与温度相关，方程可表达为

$$R_{RPE}=RREF_{RPE}\cdot\exp\left[K_{TR_{RPE}}\left(T-T_{RREF_{RPE}}\right)\right]\qquad（2.5.96）$$

式中，$RREF_{RPE}$ 为附生植物的参考呼吸速率，d⁻¹；T 为温度（水动力学模块提供），℃；$T_{RREF_{RPE}}$ 为附生植物呼吸的参考温度，℃；$K_{TR_{RPE}}$ 为附生植物呼吸的温度影响系数，℃⁻²。

2.5.3.9　附生植物非呼吸损失

附生植物的非呼吸损失假定与温度相关，方程可表达为

$$L_{\mathrm{RPE}} = \mathrm{LREF}_{\mathrm{RPE}} \cdot \exp\Big[K_{\mathrm{TL_{RPE}}} \big(T - T_{\mathrm{LREF_{RPE}}} \big) \Big] \tag{2.5.97}$$

式中, $\mathrm{LREF}_{\mathrm{RPE}}$ 为附生植物的参考损失速率, d^{-1} ; T 为温度 (水动力学模块提供), ℃ ; $T_{\mathrm{LREF_{RPE}}}$ 为附生植物损失的参考温度, ℃ ; $K_{\mathrm{TL_{RPE}}}$ 为附生植物损失的温度影响系数, $℃^{-2}$ 。

2.5.3.10　植物芽碎屑的衰减

植物芽碎屑的衰减速率假定与温度相关, 方程可表达为

$$L_{\mathrm{RPD}} = \mathrm{LREF}_{\mathrm{RPD}} \cdot \exp\Big[K_{\mathrm{TL_{RPD}}} \big(T - T_{\mathrm{LREF_{RPD}}} \big) \Big] \tag{2.5.98}$$

式中, $\mathrm{LREF}_{\mathrm{RPD}}$ 为植物芽碎屑参考衰减速率, d^{-1} ; T 为温度 (水动力模块提供), ℃ ; $T_{\mathrm{LREF_{RPD}}}$ 为植物芽碎屑衰减的参考温度, ℃ ; $K_{\mathrm{TL_{RPD}}}$ 为植物芽碎屑衰减的温度影响系数, $℃^{-2}$ 。

2.5.4　大型藻类/底栖藻类

大型藻类/底栖藻类 (macroalgae/periphyton) 的变量是在现有的 EFDC 模型框架下后期加入的, 其生长与衰减的温度、光照、营养盐等限制方程与其他藻类变量基本一致。大型藻类/底栖藻类区别于其他藻类主要在于采用面积密度为单位, 受水流流速和沉积物基质条件等影响, 并且无法随水流移动。大型藻类/底栖藻类的生长限制方程可表达为

$$P_{\max} = \mathrm{PM}_{\max} \cdot f_1(N) \cdot f_2(I) \cdot f_3(T) \cdot f_4(V) \cdot f_5(D) \tag{2.5.99}$$

式中, $\mathrm{PM}_{\max}$ 为大型藻类/底栖藻类最佳条件下的最大生长率, d^{-1} ; $f_1(N)$ 为营养盐限制函数, $0 \leqslant f_1 \leqslant 1$; $f_2(I)$ 为光照限制函数, $0 \leqslant f_2 \leqslant 1$; $f_3(T)$ 为温度限制函数, $0 \leqslant f_3 \leqslant 1$; $f_4(V)$ 为流速限制因子, $0 \leqslant f_4 \leqslant 1$; $f_5(D)$ 为密度限制因子, $0 \leqslant f_5 \leqslant 1$ 。

关于营养盐、光照和温度的限制函数方程与其他三类藻基本一致, EFDC 模型为大型藻类提供了流速限制和密度限制的函数方程。流速限制方程有 2 个选项: ①Monod 形式方程, 可以限制低流速时藻的生长。②包含 5 个参数的 Logistic 函数, 可以在高流速或低流速时, 对藻生长进行限制。

2.5.4.1　Michaelis-Menten 方程

$$f_4(V) = \frac{U}{\mathrm{KMV} + U} \tag{2.5.100}$$

式中, U 为水流速率, $\mathrm{m/s}$; KMV 为半饱和流速, $\mathrm{m/s}$ 。

2.5.4.2　Logistic 函数

$$f_4(V) = d + \frac{a - d}{\left[1 + \left(\dfrac{U}{c} \right)^b \right]^e} \tag{2.5.101}$$

式中，U 为水流速率，m/s；a 为最小 x 处的渐近线；b 为渐近线 a 之后的斜率；c 为 x 的转换值；d 为最大 x 处的渐近线；e 为渐近线 d 之前的斜率。

大型藻类/底栖藻类的生长还受到基质生物量的限制，生长和现存量用 Michaelis-Menten 动力学方程可表达为

$$f_5(D) = \frac{KBP}{KBP + P_{\max}}　　　　（2.5.102）$$

式中，KBP 为生物量水平半饱和数，g/m²；$P_{\max}$ 为大型藻类/底栖藻类生物量水平，g/m²。

该限制方程允许低生物量水平下藻生长的最大速率，随着群落生物量的增加，生长速率逐步降低。

2.5.5　沉积成岩与内源释放

2.5.5.1　沉积成岩过程和基本构架

EFDC 模型的水质模块中，对于沉积物与上覆水之间的水质交换除了可定义通量的释放速率外，还可以用沉积成岩子模块实现通量连续释放的计算。沉积成岩（diagenesis）是描述沉积物水质的过程，主要包括颗粒态有机物的衰变、营养物质的化学反应和向上覆水释放 3 个基本过程。当前被广泛认可的沉积成岩模型框架为两层均匀结构（图 2.5.2），模型变量及动态过程如表 2.5.2 所示[41, 42]。

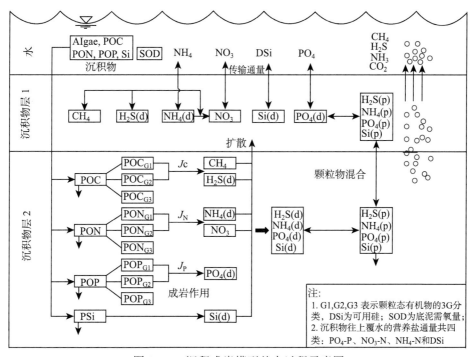

图 2.5.2　沉积成岩模型基本过程示意图

沉积成岩子模块的主要特征如下：①三类通量，颗粒物质自上覆水向底床的沉降通量（depositional flux）、底床颗粒物质衰变产生的成岩通量（diagenesis flux）和溶解态物质自底床返回上覆水的沉积通量（sediment flux）。②两层结构。上层很薄，通常有氧（aerobic），下层始终厌氧（anaerobic）。③有机物 3G 分类。颗粒态有机物依据半衰期速率分为三类（G1：约 20d；G2：约 360d；G3：不衰变）。

表 2.5.2　　EFDC 模型沉积成岩子模块变量

代号	意义/单位	代号	意义/单位
POC_{G1}	第二层 G1 类颗粒有机碳	NO_3	第一层硝态氮
POC_{G2}	第二层 G2 类颗粒有机碳	NO_3	第二层硝态氮
POC_{G3}	第二层 G3 类颗粒有机碳	PO_4	第一层磷酸盐
PON_{G1}	第二层 G1 类颗粒有机氮	PO_4	第二层磷酸盐
PON_{G2}	第二层 G2 类颗粒有机氮	Si	第一层可用硅
PON_{G3}	第二层 G3 类颗粒有机氮	Si	第二层可用硅
POP_{G1}	第二层 G1 类颗粒有机磷	NH_4-F	铵离子通量
POP_{G2}	第二层 G2 类颗粒有机磷	NO_3-F	硝酸氮通量
POP_{G3}	第二层 G3 类颗粒有机磷	PO_4-F	磷酸盐通量
Si（p）	第二层颗粒生物硅	Si-F	硅通量
H_2S/CH_4	第一层硫化物/甲烷	SOD	底泥需氧量
H_2S/CH_4	第二层硫化物/甲烷	COD	化学需氧量通量
NH_4	第一层铵离子	T	沉积物温度
NH_4	第二层铵离子		

2.5.5.2　沉降通量

沉降通量是沉积床中有机颗粒的来源，主要包括外部负荷（河道输入、干湿沉降）和水生生物碎屑（藻类）的沉降。沉降通量由上覆水水质模型提供，可用方程表达为

$$J_{\text{POC},i} = \text{FCLP}_i \cdot \text{WS}_{\text{LP}} \cdot \text{LPOC}^N + \text{FCRP}_i \cdot \text{WS}_{\text{RP}} \cdot \text{RPOC}^N + \sum_{x=\text{c,d,g}} \text{FCB}_{x,i} \cdot \text{WS}_x \cdot \text{B}_x^N \tag{2.5.103}$$

$$J_{\text{PON},i} = \text{FNLP}_i \cdot \text{WS}_{\text{LP}} \cdot \text{LPON}^N + \text{FNRP}_i \cdot \text{WS}_{\text{RP}} \cdot \text{RPON}^N + \sum_{x=\text{c,d,g}} \text{FNB}_{x,i} \cdot \text{ANC}_x \cdot \text{WS}_x \cdot \text{B}_x^N \tag{2.5.104}$$

$$J_{\text{POP},i} = \text{FPLP}_i \cdot \text{WS}_{\text{LP}} \cdot \text{LPOP}^N + \text{FPRP}_i \cdot \text{WS}_{\text{RP}} \cdot \text{RPOP}^N + \sum_{x=\text{c,d,g}} \text{FPB}_{x,i} \cdot \text{APC} \cdot \text{WS}_x \cdot B_x^N + \gamma_i \cdot \text{WS}_{\text{TSS}} \cdot \text{PO4p}^N \tag{2.5.105}$$

$$J_{\mathrm{PSi}} = \mathrm{WS}_d \cdot \mathrm{SU}^N + \mathrm{ASC}_d \cdot \mathrm{WS}_d \cdot B_d^N + \mathrm{WS}_{\mathrm{TSS}} \cdot \mathrm{SAp}^N \qquad (2.5.106)$$

式中，$J_{\mathrm{POM},i}$ 为 POM（M=C, N, P）的沉降通量，归为第 iG 类，g/（m²·d）；J_{PSi} 为颗粒态生物硅 P_{Si} 的沉降通量，g/（m²·d）；FCLP_i、FNLP_i 和 FPLP_i 分别为水柱中活性颗粒态 POC、PON 和 POP，归为第 iG 类的份数；FCRP_i、FNRP_i 和 FPRP_i 分别为水柱中难溶颗粒态 POC、PON 和 POP，归为第 iG 类的份数；$\mathrm{FCB}_{x,i}$、$\mathrm{FNB}_{x,i}$ 和 $\mathrm{FPB}_{x,i}$ 为第 x 类藻归为第 iG 类的 POC、PON 和 POP 的份数；$\gamma_i = 1$（$i=1$），$\gamma_i = 0$（$i=2$ 或 3）；并且满足 $\sum_i \mathrm{FCLP}_i = \sum_i \mathrm{FNLP}_i = \sum_i \mathrm{FPLP}_i = \sum_i \mathrm{FCRP}_i = \sum_i \mathrm{FNRP}_i = \sum_i \mathrm{FPRP}_i = \sum_i \mathrm{FCB}_{x,i} = \sum_i \mathrm{FNB}_{x,i} = \sum_i \mathrm{FPB}_{x,i} = 1$ 的条件。

沉降速率，$\mathrm{WS}_{\mathrm{LP}}$、$\mathrm{WS}_{\mathrm{RP}}$、$\mathrm{WS}_x$ 和 $\mathrm{WS}_{\mathrm{TSS}}$ 由水质模块定义，均为净沉降速率，m/d；如果开启总活性金属的模拟，$\mathrm{WS}_{\mathrm{TSS}}$ 则被 WS（式（2.5.105）和式（2.5.106））替代。

2.5.5.3 成岩通量

成岩过程将颗粒态有机物转化为溶解态，在两层结构的模型假定前提下，由于上层（有氧层）厚度可以忽略不计，沉降通量可以视作直接在下层（厌氧层）进行，成岩作用也发生在下层。在厌氧层中，对于第 iG 类颗粒态有机物质，质量守恒动力学方程为

$$H_2 \frac{\partial G_{\mathrm{POM},i}}{\partial t} = -K_{\mathrm{POM},i} \theta_{\mathrm{POM},i}^{T-20} \cdot G_{\mathrm{POM},i} \cdot H_2 - W \cdot G_{\mathrm{POM},i} + J_{\mathrm{POM},i} \qquad (2.5.107)$$

式中，$G_{\mathrm{POM},i}$ 为第二层第 iG 类 POM（M=C, N 或 P）的浓度，g/m³；$K_{\mathrm{POM},i}$ 为第二层第 iG 类颗粒态有机物 POM 在 20℃时的衰减速率，d⁻¹；$\theta_{\mathrm{POM},i}$ 为 $K_{\mathrm{POM},i}$ 的温度影响系数；T 为沉积物温度，℃；W 为埋藏速率，m/d；G3 类有机物被定义为是惰性的，不衰减，因此，$K_{\mathrm{POM},3} = 0$。

两个起反应的 G 类（1, 2 类）衰变产生的成岩通量可表达为

$$J_{\mathrm{M}} = \sum_{i=1}^{2} K_{\mathrm{POM},i} \cdot \theta_{\mathrm{POM},i}^{T-20} \cdot G_{\mathrm{POM},i} \cdot H_2 \qquad (2.5.108)$$

式中，J_{M} 为颗粒态有机物质（POC、PON 和 POP）的成岩通量，g/（m²·d）。

2.5.5.4 沉积通量

沉降通量 $J_{\mathrm{POC},i}$ 和成岩通量 J_{M} 的计算相对较简单，前者由上覆水模型提供，后者可由式（2.5.108）计算获得，但沉积通量则相对复杂很多。影响沉积通量的因素包括：底层成岩作用、两层中颗粒和溶解部分的分配（吸附特性）、活跃层的埋藏、两层之间的颗粒混合和溶解态扩散等，每个影响因素都很复杂。

由于上层很薄（约为 0.1cm），表面传质系数的量级约为 0.1m/d，因此上层停

留时间量级为 $H_1/s \sim 0.01\text{m/d}$，这比底部过程的典型时间尺度短很多，因此上层采用稳定状态近似，时间差分项设为零。

上层（有氧层）和下层（厌氧层）质量守恒方程可表达为

$$H_1 \frac{\partial C_{t_1}}{\partial t} = 0 = s\left(f_{d_0} \cdot C_{t_0} - f_{d_1} \cdot C_{t_1}\right) + \text{KL}\left(f_{d_2} \cdot C_{t_2} - f_{d_1} \cdot C_{t_1}\right)$$
$$+ \omega\left(f_{p_2} \cdot C_{t_2} - f_{p_1} \cdot C_{t_1}\right) - W \cdot C_{t_1} - \frac{K_1^2}{s} C_{t_1} + J_1 \tag{2.5.109}$$

式中，C_{t_1} 和 C_{t_2} 为分别为第一层和第二层的浓度，g/m^3；C_{t_0} 为上覆水中的浓度，g/m^3；s 为表面传质系数，m/d；KL 为两层之间溶解态扩散速率，m/d；ω 为两层之间颗粒态混合速率，m/d；f_{d_0} 为上覆水中溶解态份数，$0 \leqslant f_{d_0} \leqslant 1$；$f_{d_1}$ 为第一层中溶解态的份数，$0 \leqslant f_{d_1} \leqslant 1$；$f_{p_1}$ 为第一层中颗粒态的份数，$f_{p_1} = 1 - f_{d_1}$；f_{d_2} 为第二层中溶解态的份数，$0 \leqslant f_{d_2} \leqslant 1$；$f_{p_2}$ 为第二层中颗粒态的份数，$f_{p_2} = 1 - f_{d_2}$；K_1 为第一层的反应速率，m/d；J_1 为第一层总的内源负荷，$\text{g/(m}^2\cdot\text{d)}$。

$$H_2 \frac{\partial C_{t_2}}{\partial t} = -\text{KL}\left(f_{d_2} \cdot C_{t_2} - f_{d_1} \cdot C_{t_1}\right) - \omega\left(f_{p_2} \cdot C_{t_2} - f_{p_1} \cdot C_{t_1}\right)$$
$$+ W\left(C_{t_1} - C_{t_2}\right) - K_2 \cdot C_{t_2} + J_2 \tag{2.5.110}$$

式中，K_2 为第二层的反应速率，m/d；J_2 为第二层总的内源负荷（包括由成岩衰变而来），$\text{g/(m}^2\cdot\text{d)}$。

沉积通量代表着沉积物-水界面的交换，EFDC 模型中可表达为

$$J_{\text{aq}} = s\left(f_{d_1} \cdot C_{t_1} - f_{d_0} \cdot C_{t_0}\right) \tag{2.5.111}$$

式中，J_{aq} 为沉积物和上覆水的交换通量（氨氮、硝态氮、磷酸盐、硫化物和甲烷），$\text{g/(m}^2\cdot\text{d)}$；"+"表示自沉积物往上覆水；"−"表示自上覆水往沉积物。

溶解态和颗粒态的分配，遵循以下方程：

$$f_{d_1} = \frac{1}{1 + m_1 \cdot \pi_1} \quad f_{p_1} = 1 - f_{d_1} \tag{2.5.112}$$

$$f_{d_2} = \frac{1}{1 + m_2 \cdot \pi_2} \quad f_{p_2} = 1 - f_{d_2} \tag{2.5.113}$$

式中，m_1 和 m_2 分别为第一层和第二层的固体颗粒浓度，kg/L；π_1 和 π_2 分别为第一层和第二层的分配系数，L/kg。

式（2.5.109）～式（2.5.113）参数包括：s、ω、KL、W、H_2、m_1、m_2、π_1、π_2、K_1、K_2、J_1 和 J_2，其中 K_1、K_2、J_1 和 J_2 是不同种类的释放通量的专有参数。

1）表面传质系数 s

表面传质系数与底泥需氧量（SOD）相关，并可用下列公式计算[35,42]：

$$s = \frac{D_1}{H_1} = \frac{C_{SOD}}{C_{DO_0}} \qquad (2.5.114)$$

式中，C_{DO_0} 为上覆水 DO 浓度。这是一个动态变化的参数，量级为 0.1m/d。

2）颗粒混合速率 ω

生物扰动作用是由生物转移引起的沉积物扰动。颗粒混合速率 ω 取决于温度、底栖生物量和可用氧。底层含氧量和底栖生物量之间存在滞后的现象，方程可表达为

$$\omega = \frac{D_p \cdot \theta_{Dp}^{T-20}}{H_2} \frac{G_{POC,1}}{G_{POC,R}} \frac{C_{DO_0}}{KM_{Dp} + C_{DO_0}} f(ST) + \frac{D_{p_{min}}}{H_2} \qquad (2.5.115)$$

式中，D_p 为颗粒混合的表观扩散系数，m^2/d；θ_{Dp} 为 D_p 的温度调节常数；$G_{POC,R}$ 为 $G_{POC,1}$ 的参考浓度，g/m^3；KM_{Dp} 为氧的颗粒半饱和常数，g/m^3；ST 表示累积底应力（反应滞后效应的参数），d；$f(ST)$ 为底应力函数，$0 \le f(ST) \le 1$，反映 DO 与底栖生物量的时间效应关系；$D_{p_{min}}$ 为颗粒混合最小扩散系数，m^2/d。

3）溶解态混合速度 KL

$$KL = \frac{D_d \cdot \theta_{Dd}^{T-20}}{H_2} + R_{BI,BT} \cdot \omega \qquad (2.5.116)$$

式中，D_d 为孔隙水中的扩散系数，m^2/d；θ_{Dd} 为 D_d 的温度调节常数；$R_{BI,BT} \cdot \omega$ 表示生物灌溉与生物扰动作用之比。

2.5.5.5　沉积物温度

温度是影响底床化学变化的重要参数，采用底床和上覆水间的热扩散来计算沉积物温度：

$$\frac{\partial T}{\partial t} = \frac{D_T}{H^2}(T_w - T) \qquad (2.5.117)$$

式中，T 为沉积温度；T_w 是上覆水温度；D_T 为上覆水和沉积物之间的热扩散系数（取值为 $1.8 \times 10^{-7} m^2/s$）。

2.6　有毒物质污染与运移模块

自然环境中的有毒物质主要包括有毒有机化合物（TOCs）和重金属两大类。EFDC 模型有毒物质污染和运移模块可以模拟有毒物质在水柱和沉积物中的吸附-解吸过程，以及化学变化和迁移过程（图 2.6.1）。

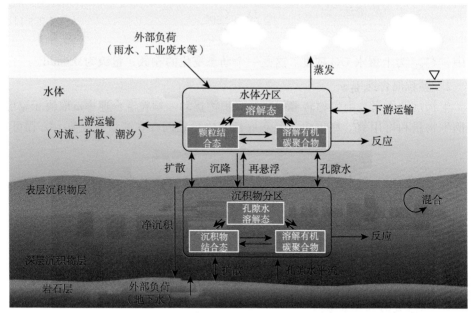

图 2.6.1　有毒物质污染和运移模块示意图

2.6.1　基本方程

2.6.1.1　污染物的分配

有毒物质在水体中分为溶解态和颗粒态（吸附于泥沙等）。不同的形态存在不同的物理、化学和生物变化。例如，挥发只发生在溶解态，而沉降则只发生在颗粒态。两种形态的量可由"分配系数"描述：

$$c = c_d + c_p \tag{2.6.1}$$

式中，c 为污染物总浓度，$\mu g/m^3$；c_d 为溶解态浓度，$\mu g/m^3$；c_p 为颗粒态浓度，$\mu g/m^3$。

这两个部分被假定与总浓度直接存在系数，表达为

$$c_d = F_d c \tag{2.6.2}$$

$$c_p = F_p c \tag{2.6.3}$$

式中，F_d 和 F_p 分别为溶解态和颗粒态与总浓度之间的系数，可表示为

$$F_d = \frac{1}{1 + K_d m} \tag{2.6.4}$$

$$F_p = \frac{K_d m}{1 + K_d m}, \quad F_d + F_p = 1 \tag{2.6.5}$$

式中，K_d 为分配系数，m^3/g；m 为悬浮颗粒浓度，g/m^3。

2.6.1.2 有毒物质输运方程

描述有毒物质输运的方程与 2.2.1 节所述的物质输运方程类似，三维有毒物质的输运方程为

$$\frac{\partial}{\partial t}\left(m_x m_y HC\right) + \frac{\partial}{\partial x}\left(m_y HuC\right) + \frac{\partial}{\partial y}\left(m_x HvC\right) + \frac{\partial}{\partial z}\left(m_x m_y wC\right) - \frac{\partial}{\partial z}\left(m_x m_y w_s F_p C\right)$$

$$= \frac{\partial}{\partial x}\left(\frac{m_y}{m_x} HA_H \frac{\partial C}{\partial x}\right) + \frac{\partial}{\partial y}\left(\frac{m_x}{m_y} HA_H \frac{\partial C}{\partial y}\right) + \frac{\partial}{\partial z}\left(\frac{m_x m_y}{H} A_b \frac{\partial C}{\partial z}\right) + R + Q_C \quad (2.6.6)$$

式中，(x, y) 为水平方向的正交-曲线坐标，m；z 为 σ 坐标（无量纲）；C 为所传输物质的浓度（溶解态/悬浮态），g/m；H 为总水深，m；u，v 为水平方向的速度分量，m/s；w 为垂向速度分量，m/s；A_H 为水平紊动扩散系数，m²/s；A_b 为垂向紊动扩散系数，m²/s；w_s 为沉降速率（悬浮态时）；R 为化学和生态过程的反应率；Q_C 为毒素外部的源/汇项。

2.6.2 有毒物质损失项

2.6.2.1 自身降解

有毒物质的自身降解可发生在水柱和沉积物中，并遵循一阶衰减，表达为

$$\frac{\mathrm{d}C}{\mathrm{d}t} = -KC \quad (2.6.7)$$

式中，C 为有毒物质浓度，mg/m³；K 为一阶衰减速率，s⁻¹。

2.6.2.2 生物降解

生物降解，也叫微生物转化细菌降解，是通过细菌的酶系统将化合物进行分解。这个分解过程可以解毒和矿化有毒物质，但也可能激活潜在的新毒素。EFDC 模型中，生物降解的方程与式（2.6.7）基本一致，在水柱和沉积物中可表示为

$$\frac{\mathrm{d}C_w}{\mathrm{d}t} = -K_{w,bio} C_w \quad (2.6.8)$$

和

$$\frac{\mathrm{d}C_b}{\mathrm{d}t} = -K_{b,bio} C_b \quad (2.6.9)$$

式中，C_w 为水柱中有毒物质浓度，mg/m³；C_b 为沉积物中有毒物质浓度，mg/g；$K_{w,bio}$ 为水柱中生物降解速率，s⁻¹；$K_{b,bio}$ 为沉积物中生物降解速率，s⁻¹。

其中，降解系数 K_{bio} 受温度影响，表示为阿伦尼乌斯（Arrhenius）方程为

$$K_{bio} = K_{bio,ref} Q_{10}^{(T-20)/10} \quad (2.6.10)$$

式中，$K_{bio,ref}$ 为 20℃时的生物降解参考速率，s⁻¹；Q_{10} 为温度校正因子；T 为温度

条件，℃。

2.6.2.3　挥发

挥发通常为化学物质为了平衡气液两相浓度而从水中进入大气的过程。这种传递由化学物质本身和许多其他因素影响，例如，化学物质的分子量、Henry 法则、气液界面动力条件、水体流速和水深等。EFDC 模型中，溶解态有毒物质的挥发可以表达为

$$\frac{\partial C}{\partial t}\bigg|_{volat} = \frac{K_v}{H_{KC}}\left(f_d C - \frac{C_a}{\frac{H_L}{RT_K}}\right) \tag{2.6.11}$$

式中，C 为第 K 层水柱的有毒物质浓度，mg/m^3；K_v 为传输速率，m/d；H_{KC} 为第 K 层水柱的厚度，m；f_d 为化学物质的溶解性份数；C_a 为大气中的浓度，mg/m^3；R 为通用气体常数：$8.206 \times 10^{-5} atm\cdot m^3/(mol\cdot K)$；$T_K$ 为水温，K；H_L 为有毒物质气液分配的亨利法则系数，$atm\cdot m^3/mol$。

2.7　拉格朗日粒子追踪模块

EFDC 模型包含 LPT（Lagrangian particle tracking）子模块，用于动态模拟和预测目标物质在河流、湖泊等水体中的迁移轨迹。

2.7.1　基本方程和随机游动

LPT 的主要控制方程为[44, 45]：

$$\frac{\partial C}{\partial t} + \text{div}\left(\vec{V}C\right) = \frac{\partial}{\partial x}\left(D_H \frac{\partial C}{\partial x}\right) + \frac{\partial}{\partial y}\left(D_H \frac{\partial C}{\partial y}\right) + \frac{\partial}{\partial z}\left(D_V \frac{\partial C}{\partial z}\right) \tag{2.7.1}$$

式中，t 表示时间；C 为污染物浓度；$\vec{V} = (u, v, w)$ 表示例子的拉格朗日坐标；(u, v, w) 为不同方向的速度；D_H 和 D_V 分别为水平和垂向扩散系数。

上式中，粒子的拉格朗日运动方程组如下：

$$dx = dx_{drift} + dx_{ran} = \left(u + \frac{\partial D_H}{\partial x}\right)dt + \sqrt{2D_H dt}\,(2p-1) \tag{2.7.2}$$

$$dy = dy_{drift} + dy_{ran} = \left(v + \frac{\partial D_H}{\partial y}\right)dt + \sqrt{2D_H dt}\,(2p-1)! \tag{2.7.3}$$

$$dz = dz_{drift} + dz_{ran} = \left(w + \frac{\partial D_V}{\partial z}\right)dt + \sqrt{2D_V dt}\,(2p-1)! \tag{2.7.4}$$

式中，dt 为时间步长；p 为基于均值为 0.5 的均匀分布随机变量的随机数；通过利

用（$2p-1$）随机转换（均值为 0，范围为$-1\sim1$），使扩散项在对流位置做粒子的随机移动。

2.7.2 溢油模型

EFDC 模型在拉格朗日粒子追踪模块的基础上，实现基于粒子漂流的溢油过程模拟。溢油在水体表面随着水动力影响而漂浮移动，类似于 LPT，并且随时间不断蒸发和生物降解。EFDC 程序判断当单位粒子的油量小于某个定值（1.0mm^3）时，该粒子消失。对于溢油建模时，应注意在 LPT 模块中，使用"Vertical Movement Option"（垂直运动选项）功能。当油的密度小于水时，粒子在水面上；当油的密度大于水时，完整的 3D 选项则被开启。对于溢油后蒸发过程模拟的理论，请参照文献[44]。同时，EFDC 可实现溢油后生物降解过程的模拟[46]。

参 考 文 献

[1] Hamrick J M. A three-dimensional environmental fluid dynamics computer code: Theoretical and computational aspects[D]. Virginia Institute of Marine Science, College of William and Mary, 1992.

[2] Ji Z G. Hydrodynamics and Water Quality: Modeling Rivers, Lakes, and Estuaries[M]. Hoboken: John Wiley & Sons, 2017.

[3] Craig P M. Theoretical & computational aspects of the Environmental Fluid Dynamics Code-Plus（EFDC+）[R]. Dynamic Solutions-International, LLC, Edmonds, WA, 2016.

[4] Vinokur M. Conservation equations of gasdynamics in curvilinear coordinate systems[J]. Journal of Computational Physics, 1974, 14（2）: 105-125.

[5] Blumberg A F, Mellor G L. A description of a three‐dimensional coastal ocean circulation model[J]. Three‐dimensional coastal ocean models, 1987, 4: 1-16.

[6] Mellor G L, Yamada T. Development of a turbulence closure model for geophysical fluid problems[J]. Reviews of Geophysics, 1982, 20（4）: 851-875.

[7] Galperin B, Kantha L H, Hassid S, et al. A quasi-equilibrium turbulent energy model for geophysical flows[J]. Journal of the Atmospheric Sciences, 1988, 45（1）: 55-62.

[8] Kantha L H, Clayson C A. Small Scale Processes in Geophysical Fluid Flows[M]. Amsterdam: Elsevier, 2000: 417-509.

[9] Mellor G L, Ezer T, Oey L Y. The pressure gradient conundrum of sigma coordinate ocean models[J]. Journal of Atmospheric and Oceanic Technology, 1994, 11（4）: 1126-1134.

[10] Craig P M, Chung D H, Lam N T, et al. Sigma-Zed: A computationally efficient approach to reduce the horizontal gradient error in The EFDC's vertical sigma grid[C]//Proceeding of the 11th International Conference on Hydrodynamics, 2014.

[11] Wells S A, Cole T M. CE-QUAL-W2, Version 3[R]. Army Engineer Waterways Experiment Station Vicksburg, U.S. Engineer Research and Development Center, 2000.

[12] Rosati A, Miyakoda K. A general circulation model for upper ocean simulation[J]. Journal of Physical Oceanography, 1988, 18（11）: 1601-1626.

[13] Ziegler C K, Lick W J. A numerical model of the resuspension, deposition and transport of fine-grained sediments in shallow water[M]. Department of Mechanical & Environmental Engineering, University of

California, 1986.

[14] James S C, Jones C A, Grace M D, et al. Advances in sediment transport modelling[J]. Journal of Hydraulic Research, 2010, 48（6）: 754-763.

[15] Jones C A, Lick W. SEDZLJ: A Sediment Transport Model[J]. Final Report. University of California, Santa Barbara, California, 2001.

[16] Jones C, Lick W. Sediment erosion rates: Their measurement and use in modeling[C]. Texas A&M Dredging Seminar. ASCE: College Station, Texas, 2001: 1-15.

[17] van. Rijn L C. Sediment transport, part II: suspended load transport[J]. Journal of Hydraulic Engineering, 1984, 110（11）: 1613-1641.

[18] van. Rijn L C. Sediment transport, part I: Bed load transport [J]. Journal of Hydraulic Engineering, 1984, 110（11）: 1431-1455.

[19] Hwang K N, Mehta A J. Fine sediment erodibility in Lake Okeechobee. Coastal and Oceanographic Engineering Dept., University of Florida[R]. Report UFL/COEL-89/019, Gainesville, FL, 1989.

[20] Shrestha P L, Orlob G T. Multiphase distribution of cohesive sediments and heavy metals in estuarine systems[J]. Journal of Environmental Engineering, 1996, 122（8）: 730-740.

[21] Mehta A J, Hayter E J, Parker W R, et al. Cohesive sediment transport. I: Process description[J]. Journal of Hydraulic Engineering, 1989, 115（8）: 1076-1093.

[22] Ziegler C K, Nisbet B S. Fine-grained sediment transport in Pawtuxet river, Rhode Island[J]. Journal of Hydraulic Engineering, 1994, 120（5）: 561-576.

[23] Ziegler C K, Nisbet B S. Long-term simulation of fine-grained sediment transport in large reservoir[J]. Journal of Hydraulic Engineering, 1995, 121（11）: 773-781.

[24] Burban P Y, Lick W, Lick J. The flocculation of fine‐grained sediments in estuarine waters[J]. Journal of Geophysical Research: Oceans, 1989, 94（C6）: 8323-8330.

[25] Burban P Y, Xu Y J, McNeil J, et al. Settling speeds of floes in fresh water and seawater[J]. Journal of Geophysical Research: Oceans, 1990, 95（C10）: 18213-18220.

[26] Sanford L P, Maa J P Y. A unified erosion formulation for fine sediments[J]. Marine Geology, 2001, 179(1-2): 9-23.

[27] Roberts J, Jepsen R, Gotthard D, et al. Effects of particle size and bulk density on erosion of quartz particles[J]. Journal of Hydraulic Engineering, 1998, 124（12）: 1261-1267.

[28] Soulsby R. Dynamics of marine sands: a manual for practical applications[M]. Thomas Telford, 1997.

[29] Cheng N S. Simplified settling velocity formula for sediment particle[J]. Journal of hydraulic engineering, 1997, 123（2）: 149-152.

[30] Mercier G, Chartier M, Couillard D. Strategies to maximized the microbial ceading of lead from metal-contaminated aquatic sediments[J]. Water Research, 1996, 30（10）: 2452-2464.

[31] Krone R B. Flume studies of the transport of sediment in estuarial shoaling process[R]. Final Report to San Francisco District, U.S. Army Corps of Engineers, Washington, D.C., 1962.

[32] Gessler J. The beginning of bedload movement of mixtures investigated as natural armoring in channels[J]. W.M. Keck Laboratory of Hydraulics and Water Resources, California Institute of Technology, Translation T-5., 1967.

[33] Hydroqual I. Modeling suspended load transport of non-cohesive sediments in the Hudson River[J]. General Electric Company, Albany, NY, 1997.

[34] van Niekerk A, Vogel K R, Slingerland R L, et al. Routing of heterogeneous sediments over movable bed:

Model development[J]. Journal of Hydraulic Engineering, 1992, 118（2）: 246-262.

[35] Cerco C F, Cole T. Three-dimensional eutrophication model of Chesapeake Bay[J]. Journal of Environmental Engineering, 1993, 119（6）: 1006-1025.

[36] Park K, Jung H S, Kim H S, et al. Three-dimensional hydrodynamic-eutrophication model （HEM-3D）: Application to Kwang-Yang Bay, Korea[J]. Marine Environmental Research, 2005, 60（2）: 171-193.

[37] Ambrose R B, Wool T A, Martin J L. The water quality analysis simulation program, WASP5, Part A: Model documentation[J]. Environmental Research Laboratory, US Environmental Protection Agency, Athens, GA, 1993.

[38] Bunch B W, Cerco C F, Dortch M S, et al. Hydrodynamic and water quality model study of San Juan Bay Estuary[J]. 2000.

[39] Cerco C F, Linker L, Sweeney J, et al. Nutrient and solids controls in Virginia's Chesapeake Bay tributaries[J]. Journal of Water Resources Planning and Management, 2002, 128（3）: 179-189.

[40] Bowie G L, Mills W B, Porcella D B, et al. Rates, constants, and kinetics formulations in surface water quality modeling[J]. EPA, 1985, 600: 3-85.

[41] Prakash S, Vandenberg J A, Buchak E M. Sediment diagenesis module for CE-QUAL-W2 Part 2: Numerical formulation[J]. Environmental Modeling & Assessment, 2015, 20（3）: 249-258.

[42] Zhang Z, Sun B, Johnson B E. Integration of a benthic sediment diagenesis module into the two dimensional hydrodynamic and water quality model–CE-QUAL-W2[J]. Ecological Modelling, 2015, 297: 213-231.

[43] Di Toro D M. Sediment Flux Modeling[M]. New York: Wiley-Interscience, 2001.

[44] Craig P M. User's manual for EFDC_Explorer: A pre/post processor for the environmental fluid dynamics code[J]. Dynamic Solutions, LLC, Knoxville, TN, 2011.

[45] Stiver W, Mackay D. Evaporation rate of spills of hydrocarbons and petroleum mixtures[J]. Environmental Science & Technology, 1984, 18（11）: 834-840.

[46] Stewart P S, Tedaldi D J, Lewis A R, et al. Biodegradation rates of crude oil in seawater[J]. Water Environment Research, 1993, 65（7）: 845-848.

3 地表水环境模型构建程序与 EFDC_Explorer 基本功能

本章将介绍两部分内容：①地表水环境模型的构建程序，包括问题分析与对象识别、模型选择、研究区域确定和网格划分、初始与边界条件的设定、模型参数不确定性和敏感性分析、模型的率定与验证，以及模拟结果的分析。②以 EFDC_Explorer Version8.3（EE8.3）为例，全面讲解 EE 的基本使用方法，包括基本概述、EE8.3 主要工具栏、前/后处理的操作、View Plan（2D）视图、剖面视图和绘图等功能。

3.1 地表水环境模型构建程序及方法

地表水环境模型一般建模程序的主要步骤，可归纳为以下 7 个方面：①问题分析和对象识别。②模型的选择。③研究区域的确定和网格划分。④边界条件与初始件的确定。⑤模型参数不确定性和敏感性分析。⑥模型的率定和验证。⑦模拟结果展现与分析。本节梳理了建模过程中各步骤的常见问题、关键技术与方法。

3.1.1 问题分析和对象识别

地表水生态系统是一个交互系统，具有水力特征（如水深和流速等）、化学特征以及与水生和底栖生物相关的特征。对地表水生态系统的模拟研究，根据地表水体类型及其环境特点的不同，可分为河流、河网、湖泊、水库和近岸海域；根据模拟对象和物质组分的不同，又可分为水动力、水质、富营养化、泥沙和重金属等。

3.1.1.1 按水体类型及其环境特点分类

1）河流的流动特点及环境特征

河流最明显的特征是其自然地从上游向下游流动，与湖泊和河口是不同的。一般上游河段落差大、水流急、水侵蚀力强，河底底质多为岩石或砾石，悬浮物和有机质含量低，因此水流清澈，水中溶解氧含量高。河水中的营养物质主要来自河岸的绿色植物，多为营养粗颗粒。中下游河段的落差和流速均较上游平缓，河槽趋于稳定，藻类和其他水生植物也相应增多。下游河段河底坡降平缓，水面开阔，流速减缓，水中悬浮物增多，阳光入射深度减小，水流较浑浊，河流复氧能力下降。与湖泊相比，河流的流速通常要大得多。由于其相对较大的流速，河流，特别是浅且窄的河流，通常被看做一维。大多数河流的横剖面有两个主要部分：主河道与漫滩。在河流模型中，水流通常在主河道中运输。漫滩的季节性淹没可以通过干湿边界的变化来模拟。

2）湖泊和水库的流动特点及环境特征

湖泊根据湖流形成的动力机理，通常分为风生流、吞吐流（倾斜流）及密度流。风生流是由于湖面上的风力引起的湖水运动，是一种最常见的湖流运动形式；吞吐流则是由于湖泊相连的各个河道的出、入流引起的水流运动；密度流是由于水体受水温分层等因素作用，水体密度不均匀引起的水体流动。水温、光照强度和营养物质是湖泊最重要的环境要素。由于水流缓慢，大多数湖泊存在水温分层的现象，特别是在夏季呈现表层水温明显高于底层水温的特点。与河流和河口相比，湖泊具有以下特征：①相对缓慢的流速。②相对较低的入流量和出流量。③垂向分层。④作为来自点源和非点源的营养物质、沉积物、有毒物质以及其他物质的汇。相比河流的较大流速，受湖泊形状、垂向分层、水动力、气象条件的影响，湖泊有更为复杂的环流形式和混合过程。水体长时间的停留使得湖水及沉积床的内部化学生物过程显著，但是这些过程在流速较快的河流中可以忽略。

水库是人们按照一定的目的，在河道上建坝或堤堰创造蓄水条件而形成的人工湖泊。对水库而言，根据其形态特征可分为河道型和湖泊型两种。其中，河道型水库的水动力学特征介于湖泊与河流之间，具有明显的纵向梯度变化规律，坝前库首区水深较大，库尾以及支流回水区水深较浅；湖泊型水库的水流缓慢，水体运动及各种物理化学的运动过程与天然湖泊基本相似，但水库多设有底孔、溢洪道、给水管道等泄水建筑物，使相当部分水流沿一定方向流动。

3）近岸海域和入海河口水动力及环境特征

近岸海域和入海河口有潮汐作用，这是其与内陆水体的重要区别。在月球和太阳的引力作用下，海面发生周期性升降和海水往复运动的现象称为潮汐作用。潮汐水流具有双向性和脉动性。潮汐引起海面水位的垂直升降称为潮位，引起海水的水平移动称为潮流。潮位的升降扩大了波浪对海岸作用的宽度和范围，形成潮间带沉积环境；而潮流对海底沉积物的改造、搬运、堆积起重要作用，尤以近岸浅海地区最为显著。总体而言，近岸海域和入海河口在水动力、化学及生物学方面与河流、湖泊不同，其特征为：潮汐是一个主要的驱动力，盐度及其变化通常在水动力及水质过程中起重要作用，两个定向径流——表层水流向外海和底层水流向陆地。

3.1.1.2 按模拟对象和物质组分分类

根据模拟过程和模拟的物质组分的不同，可将地表水生态系统的研究对象分为水动力、水质、富营养化、泥沙、重金属等。以下将对水动力、水质和富营养化等过程进行论述。

1）水动力过程

水动力过程是地表水生态系统的重要组成部分，不同尺度和不同类型的水动力过程不仅影响温度场、营养物质和溶解氧的分布，而且也影响泥沙、污染物和藻类的聚集与分散。

水动力过程主要包括：①对流；②扩散；③垂向混合和对流。水体中的物质迁移是由上述一种或多种过程同时完成。对于地形复杂的水体，物质迁移通常是三维的，应该考虑水平和垂向的物质传输过程。

对流是指随水体流动产生的物质迁移，而不是产生混合和稀释。在河流和河口，对流通常发生在纵向，横向对流较弱。除了水平对流，水体和污染物也存在垂向对流。相对水平对流，河流、湖泊、河口和近海的垂向对流较弱。

扩散是由湍流混合和分子扩散引起的水体混合。扩散降低了物质浓度梯度，这个过程不仅涉及水体的交换，还包括其中的溶解态物质的交换，如盐度、溶解态污染物等。因此，除了水动力变量（温度和盐度）外，扩散过程对泥沙、有毒物质和营养物质的分布也很重要。平行于流速方向的扩散叫做纵向离散，垂直于流速方向的扩散叫做横向扩散。纵向离散通常远大于横向扩散。

在河流、湖泊和河口等水体中，湍流混合通常占主导地位，其扩散速度远大于分子扩散。湍流混合是湍流态水体动量交换的结果。按水体流动特点，生化物质组分的扩散过程有方向选择。分子扩散是微观水平上的输运过程，分子运动的无方向性导致扩散总是从高浓度向低浓度区域进行，形成浓度梯度。如往一瓶水里滴下一滴染色剂，染色剂将向各个方向扩散，最后达到混合一致。染色剂呈现从浓度高的区域向浓度低的区域扩散的趋势，就像热传导总是从高温处往低温处传输。分子的扩散运动很慢，只在小尺度内起作用，例如湖泊底层。

2）水质和富营养化过程

水体的营养状态主要受来自点源和非点源的营养物质负荷、气象条件（如日照、气温、降水、入流量）和水体形状（如水深、体积、表面积）控制。营养物质主要来源于生活污水、工业废水、农业灌溉和城市排污。由于地理和气象条件的不同，对于河、湖和河口的水质状况没有通用的量化标准，不同的区域会有不同的营养物质背景和大气降水量。通常情况下代表营养状态的变量为：总磷、总氮、叶绿素和透明度（或者其他表征浊度的参数）。

水体富营养化主要是由过多的氮、磷，或者是两者的化合物产生的。总氮和总磷经常作为因变量，叶绿素和透明度作为初始响应变量，其他变量，如溶解氧在描述水体富营养化状态时也是有用的。当富营养化发生时，会导致一系列的环境问题，包括：①低溶解氧，特别是接近水体的底层。②高浓度的悬浮固体通常包含丰富的有机物。③高营养物质浓度。④高藻类浓度。⑤低透光性和透明度。⑥来自藻类或厌氧物质的臭味。⑦物种组成的变化。

　　藻类的分解过程消耗溶解氧。营养物质富集会导致藻类水华，而这些藻类最终又会死亡和分解，它们的分解会消耗水中的氧。在夏季，当水温比较高，垂向温度分层比较大的时候，溶解氧的浓度通常是最低的；当分解速率比较高的时候，溶解氧的浓度减小，以致影响其他需氧生物的生存，例如导致鱼类死亡。过量生长的植物的光合和呼吸作用，以及微生物降解死亡植物，都会使溶解氧的水平发生很大的波动。人们经常通过浮游植物浓度的增加来判别水质的退化程度，因为它们产生的影响比较容易判断，如鱼类的死亡和强烈的臭味。藻类水华会阻止光到达需要进行光合作用的沉水植物。当可耐受富营养化的物种代替了消亡于富营养化的物种时，生态系统便会发生剧烈的变化。富营养化研究涉及物理、化学、地质和生物等方面的知识，在水体中影响富营养化过程的重要因素有：①水体的几何形状，水深、宽度、表面积和体积。②流速和湍流混合。③水温和太阳辐射。④总固体悬浮颗粒物。⑤藻类。⑥营养物质，磷，氮和硅。⑦溶解氧。

　　水质和富营养化的模拟主要考虑 3 个要素：水动力输运、外源输入、系统内的化学和生物反应。对于水质的模拟，则需要考虑温度、氧气、营养物质和藻类过程以及它们之间的相互作用，还要涉及底床的泥沙通量和营养盐释放通量（尤其是对于透明度的模拟，水质模块与泥沙模块在底部交界层需要着重考虑）。水质过程依赖于水动力学来描述水体运动和混合，利用化学动力学和生物化学来测定溶解和颗粒营养物质的迁移。当指定外部负荷和大气-水界面交换条件时，还需要运用到水文、气象和大气物理等知识。

3.1.2　模型的选择

3.1.2.1　模型选择的依据

　　选择适当的模型应该基于研究目的、水体特点、可获取的数据、模型特点、文献资料以及在该地区的前期经验。模型选择也应在各种需求之间取得平衡。在某种程度上，由于时间和资源永远都是有限的，选择的目标应当是从模型中选出最有用的，确保可以应对所有影响水体的重要过程。选择一个过于简单的模型会导致缺乏决策所需要的精确性和确定性，而选择过于复杂的模型可能会导致资源分配不当、延误研究、增加成本。

　　河流中的运输由平流和扩散过程决定。已经发展成一维、二维和三维的模型用于描述这些过程。研究目标、河流特征与数据有效性是决定模型适用性的主要因素。对于大多数小而浅的河流，一维模型通常足够模拟水动力与水质过程。关于流速和流向的具体分析需要河流二维，有时甚至是三维的描述。当横向变化（或者垂向温度变化）是河流的重要特征时，需要具有二维变化的模型进行模拟。对于大河流，特别是直接流入河口的河流，可能需要用三维模型。河网虽然具有单一河流的特征，但是交错复杂，时常出现往复流等，则需对河网进行概化，一般采用一维河网模型来描述其水动力特征。

湖泊和水库的模拟在很多方面与河流和河口的模拟不同。由于具有较长的停留时间，一般湖泊和水库对水体富营养化敏感度要比河流和河口大得多。对湖泊和水库的研究一般注重藻类的生长和营养物质。湖泊模型一般需要用多个垂向分层分辨温度、藻类、溶氧量和营养物质的垂向分布特征。

河口及沿岸水域的模拟在许多方面上不同于河流和湖泊。河口潮流受到潮汐、淡水入流、风及密度梯度（与温度、盐度及泥沙密度相联系）的驱动，因此，河口潮流很复杂，通常是三维的、湍流的，且不定常的。除了极浅的河口，其他河口的潮流、温度、盐度和泥沙含量有很大的垂向变化。河口及沿岸模型的另外一个重要特点是需要设定联系水体与海洋的开边界条件。

3.1.2.2　不同水体模型选择推荐

1）河流数学模型及推荐

河流数学模型的选择要求归纳于表 3.1.1 中。在模拟河流顺直、水流均匀且排污稳定条件下，可以采用解析解模型。

表 3.1.1　河流数学模型适用条件

	模型空间分类					模型时间分类	
	纵向一维模型	河网模型	平面二维	立面二维	三维模型	稳态	非稳态
适用条件	沿程断面均匀混合	多条河道相互连通，使得水流运动和污染物交换相互影响的河网地区	垂向均匀混合	垂向分层特征明显	垂向及平面分布差异明显	水流恒定、排污稳定	水流不恒定，或排污不稳定

2）湖泊、水库数学模型及推荐

湖泊、水库数学模型选择要求见表 3.1.2。在模拟湖泊、水库水域形态规则、水流均匀且排污稳定时，可以采用解析解模型。

表 3.1.2　湖泊、水库数学模型适用条件

	模型空间分类						模型时间分类	
	零维模型	纵向一维模型	平面二维	垂向一维	立面二维	三维模型	稳态	非稳态
适用条件	水流交换作用较充分、污染物质分布基本均匀	污染物在断面上均匀混合的河道型水库	浅水湖库，垂向分层不明显	深水湖库，水平分布差异不明显，存在垂向分层	深水湖库，横向分布差异不明显，存在垂向分层	垂向及平面分布差异明显	流场恒定、源强稳定	流场不恒定，或源强不稳定

　　3）入海河口、感潮河段数学模型及推荐

　　污染物在断面上均匀混合的感潮河段、入海河口,可采用纵向一维非恒定数学模型。感潮河网区宜采用一维河网数学模型;浅水感潮河段和入海河口宜采用平面二维非恒定数学模型;如感潮河段、入海河口的下边界难以确定,宜采用一、二维连接数学模型。

　　4）近岸海域数学模型及推荐

　　近岸海域宜采用平面二维非恒定模型。如果评价海域的水流和水质分布在垂向上存在较大的差异(如排放口附近水域),宜采用三维数学模型。

3.1.3　研究区域的确定和网格划分

3.1.3.1　模型模拟范围的确定

　　全球海洋、沿岸海域和河口在理论上都是相互联系的,是整个体系中的一部分。然而当研究局部河口或沿岸海域时模拟整个体系是不切实际的(也没有必要)。常规方法是人为划定研究区域,然后在限定的区域内进行模拟研究。当限定区域的边界条件不是被陆地限定时,需要说明。限定区域与外部的相互作用必须作为边界条件反映在模型中。理论上,边界条件必须能精确地反映边界的响应,不论它们是来自模型区域内部还是外部。实际上,设定边界条件本身是个复杂的问题。例如,在沿岸海域的模型中,准确地解释近海岸、上游及下游开边界的海水表面高度空间变化是一个难题。

　　一般来说,模型区域的选择常常是出于成本和真实性考虑,在取小范围和取大范围之间进行折中,但应包括对周围地表水环境影响较为显著的区域,能全面说明与地表水环境相联系的环境基本状况。模型范围的选择还取决于项目环境影响评价的工作等级、工程和环境的特性,一般情况下模型研究范围等于或略小于现状调查的范围。在划定模型区域时,边界应设在距离研究对象足够远的地方,这样边界条件误差不会影响内部区域的结果,尽量避免靠近边界条件的模拟结果不符合真实情况的现象产生。因此对水位季节性波动比较大的区域,需要采用动边界对研究区域边界进行相关处理;近岸海域等研究区域,需要选择合适的开边界区域,以尽量消除由边界选取带来的误差。

　　在地表水环境影响评价中,地表水环境预测的范围一般不大于地表水环境现状调查的范围。近岸海域的预测范围应满足消除边界误差对现状评价海域影响的要求。重点关注现状监测点、水环境敏感点、水质水量突然变化处的水质影响预测。当需要预测混合区的水质分布时,在该区域中选择若干预测点。排放口附近常有局部超标区,如有必要可在适当水域加密预测点,以便确定超标水域的范围。

3.1.3.2　网格划分类型

　　目前几乎所有的复杂流场的模拟均需要进行网格的划分。一维模型需进行断面地形的剖分，二、三维模型需建立网格，三维模型网格是以平面二维网格为基础再进行垂向网格的划分（一般为分层），一维断面剖分也可以看做是平面二维网格的简化。计算网格可以分为平面网格和垂向网格。最常见的平面网格有贴体正交曲线网格、矩形网格、三角形网格及混合网格；垂向坐标一般分为等平面（z）坐标、等密度（ρ）坐标和地形拟合（σ）坐标，不同的坐标系对应不同的网格。网格划分对岸线数据和水下地形精度等有一定要求。在实际工程应用中，应根据具体的情况选择合适的网格。目前常用的网格划分软件有：Gambit、Delft RGFGrid、Grid 95、SEAGRID、GEFDC 模型、CH3D、ECOMSED、CVLGrid 等，同时一些综合型模型软件也集成了自身的网格剖分，其中比较成熟且应用较广的有美国 Aquaveo 公司的SMS 水环境模拟软件。

1）平面网格划分

常见的平面网格包含矩形网格、贴体正交曲线网格和三角形网格（图 3.1.1）。

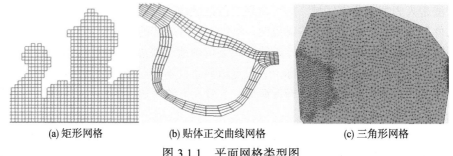

(a) 矩形网格　　　　(b) 贴体正交曲线网格　　　　　　(c) 三角形网格

图 3.1.1　平面网格类型图

矩形网格便于组织数据结构，程序设计简单，计算效率较高，但由于计算域不一定是矩形区域，计算中把计算域概化成齿形边界。在比较复杂的岸线边界和地形条件下，计算时有可能会出现虚假水流流动的现象，边界附近解的误差较大，且采用矩形网格不容易控制网格密度，对计算网格不容易进行修改。

贴体正交曲线网格通过正交变化，可以大大改善矩形网格对不规则边界的适应性，但是对于过于复杂的边界，网格处理工作量大而且效果难以实现。

三角形网格的优点是边界和地形与网格结合比较好，有利于复杂地形和边界问题的研究，且计算网格的节点个数是不固定的，在计算中易于修改和控制网格密度。但由于三角形网格排列不规则，计算中需要建立数据结构与记忆计算单元之间的关系，需要较大的内存空间；且在三角形网格计算中，计算单元随机性增加的寻址时间、网格的非方向性也导致梯度项计算量大大增加，其计算速度与矩形网格和正交曲线网格相比较大大降低。

鉴于这三种网格各自的优缺点，目前在计算中常混合使用，即在边界和地形较复杂的位置采用三角形网格,而在计算域内部和地形变化不大的地方采用四边形网格或者正交曲线网格。

2)垂向网格划分

EFDC 模型三维水流模式的垂向坐标包含地形拟合(σ)坐标和混合坐标(SGZ)。关于垂向坐标的详细内容请参见 2.1.1 节和 2.1.4 节。

3.1.4 边界条件与初始条件的确定

3.1.4.1 边界条件的确定

河流、河网、湖泊和水库、入海河口与沿岸海域有着截然不同的水动力特征。根据模拟水体的不同的特征,需要着重考虑不同的边界条件。

1)河流模型的边界条件

大多数河流的横剖面有两个主要部分:主河道与漫滩。在河流模型中,水流通常在主河道中运输。漫滩的季节性淹没可以通过干湿边界的变化来模拟。河流模型的边界条件通常由如下边界的流量时间序列或者分段时间序列来指定:

(1)上游边界条件。上游边界条件提供河流的入流条件,通常用流量或者水位来指定。

(2)下游边界。通常设定水位或者水位流量关系曲线。

(3)侧边界。侧向的入流可能来自沿着河岸有测量或者没有测量的区域。

上游边界条件或者下游边界条件通常指定在有水流水质测量数据,或者有水坝的地方,这样使得入流和边界条件容易确定。当河流中的一段没有被计量时,可能会通过流域模型的特征来估计入流条件。由于逆流的水流,感潮河流可能有更为复杂的边界条件。

2)河网模型的边界条件

河网不仅具有单一河流的特征,而且各个河流之间交错复杂,时常出现往复流等,需对河网形状进行概化,也需考虑河流中水工建筑物和水文观测站的位置。此外,和单一河流一样,也需考虑所有河道和滩区的地形。一般采用一维河网模型描述其水动力特征。边界条件最好设在有实测水文测量数据处,如果没有就必须估算边界条件。

由于河网本身的复杂性,边界条件可分为外部边界条件和内部边界条件。外部边界条件是指模型中那些不与其他河段相连的河段端点(即自由端点),物质流出此处,即意味着流出模型区域,流入也必然是从模型外部流入,这些地方必须给定某种水文条件(如流量、水位值),否则模型无法计算。所谓内部边界是指从模型内部河段某点或某段河长流入或流出模拟河段的地方,诸如降雨径流的入流、工厂排水、自来水厂取水,内部边界条件应根据实际情况设定,设定这些边界条件通常不会影响模型的运行,但显然会影响到模拟结果的可靠性。

3）湖泊和水库的边界条件

相比河流的较大流速，受湖泊形状、垂向分层、水动力、气象条件的影响，湖泊有更为复杂的环流形式和混合过程。湖泊和水库易于季节性和年际性蓄水。水体长时间的停留使得湖水和沉积床的内部化学、生物过程显著，但这些过程在流速较快的河流中可以忽略。湖泊模型边界条件一般需要考虑。

大气（1）大气边界。浅水湖泊需注意风场驱动导致的风生浪、风生流等一些特征；深水湖泊或水库特别需要注意辐射、气温、云层等边界条件，引起的热通量的交换和热力驱动。

大气（2）出入湖支流流量和水质边界。对于深水湖泊或水库，在夏季必须考虑入流的层次以及湖水的分层。

大气（3）发电、灌溉或其他用途引起湖水水位的快速升降（特别是湖岸边区域），需考虑取水/退水边界。

大气（4）点源与非点源的水质边界。

4）入海河口和沿岸海域的边界条件

入海河口在水动力、化学及生物过程方面与河流、湖泊不同。与河流、湖泊相比，河口特征包括以下4个方面：①潮汐是一个主要的驱动力。②盐度及其变化通常在水动力及水质过程中起重要作用。③两个定向径流（表层水流向外海和底层水流向陆地），通常控制污染物的长期输送。④数值模拟中需要开边界条件。

入海河口及沿岸海域受多种尺度的水动力和水质相互作用现象很普遍。通常情况下，水表面高度确定开边界条件。边界处的盐度、温度、潮流及水质变量也是必要条件。开边界条件的主要目标：①允许产生在模型区域的波浪及湍流，如海平面或速度，自由地离开区域。②允许产生在模型区域外部的波浪及湍流自由进入区域。

入海河口处控制输送过程主要的因素是潮汐和淡水入流。风应力对大型河口也有重要影响。大多数河口是狭长的，类似于河渠。河流是河口淡水的主要来源，河口处流入淡水随着潮位的涨落与盐水发生混合。典型的河口大部分淡水来自河口的上游，且河口和沿岸海域之间有一个过渡带。淡水向海洋的输送被环绕的岛屿、半岛或礁岛阻断。感潮河段尽管有逆流产生，海水仍然不能穿过这个区域，潮水仍然是淡水（或者是咸淡水）。河口有逆流和盐水。

3.1.4.2　初始条件的确定

初始条件指定水体的初始状态。初始条件仅仅在与时间相关的模拟中才需要。对一个稳定态模型，初始条件是不需要的。在任何与时间相关的模拟中，初始条件用于设定模型的初始值。系统将从初始值开始运行。初始条件应该能反映水体的真实情况，至少简化到可以接受的状况。

一般来说，初始条件设置初始水深、初始流速、初始水体和床体温度，初始水深基于模拟对象的地形数据。这些初始条件的设置和水体类型(河流、湖泊、海洋)、模型维数、预测因子等相关,应根据不同对象要求确定,与目标吻合。

起转时间是模型达到统计平衡态的时间。冷启动时,模型从初始态运行,需要起转过程,冷启动初始条件主要来自气象数据、实测数据分析、其他模型的结果或者上述的综合。热启动是模型的再启动,启动条件来自以前模拟的输出结果,可用于消除或减少模型起转时间。

一般初始条件是很重要的,尤其当模拟周期较短时,初始状态的值还没有来得及被"冲走"。例如,一个很深的湖,湖底水体的初始态温度很难发生变化,在湖面的风应力和热传输作用下来改变它之前,其值将持续几个月甚至一年。如果起转时间或模拟周期太短,初始温度将影响模型结果。

数值模型中,流速变化的时间相对较短,为方便起见,在模拟开始时通常设定为 0。初始水位也是相当关键的,具有较长时间的影响。比如湖泊或者水库,决定了系统的初始水量,这将持续影响水动力和水质过程。对于大而深的水体,如水库或海湾,为了减小初始水温和盐度的影响,模型通常需要长的起转时间。

如同真实水体,模型也有对传输、混合和边界力等过程"记忆"功能。如果模拟时间足够长,那么将来时间的模型变量将对现有条件的依赖微乎其微。如果模型时间太短,不能消除初始条件的影响,那么模型结果的可靠性就值得怀疑。一个克服初始条件影响的有效办法就是有足够的模型起转时间。适当的边界条件和引入研究区域外部干预,也能帮助消除初始状态的不适定性。

对于恢复力强的系统,初始条件对模型的影响将大打折扣。如流速较大的河流,初始状态将迅速被"冲出"系统,模型将很快"忘掉"这些初始值。山区河流的水位与流动状态和河床坡降直接相关。设置真实的初始水位是很困难的。可以预先人为设置一个相对合理的数值,水位通过模型自动调节,然后在河流方向很快形成真实的坡降线。

3.1.5　模型参数不确定性和敏感性分析

3.1.5.1　不确定性来源

由于自然界的水环境系统变化非常复杂,目前对于污染物在空间上的迁移过程及转化机理的认识不够成熟,对于藻类和浮游动物等的研究也是刚刚起步,因此,水质模型在使用中存在着不可避免的不确定性。为了提高模型的模拟精度,增强模拟的科学合理性,对模型的不确定性进行分析是必不可少的。

模型的不确定性来源可以分为四类:模型结构、输入数据、参数取值以及计算误差。其中模型结构的不确定性是指由于模型对实际的物理、化学过程进行简化以及构建模型结构中的不合理假设等因素造成的误差,主要来自模型本身;输入数据的不确定性主要是受到监测技术、设备以及人员知识操作水平的局限,导致模型的外部输入数据与实际存在偏差；计算误差主要来源于模型边界条件的处理以及方程求解的方法等；参数的不确定性则主要是由于不同参数的实际意义不同，部分参数缺少测量条件，难以获得精确的取值，而通过经验估计或者实测值率定的参数可能与实际值存在偏差。

3.1.5.2 常用不确定性分析方法

目前针对模型的这四类不确定性来源已经开展大量的研究，主要的分析方法有：灰色系统理论、随机理论方法、模糊数学理论、人工神经网络、区域性灵敏度分析方法。

1）灰色系统理论

灰色系统理论是一种基于数学理论的系统工程方法理论。通过对原始数据的分析整理以研究其发展变化的规律，具有所需建模数据量较少的特点。在水环境模拟和预测的主要应用方法有 2 种：一种是将确定的水环境模型中的变量或参数变为灰色变量，获得灰色解，根据实测数据对模型中的参数进行灰色识别，优点是可以将系统中未知的与突发因素考虑到模型中，并且可以对灰色参数进行优化辨识；另一种则是在实测数据基础上，根据灰色系统理论，建立灰色模拟模型进行水质的预测。

2）随机理论方法

随机理论方法包括离散随机方法和随机微分方程方法。离散随机方法是将模型中变化的不确定因素视为离散的随机过程（如马尔可夫链或平稳时间序列），用随机过程理论建立概率模型。随机微分方程方法利用系数观测值的现实分布研究方程解的统计特性，还可以描述变化过程中的随机紊动和系统的随机输入以及边值、初值的变化。

随机理论方法大多是基于 Monte Carlo 采样实现的，如 GLUE 方法、SCE-UA 方法、SCEM-UA 方法、贝叶斯总误差分析方法（BATEA）、综合贝叶斯不确定性估计法（IBUNE）等。这些方法通过大量的运行模型来描述计算结果的不确定性，一般包括 3 个步骤：①构造输入参数的概率分布，并获取输入参数概率分布的随机取样。②将所有参数取样值的组合输入模型，执行模型模拟。③对模型输出结果进行统计分析。由于 Monte Carlo 模拟时需要大量的取样，对于计算量较大的模型，这种方法需要大量的时间和资源，因此，目前也有许多改进的抽样方法，如拉丁超立方采样（LHS）、MH-MCMC 和自适应 MCMC 方法等，有效地提高了不确定分析的效率，并得到很好的应用，适用于复杂水环境模型的参数识别和模型不确定性分析。

3）模糊数学理论

模糊数学理论使用隶属度来刻画模糊的属于关系，应用模糊算法可以根据参数的隶属级别算出模型输出的隶属度。由于水环境系统本身的模糊性，例如水质级别、分类标准都是一些客观存在的模糊概念，便于通过定性的不确定性分析得出评价结果。因此，模糊数学广泛用于水环境综合的评价中，在领域内取得丰硕的成果，但是模糊理论更适合于定性推理，不适合用于定量的不确定性估计。

4）人工神经网络

人工神经网络是通过模仿人脑的工作方式获得学习现有信息获取知识并进行预测的能力的数学模型，是由大量神经元的连接而构成的自适应非线性动态系统，具有良好的鲁棒性、自组织自适应性、并行处理、分布存储和高度容错等特性，比较适用于不确定性问题的建模研究，较之模糊理论来说预测结果更加客观、简便，对于缺乏大量机理研究数据的地区较为适用。但是神经网络结构的选择、样本的多少都可能会影响到预测的效果和达到目标所花费的时间。同时，人工神经网络模型在预测中常常出现大部分精度较高，个别值偏离真实值较大的现象。

5）区域性灵敏度分析方法

区域性灵敏度分析方法是将 Monte Carlo 模拟与灵敏度分析相结合的一种分析方法，克服了传统的单因素灵敏度分析只能对单个参数点灵敏度分析的局限性，实现了在整个参数空间对其灵敏度进行评价。区域性灵敏度分析方法不需要太多的假设条件，不需要对模型进行修改，因此在水环境模拟中得到广泛应用。

3.1.5.3 常用的不确定性分析工具介绍

1）PSUADE 不确定性分析软件

PSUADE 软件是基于 Linux 的不确定性分析工具[1]，目前在许多复杂的动力模型中已取得良好的应用效果。该软件对多物理过程的输入输出关系具有高度非线性、相关性，并且对运算过程复杂、耗时长和参数较多等问题具有较好的处理方式。PSUADE 软件集合了众多的分析方法、非介入式和并行处理技术，拥有集成式的设计和分析框架。针对大尺度复杂水环境系统的非线性问题，可以运用"黑箱子"模式对模型进行系统概化，在保证精度的同时可以有效地减少模型计算复杂度，节省计算时间和成本，在今后的研究中应用前景广泛。图 3.1.2 为 PSUADE 软件的结构框图。

2）不确定性量化 Python 实验室（UQ-PyL）

UQ-PyL 不确定性量化软件（图 3.1.3）是由北京师范大学段青云教授团队开发的[2]，并于 2014 年发布。该软件是用于量化复杂动力模型不确定性的软件平台，具备完整的不确定性分析方法，具有友好的用户图形界面（GUI）和跨平台的特性。UQ-PyL 集成了各种不确定性分析方法，包括实验设计、统计分析、灵敏度分析、代理建模和参数优化。该软件是采用 Python 语言编写的，可运行在常见的操作系统上。UQ-PyL 有一个图形用户界面，允许用户通过下拉菜单输入命令，同时还配备一个模型驱动程序生成器，允许任何计算机模型与其链接。

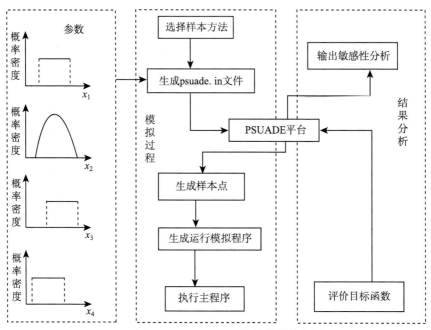

图 3.1.2 PSUADE 软件的结构框图

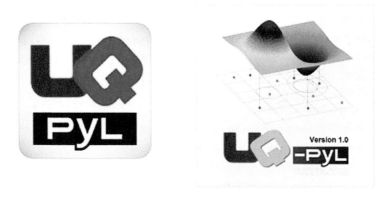

图 3.1.3 UQ-PyL 不确定性量化软件

UQ-PyL 软件主要针对模型输入参数的不确定性进行分析研究，在完成计算机建模的基础上，对待解决的问题进行定义，确定需要进行不确定性分析的模型输入参数，并生成参数取值的阈值文件、临时文件和驱动文件；然后确定模型的输出变量后，即可利用 UQ-PyL 进行不确定性分析，主要包括统计分析、敏感性分析、替代模型建立和参数优化。图 3.1.4 给出了 UQ-PyL 软件的工作流程图。

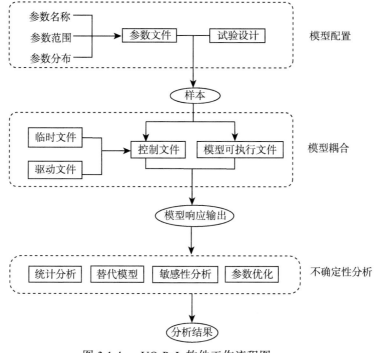

图 3.1.4 UQ-PyL 软件工作流程图

3.1.6 模型的率定和验证

3.1.6.1 模型率定

模型参数确定可采用类比、经验公式、实验室测定、物理模型试验、现场实测及模型率定等，可以采用多种方法比对来确定模型参数。当采用数值解模型时，宜采用模型率定法确定模型参数。

模型率定就是先假定一组参数，代入模型得到计算结果，然后把计算结果与实测数据进行比较。若计算值与实测值相差不大，则把此时的参数作为模型的参数；若计算值与实测值相差较大，则调整参数代入模型重新计算，再进行比较，直到计算值与实测值的误差满足一定的范围。

水动力及水质模型参数包括水文及水力学参数、水质（包括水温及富营养化）参数等。其中水文及水力学参数包括流量、流速、坡度、粗糙度等；水质参数包括污染物综合衰减系数、扩散系数、耗氧系数、复氧系数、蒸发散热系数等。

模型率定的第一阶段是用专门的、不作为模型设置的观测数据进行模型调整。模型率定也是设定模型参数的过程，当有相应的观测数据时，模型参数也可以使用曲线拟合的方法估计，也可以由一系列的测试运行得出。通过比较模拟结果与实测数据的图形和统计结果，以此进行性能评估，并进行反复试验、调整误差来选择合适的参数值，使其达到可以接受的程度。这个过程不断持续，直到模型能合理地描述观测数据或没有进一步改善为止。除非有具体的数据或资料显示其他的可能性，模型参数应该在时间和空间上保持一致。物理、化学与生物过程，也都应该在空间和时间上保持一致。

水质模型率定通常花费更多时间，主要是涉及藻类生长和营养元素循环的参数，即使是可能的，也很难由观测数据来确定的。确定它们的实际过程主要依据文献值、模型率定和敏感性分析，也就是说，要从文献中选取参数，最好是根据以往的相类似的研究来设置，随后运行模型进行参数微调，使模型结果符合观测数据。

如果模型不能率定到可以接受的精确性，那么可能的原因有：模型被滥用或模型没有正确设置；模型本身不足以应付这种类型的应用；没有描述水体的足够数据；测量数据不可靠。

3.1.6.2 模型验证及精度要求

模型验证是指在模型参数确定的基础上，通过模型计算结果与实测数据进行比较分析，验证模型的适用性、误差及精度。模型验证应采用与模型参数率定不同组实测资料数据进行。

模型率定后的参数值在模型验证该阶段不作调整，并使用与模型率定相同的方法对模拟结果进行图形和统计学评估，只是用不同的观测数据进行而已。一个可接受的验证结果应该是，模型在各种不同的外部条件下能很好地模拟水体。经过验证的模型仍然会受到限制，这是因为在校验时利用的观测数据其外部条件有局限性，不在这些条件范围内的模型预测是不确定的，为了提高模型的稳定性，如果可能的话，应该再用第三批独立的数据来验证模型。

严格地说，模型验证意味着用率定后的参数，通过再次运行模型，将输出结果与第二批独立的数据相对比。然而在某种情况下，参数值可能需要细微的调整，以使模型计算结果与验证所用的实测数据保持一致。例如，有些水质参数是通过冬季的条件率定获得的（或在干旱年份），则需要验证时在夏季条件（或在丰水年）进行再次率定。这种情况下，参数的变化要一致、合理、有科学依据。如果模型参数在验证阶段更改，那么更改后的参数就应该返回到上次率定时所用的数据再率定一次。

参考《水电水利工程溃坝洪水模拟技术规程（DLT 5360—2006）》《海洋工程环境影响评价技术导则（GB/T 19485—2014）》《海岸与河口潮流泥沙模拟技术规程（JTS/T 231-2—2010）》，以及国际上现有的一些数学模型成果要求，确定地表水水动力、水质数学模型验证应满足的精度要求。

3.1.7 模拟结果展现与分析

3.1.7.1 模型模拟结果展现

模拟结果通过图或表的形式展现，其中图形包含曲线图、折线图、柱状图、点位图、动态图、二维或三维的空间分布图等。图表数据应包含空间展现序列和时间展现序列，序列可分为单项目序列、多项目序列或同项目对比序列。其中，空间展现序列为同一时刻不同位置的某（些）数据类型在地理空间上的分布；时间展现序列为同一位置不同时刻的某（些）数据类型在时间上的分布，空间和时间跨度可以均匀分布或不等距具体设定点位。常用后处理绘图软件包括 MATLAB、Surfer、Tecplot、Origin 等。其中 MATLAB 用于算法开发、数据可视化、数据分析以及数值计算的高级技术计算语言和交互式环境，它将数值分析、矩阵计算、科学数据可视化以及非线性动态系统的建模和仿真等诸多强大功能集成在一个易于使用的视窗环境中，为科学研究、工程设计以及必须进行有效数值计算的众多科学领域提供一种全面的解决方案。Surfer 因具有的强大插值功能和绘制图件能力，使其成为用来处理计算结果的首选软件，也是地质工作者必备的专业成图软件。Tecplot 是一款集至关重要的工程绘图与先进的数据可视化功能为一体的数值模拟和 CFD 可视化软件，用户可以随心所欲地绘制所有工程数据图和测试数据图，具有齐备的从一维到三维的绘图功能，是功能强大的数据显示工具。Origin 是一款专业函数绘图软件，是公认的简单易学、操作灵活、功能强大的软件，既可以满足一般用户的制图需求，也可以满足高级用户数据分析、函数拟合的需求。

对于常用的模型率定验证状态参量水位、流速、浓度等一般采用时间序列点位-曲线图。将实测数据作为点位图、模拟结果作曲线图对比，可分析模型模拟结果变化趋势与实测数据是否一致。而对于温度、盐度等在水体垂向方向存在变化的状态量，模型率定验证时可采用空间序列图。此外，有时根据项目需要，分析流场、水质浓度等最大包络图，并以表格形式进行统计分析。

在环境影响评价报告中，通常需要绘制率定、验证点位典型时段的流速、水位图表，水温、水质变量或泥沙等浓度计算值和实测值比较的图表、根据需要设定两个或多个参数时间序列的比较图表，模型的参数和误差评价表；另外，根据项目需求，还需要给出流速场（流矢量、等值线）、水位场、浓度场；与水质标准结合的浓度最大包络场图；最大包络统计表（面积）等。

3.1.7.2　模拟结果分析

1）用于评估模式性能的统计量

为了得到正确的结论，在系统分析、预测和辅助决策时，必须保证模型能够准确地反映实际系统，并能在计算机上正确运行，因此必须对模型的有效性进行评估。模型是否有效是相对于研究目的以及用户需求而言的。在某些情况下，模型达到60%的可信度，即可满足要求；而在某些情况下，模型达到99%都可能不满足要求。

模拟结果合理性分析通常采用误差分析来表征。模型误差分析中运用的一些统计变量，在模拟与实测结果对比以及模型率定和验证中都有很大帮助。下面是模型误差分析中经常运用的统计变量[3]：

（1）平均误差（AE）

平均误差（AE）是观测值与预测值之差的平均：

$$AE = \frac{\sum_{i=1}^{N}(O_i - X_i)}{N} \qquad (3.1.1)$$

式中，AE 为平均误差统计；O 为观测值；X 为在空间和时间上对应的模型值；N 为有效的数据/模型配对的数目。

理想状况下 AE=0，而一个非零值表明模型的结果可能高于或低于观测的值。AE 为正值表明，平均而言该模型预测小于观测值，模型可能低估观测值；而 AE 为负值表明，平均而言该模型的预测高于观测数值，模型可能过高预报观测值。

仅使用平均误差作为模型的性能衡量，可能会造成虚假的理想零值（或接近零），并产生误导，因为如果正的平均误差约等于负的平均误差，它们就会互相抵消，使计算结果等于零。基于这种可能，仅依赖于这一个统计量来衡量模型性能并不是一个好的办法，因此还需要其他统计量。

（2）平均绝对误差（AAE）

$$AAE = \frac{\sum_{i=1}^{N}|O_i - X_i|}{N} \qquad (3.1.2)$$

虽然平均绝对误差（AAE）不能显示预测值是高于还是低于观测值，但是消除了正负误差之间的抵消效应，可以作为观测值与预测值之间是否符合的一个明确标准。与平均误差（AE）不同，平均绝对误差（AAE）不会给出误导性的零值。AAE=0 意味着预测值与观测值完美地吻合。

（3）均方根误差（RMS）

均方根误差（RMS）也称为标准差，是观测值与预测值差的平方和求平均后再开方：

$$RMS = \sqrt{\frac{\sum_{i=1}^{N}(O_i - X_i)^2}{N}} \qquad (3.1.3)$$

均方根误差（RMS）广泛用于评估模型的性能。均方根误差理想情况下应为零。均方根误差（RMS）可以代替平均绝对误差（AAE）（通常 RMS 要比 AAE 大），是对一个模型性能更严格的衡量标准。它相当于加权后的 AAE，如果模型预测值与观测值相差较大，那么 RMS 给出的结果则更大。

上述三个统计量，即平均误差、平均绝对误差和均方根误差，都给出观测值与预测值之间差异的具体大小。但是，在水动力和水质模型中还可以使用百分比表示这种衡量模型性能的差异。

（4）相对误差（RE）

相对误差（RE）定义为平均绝对误差（AAE）与观测平均值的百分比，表示为

$$RE = \frac{\sum_{i=1}^{N} |O_i - X_i|}{\sum_{i=1}^{N} O_i} \times 100\%$$ （3.1.4）

相对误差给出平均的预测值在大多程度上与平均的观测值一致，但是在地表水模拟中，有些状态变量可能会有非常大的平均值，以至于相对误差很小，这就造成模型预测是非常准确的错误假象，预测误差实际上可能是不可接受的。例如，如果平均水温 31℃，平均绝对误差（AAE）是 3℃，则相对误差仅为 9.7%，看起来是可以接受的。而实际上，在大多数水动力与水质模拟中，3℃的平均绝对误差（AAE）是不可接受的。

（5）相对均方根误差（RRMS）

在水动力和水质模型中还经常使用相对均方根误差（RRMS）：

$$RRMSE = \frac{\sqrt{\dfrac{\sum_{i=1}^{N}(Q^n - P^n)^2}{N}}}{O_{\max} - O_{\min}} \times 100\%$$ （3.1.5）

RRMSE 在模拟河流、湖泊和河口时是一个很有用的衡量标准。

此外，在模型应用工况设计时，需要考虑水文条件设定的合理性，比如水文重现期、保证率等；工程实施前后对水体水文特征造成的变化是否会对边界条件设定等带来影响。

2）相关分析与回归分析

研究中往往需要知道两个变量之间的关系，如汇入一个湖泊的支流的水量与泥沙含量之间的关系。相关分析与回归分析就在统计学意义上表明这种关系。回归分析采用最适合的方式是建立两个变量之间的数学关系。在地表水的研究中，回归分析常用于建立两组测量数据之间简单的回归关系式。根据该表达式，由一个变量的值可以计算另一个变量的值。比如一条河流的流量和营养物质负荷与其支流之间的关系，这两个变量之间是正相关的。建立回归方程后发现，流量通常可以用来预测营养物质负荷。

如何衡量表示两个变量之间关系的回归方程，需要计算给出的 y 值与观测值之间的相关系数。相关系数的平方（即 r^2）经常被用作为线性回归关系契合程度的一个指标。相关系数用来定量表达两个变量之间的关系，定义为

$$r = \frac{\sum_{n=1}^{N}\left(O^n - \overline{O}\right)\left(P^n - \overline{P}\right)}{\sqrt{\dfrac{1}{N}\sum_{n=1}^{N}(O^n - \overline{O})^2}\sqrt{\dfrac{1}{N}\sum_{n=1}^{N}(P^n - \overline{P})^2}}$$ （3.1.6）

式中，r 为相关系数，无量纲量；$\overline{P}$ 为

$$r\overline{P} = \frac{1}{N}\sum_{n=1}^{N}P^n = 平均预测值 \qquad (3.1.7)$$

在模拟结果与实测数据比较时，相关系数是预测值能在多大程度上契合观测值的一个衡量标准。相关系数可为 0（完全的随机关系）至 1（完美的线性关系）或 –1（完美的负线性关系）。如果预测结果与观测值没有关系，那么相关系数就为 0 或很小。随着预测值与观测值之间相关性的增加，相关系数的值越来越接近 1。

3）谱分析与经验正交函数分析

地表水常常有周期现象，如水温与溶解氧浓度的昼夜与年际变化。河口的潮汐运动和湖面波动也是周期性的。谱分析是一个研究时空周期变化的有用工具。一个变量的时间序列，如温度和水面高度，可以看作不同频率周期性成分的合成。通过分析这些成分对时间序列的贡献率，主要的频率（或周期）就可以被识别出来，有助于了解水体的特点。一个时间序列可以分解成含有长期趋势的周期部分和随机波动。谱分析的关键是从长期趋势和随机波动中分离出周期性的组分，并确定与之相关的能量。傅里叶分析就是一种常用的谱分析方法。

3.2 EFDC_Explorer（EE）基本概述

3.2.1 Windows 系统环境协议

EE 在 Windows®操作系统下运行，一些基本的界面协议如表 3.2.1 所示。

表 3.2.1 EE 界面的基本协议

图例	含义
# Cols: 95	带有绿色文本的黑框只提供信息，不能从该位置处进行编辑。信息/数据可在其他地方修改
J: 75	带有黑色文本的白框是原始数据/文字的输入界面
⊙ I ○ J	单选框显示一些可选择的范围。每次只能选择一个选项
Browse	"浏览"按钮在程序中广泛应用，用户可以加载所需的文件，而不是采用文本框进行输入

用户会在 EE 中看到一些"灰色"或者禁用功能。这表明当前版本的 EFDC 模型某些特定功能不可用或无法使用，或者基于用户选择的选项不可用。"灰色"选项的功能将不提供给用户。在 EE 使用过程中消息框将显示各种信息，通常为一些计算结果或其他信息。

3.2.2 提示工具和 Operator 函数

当光标放在某一按钮或者 EE 区域内时，通常会出现提示框，用于解释该按钮的功能。

在 EE 中的若干个地方，用户可以选择插入一个值，以取代某些输入参数的现值（例如，底部高程）或使用 Operator 函数。后者是一个简单的数学函数被用于改变该参数的当前值。"Operator" 能识别的函数表示方法见表 3.2.2。Operator 函数必须紧跟一个空格，然后赋值，除非它是一个简单的替代值。

表 3.2.2   "Operator" 函数操作说明

输入	类型	实例		
		当前值	输入 Operator 函数	结果
A 数字	替换值	300	310	310
+ 数字	加法运算	300	+ 1	301
− 数字	减法运算	300	− 20	280
* 数字	乘法运算	300	* 1.1	330
/ 数字	除法运算	300	/ 1.1	272.73

3.2.3   单位和术语

EFDC 模型采用公制单位定义空间和浓度变量。所有与长度有关的参数的单位用 m 表示，浓度的单位用 g/m^3 表示，除了盐度（kg/m^3）和有毒物质之外。对于有毒物质的浓度单位必须与水体和沉积物河床吸附参数的单位保持一致。一般情况下，均是采用 mg/m^3 或者 g/m^3。

EFDC 模型内部时间单位采用 "s"。EFDC 模型中大部分输入文件可以通过单位转换系数将任何时间单位转化为输入单位 "s"。EE 默认用户输入单位为 "d"。所有的时间都需以 "d" 为单位输入，然后通过必要的转换因子转换为 "s"，供 EFDC 模型程序运行。

EE 中常用的术语和缩写：①LMC，"单击鼠标左键"。这里是指标准鼠标的左键。某些 Windows 配置下可以调换鼠标的左、右键功能。②RMC，"单击鼠标右键"，这里是指标准鼠标的右键。③Ctrl，键盘上的 "Ctrl" 键。④Alt，键盘上的 "Alt" 键。

3.2.4   EE 文件

3.2.4.1   EE 程序文件

EFDC.INP 文件是每一个 EFDC 模型应用程序的主控文件。EFDC.INP 是一个 ASCII 文件，被分为很多卡组，这些卡组有着相同的特性。例如，卡组 8（C8）中包含运行时间的设置，也包含其他参数。这个文件包含几乎所有的计算选项和数据设置。其他输入文件解释见 8.1.2 节。

根据每个文件所包含的信息类型，EFDC 模型采用固定的文件名（如

DXDY.INP）。根据选择的计算选项和网格选项，一个模型应用程序需要的文件有所不同。例如，如果 ISVEG（C5）>0，那么程序必须提供包含植被信息的 VEGE.INP 文件，以此计算包含植物的水流阻力。EE 通过读写这些相同的文件，则用户无须准确记住文件和卡组标记。

　　EE 需要额外的信息和数据来运行其预处理和可视化。当保存现有或新程序时，EE 能根据程序的设置自动生成这些文件。表 3.2.3 给出 EE 一系列的特定文件及其功能。

表 3.2.3　EE 一系列的特定文件及其功能

文件名	功能
EFDC.INP	EE 的主程序文件。文件包含大量的标签、格式、边界条件和模型-数据的耦合信息。EE 需要通过这个文件来正确管理边界组
CORNERS.INP	该文件包含每个单元的坐标。EE 使用这些单元的中心坐标 DX、DY 和单元旋转角度计算其角坐标，然后匹配这些单元角度和建立节点列表。在默认情况下，EE 利用这些坐标显示二维平面图。如果用户需要，可选择查看这些矩形单元的信息
EFDC_LOG.EE	此文件包含可以在 EE 主窗口下显示运行日志，文件采用 ASCII 码，可以通过 ASCII 编辑器查看
CalForm_TS.EE	此文件包含时间序列校准曲线的格式和标签信息
CalForm_VP.EE	此文件包含垂直轮廓校准曲线的格式和标签信息

3.2.4.2　EFDC 模型与 EE 的链接

　　为了使用 EE 后处理数据，EFDC 模型必须生成以下文件，如表 3.2.4 所示。

表 3.2.4　EE 输出文件

文件名	功能
EE_WS.OUT	此文件为水深数据
EE_VEL.OUT	此文件为三维流场数据
EE_WC.OUT	此文件为水柱数据和河床表层泥沙数据
EE_BED.OUT	此文件为河床每一层的泥沙和有毒物质数据
EE_ARRAYS.OUT	此文件是 EFDC 模型可选的子程序 EEXPOUT 中产生的文件，该文件包含 EFDC 模型内部几乎所有数组所需的快照。EE 可自动加载这个文件，并提供可视化信息（详见附录 A）
EE_WQ.OUT	此文件为水柱水质结果数据
EE_SD.OUT	此文件为沉积物成岩子模块结果数据（如果使用该模块）
EE_DRIFTER.OUT	此文件为拉格朗日粒子追踪运动轨迹数据（如果使用该模块）
EE_RPEM.OUT	此文件为根生植物和附生植物模型运行结果数据（如果使用该模块）
EE_BC.OUT	此文件为水流边界条件数据

这些文件可由 EFDC_DSI 和 EFDC_GVC 版本创建。EE 允许用户设置相应的选项以查看 EFDC 模型的输出。当保存程序时，EE 则生成需要的 EFDC 模型输入文件。

3.2.4.3 EFDC 模型文件夹结构

所有 EFDC 模型和 EE 所需要的输入文件都存储在主程序文件夹中，用户很容易辨别哪些文件是 EFDC 模型或 EE 所需要的。用户只需复制项目文件夹中所有的文件（不是子目录），就可以给其他用户发送所需要的文件。EFDC 模型的输出文件夹包括：①$output（所有 EFDC 模型输出文件）。②$analysis（保存 EE 图形文件及其输出数据）。③$animations（EE 生成的 avi 动画）。④$calib_plots（所有校准图片）。⑤$calib_stats（所有校准统计文件）。⑥$calib_export（校准绘图工具中的输出文件）等。用户也可以将提取的绘图和数据放置在其他位置。

3.3 EE8.3 主要工具栏

EE8.3 的工具栏（图 3.3.1）在 1.4.2 节已简单介绍，本节及后续章节将陆续详细讲解 EE8.3 的主要功能。EE8.3 为用户提供方便快捷的建模途径，按 F1 键即可获得用户手册中的帮助文件。

图 3.3.1 EE8.3 主要工具栏

3.3.1 EFDC 模型目标文件管理

EFDC 模型的输入文件需要使用固定的文件名，因此每次运行/新建项目需要保存在单独的目录中。EE8.3 也在相同的方式下运行。EE8.3 读取和写入指定目录下有标准固定文件名的文件（称为"目标文件"）。图 3.3.2 所示为主要文件管理工具栏和用于打开和/或保存目标文件的浏览按钮。

图 3.3.2 目标文件打开（主要窗口）

1）打开操作

要打开一个已有的项目，单击工具栏上"打开"按钮，显示"Select Directory: Open Operation"，如图 3.3.3 所示，其右侧的面板显示所选目录包含的文件。对于打开操作，EFDC.INP 文件必须包含在目录中。

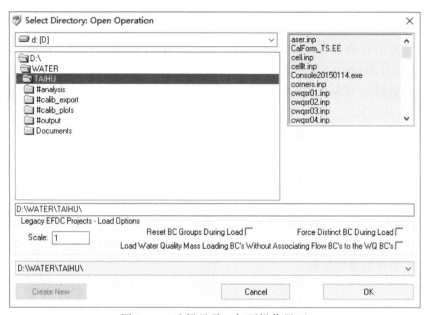

图 3.3.3　选择目录：打开操作界面

2）拖放方法

用户也可用鼠标拖放的方式打开 EFDC 模型项目，将 EFDC.INP 文件或包含项目的文件夹拖到"Directory"或"Title"处即可打开。

3）双击鼠标方法

用户可以双击有"EE"扩展名的任何文件，开始一个新的 EE8.3 实例。双击.EE 文件，EE8.3 将开始打开并加载包含在新的文件夹的 EFDC 模型项目。

4）写入操作

要保存当前打开的项目（即写入操作），在工具栏上点击"保存"按钮，出现"Select Directory: Write Operation"（选择目录：写入操作）窗口（图 3.3.4）。用户可以通过选择适当的"Save Options"（保存选项）按钮进行文件写入操作。对于需要完整保存所有输入文件则选择"Full Write"（全部写入）选项。如果只改变 EE 的格式化选项，并希望保存这些修改，可以选择"Save Profile"（保存档案）选项，配置文件始终保存在其他选项中。

图 3.3.4　选择目录：写入操作界面

　　要使用现有的项目创建一个新的项目，点击"Create New"（新建）按钮在当前显示的目录下创建一个新的子目录即可。当用户在"Write Operation"（写入操作）窗口确认后，所有的.INP 文件将被复制到新的目录中。

3.3.2　Julian 日期与公历日期的转换器

　　该工具栏按钮提供了一个日历转换功能（图 3.3.5），允许从基本日期到一个指定的公历日期的计算。如果输入的 Gregorian 公历日期在基本日期之前，就会给定一个负数的 Julian 日期。这个转换功能也可以在基本日期之前（<0）或之后（>0）给定任意数量的天数来确定一个 Gregorian 日期。用户可以在这个实用程序中修改基本日期。

图 3.3.5　Julian 日期与 Gregorian 日期的转换界面

3.3.3　常用工具包

工具栏中的"Tool bag"（工具包）功能提供了一系列实用工具，用于支持建模过程（图 3.3.6），下拉菜单显示当前工具包内可用的一些功能。这些功能包括：①Bitmap Georeferencing（地理参考位图）；②Unix-Windows CRLF Conversion（Unix-Windows CRLF 转换）；③Delete EFDC Generated Files（删除 EFDC 模型生成文件）；④Merge Continuation Runs（合并连续运行）；⑤Re-Sample Output（重新输出）；⑥Modify ModChan File（修改河道模型文件）；⑦Categorize Bottom Shears（底部剪切力归类）；⑧Compute HSPF FTabes（计算 HSPF FTabes）。

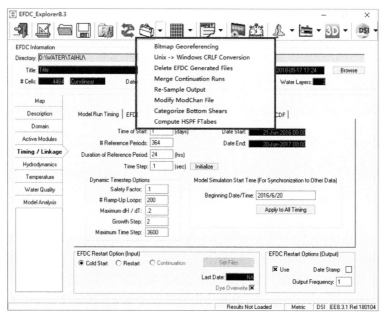

图 3.3.6　工具包功能界面

3.3.4　网格工具和实用程序

工具栏上的"Grid Tools"（网格工具）功能包含一系列不同的功能和必要的实用程序。图 3.3.7 显示当前网格工具包的使用功能。这些功能包括：①Orthogonality Deviation Statistics（正交偏差统计）；②Generate a CORNERS.INP File（生成 CORNERS.INP 文件）；③Export Outline of Model Domain（输出模型区域的轮廓）；④Export Grid Cells（输出网格）；⑤Export Model Grid for Delft's RGFGrid（输出 Delft

的 RGFGrid 模型网格）；⑥Export Bottom Elevations（输出底部高程）；⑦I-J Map: Transpose I-J's（I-J 地图：转置 I-J's）；⑧I-J Map: Reverse Order（I-J 地图：倒序）；⑨Fix DX/DY/Angle Problems（修复 DX/DY/角度问题）；⑩Rotate Cell Angles（旋转单元格角度）。

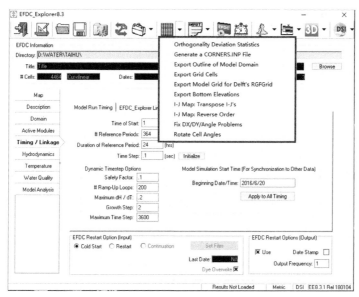

图 3.3.7　网格工具功能界面

3.3.5　文本编辑

工具栏上的"Text editor"（文本编辑器）按钮启动 ASCII 编辑器，以及直接加载当前项目的某一个输入文件。从下拉菜单，用户可以直接访问输入文件：EFDC.INP、DXDY.INP、LXLY.INP、CELL.INP、WQ3DWC.INP、WQPSL.INP 或 WQ3DSD.INP。此外，用户可以选择"Other INP"来访问当前项目的任意一个输入文件。

3.3.6　运行模型

"run"（运行）按钮用来运行 EFDC 模型项目/模型。在运行前无须加载 EFDC 模型中保存的项目。因此，如果用户想要运行已经有更改的项目，首先需要保存项目。

图 3.3.8 显示了运行操作的选项框，提供了一些快速设置。其中，一些数据已经被设定在主菜单中，EE8.3 允许用户在运行模型之前查看和更新这些数据。如果

有更改，EE8.3 将自动保存 EFDC 模型输入文件。

如果用户选择"Overwrite"（重写）复选框，那么现存的 EFDC_DSI 模型结果文件将被重写覆盖；不选择这个复选框，EE8.3 将不会启动新运行。如果用户不希望重写结果，那么可以在一个新的文件夹中保存这个项目，然后运行模型。

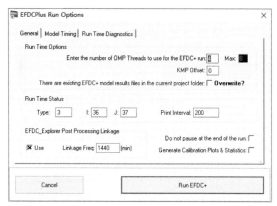

图 3.3.8 EFDC_DSI 模型的运行操作界面

3.3.7 运行时间

"Clock"（计时）按钮提供了项目的运行时间信息。当 EFDC 模型运行时，此功能记录运行时间，当运行终止时，将信息写入 TIME.LOG 文件中。按下该按钮，EE8.3 读取 TIME.LOG 文件，并提供信息概要，如图 3.3.9 所示。使用"Clipboard"（剪贴板）按钮，信息可以被复制。

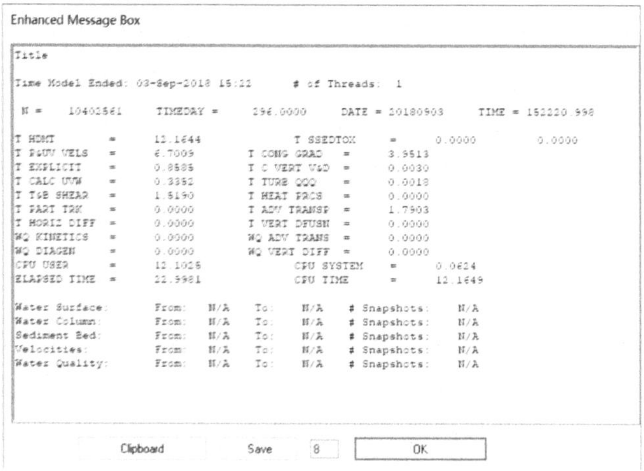

图 3.3.9 运行时间记录界面

3.3.8 平面视图查看器

从主工具栏中的 "ViewPlan"（平面视图）按钮进入，可查看模型二维平面图像的界面。此功能用于预处理可视化、网格编辑、初始条件和边界条件设置。一旦模型开始运行，输出文件生成，平面视图工具可以查看二维图像，提取模型网格时间序列，查看垂直剖面和其他后处理的可视化和分析。"ViewPlan"有许多选项和功能，诸如显示背景地图（地理参考位图）、线型（如岸线）、ESRI©.shp 文件、标签、测量数据、模型数据剩余误差（residuals）等。图 3.3.10 显示一个图例，背景为 Perdido 湾的水下地形，采用 250kB 的 USGS 拓扑图。时间变化图例中显示了监测站点在特定日期的墨西哥湾的潮位。

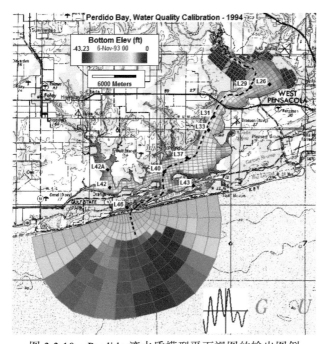

图 3.3.10　Perdido 湾水质模型平面视图的输出图例

3.3.9 剖面视图查看器

主工具栏中的 "View Profile"（剖面视图）按钮提供了模型可视化二维垂直剖面的图像，用于 EE8.3 后处理。如图 3.3.11 所示，给出了溶解氧的二维剖面分布，用户定义的横截面位于 Perdido 湾（图 3.3.10 的黑色虚线处）。

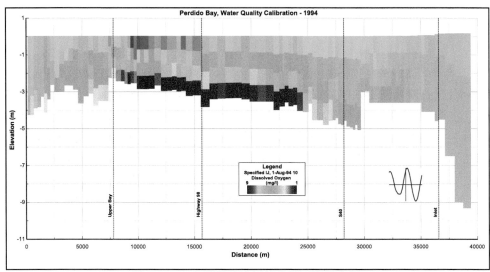

图 3.3.11　水质模型溶解氧的剖面视图实例

3.3.10　生成新模型

EE 可以生成新的网格，并将其写入磁盘中，作为 EFDC 模型的必需输入文件，为构建新的模型提供基础网格数据。图 3.3.12 为生成新的模型网格的窗口。EE8.3

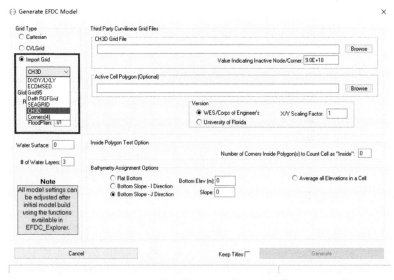

图 3.3.12　运用变化的笛卡儿网格生成新模型的选项窗口

可以快速生成简单的或复杂的笛卡儿网格。这些网格大小可以是统一的，也可以是变化的，也可旋转和调整以匹配模拟区域的实际岸线情况。对于更复杂的网格，EE8.3可以导入如下第三方软件生成的网格，格式类型包括：①Delft RGFGrid（Delft 2006）；②Grid95；③SEAGRID；④GEFDC 模型；⑤CH3D（WES 的版本和佛罗里达大学的版本）；⑥ECOMSED。

3.4　前处理操作界面

在前处理系统中，EE8.3 提供了一个简单的操作界面用于常规选项设置，设置信息存储在 EFDC.INP 文件中。

当鼠标移至输入框时，输入框上方会显示相应的功能提示。除此之外，很多输入框会对输入数据的范围是否合理进行检查。但用户不能过于依赖模型的自检查功能，需要仔细设置所有数据。按 F1 键可显示更多帮助，F2 键则提供快捷键使用方法。ViewPlan 里也有一些前处理操作界面，将在 3.6 节中详细介绍。

3.4.1　地图选项卡

"Map"（地图）选项如图 3.4.1 所示，为用户提供网格的基本信息，比如网格的宽和高。用户可以选择查看网格，水下地形和水深。为了详细展示和编辑网格，大部分与模型相关的前处理操作，用户需在"Viewplan"中进行。

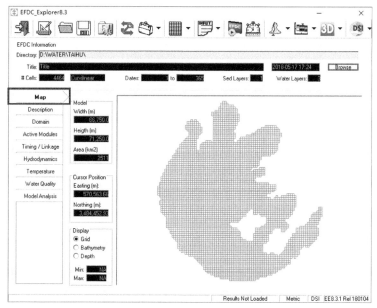

图 3.4.1　地图选项卡界面

3.4.2 描述选项卡

"Description"（描述）选项如图 3.4.2 所示，"Project ID"（项目 ID）和"Run Title"（运行标题）为可选项，很多 EFDC 模型的输入文档会附上"Project ID"和"Run Title"选项，以及文档的创建日期。"Run Log/Notes"（运行记录/注释）文本框提供了一个可存取的空白文本，用于记录变化和标注每次的运行过程。如果使用该选项，用户可记录模型运行或率定过程中的历史记录，方便查询。

图 3.4.2   描述选项卡界面

"Activated Parameters"（激活的参数）中显示哪些参数在现行模型中已被激活，这些可以在"Active Modules"（激活模块）选项里设置（参见 3.4.4 节）。

3.4.3   区域选项卡

Domain（区域）选项如图 3.4.3①所示，包括 3 个主要选项，"Grid"（网格），"Initial Conditions and Bottom Roughness"（初始条件和底部粗糙度）和"Boundary Conditions"（边界条件），以下对这 3 个主要选项做详细描述。

3.4.3.1   网格选项

"Water Layers"（水体分层）显示初始水体分层的设置（KC 是层数）以及每层相对厚度分配。EE8.3 根据层数将水层厚度按相等比例平均分配，并自动进行检测，保证相对层厚度总和为 1。第 1 层是最底层，最高层（第 KC 层）为表面层。

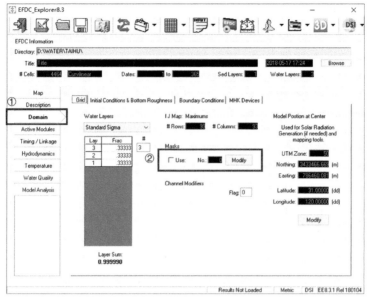

图 3.4.3　区域选项卡：网格界面

该功能在模型应用中可便捷通过改变层数来快速调整分层。EE8.3 会根据新的层数 KC 重新分配水层比例，同时调整所有边界条件。"I J Map: Maximums"框显示网格地图中行和列的最大值。

在"Masks"（遮挡）选项中（图 3.4.3②），点击"Use"选项框，可激活该功能设置遮挡。若激活则必须提供 MASK.INP 文件。EE8.3 可以通过用"Modify"按钮（图 3.4.3②）来创建和修改 Masks，见图 3.4.4。"Create Masks"功能生成 Masks 并写入 MASK.INP 文档。

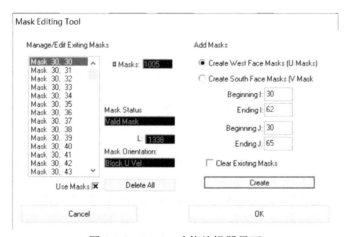

图 3.4.4　Masks 功能编辑器界面

Masks 也可在平面视图操作界面中查看、增加或删除。当查看"Bottom Elevations"（底部高程）时，可在任意一个网格上点击鼠标右键（需先选择"Enable Edit"），网格特征将呈列出来，包括 Mask 设置。

"Channel Modifiers"（河道修改器）选项让用户可以进行河道修改。选择"Flag"选项框可以使用 EFDC 模型的河道调整功能。如果设置该选项，那么 EFDC 模型将需要导入 MODCHAN.INP 文件。

3.4.3.2　初始条件选项

图 3.4.5 为"Initial Conditions"（初始条件）框，包含设置初始条件的方法，如底部高程、水深和底部粗糙度。这些是通过在相关选项框中点击"Assign"（赋值）按钮来实现的。其他水体参数、泥沙传输河床、盐度和河床温度计算子模块都是用同样的方法将数据插值到网格点上。

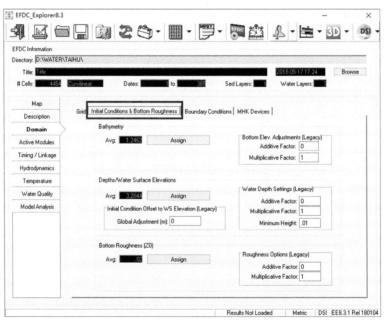

图 3.4.5　区域选项卡：初始条件和底部粗糙度界面

EE 通常需要将初始常数或空间变化值（如水体特性、泥沙含量等）分配到整个模型计算区域上或者分配到特定的模型子区域。在"Domain"选项中的"Initial Conditions"通常需要进行该操作。如"Initial Conditions"选项框中包含的"bathymetry"（地形）、"Depths/Water Surface Elevations"（水深/水面高程）和"Bottom Roughness"（底部粗糙度）都含有一个"Assign"（赋值）按钮，用于设置初始值。选择这些按钮中的任意一个都需要"Apply Cell Properties via Polygons"形式的文件，如图 3.4.6 所示。这个格式的文件提供了各个参数水平空间分配的方式，但不同的参数需要输入的数据可能不同。图 3.4.6 所示的为底部高程空间设置的示例。

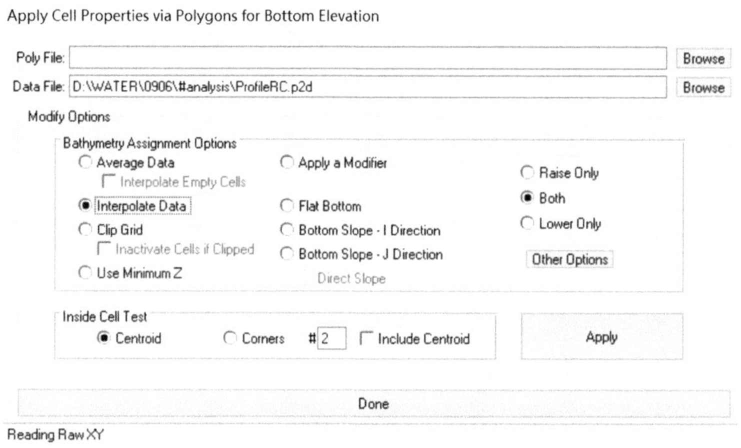

图 3.4.6　通过多边形添加网格特性界面

"Poly File" 提供的是需要调整的子区域的范围，这些范围是由一个或多个多边形的文档（p2d 或 dat 格式）指定（格式详见附录 B）。通过使用 "Inside Cell Test" 功能，这些多边形内部的单元格的值将会被调整，具体调整的方案在 "Modify Options" 选项框中指定。如果未通过 "Poly File" 文件确定调整范围，EE8.3 将默认为调整计算区域中的所有单元格。

"Data File" 是用于存储用户配置给 EFDC 模型指定单元格所测量或者计算的数据的文件。这个文档仅在用户给单元格赋予常量时可以省略，否则是必须具备的。

在 "Modify Options" 框里面有很多功能和选项，取决于用户所选取的参数和进程。在图 3.4.6 这个例子中，设置的是水下地形。用户可以选择 "Nearest neighbor"（最邻近方法）将水平空间数据插值到各个网格点。如果是给水体属性赋值，使用者需指定设置的是哪一层，即单层或者所有层。

"Options" 按钮为使用者提供不同插值方法的选项。当水下地形或波浪参数被设定后，"Option" 按钮允许用户定义原始数据分区选项。分区选项会在加载插值程序之前将原始数据自动划分为指定数目的 X 和 Y 区域（由重叠部分确定区域边界），这大大提高了程序插值的速度，同时数据精度不损失。当原始数据规模庞大时，分区意义重大。EE8.3 在实施具体操作之前会提示用户每一个区域数据的数量范围。

对于水下地形和波浪数据，用户有两个设置单元格可供选择，通过 "Nearest neighbor"（最邻近方法）或者 "Averaging data"（将数据平均分配给每一个单元格）将数据插值到每一个网格中。如果 Data（数据）相对于模型单元格尺寸很密，最好的方法就是对单元格平均分配数据。但是当 Data（数据）没有密集到能保证每个单元格至少都有一个数据时，最好的选择是采用最邻近单元格的数据。

　　按下"Apply"按钮，EE 将会执行指定操作。用户可以通过多次改变选项并按下"Apply"按钮来执行一系列操作。

3.4.3.3　边界条件选项

　　"Boundary Conditions"（边界条件）选项包含边界条件信息和编辑特性，如图 3.4.7 中的①所示。"Number of Boundary Groups"框为用户提供当前设置的边界组的情况。用户可在"ViewPlan"的"Boundary Conditions"查看、创建和编辑边界条件（见 3.6.3.3 节）。

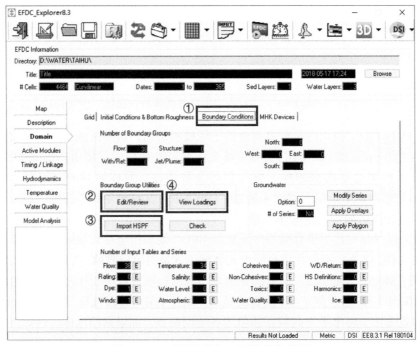

图 3.4.7　区域选项卡：边界条件界面

　　EFDC 模型以一个一个单元格的形式分配边界条件。而 EE 则采用更加基于物理空间的方式设定边界条件。它将边界单元格进行逻辑分组，如一条河流入流，一个支流或是沿某一方向的一个开边界。用户创建边界组，给各组命名，对所有包含在同一个组分里的单元格进行赋值（通过手动操作或多段线/多边形控制，格式详见附录 B），然后设置边界条件。边界组的信息存储在项目目录的 EFDC.EE 文档中。

　　当 EE8.3 加载一个项目（已存在的 EFDC 模型而不是由 EE 创建的）而无现存分组时，会根据单元格的边界条件类型和其所在位置对已存在的边界单元格进行分组。在一个组内，水流、水头和压力设置可以按逐个单元格进行变化，但水质参数必须相同。这虽然限制了 EFDC 模型对每个单元格的定义，但使边界条件设置得更加合理。如果用户想基于 EE8.3 逐个单元格地指定水柱参数，则需将每个单元格当作独立的组进行设置。

EFDC 模型中可利用的边界条件会显示在 "Number of Input Tables and Series"（表单和时间序列输入组数）框中。现已定义的选项和序列显示在按钮标签 "E" 中，可通过点击 "E" 按钮进行边界条件的编辑。

1）编辑/浏览边界条件

点击 "Edit/Review"（编辑/浏览）按钮（图 3.4.7②）会出现 "Boundary Conditions Definitions/Groups"（边界条件定义/组分）表格，如图 3.4.8 所示。这个表格提供了所有已定义的边界组分的 ID 列表。边界组分列表会以 ID 或列表的形式存储在 EFDC.INP 文档里。"Number of Boundary Groups"（边界条件组数）框显示根据类型定义的当前边界组数。

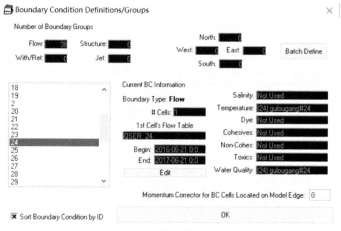

图 3.4.8　边界条件定义/组分界面

当用户在边界组分列表里选择一个组分，该组分的总体信息和它与动边界的相关联系将显示出来。要编辑一个边界组分，用户可双击组分 ID 或者按下 "Edit" 按钮。右击一个组分 ID 会弹起一个菜单，可供用户选择插入（添加一个新的边界组分）、删除（删除当前被选中的组分）或查看（主要的时间序列图）。

当使用该工具查看时间序列图时，模型模拟的开始和结束时间定义了日期范围内最小值和最大值。如果时间序列更长，整个时间序列都可通过时间序列编辑器查看，格式详见附录 B。

边界条件的编辑可通过 "Edit" 来实现（图 3.4.8），在该同一窗口中可设置所有边界条件类型，但每个边界条件类型的信息与用户的定义有关。每一个边界条件类型都将在以下部分阐述。

"Boundary Condition Group Information"（边界条件组信息）中包含了边界分组的信息，如组分数、当前的组分编号及类型和组分 ID（图 3.4.9①）；"Boundary Condition Group"（边界条件组）框为恒定流时设置的边界条件信息（图 3.4.9②）；"Concentration Tables"（浓度表单）包含了动态时间序列边界条件的信息和设置（图 3.4.9③）。

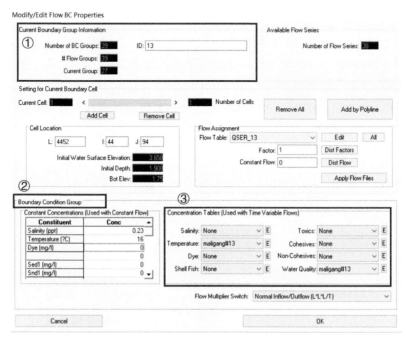

图 3.4.9　边界条件编辑修改功能表界面

在"Setting for Current Boundary Cell"（现有边界单元设置）框里，可通过"Add Cell"或"Remove Cell"在边界组分里添加或移除单元格，也可通过"Add by Polyline"选项来选择多段线或多边形来设置包含在边界组分内的单元格。"Flow Assignment"框提供了"Apply Flow Files"功能，用户可通过输入流量文档来建立各个单元格的入流变化系列，主要应用于干/湿边界模型。

对于流量边界条件，点击"Flow Assignment"（流量赋值）框中的"Edit"进行设置。如果用户要在一条河流上设置一系列入流并分配到一些单元格上，单个流量的时间序列可在"Flow Table"中指定，"Factor"可将流量适当分配给各个单元格。"Dist Factors"按钮是根据单元网格的容量分配设置"Factor"。

对边界条件的时间序列进行编辑，用户可以通过"Data Series"时间序列数据处理窗口（图 3.4.10）使用这些功能。"Title Block"里显示指定边界文档的标题栏并允许对其进行编辑。EE8.3 需确保每一种类型的文档对应正确数目的标题行。点击"Reset"将会在该类型的文档中用"Standard"标题覆盖现有标题,用"Project Title"作为指定项目的标签。用户同时也可手动编辑标题(格式详见附录 B)。

图 3.4.10　边界条件时间序列编辑器界面

"View Series"按钮提供了查看时间序列曲线的功能;"More"按钮提供其他的绘图功能,如序列之间的比较或显示经过筛选后的时间序列;"Editing Tools"和"File Tools"的选择将会改变选项框的功能,"Editing Tools"为默认选项框,用户可以通过该选项加载"Operator's"进行编辑各种操作。

EE 还提供"Withdraw/Return"(取水/退水)、"Hydraulic Structure"(水工构筑物)和"Groundwater"(地下水)等流量条件的设置。

2)输入 HSPF 数据

"Import HSPF"按钮(图 3.4.7③)为用户提供输入 HSPF 的接口。HSPF 是一个普遍应用于预测流量和水质参数的水文流域模型。如果这个工具用于预测流域水流过程,加载于 EFDC 模型中,那么结果就可以作为边界条件输入到 EFDC 模型中。"Import HSPF"工具还可以输入包含水流或水质参数在内的任何时间序列数据(如 Excel™ 的 csv 格式)。这些时间序列数据可以是儒略日期(Julian day)或者公历格式。如果是儒略日期,那么输入的时间序列基准日期应该与 EFDC 模型项目所运行的相同。

图 3.4.11 中的输入工具可用于连接时间序列/HSPF 文档和指定边界组分。流量

边界是唯一可以连接 HSPF 的边界组分。组分包括流量、温度、固体颗粒和水质参数等。每个组分都有相应的输入选项,可供选择的输入参数。

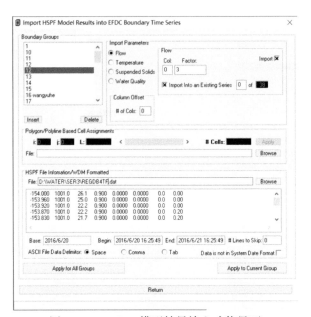

图 3.4.11　HSPF 模型结果输入功能界面

3）查看浓度负荷值

点击"View Loadings"(查看负荷)按钮(图 3.4.7④),弹出负荷选项(图 3.4.12),可显示模型有效时间(取决于模型的开始时间和结束时间)内各种变量的负荷,也可选择需要查看的日期范围内的负荷。EE 将计算被选中的流量边界组的质量荷载与时间序列关系图。根据用户所配置的单位(t/d)显示不同的单位形式。图 3.4.13 为总磷的质量负荷曲线图。

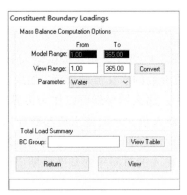

图 3.4.12　查看负荷选项表

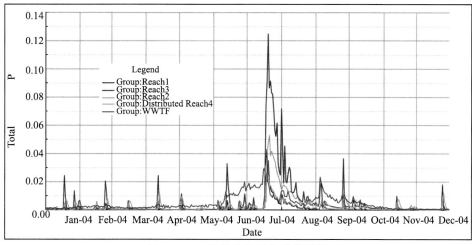

图 3.4.13　总磷的质量负荷曲线图

3.4.4　激活模块选项卡

用户可通过"Active Modules"（激活模块）选项卡激活/关闭各个模块（图 3.4.14 ①）。当选择一个复选框时，左侧将呈现该模块的标签，取消选定则将会隐藏。底泥模块有 2 个选项，即"Use EFDC Sediment Model"（原有的 EFDC 模型泥沙输运模块）和"Use SEDZLJ Sediment Model"（泥沙输运新的解决方案 SEDZLJ）可供选择。

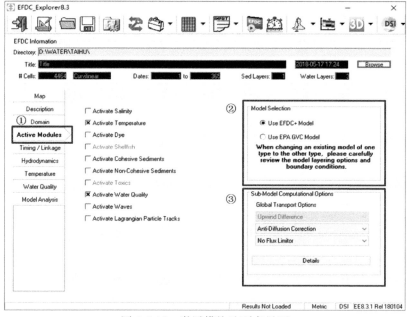

图 3.4.14　激活模块选项卡界面

EE8.3 具有两个版本的模型可供选择（图 3.4.14②）。如果 EFDC_DSI 模型被选中，那么 GVC 模型选项将不会出现。若加载一个已存在的模型，EE8.3 则根据 EFDC.INP 程序中的数据来识别模型类型并自动设置这个选项。"Global Transport Options"（全局传输选项）复选框提供的选项：Upwind Difference（迎风差分格式）和 Central Difference（中心差分格式）等计算格式选项（图 3.4.14③）。

3.4.5　时间/链接选项卡

"Timing/Linkage"（时间/链接）选项卡主要用于设置 "Model Run Timing"（模型运行时间）和 "EE Linkage"（EE 链接）等内容。

1）模型运行时间

在模型运行时间选项中（图 3.4.15①），用户可以指定运行开始时间和结束时间，以及时间步长选项。"Time of Start" 采用儒略日期表示；"Beginning Date/Time" 为开始模拟的时间；"Duration of Reference Period" 指用户指定的对项目描述有意义的一个基准参考时间段，通常设定 24h 为基准参考时间段；"Reference Periods" 为计算若干个基准参考时间段；EE通过设定基准参考时间和时间段的数量来决定模拟时长（图 3.4.15②）。

"Dynamic Timestep Options"（动态时间步长选项）的子窗口可通过设定 "Safety Factor"（安全因子，0<安全因子<1）获得变化的时间步长。通常情况下，安全因子应小于 0.8，但有的运行过程中安全因子大于 1，而有的则要求小于 0.3。如果设为 0 则表示使用固定时间步长。EE8.3 可以设置 Ramp-Up Loops（加速循环数），表示迭代过程中时间步长变为常数所需要的迭代次数。当 "Maximum dH/dT" 选项被设置为 0 时则被忽略，但如果大于 0，则 CALSTEP 将用额外的标准设置动态时间步长（图 3.4.15③）。

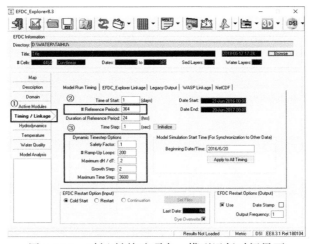

图 3.4.15　时间/链接选项卡：模型运行时间界面

2）EE 链接

为了连接 EFDC 模型和 EE8.3 进行后处理工作,应开启相应的输出选项(图 3.4.16 ①)。在 "EFDC_Explorer Linkage" 框中选中 "Link EFDC Results to EFDC_Explorer" 复选框。Linkage Output Frequency(输出频率)决定 EFDC 模型多久输出一次数据。例如,"Linkage Output Frequency" 为 1440 分钟,那么输出将会每 1440 分钟(一天)写出一次结果(图 3.4.16②)。"Primary Model Results Linkage Options" 的复选框决定了输出的数据类型,比如 "Velocities"(流速)、"Sediment Diagenesis"(沉积成岩)等(图 3.4.16③)。

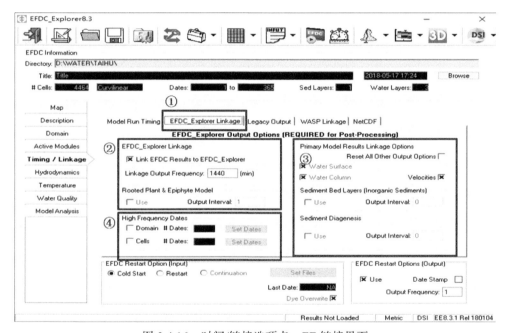

图 3.4.16　时间/链接选项卡:EE 链接界面

"High Frequency Dates"(高频输出设置)是在已定义的 "Linkage Output Frequency" 基准快照上插入高频输出快照。用户可以用一个更大的快照频率,获得更小的输出时间间隔,为需要研究的特定时间段设定,而不影响其他时间段的输出频率(图 3.4.16④)。

3.4.6　水动力选项卡

"Hydrodynamics"(水动力)选项卡有两个子选项:"General"(概述)和 "Atmospheric Pressure Forcing & Vegetation"(大气压力和植被)(图 3.4.17①)。

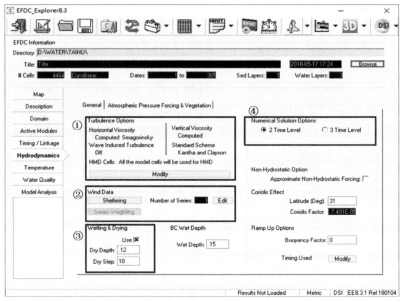

图 3.4.17　水动力选项卡：概述界面

3.4.6.1　紊流选项

"Turbulence Options"（紊流选项）中为水动力选项中的紊流参数设置，如垂向紊动中水平和垂向黏度以及标准计算方案。单击"Modify"（编辑）按钮可以选择和修改这些选项和参数设置（图 3.4.17②）。

1）紊动扩散

图 3.4.18 为水平、垂向涡流黏度和扩散系数的主要格式。"Horizontal Kinematic Eddy Viscosity and Diffusivities Options"（水平动力学涡流黏度和扩散系数选项）提供了水平动量扩散（HMD）的选项（图 3.4.18①）。如果选择"Disable HMD"（禁用 HMD）选项，HMD 将被设置为"Background/Constant Horizontal Eddy Viscosity"（背景值/常数的涡流黏度）；当使用"Activate HMD with Smagorinsky"选项时，用户应该在"Dimensionless Horizontal Momentum Diffusivity"（无量纲的水平动量扩散系数）对话框中设置 AHD 和 Smagorinsky 系数；当"Activate HMD with Smagorinsky"被选择时，如果 AHD>0，EE 会采用 HMD 背景值和 Smagorinsky 计算值，且不考虑污染物扩散。如果 AHD=0，将会采用 Constant Viscosity 选项；当选择"Activate HMD with Smagorinsky, Wall Drag and WC Diffusion"时，所有的 HMD 作用和边壁效应都会被考虑。

"Vertical Eddy Viscosities & Diffusivities"选项框允许用户设置垂向涡流黏度和垂向分子扩散系数（图 3.4.18②）。"Maximum Magnitude for Diffusivity Terms"（扩

散系数数组最大量）级允许用户设置最大的动力学涡流黏度和最大的涡流强度
（图 3.4.18③）。

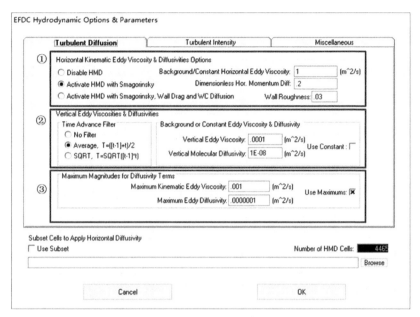

图 3.4.18　水动力选项卡：紊动扩散界面

2）紊动强度

"Turbulent Intensity"（紊动强度）中（图 3.4.19）在默认情况下只有"Vertical
Turbulence Options"（垂向紊流选项）可以改变设置（图 3.4.19①）。模型运行应该
将"Advection Scheme"（对流项）设置为 1，"Sub-Option"（子选项）可以设置为
Galerpin（子选项=1），Kantha 和 Clayson（子选项=2）或者 Kantha（子选项=3）。

"Vertical Turbulence Limiting Options"（垂向紊流限制选项）提供了一个下拉
菜单允许用户选择下面 3 个选项："no length scale and RIQMAX limitation"（无长度
尺度和 RIQMAX 限制）；"to limit RIQMAX in the stability function only"（在稳态方
程中仅限制 RIQMAX）；"to limit both the length scale and RIQMAX"（有长度尺度
和 RIQMAX 限制）。当使用多层模型及垂向紊流被限制时，"Limit Length Scale and
Limit RIQMAX"（限制长度尺度和限制 RIQMAX）选项降低运行模型崩溃的可能性
（图 3.4.19②）。

"Wall Proximity Function"（近壁感应效应）也允许用户有 3 个选项："no wall
proximity effects on the turbulence"（紊流时无近壁效应）；"to be parabolic over depth
wall proximity"（近壁效应深度呈抛物线型）；"open channel wall proximity"（明渠
的近壁效应）（图 3.4.19③）。

选择"Modify"复选框可以修改"Turbulence Closure Constants"（紊流封闭常数）。然而，若非必须，这些参数不需要修改（图 3.4.19③）。

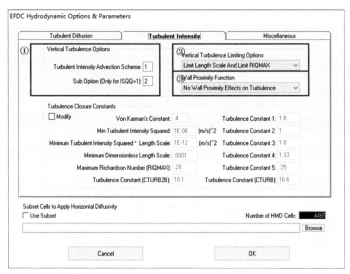

图 3.4.19　水动力选项卡：紊动强度界面

3）其他选项

"Miscellaneous Options"（其他选项）选项中（图 3.4.20），可进一步修改紊流相关选项。这些选项允许动量参数的修正，有些需要激活"Momentum Correction Flag"（动量修正标识符）。当该值设为 0 时动量修正不可用，设为 1 时动量修正可用。

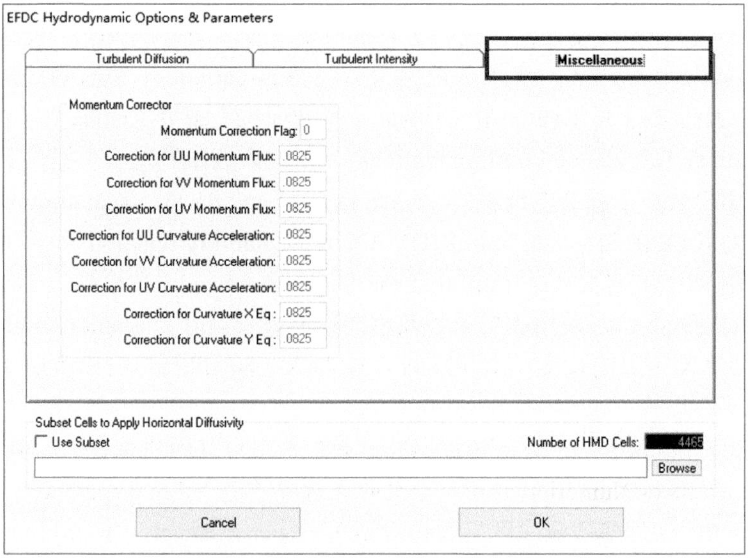

图 3.4.20　水动力选项：其他选项界面

3.4.6.2　风场数据

"Wind Data"（风场数据）框提供了进入 WSER 空间变量的选项（图 3.4.17②）。风遮挡系数可使用"Sheltering"（遮挡）按钮进行指定，也可在"ViewPlan"中进行编辑。如果用户使用两个以上 WSER 序列，可使用"Series Weighting"（序列权重）功能分配风场赋值。用户需要一个包含各站位置（或最大权重位置）的 DAT 文件创建一个空间变化的风场图，且必须指定所使用的每一站的风序列权重。图 3.4.21 为两个 WSER 序列权重图的实例。

(a)　"内陆"站点的序列权重　　　　(b) 沿海站点的权重

图 3.4.21　监测站 WSER 序列权重实例

3.4.6.3　干/湿节点

"Wetting and Drying"（干/湿节点），用户可选择是否使用干/湿水深条件。"Dry depth"（干深度）为干网格定义的最大水深，即当网格的水深小于该值时，模型认为该网格为干网格，计算将跳跃该网格进行。"Wet Depth"（湿深度）用来设置取水的最小深度（图 3.4.17③）。

使用湿节点/干节点设置时，区域选项卡中"Water Depth Setting"（水深设置）中的"Minimum Height"（最小高度）应该小于"Dry Depth"（干深度）。否则，任何地方的初始水深会促使模型的所有网格为"湿网格"。

3.4.6.4　数值处理选项

EFDC 模型中"Numerical Solutions Options"（数值处理选项）框提供了几个可供利用的数值处理方案（图 3.4.17④）。"3 Time Level"（三时间层，3TL）或"2 Time Level"（二时间层，2TL）选项允许用户选择数值模拟的方法。如果使用 GVC 分层的 EFDC_GVC 模型，只能选用 3TL 处理方案。

如果使用 2TL 处理方案，"Momentum Equations Solution"（动量方程处理方案）允许用户选择显式和隐式两种处理方案选项。如果使用 3TL 处理方案，用户必须指定逆风格式或中心差分格式。2TL 是最稳定可靠的方法，也是 EFDC 模型推荐使用的。

3.4.6.5 大气压力和植被选项

EE8.3 将大气压力选项放置在水动力选项卡中，并且更新水平压力梯度，用以解决大型海岸带压力变化的模拟。用户可在 "Atmospheric Pressure Forcing & Vegetation"（大气压力驱动和植被）中编辑相应的外部边界条件（图 3.4.22①）。

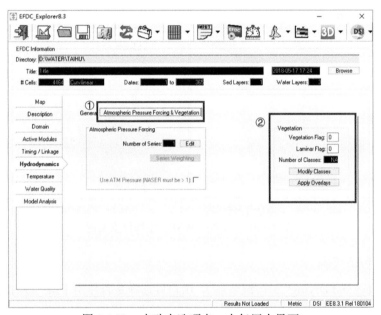

图 3.4.22　水动力选项卡：大气压力界面

"Vegetation"（植被）选项中，用户可以设置计算植被相关的水动力过程（图 3.4.22②）。植被类别可通过"Modify Classes"（修改类型）设置，该选项为用户提供 VEGE.inp 文件所需数据的界面，用户应在 "Number of Vegetation Classes"（植被种类数目）中输入植被分类的数目（图 3.4.23）。

"Apply Overlays" 按钮用于植被等级 ID 并将其与输入的多边形 ID 匹配（图 3.4.24）。通过读取多边形文件（P2D 格式，格式详见附录 B），多边形 ID 与植被类型 ID 匹配。如果任何植被类型没有对应定义的多边形，EE8.3 会提醒用户。图 3.4.25 为一个多边形/植被类型分配结果的植被图。

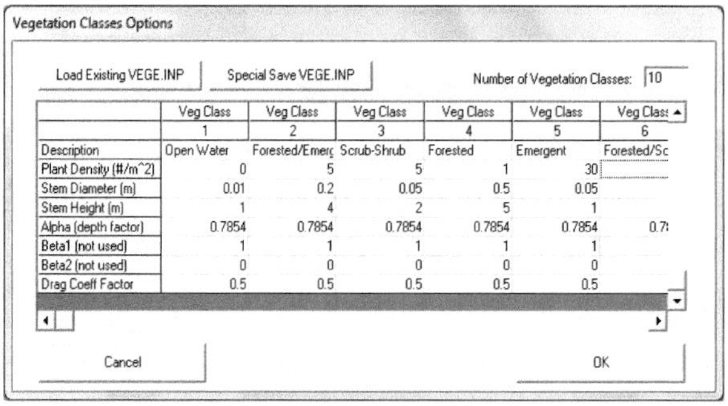

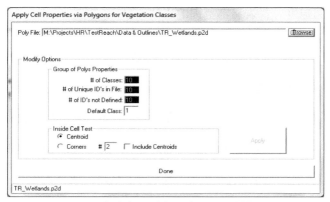

图 3.4.23 水动力选项卡：植被类型参数界面

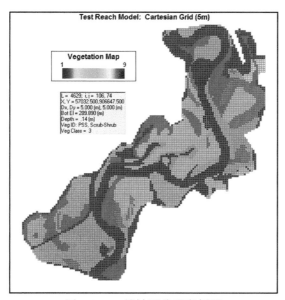

图 3.4.24 水动力选项卡：含 ID 的植被图界面

图 3.4.25 植被图分配实例图

3.4.7　波浪选项卡

EFDC 模型中包含波浪生成的紊动和湖流（图 3.4.26）。为确定波浪的影响，用户也可将外部生成的波浪参数链接至 EFDC 模型中。EFDC 模型之前使用的波浪参数主要来源于 SWAN、Ref/Dif、WaveST 以及其他模型。另外，EFDC_DSI 自带波浪模块计算风生浪引起的紊流，风场数据由 WSER.inp 文件提供。对于浅水水体或近岸区域，风生浪引起的底部切应力是导致底泥再悬浮和传输的重要参数。

"Wave Parameter & Options"（波浪参数和选项）窗口允许用户指定 K_s 值（Nikuradse 粗糙度）。可根据公式 $K_s = 2.5 \times d_{50}$ 进行预估。Nikuradse 粗糙度与 EFDC 模型使用的求解水动力方程的水动力糙率（如底部粗糙度 Z_0）不一样。Nikuradse 糙率是指粒径粗糙度，代表局部范围的现象。

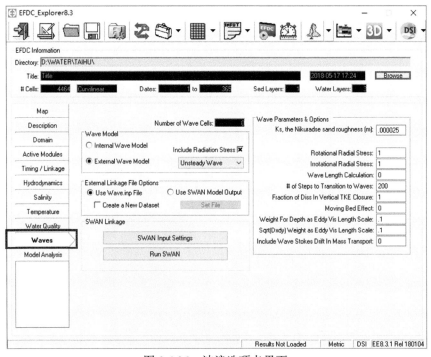

图 3.4.26　波浪选项卡界面

3.4.8　盐度选项卡

图 3.4.27 是"Salinity"（盐度）选项卡。水体盐度初始条件的分配方法与 3.4.3.2 节中其他水体参数的设置是类似的。用户也可以在"Time Series Data"（时间序列数据）框中点击"Edit"按钮输入这个参数的时间序列。

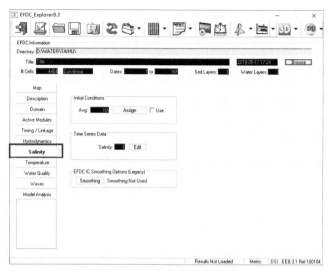

图 3.4.27　盐度选项卡界面

　　"EFDC IC Smoothing Options"（EFDC 边界条件平滑）选项是 EFDC 模型内部平滑盐度/底高程初始条件的选项。点击"Smoothing"（平滑）按钮将弹出一个对话框，用户可对水下地形及盐度进行平滑处理。

3.4.9　温度选项卡

　　温度选项卡如图 3.4.28 所示，包含"General & Data" "Surface Heat Exchange"和 "Bed Heat & Ice Options" 3 个子选项。

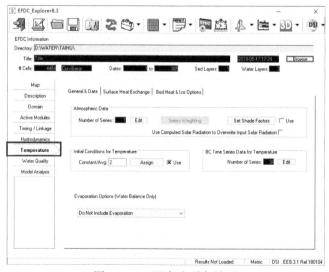

图 3.4.28　温度选项卡界面

1）概述和数据

大气"General & Data"选项包含"Atmospheric Data"（大气数据）、"Initial Conditions for Temperature"（温度初始条件）和"Evaporation Options"（蒸发选项）（图3.4.28）。

大气数据的设置和3.4.6.5节中所描述的一致。"Atmospheric Data"框提供ASER空间变化选项。可以使用"Shade Factors"（遮蔽因子）按钮对太阳能辐射遮蔽系数赋值和/或在可视界面编辑太阳能辐射遮蔽系数。如果使用多于1个的ASER系列，必须使用"Series Weighting"（系列加权）功能对大气数据系列进行分配。大气系列权重必须分配到每个站点，在可视界面Viewplan中，EE8.3为每一气象站或者风场加权系数提供一系列的大气数据序列加权图（对于QC，确保总和为1.0）。

温度初始条件的赋值方法与3.4.3.2节中所描述的一致。蒸发选项提供了计算蒸发量的诸多方法，供用户选择。

2）表面热交换

表面热交换选项包含"Main Heat Exchange Options"（主要的热交换选项）和"Light Extinction Coefficients"（消光系数选项）（图3.4.29）。热交换选项提供了不同的计算方法，其中"Equilibrium Temp（CE-QUAL-W2 Method）"为常用的方法。消光系数选项中，用户可赋值背景光、TSS、DOM、POC和Chl.a所产生的消光系数，该项目也可以在水质选项卡中赋值。

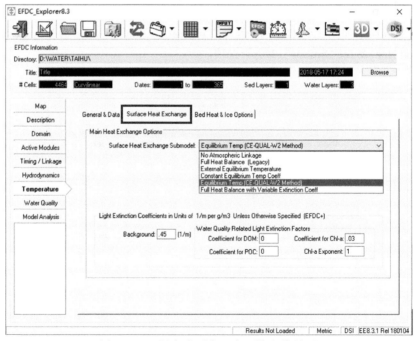

图3.4.29　温度选项卡：表面热交换界面

3）底床热和冰选项

底床热和冰选项包含 "Ice Simulation Options"（冰模拟选项）、"Initial Conditions"（冰初始条件设置）、"Initial Conditions-Bed Temperatures"（底床温度初始条件设置）和 "Bed Heat Exchange Coefficients"（底床热交换系数）。

冰模拟选项中的下拉菜单提供不同的计算方法（图 3.4.30）。用户若选择某种计算方法，则需进行相应的 "Parameters"（参数）赋值。冰初始条件的赋值方法与 3.4.3.2 节描述初始条件赋值方法相同。沉积床温度的计算，EE8.3 提供了 "Allow Bed Temperatures to Vary in Time"（动态底床温度）和 "Spatially Variable Bed Temp and Thickness"（空间可变的底床温度和厚度）两个选项。用户选择相应的选项后，需赋值相应的初始值，如底床初始温度和初始厚度。此外，底床热交换系数也需要在此赋值。

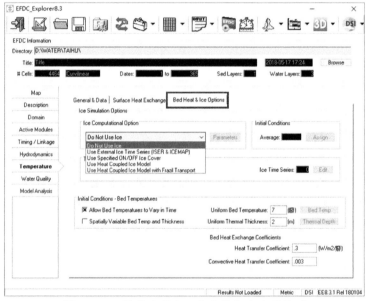

图 3.4.30　温度选项卡：底床热和冰选项界面

3.4.10　染料/水龄选项卡

图 3.4.31 为染料/水龄选项卡，选择 "Dye"（染料）选项，用户可以给示踪剂分配一个 "decay"（衰变）速率。如果该选项被选择，"dye"（染料）组分也可以用作 "Age of Water"（水龄）的计算（图 3.4.31①）。如 3.4.3.2 节中介绍的在 "Initial Conditions"（初始条件）框中，可通过 "dye" 按钮和多边形来设置单元格属性。如果使用热启动选项，用户可以通过 "Timing/Linkage" 选项卡中的 "EFDC restart option"（EFDC 重启选项）选择 "Dye Overwrite"（染料覆盖）复选框，采用 DYE.INP 文件初始化染料区域。

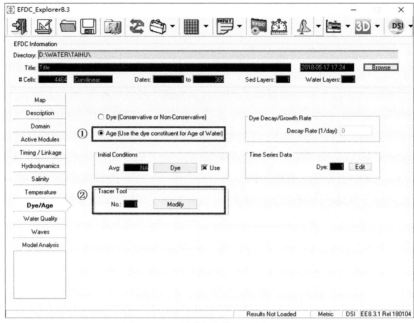

图 3.4.31　染料/水龄选项卡界面

图 3.4.31②为"Tracer Tool"(示踪工具),这个工具的目的是提供快速建立 EFDC 模型,计算选项和注入点源示踪剂的方法。图 3.4.32 为示踪剂工具创建的示例。选项框左上方的 "Dye Injection Point"(染料注入点)复选框显示了当前被定义的示踪剂,表的右边显示当前被定义的所有流量类型单元。用户需要分配一个存在的单元或者创建新的染料注入点,然后往每个点内分配流量和染料浓度。

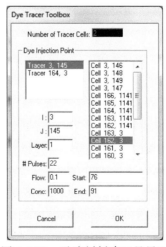

图 3.4.32　示踪剂创建工具界面

为了将现有的边界单元格定义一个示踪剂，可以从列表的右边选中一个单元，同时按下键盘的 INS 键，将这个点加入示踪剂列表中，然后必须为每一个示踪剂单元定义流量和注入染料特征。用户可以通过选中列表左边的单元格来删除示踪剂，按键盘上"DEL"键即可。

3.4.11　泥沙选项卡

为了模拟泥沙输运，需在"Active Modules"中选择"Active Cohesive Sediments"（激活黏性泥沙）或是"Activate Non-Cohesive Sediments"（激活非黏性泥沙）。泥沙模块界面如图 3.4.33 所示。

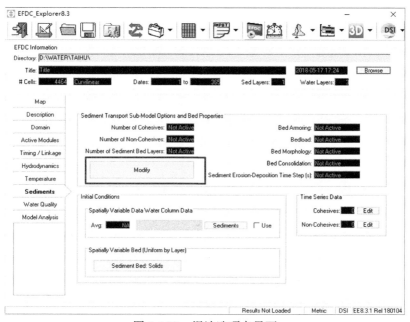

图 3.4.33　泥沙选项卡界面

如 3.4.4 节中所述，用户应先定义泥沙模块的类型。有两种泥沙模型可供选择，一种是"EFDC Sediment Model"（原有的 EFDC 泥沙模型），另一种是"SEDZLJ Sediment Model"（EFDC 新的泥沙解决方案）。

泥沙传输参数和选项设置如图3.4.34～图3.4.40所示，主要是利用界面中"Modify"按钮来设置（图3.4.33）。

1）常规选项

沉积物类型和底床层数的设定是根据界面的"Major Settings（主要设置）"选项来指定的（图3.4.34①）。用户需要定义底床的层数、黏性和非黏性泥沙粒径的种类。如改变"Major Settings"里面的参数时，需注意是否造成初始条件和边界条件的丢失。

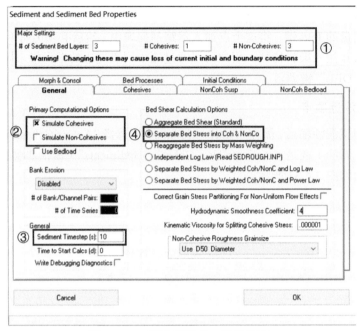

图 3.4.34　泥沙选项卡：常规界面

在"General"中，用户可以指定是否模拟黏性泥沙和非黏性泥沙，以及计算泥沙输运过程中底床剪切力的方法。若是没有勾选"Simulate Cohesives"（模拟黏性泥沙）或"Simulate Non-Cohesives"（模拟非黏性泥沙）的复选框，这样就只是关闭 EFDC 模型对这些参数的计算，但先前已定义的泥沙传输参数不会被删除（图 3.4.34②）。

此处"Sediment Timestep"（泥沙模块的时间步长）是指与水动力时间步长的倍数关系。这是因为底床变化过程相对于水动力而言比较缓慢，该参数一般可以设 10 或者更大。用户可以从较小的数值开始测试，不断增加 "Sediment Timestep"（泥沙模块的时间步长），直到发现模型的运行结果存在明显的差异时，然后减少一定数值，从而提供一个安全系数（图 3.4.34③）。

"Bed Shear Calculation Options"（底床剪切力计算选项）为用户提供了不同的底床剪切力的方法。如果是同时计算黏性泥沙和非黏性泥沙，一般最好选择"Separate Bed Stress in Coh & NonCo"选项（图 3.4.34④）。

2）黏性沙选项

图 3.4.35 为"Cohesives"（黏性泥沙）设置。用户需要设定"Cohesive Settling Flag"（黏性泥沙沉降速度）值，以代表不同的计算方法，其中，0 为简单沉降速度（用户自定义），1 为 Huang-Metha 方法，2 为 Shresta-Orlob 方法，3 为 Ziegler-Nesbit 方法等。如果选择"Apply Vertical Diffusion"（应用垂向扩散）复选框，那么计算黏性泥沙运动时需考虑垂向扩散（图 3.4.35①）。

"Erosion & Deposition Parameters"（侵蚀与沉积参数）用于设置黏性泥沙相关参数（图 3.4.35②）。对于"Erosion & Deposition Parameters"表的参数，单击每个单元格，然后再按 F2 键，就会显示帮助信息以及更详细的解释。用户可以自定义最大和最小的黏性流体浓度，选择"Use Fluid Mud"复选框则包含黏性流体的黏性效应。

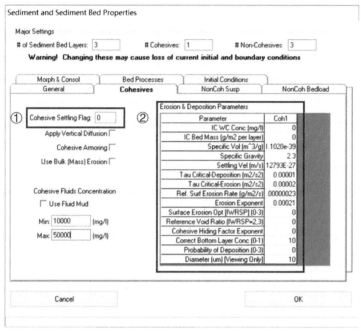

图 3.4.35   泥沙选项卡：黏性泥沙界面

3）非黏性悬移质选项

图 3.4.36 是非黏性悬移质选项参数设置的界面，操作和功能与黏性泥沙选项类似。在泥沙传输计算中，每一种非黏性泥沙的粒径等级都是必需的。一般可以用 d_{50} 作为粒径。计算平衡浓度可见"Equilibrium Conc"选项卡（图 3.4.36①），包含是否考虑临界剪切应力。若设定沉降速度或是临界切应力的值小于 0 会导致 EFDC 模型在计算这些参数时使用 van Rijn 等公式。按 F2 键有助于显示相关输入参数的帮助信息以及更详细的解释。

"Sediment Info"（泥沙信息）按钮会根据 van Rijn 公式计算临界剪切力和一些需设定的参数提供泥沙性质的计算值（图 3.4.36②）。如果泥沙的颗粒粒径已经设定好，那么通过"Set Parameters"按钮就能够使用 van Rijn 公式初始化泥沙的性质。

"Erosion & Deposition Parameters"用于设置不同类别的非黏性泥沙的沉积和侵蚀参数（图 3.4.36③）。

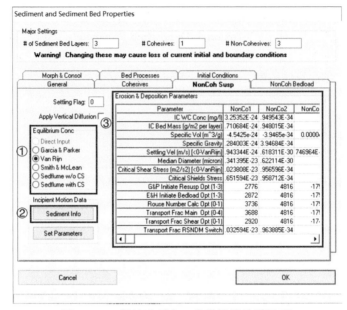

图 3.4.36　泥沙选项卡：非黏性悬移质界面

4）非黏性推移质选项

图 3.4.37 是非黏性推移质参数设定界面。在不同版本的 EFDC 模型源代码中，Gamma 参数的使用略有不同。用户需在确定最优输入参数前，先查看代码中是如何使用 Gamma 参数的。

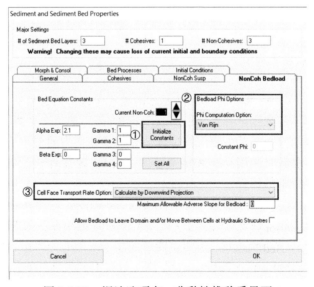

图 3.4.37　泥沙选项卡：非黏性推移质界面

　　点击"Initialize Constants"（初始化常数）按钮，弹出询问用户选择推移质计算方法的对话框，EE8.3 设置推移质传输的常数参数为已选择的计算方法文献中的值（图 3.4.37①）。"Bedload Phi Options"的下拉菜单有一些计算公式可供用户选择（图 3.4.37②）。"Cell Face Transport Rate Option"提供了一些计算公式："Downwind Projection"（顺风公式），"Downwind Projection with Corner Correction"（修正的顺风公式）和 "by Averaging Vector Components"（平均矢量）（图 3.4.37③）。如果设定网格与网格之间的坡度大于 0，那么"Maximum Allowable Adverse Slope for Bedload"（推移质最大允许逆坡的值）将会用于阻止推移质的运动。

　　5）形态和固化选项

　　图 3.4.38 是关于泥床形态和固化特性的设置界面，用户需要设定变化的泥床固化和形态的参数。

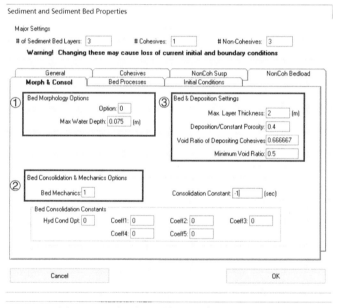

图 3.4.38　泥沙选项卡：形态和固化界面

　　在 "Bed Morphology Options"（泥床形态选项）中选择无底床变化（选 "0"）或是允许底床高程变化（选 "1"）。"Max Water Depth"（最大水深）指当出现负水深时允许泥沙缺失底床形态变化的最大允许水深（只限 EFDC_DSI 版本）（图 3.4.38①）。

　　"Bed Consolidation & Mechanics Options"（泥床固化和结构选项）是关于泥床固化的输入选项。"Bed Mechanics"（底床结构）选项中，"0" 为没有，"1" 为简单方法，"2" 为有应变项。当选 "2" 时，是非常专业的方法，需要详细理解 FORTRAN 源代码的有限应变的实现方法。固化率的单位是 "秒"，而不是 "1/秒"，这与早期的 EFDC.INP 的版本不同（图 3.4.38②）。

"Bed & Deposition Settings"（底床和沉降设置）提供底床沉积的参数设置，包括 "Max Layer Thickness"（层最大厚度）等（图 3.4.38③）。

6）底床处理

底床处理选项见图 3.4.39。EE8.3 采用河床粗化层功能，允许用户自行选择：粗化层、"Garcia-Parker" 非黏性粗化层，以及活动粗化层（图 3.4.39①）。每层选项显示界面是基于粗化层的选择而变化的。对于活动粗化层，用户需要指定活动层的厚度，一般小于 5cm，是基于粒径 d_{50}，确定在活动层是否被质量或厚度控制。EFDC 模型能够利用底床的初始条件选择性地初始化活动层。当底床结构还没有定义时，对模型初始设置这是比较好的方法。

用户还可以指定 "Non-Cohesive Resuspension Options"（非黏性泥沙再悬浮选项），可以基于用户的输入数据进行修正。这个选项可修改黏性泥沙再悬浮的临界剪切力（图 3.4.39②）。

图 3.4.39　泥沙选项卡：底床处理界面

7）初始条件选项

图 3.4.40 为已选择的沉积物参数的初始条件。在这个界面上，用户可通过 "Sediment Initial Conditions Options"（泥沙初始条件）这一选项选择如何初始化底床泥沙参数。选项中主要包含：恒定的水体和底床、空间变化的水体、空间变化的底床条件，以及空间同时变化的底床和水体（图 3.4.40①）。

如果用户通过 "Bed Mass Specification Options" 来设定质量分数，那么

BEDLAY.INP 将需要设定一个额外的边界文件（图 3.4.40②）。

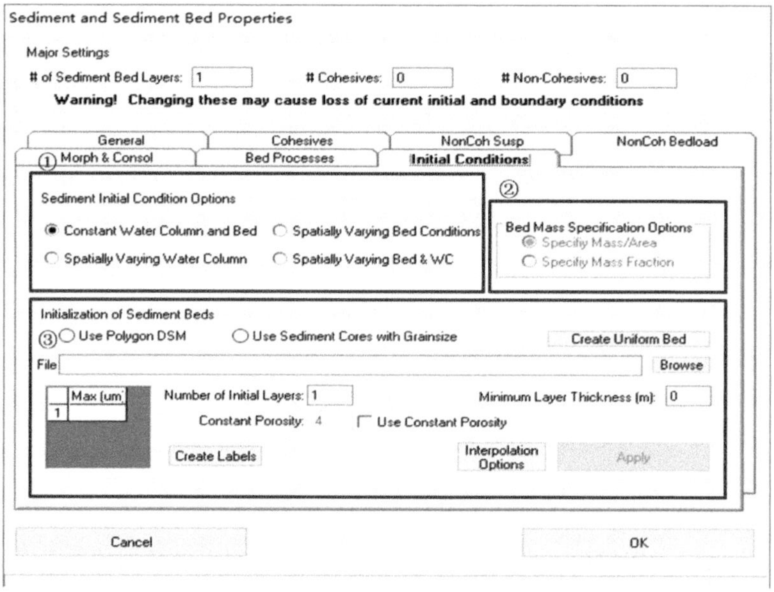

图 3.4.40　泥沙选项卡：初始条件界面

　　用户可以通过"Create Uniform Bed"（创建均匀底床）这一选项来设定简单的水平均质泥床，在弹出的对话框中，用户需输入层数，泥沙种类和数量，以及用户自定义的每一层泥沙组分、厚度和容重。用户仍要必须设定黏性和非黏性侵蚀和沉降的参数，完成泥床配置（图 3.4.40③）。

3.4.12　水质选项卡

　　"Water Quality"（水质）选项卡包括 6 个子选项卡，分别为"Kinetics"（水质动力学）、"Nutrients"（营养盐）、"Algae"（藻类）、"Initial Conditions"（初始条件）、"Boundary Conditions"（边界条件）和"Benthic"（底泥）。

3.4.12.1　水质动力学

　　"Kinetics"选项如图 3.4.41 所示。"Global Kinetic Options"包含了几类可选的水质动力学模块设置，对于 EFDC-GVC 版本，标准的动力学模型包含在 Module 3（模块 3）中；对于 EFDC-DSI 版本，标准的动力学模块是 Module 1（模块 1）。一旦启用动力学选项，用户必须在该选项内对参数是否被模拟进行设定。单击"Params"按钮将会弹出一系列参数列表，用户可以分别设置需模拟的参数（图3.4.41①）。如果某参数不进行模拟，那么将采用该参数的初始浓度用于整个动力学的计算。

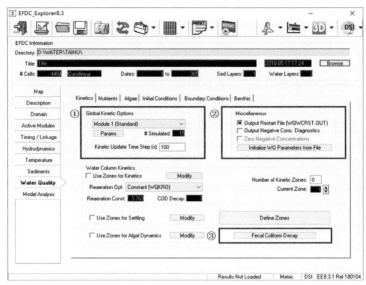

图 3.4.41　水质选项卡：水质动力学界面

初始化水质子模型最好方法是导入另一个 EE 模型中的数据使当前整个模型初始化，通过"Miscellaneous"选项框的"Initialize WQ Parameters from File"（导入文件初始化水质参数）可以实现该操作，并且只能在最初建立水质模型的时候进行。这个过程会覆盖当前模型的所有设置（图 3.4.41②）。

EFDC 模型允许划分不同区域供分配许多的水质参数。通过"Define Zones"（定义区域）按钮或者在 ViewPlan 中进行设置。点击"Define Zones"按钮，弹出"Apply Cell Properties via Polygons"（通过多边形应用单元格属性）窗口（见 3.4.3.2 节）。用户必须先在"Number of Kinetic Zones"（动力学区域数量）框中输入所需区域的最大数量。

区域按照水体层和单元格来进行分配，因此，可能会出现同一个单元格有一个以上的区域分配给它，如果 $K_C>1$，"Water Quality Kinetics"（水质动力学）框中显示参数被划为不同区域。有 3 组参数可以划分为不同的区域：动力学、沉降和藻类动力学。对于每个组，区域的使用与否被用于该组的复选框进行独立控制。每一组中"Current Zone"（当前区域）的特定参数会通过点击"Modify"按钮进行修改。

用户可通过 "Fecal Coliform Decay"（粪大肠杆菌衰减）按钮设定衰减率和温度效应常数（图 3.4.41③）。

3.4.12.2　营养盐

"Nutrient Options and Parameters"（营养盐选项和参数）选项框（图 3.4.42）包含许多基础营养盐参数的设置。营养盐参数根据类型分类并且可以单击各自按钮分别进行编辑。比如单击"Nitrogen"（氮）按钮就可以设置氮的参数（图 3.4.42①）。

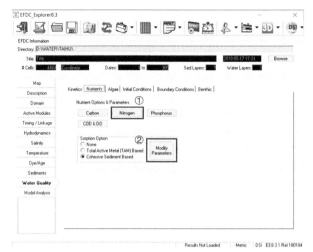

图 3.4.42　水质选项卡：营养盐界面

用户也可以设置"Sorption Options"（吸附作用选项）。系统默认是"无"且参数不能进行修改。如果选中"Total Active Metal（TAM） Based"（基于总活性金属）或是"Cohesive Sediment Based"（基于黏性泥沙）按钮，用户就可以点击"Modify Parameters"（修改参数）设置营养盐吸附参数（图 3.4.42②）。

3.4.12.3　藻类

点击"Algae"（藻类）选项后显示界面如图 3.4.43 所示。在"Algae Options"（藻类选项）复选框内，用户可以对一系列参数进行合理的设置（图3.4.43①）。例如，点击"Algal Dynamics"（藻类动力学）按钮显示界面如图 3.4.44 所示。

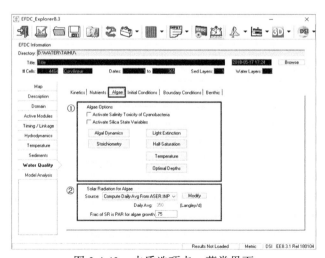

图 3.4.43　水质选项卡：藻类界面

Algal Growth Parameters, Global Settings	
Description	**Value**
Maximum growth Rate for Cyanobacteria (1/day):	42
Maximum growth Rate for Diatoms (1/day):	61
Maximum growth Rate for Greens (1/day):	2.5
Maximum growth Rate for Macroalgae (1/day):	1
Basal Metabolism Rate for Cyanobacteria (1/day):	0
Basal Metabolism Rate for Diatoms (1/day):	0
Basal Metabolism Rate for Greens (1/day):	0.01
Basal Metabolism Rate for Macroalgae (1/day):	0
Predation Rate on Cyanobacteria (1/day):	0
Predation Rate on Diatoms (1/day):	0.215
Predation Rate on Greens (1/day):	0.05
Predation Rate on Macroalgae (1/day):	0.33
Background Light Extinction Coefficient (1/m):	1.5

Cancel　　　　　　　　　　　　　　　　　OK

图 3.4.44　藻类水动力参数界面

　　"Solar Radiation for Algae"（藻类的太阳辐射）选项框提供的下拉菜单可供用户选择辐射数据的来源，包括：常数、日均值（SUNDAY.INP）和导入 ASER.INP 文件。点击 "Modify" 按钮可以设置不同的太阳辐射选项，包括水面太阳辐射、最小适宜太阳辐射以及日照时数比例系数（图 3.4.43②）。

3.4.12.4　水质初始条件

　　点击"Initial Conditions"（水质初始条件）选项后显示界面如图 3.4.45 所示，用户可以设置水柱水质初始条件（图 3.4.45①）。每一个水质参数可以设为常数或者空

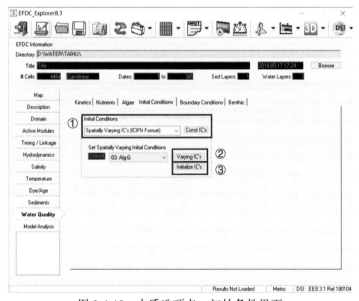

图 3.4.45　水质选项卡：初始条件界面

间可变的初始条件。如果用户需要设置随空间变化的初始条件，点击"Varing IC's"（图 3.4.45②），通过"Apply Cell Properties via Polygons"（应用多边形赋值网格参数）在模型的单元格中插入数据（格式详见附录 B）。如果模型设置空间变化的初始条件，用户还需选择使用哪一种输入数据形式，即 WQWCRST.INP 或者 WQICI 文件格式。EE 将生成指定格式的初始条件。点击"Initialize IC's"（初始化初始条件）按钮指定整个域的所有参数的初始条件为常数值（图 3.4.45③）。

3.4.12.5 水质边界条件

水质选项卡的边界条件提供用户选择水质点源负荷边界条件的设定，如图 3.4.46 所示。

图 3.4.46 水质选项卡：边界条件界面

"Water Quality Point Source Loading Option"（水质点源负荷选项）选项框下拉菜单有 3 个选项，分别是"Use Constant Point Source Loads"（使用点源负荷常数），"Use Time Variable Point Source MASS Loadings"（使用随时间变化的点源负荷量）和"Use Time Variable Point Source Concentrations"（使用随时间变化的点源负荷浓度）（图 3.4.46①）。

"Import & Convert WSPSLC.INP"（导入和转变 WSPSLC.INP）按钮可帮助用户重写或者添加一个新的水质时间序列（格式详见附录 B），输入文件是浓度负荷，单位为 kg/d（图 3.4.46②）。

"Time Series Data"（时间序列）中，可设置和改变水质边界条件，与 3.4.3.3 节中的方法一致（图 3.4.46③）。

"Wet Deposition"（湿沉降）和"Dry Deposition"（干沉降）按钮用于设置大气

干湿沉降的边界条件（图 3.4.46）。

3.4.12.6　底泥（沉积物）通量

成岩作用/底泥通量是在"Benthic"选项中设置，如图 3.4.47 所示。"Benthic Flux"（底部通量）选项框的"Modify Parameters"按钮可以设置底部通量选项（图 3.4.47①）。

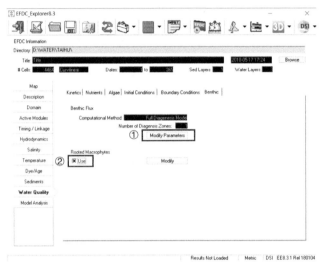

图 3.4.47　水质选项卡：底部通量界面

单击"Modify Parameters"后显示如图 3.4.48 所示。"Benthic Nutrient Flux Method"（底部营养盐通量方法）选项提供 EFDC 模型底部营养盐通量的计算方法，

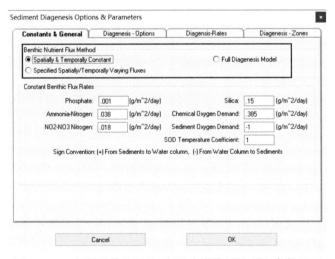

图 3.4.48　底泥营养盐通量-底泥成岩作用选项和参数界面

包括 " Spatially & Temporally Constant "（空间和时间不变）、"Specified Spatially/Temporally Varying Fluxes"（时空可变数值）和"Full Diagenesis Model"（沉积成岩模型）3 种方法。其中，前两种需用户指定通量的数值，后一种则是通过单独建立模型计算连续的释放通量的方法。

3.4.12.7　根生植物

如应用"Rooted Plant &Epiphyte Model"（根生植物和附生植物模型）和 RPEM 模块，则需选中"Benthic"中"Rooted Macrophytes"的"Use"按钮（图 3.4.47②）。点击"Modify"，用户可设置与 RPEM 相关的各种常数，如图 3.4.49 所示。

RPEM 模块可以模拟根生植物水质之间的交换（图3.4.49①），附生植物的生长和衰减（图3.4.49②）以及根生植物与底泥之间的营养盐交换（图3.4.49③）。

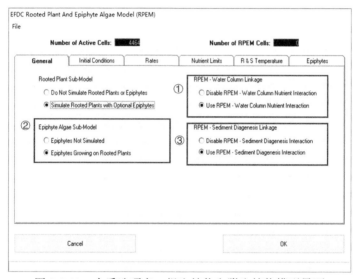

图 3.4.49　水质选项卡：根生植物和附生植物模型界面

3.4.13　拉格朗日粒子追踪（LPT）选项卡

使用 LPT 建模能够模拟溢油轨迹、应急响应、水质应用和羽流追踪。"Lagrangian Particle Tracking"（拉格朗日粒子追踪）选项卡如图 3.4.50 所示。

点击"Options/Particle Seeding"（选项/粒子散播）按钮进入 LPT 的相关设置。

1）主要选项

"LPT Main Options"为 LPT 设置的主要选项，在"LPT Computational Method & Timing"（LPT 计算方法和时间）选项框里，在 LPT 运行之前用户必须选中"Compute Drifters"（计算示踪粒子）复选框。用户可以设置颗粒释放日期和结束观察的日期（Julian day），还可以指定输出频率（图 3.4.51①）。

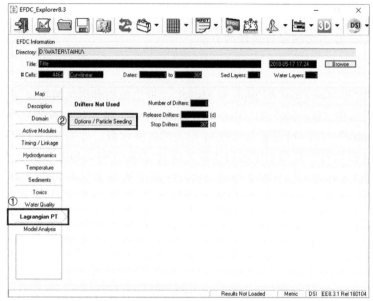

图 3.4.50　拉格朗日粒子追踪选项卡界面

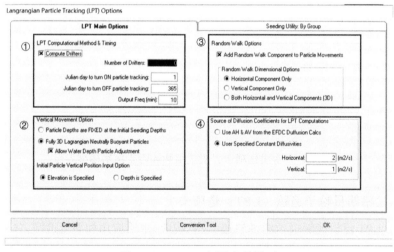

图 3.4.51　LPT 主要选项界面

　　"Vertical Movement Option"（垂直移动选项）中，用户可以设置粒子最初释放深度，若未选中，示踪剂则将会垂直运移，即"Fully 3D Lagrangian Neutrally Buoyant Particles"（3D 拉格朗日中性漂浮颗粒）。用户也可以在"Initial Particle Vertical Position Input Option"（初始粒子垂直位置输入选项）框里选择垂直位置的高程或深度设置（图 3.4.51②）。如果在 "Random Walk Options" 中选择"Add Random Walk Component to Particle Movements"（增加粒子运动的随机移动）复选框，"Random Walk Dimensional Options"（三维随机移动选项）会提供给用户更多选项，用户可以选择只在垂直方向、只在水平方向或同时垂直和水平方向上的随机移动（图 3.4.51③）。

"Source of Diffusion Coefficients for LPT Computations"（通过扩散系数计算 LPT）中，用户可选择采用 EFDC 模型计算的扩散系数 AH 和 AV，也可以通过输入 "Specified Constant Diffusivities"（指定的常扩散系数）来设置（图 3.4.51④）。

2）粒子释放应用：组选项

"Seeding Utility: By Group" 选项可以进行分组设置释放示踪粒子（图 3.4.52）。"Group Options"（组选项）框允许用户用定义的 ID 来定义一系列的示踪粒子，只需点击"New"按钮。用户还需设定每一组粒子的释放和结束时间、沉降速度。点击"Clear Group"（清除组）按钮，所有用户已定义的示踪粒子组将被清除（图 3.4.52①）。

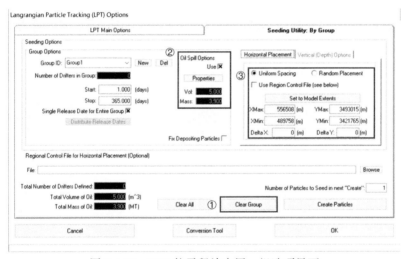

图 3.4.52　LPT 粒子释放应用：组选项界面

如进行溢油的模拟，需激活 "Oil Spill Options" 的 "Use"，并在 "Properties" 中设置溢油的相关参数（图 3.4.52②）。

"Seeding Options"（播种选项）框允许用户选择"Uniform Spacing"（统一间距）或 "Random Placement"（随意放置）释放方式，用户可以在 "Uniform Spacing" 选项中选择粒子播种位置最大和最小的 X、Y 坐标和间距（图 3.4.52③）。

在 "Vertical（Depth）Options"（纵向（深度）选项）框，提供 3 个选项：随机深度、固定高程以及固定深度。对于后两个选项，用户应输入适当的高程或深度。当释放选项设置完成后，点击"Create Particles"按钮保存设置。

3.5　后处理操作界面

EE 的可视化操作主要是在"ViewPlan"（平面视图）和"ViewProfile"（剖面视图）中进行，这将在 3.6 节和 3.7 节中详细讨论。其他部分后处理功能位于主窗口中的"Model Analysis"（模型分析）选项卡中，本节将介绍 "Model Calibration"（模型率定）和 "Comparison Model"（模型比较）的相关内容。

3.5.1　模型率定

图 3.5.1 为"Model Calibration"（模型率定）选项。EE8.3 提供了一些常用的率定功能："Time Series Comparisons"（时间序列对比）、"Correlation Plots"（相关性图）和"Vertical Profile Comparisons"（垂直剖面对比），可将模型计算结果与监测数据连接并进行比较。如用户在模型运行前选择"Run Options"选项中的"Generate Calibration Plots and Statistics"（生成率定图和统计值）复选框，则自动生成率定图和统计值。

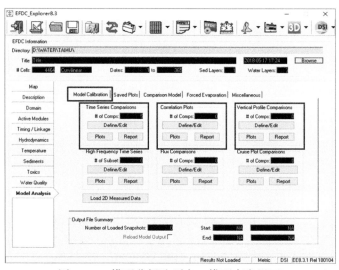

图 3.5.1　模型分析选项卡：模型率定界面

绘图样式将时间序列、相关性和垂向剖面图分别保存至 EE 的配置文件"CalForm_TS.ee""CalForm_CP.ee"和"CalForm_VP.ee"中。另外，"CalForm_MMA.ee"文件包含 "Min-Avg-Max"时间序列选项的绘图样式。本节提供的时间序列、相关性和垂向剖面模型数据链接仅是模型数据比较的一种方式。大多数模型参数可使用时间序列绘图功能中的"Import Data"（输入数据）特性进行数据比较（详见 3.8 节）。

3.5.1.1　模型对比统计

在每个统计报告生成过程开始时需选择误差统计方法。报告的统计值包括每个参数和站点，还有参数综合统计值，也可选择自动生成报告，如图 3.5.2 所示。报告将自动保存在名为"$calib_stats"项目目录的文件中。图 3.5.3 为一个关于盐度和温度的统计报告范例。在这个例子中，两个站点有来自数据记录器提供的时间序列记录（BR31 和 CCORAL）和来自手动收集的数据（CES09）。

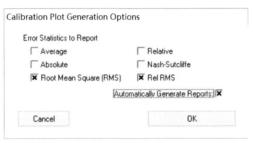

图 3.5.2　模型率定生成选项界面

```
EFDC_Explorer Calibration Statistics: Time Series Data

                    EFDC Model Run - Time Series Statistics

                                  , Title
                             D:\WATER\TAIHU\
                        Current Date: 2019-01-26 21:10

                               Layer/      Starting            Ending                              Data      Model
  Station ID      Parameter      Type      Date/Time          Date/Time       # Pairs  Avg Err    Average   Average
---------------------------------------------------------------------------------------------------------------------
J13 WATER TEMPERATURE Temperature (?C)
J13 TN           Total N (mg/l)     Depth Avg  2016-06-28 00:00  No Data/Model Match!
J13 DO           Dissolved Oxygen (mg/l)  Depth Avg  2016-06-28 00:00  2016-06-28 00:00    1   -3.267    5.970    2.703
J13COD           Chemical Oxygen (mg/l)   Depth Avg  2016-06-28 00:00  2016-06-28 00:00    1   -6.449   12.120    5.671
J13TP            Total P (mg/l)          Depth Avg  2016-06-28 00:00  2016-06-28 00:00    1    1.929    6.670    8.599
                                                                                          1   -0.022    0.121    0.099

Composite Statistics
   Parameter                      # Pairs   Avg Err   Avg Obs  Avg Model
   Chemical Oxygen Demand (mg/l)     1        1.929    6.670    8.599
   Dissolved Oxygen (mg/l)           1       -6.449   12.120    5.671
   Total N (mg/l)                    1       -3.267    5.970    2.703
   Total P (mg/l)                    1       -0.022    0.121    0.099

Prepared by EFDC_Explorer(c), developed by Dynamic Solutions-Intl, LLC

              Clipboard        Save    8        OK
```

图 3.5.3　时间序列率定数据报告实例图

模型数据报告提供 6 个自定义统计值，分别为：①平均误差（AE）；②相对误差（RE）；③平均绝对误差（AAE）；④均方根误差（RMS）；⑤相对均方根误差（RRMS）；⑥Nash-Sutcliffe 效率系数。

3.5.1.2　时间序列对比

1）计算数据-实测数据配置

"Time Series Comparisons"（时间序列对比）包含 "Define/Edit"（配置）、"Plot"（绘图）和 "Report"（统计报表）三类功能。用户需进行配置（图 3.5.4），一旦配置完成，EFDC 模型网格与数据之间的链接会自动变为可用，仅需按 "Plot" 按钮就可对模型每次运行的结果和实际值进行对比。右击表格可获得输入提示或指导。如果一个链接配置错误或在路径中不能找到文件，则将以红色突出显示。

图 3.5.4　时间序列率定 EFDC 模型网格和数据链接定义界面

当第一次使用计算数据–实测数据链接时，"Number of Time Series"（时间序列数目）显示为"0"。初始定义链接时，用户应输入所需的链接数目，数据网格则会自动显示所需的行数，并可随时修改所需的链接数。

"Get I & J"按钮允许用户在 LXLY 单元中输入 X 和 Y 值来确定相应的 I 和 J 的值。"Line Styles"框提供一种为所有当前定义的计算数据–实测数据链接定义（如"Define MMA"和"Define Layer"），然后对当前的计算数据–实测数据链接应用（通过"Apply Defaults"）统一格式。

对每个计算数据–实测数据配对，用户必须指定每一列中列出的信息。

（1）X & Y。以米为单位输入数据站点位置的 X、Y 值。坐标系必须与模型使用的相同。

（2）K 层指定选项。包括指定某层、指定深度、高程和深度平均等选项。基于水体层结果，Min-Avg-Max（MAM）选项生成三种模型时间序列。

（3）ID。ID 字段用于标识绘图和统计报告。

（4）Pathname: 文件路径。该区域包括指定参数、位置和层选项的 DAT 和 WQ 格式文件的完整路径。用户可输入"None"或"Skip"仅显示一个模型时间序列。粉色显示的行表示无效路径名（如用户在初始设置后删除的文件）且需要重新定义。

（5）Param: 参数代码。输入参数代码可从模型中提取与相应数据文件中包含的数据进行对比。当前可用参数列表如图 3.5.5 所示。

图 3.5.5 可用的率定参数代码图

（6）Group：绘图序数。如果每条线使用统一的 Group #，则每个计算数据-实测数据对在单独的绘图中显示。如果两个或两个以上的计算数据-实测数据对使用同一个 Group #，则它们将在同一个绘图中显示。

（7）Use：使用标记。用于可选择性的开启或关闭每个计算数据-实测数据对的绘图和统计。

"Timing Parameter for Matching Models to Measured Data"用于设置以分钟计时的时间公差，如 MODEL_TIME 在 DATA_TIME +/– 公差范围内则有一个时间匹配。当数据文件使用的是 Julian 日期而不是 Gregorian 日期时，Julian 日期偏移功能可用。这个偏移值允许用户将该数据添加到 Julian 日期中。

2）时间序列图

"Plots"（绘图）功能允许用户在屏幕上查看或者输出当前定义使用的绘图，

也可加载 EFDC 模型链接文件（如 EE*.out）和读取实测数据文件，然后扫描模型链接文件并建立计算数据-实测数据绘图。在模型输出加载过程中，用户可按 ESC 键来退出加载和绘图。

图 3.5.6 和图 3.5.7 为两个由时间序列率定工具生成的图形。图 3.5.6 是水面高程对比图（层选项 $K=0$）；图 3.5.7 是关于溶解氧（层选项$=-1$）MAM 时间序列图（其中"average"的序列已关闭）。

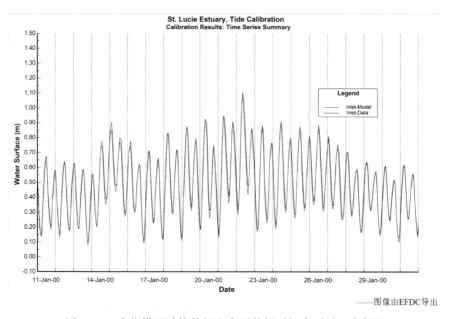

——图像由EFDC导出

图 3.5.6 水位模型计算数据和实测数据时间序列对比实例图

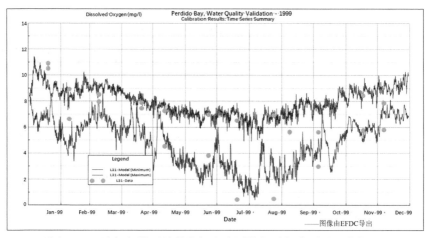

——图像由EFDC导出

图 3.5.7 溶解氧模型计算数据和实测数据时间序列对比实例图

3.5.1.3　相关性绘图

EE 可绘制模型与现存数据的相关性图,有助于用户进行参数率定工作。相关性绘图的建立方法与 3.5.1.2 节中的方法类似,其链接的建立与"Time Series Comparisons"相同。在相关性绘图中, 用户可选择在绘图中显示统计误差, 如图 3.5.8 所示。

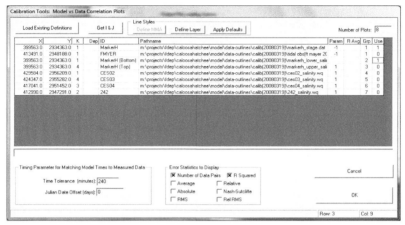

图 3.5.8　率定工具:模型计算数据和实测数据相关性绘图

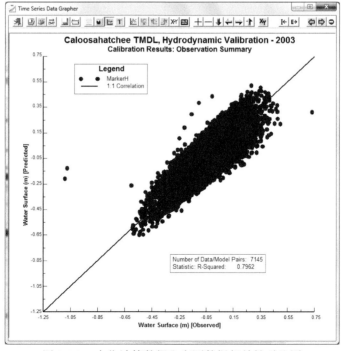

图 3.5.9　水位计算数据和实测数据相关性对比图

可显示的统计误差已在 3.5.1.1 节中讨论，包括：根方误差、平均误差、绝对误差、均方根误差、相对误差、Nash-Sutcliffe 效率系数和相对均方根误差。

图 3.5.9 为相关性的一个例子。其中，X 轴为实测数据，Y 轴为模型计算数据。

3.5.1.4　垂直剖面对比图

"Vertical Profile Comparisons"（垂直剖面对比）框包括配置（定义/编辑）、绘制 EFDC 模型网格以及实测数据垂直剖面图的按键。一旦配置完成，EFDC 模型网格与数据间的链接也会自动生成。用户只需在数据计算好后，点击"Plot"按钮来对比模型与数据，方法与 "Time Series Comparisons"类似。图 3.5.10 为用于链接网格与数据及其他参数的对话框，点击鼠标右键，表格可显示输入信息或帮助。

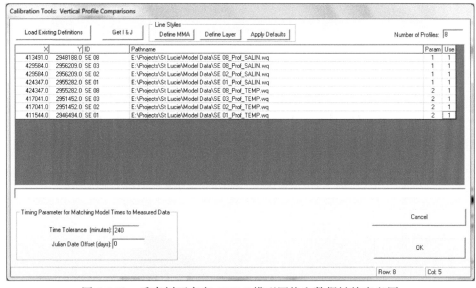

图 3.5.10　垂直剖面率定 EFDC 模型网格和数据链接定义图

该信息与时间序列计算数据-实测数据链接对话框相似，主要不同点是包含在路径名文件中的数据格式不同。对于相同的站点和参数，该文件可以同时包含一个或多个快照。

"Plots"功能允许用户在屏幕上查看或输出当前定义且可用的绘图，可加载 EFDC 模型链接文件（如 EE*.out），读取实测数据文件，并建立计算数据-实测数据比较图（格式详见附录 B）。在模型输出加载过程中，用户可以按 ESC 键来终止数据加载和绘图。

图 3.5.11 为纵向剖面图的一个例子，该模型分为 5 层，图中显示单个监测站在不同时间的盐度数据。

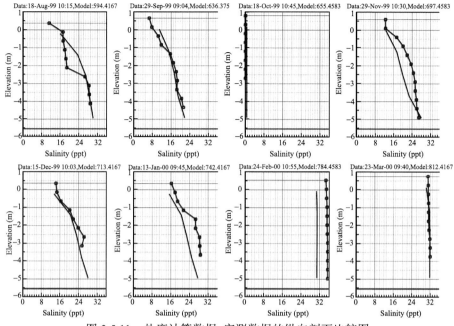

图 3.5.11　盐度计算数据-实测数据的纵向剖面比较图

3.5.1.5　加载 2D 实测数据

"Load 2D Measured Data"（加载 2D 实测数据）按钮弹出的对话框见图 3.5.12。目前仅能加载流速（图 3.5.12①），其他参数可在后续进行功能扩展。

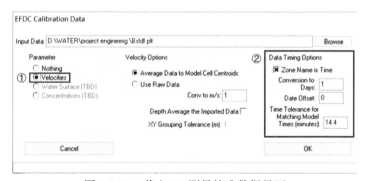

图 3.5.12　载入 2D 测量校准数据界面

目前使用的 2D 数据格式是用于 Tecplot®的 ASCII PLT 格式。"Data Timing Options"（数据时间选项）框提供一些 EE 如何加载数据及转换成 EFDC 模型时间基准值的选项（图 3.5.12②）。图 3.5.13 为两个位于沿海区域的 ADCP 站点（数据为红色显示）与 EFDC 模型结果（模型矢量为蓝色显示）比较的例子。如果需要，这些计算数据-实测数据的比较可以以动画形式显示。

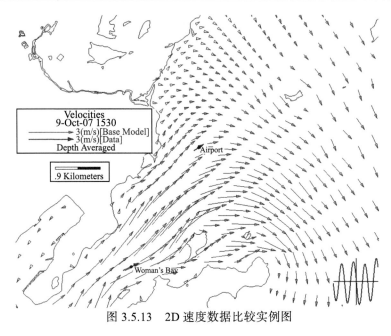

图 3.5.13　2D 速度数据比较实例图

3.5.2　模型比较

图 3.5.14 所示的"Comparison Model"（模型比较）选项为用户提供模型输入与模型结果比较的功能。

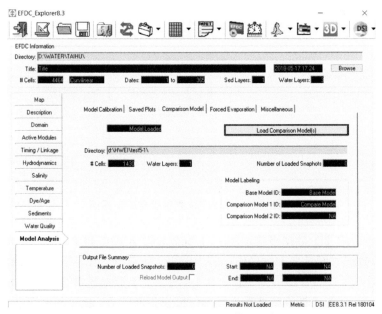

图 3.5.14　模型分析选项卡：模型比较界面

"Load Comparison Model"（载入比较模型）按钮允许用户在 EE 中加载一个比较模型来绘制两个模型之间的比较。图 3.5.15 显示了模型的比较选项框。目前，这个选项的功能是用于比较底部高程、水位、固定参数、速度、底床沉积物、水体和淹没区。模型比较的结果可在 ViewPlan 相应的查看选项中使用 "Alt+M" 组合键查看。

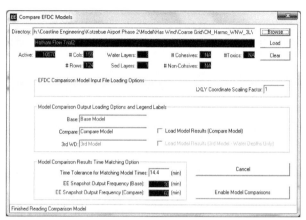

图 3.5.15　加载一个 EFDC 模型比较模型界面

使用 "Browse"（浏览）可载入项目目录，然后选择需要的 "Compare"（比较）模型。

"Time Matching Option"（时间匹配选项）框提供两个模型之间输出快照频率的比较。在模拟过程中比较快照输出结果时，"Time Tolerance"（时间公差）输入框允许模型输出时间有一些细微的差别。

在 ViewPlan 中，"Load 3rd Model"（加载第三个模型）按钮仅用于比较水深和高程。水深/区域范围查看选项允许用户最多覆盖 3 个区域的范围和深度（作为模拟时长和深度的函数）。如果使用此选项，基础模型应比第二个模型具有更大的范围，第三个模型范围应最小。一个典型的例子是显示 100 年一遇洪水（基本模型）、50 年一遇洪水（比较模型）、10 年一遇洪水（第三模型）的淹没范围。

3.6　ViewPlan（2D）平面视图

通过主工具栏上的 "ViewPlan"（平面视图）按钮，用户可以访问预处理和后处理可视化的主要功能。

ViewPlan 按钮提供一个下拉菜单，包括下列选项：

（1）"View Initial Conditions"（查看初始条件）。在模型运行之前，用户可使用该选项查看建立的模型或查看初始条件。

（2）"View Model Results"（查看模型结果）。在模型运行后，用户希望分析模型的结果时可使用该选项。

（3）"View Model Results（Re-scan Output）"（查看模型结果（重新扫描输出））。如果用户合并两个模型或继续运行模型，并希望 EE 回到开始的输出数据集，应使用此选项。

表 3.6.1 为在 ViewPlan 中查看的常用参数。在"子选项"这一列中仅列出主要选项，并在后面的章节中详细探讨。

表 3.6.1　ViewPlan 常用功能选项

视图选项	描述	子选项	时间变量
Cell Indices 网格索引	显示标签为 I&J 或 L 目录的模型域	—	否
Cell Map 网格图	显示保存在 CELL.INP 文件的单元格计算图	—	否
Bottom Elev. 底高程	显示底高程	—	是
Water Levels 水位	显示使用水位的不同视图	Depth（深度） Elevation（高程） Wet/Dry（湿/干） Total Head, Overtopping（总水头，越堤）	是
Boundary C's 边界条件	显示模型区域的边界网格的类型	—	是
Fixed Params 固定参数	模型的输入参数（一般）是固定的	Roughness（粗糙度） Cell Angles（网格角度） Wind Shelter（风遮挡系数） Shading Factors（遮蔽因子）	否
Model Metrics 模型度量单位	显示一些模型单位和参数	CFL Time Step（CFL 时间步长） Courant #（柯朗数） Orthogonal Deviation（正交偏差）	是
Velocities 流速	显示速度矢量图和流量工具	Velocity Vectors（流速矢量） Magnitudes（流速大小） Vertical Velocities（垂向流速）	是
Sediment Bed 沉积物河床	显示子选项中的沉积物河床的参数值	Top layer（顶层） Thickness（层厚度） Sediment mass（沉积物质量） Sediment fraction（沉积物分数） Porosity（孔隙度）	是

续表

视图选项	描述	子选项	时间变量
Bed Heat 底床热	显示底床温度及范围	Temperature（温度） Thermal Thickness（温层效应厚度）	是
Water by Layer or Water by Depth 分层 或水深	显示水柱的各类变量值	Salinity（盐度） Temperature（温度） Water Density（密度） Toxics（有毒物）： 　Dissolved（可溶的） 　POC bound（POC 黏附的） 　DOC Complexed（DOC 混合态的） Sediments（沉积物） Water Quality（水质） 　21 EFDC Parameters（21 个 EFDC 模型水质参数） Trophic State Index（营养状态指标） Other Derived Params（其他衍生参数） Secchi Depth（透明度） Habitat Analysis（栖息地分析）	是
Diagenesis 成岩作用	显示沉积物成岩各变量值	Concentrations（浓度）： 　PON, POP, POC, NH$_4$.N, NO$_3$.N, PO$_4$.P, H$_2$S, Silica Sediment Temperature（底泥温度） Flux Rates（通量）： 　PON, POP, POC, COD, NH$_4$.N, NO$_3$.N, PO$_4$.P, SOD, Silica	是
Vegetation Map 植被图	显示植被类型的图件	—	是
Wave Params 波浪参数	显示被选中的下拉选项波浪参数值	Wave Cells（波浪网格） Wave Height（波浪高度） Wave Angle（波浪角度）	否

3.6.1　模拟结果加载

作为后处理程序，ViewPlan 需要加载模型计算的输出数据，如选择图 3.6.1 所示的"View Model Results"（查看模型结果）选项，EE 将加载模型计算所输出的数据。用户若想在 EFDC 模型正在运行时加载结果，可使用"Re-Scan"（重新扫描）选项。一般来说，在加载数据之前最好先暂停模型运行，这样可防止文件处理错误。

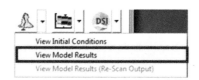

图 3.6.1　模型结果加载选项界面

水深作为执行后处理时所必需的参数，其数据存储在 EE_WS.OUT 文件中。该文件包含所有网格每个时间输出间隔时刻的水深。如果没有加载该文件，则后处理的功能不可用。其他模型计算结果文件还包括 EE_WQ.OUT（水质结果文件）、EE_SD.OUT（沉积物成岩结果文件）和 EE_RPEM.OUT（沉水植物模块结果文件）等，这些文件也一同被加载到 EE 中。EE8.3 允许对非常大的模型结果文件（＞4GB）进行保存和使用。

在文件加载的过程中，按 ESC 键可中止文件加载进程并返回到 EE 主界面。

3.6.2　ViewPlan 视窗

ViewPlan 窗口中视图选项的内容会根据模拟的参数和加载的数据进行调整。图 3.6.2 是 ViewPlan 中"Water Column"（水柱）选项的实例。该图显示 ViewPlan 中的功能，包括"Timing frame"（时间框架）、"Legend box"（图例）和"Horizontal scale"（水平比例尺）等。除了图例，其余功能都可以选择开启或关闭。

图 3.6.2　ViewPlan 窗口示例图

"Viewing Opt's"（查看选项）框的下拉列表中包含所有可用的查看、编辑和/或后处理的主要选项。该列表中的项目内容会随着前处理中参数的修改或加载不同的模型结果文件而变化。图 3.6.3 为"Viewing Opt's"改变后文本框中的内容。可以看出，选择"Water Column"主选项，显示的信息是不同的。

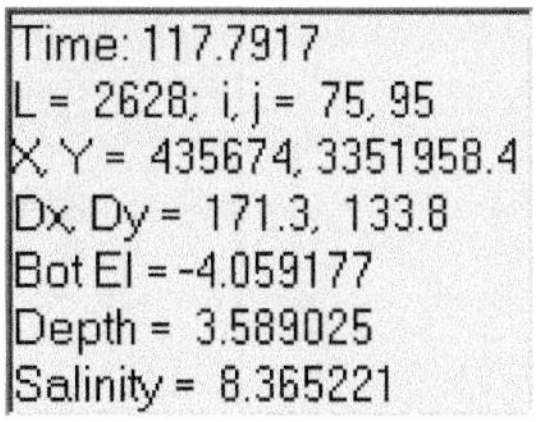

```
Time: 117.7917
L = 2628; i, j = 75, 95
X, Y = 435674, 3351958.4
Dx, Dy = 171.3, 133.8
Bot El = -4.059177
Depth = 3.589025
Salinity = 8.365221
```

图 3.6.3　网格信息例图

图 3.6.2 顶部工具栏提供对当前选中的"Viewing Opt's"的操作功能。例如，单击"Animate"（动画）按钮，动画显示当前变量的动态变化并输出位视频文件。3.6.3 节提供 "Viewing Opt's"的更多细节。

"Timing"（时间）框架提供了一个滚动条，可以直接访问特定时间的模型输出的快照。当滑块滑向最左端（时间= 0）时，显示的数据为模型中输入的指定初始条件。在图例中，当前时间显示为儒略日。时间显示的分辨率由 EE 设置的时间分辨率控制。

3.6.2.1　鼠标功能

工具栏改变鼠标点击的某些功能，以下是共性功能的介绍。

1）重新定位图例和其他对象

要重新定位 EE 弹出窗口、图例、标签、标识、对话窗口和框架，用户可以点击鼠标左键将对象拖拽到另一个位置上。如果图例被移出显示屏，或者因调整窗口大小而导致图例消失，则会被重新定位到当前视图的中心。

2）网格信息

使用鼠标指向一个特定的单元格，然后单击鼠标左键（LMC），显示该单元格目前选择的参数数据和子选项中的基本信息。单击鼠标右键（RMC）可将该信息复制到 Windows 剪贴板中。图 3.6.3 为一个盐度模拟时网格信息的示例。

3）鼠标右击

在单击鼠标右键（RMC）的对象上执行以下操作：

（1）图例。出现"显示选项"表单。

（2）网格（边界条件）（BC）。显示允许编辑单元格，不可用单元格，或"设置显示 I、J"的弹出窗口。I 和 J 的设置在"Grid & General"选项卡中的"Run Time Status"（运行时间状态）对话框。根据边界条件类型，视图单元格将显示主要的边界条件参数以及其浓度。视图组中显示所有组的流量或通量。

（3）网格（编辑）。当显示研究区域且"Enable Edit"（启用编辑）复选框选中后，除边界条件外，"Modify Cell"（修改网格）对话框（图 3.6.4）允许用户在一个位置修改网格的许多属性。

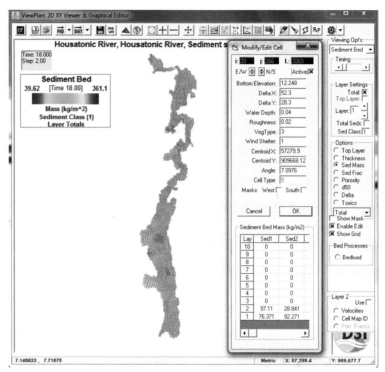

图 3.6.4　泥沙质量选项下修改网格特性窗口示例图

3.6.2.2　键盘功能

在后处理过程中，用户可以通过 F2 键来获得帮助信息。显示在弹出文本框中的具体内容取决于加载的数据/模型结果和当前选择的视图。表 3.6.2 为常用的 ViewPlan 按键功能。

表 3.6.2　常用的 View Plan 按键功能列表

按键	功能
平移&缩放	
Space LMC	移动光标
Mouse Scroll	放大和缩小
F3	修改平移和缩放的增量，平移和缩放步骤的大小在这里调整
F5	刷新当前视图
left	向东平移
right	向西平移
up	向北平移
down	向南平移
+	放大

续表

按键	功能
–	缩小
Ctrl+E	缩放模型到整个范围
网格特性复制编辑	
Alt+LMC	查看属性；对一个单元格 Alt+鼠标左键操作可以复制网格的当前属性到操作框内
Ctrl+RMC	设置属性；对一个单元格 Ctrl+鼠标右键操作可以将单元格的值或函数用于另一个网格的操作框中（复制单元格属性必须启用）
平滑初设条件	
Ctrl+S	理顺当前选定的 IC 范围，仅适用于底部高程和水柱
矩形网格选项（用于网格属性编辑）	
ALT	选择一个矩形内的单元格，按住 ALT 键，然后鼠标右键拖动，同时必须选中"Enable Edit"（启用编辑）复选框
多边线编辑	
Shift+LMC	开始一个新的多段线，和结束多段线编辑
LMC	新增点； （在节点上单击鼠标左键+编辑线） （鼠标左键并且拖动+重新定位多段线）
C	关闭多段线
1	移动到第一点
L	移动到最后一点
N	移动到下一点
P	移动到前一点
DEL	删除当前点
INS	在当前点之后插入新点
Ctrl+D	删除当前选中的多段线
后处理–时间选项	
PgDn	显示下一个快照
PgUp	显示之前的快照
Shift+PgDn	显示下一个快照–增量: 12
Shift+PgUp	显示之前的快照–增量: 12
Ctrl+PgDn	显示之前的快照–增量: 120
Ctrl+PgUp	显示之前的快照–增量: 120
Ctrl+G	进入一个指定的日期；日期输入的格式取决于用户显示 Julian 日期还是 Gregorian 日期
具体视图：水位、淹没范围	
Ctrl+O	将显示轮廓线输出至 P2D 文件
指定查询：沉积物床面、河床切应力	

续表

按键	功能
Alt+P	切换显示底部切应力或能量耗散率
F7 或 Ctrl+T	切换沉淀物柱状样编辑
具体视图：水柱	
Alt+B	进行底部辐射分析
Alt+C	进行容量分析
Alt+H	进行栖息地分析
具体视图：模型比较	
Alt+M	切换显示模型的比较
Alt+V	在底高程视图中计算并显示两个模型之间的容积差异
具体视图：流速	
RMC	定义速度剖面图（仅查看速度）
标定数据显示	
Ctrl+<	回到上一个数据快照；如果率定数据已经配置且当前为水柱视图，按键会导致 EE 向前跳转到下一个测量数据点，而且显示模型结果数据或残留的标记
Ctrl+>	进入下一个数据快照
系列/轮廓位置	
Alt+I	从文件中载入一系列/轮廓位置；
Alt+O	保存系列/轮廓位置到一个文件；
布局和视图选项	
Ctrl+W	设置 ViewPort 为指定的大小
Alt+W	设置 ViewPort 为指定的比例
F6	切换网格显示
F7	切换 Julian 日期格式
F8	切换 MASK 的显示
F9	切换当前视图的透明度
F11	切换显示的标题
F12	切换开/关灰度颜色变化比例
Alt+K	保存布局（窗体大小、规模、图例位置等）到一个文件
Alt+L	从文件中载入一个布局，并把它应用到当前视图
其他功能	
Ctrl+A	制作当前视图动画
Alt+E	导出当前视图为图元文件
Ctrl+M	切换公制/英制显示单位
Alt+R	计算和显示河道长度对比时间的目标值的时间序列图
Ctrl+V	使用 L 或 I,J 查看指定的网格

3.6.2.3 工具栏汇总

ViewPlan 工具栏提供了一系列不同的功能和实用工具（图 3.6.5），其中有些功能取决于当前所选的视图内容。表 3.6.3 为各按钮的功能概要，本节将介绍几个主要功能的使用。

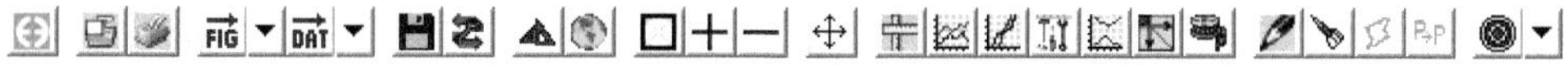

图 3.6.5 视图工具条

表 3.6.3 视图工具条功能列表

图标	功能
常规	
	退出 ViewPlan
	打印机设置选项
	当前的打印机打印当前视图
	当前视图输出到 Windows 增强型图元文件（EMF）或一个位图（JPG 格式）
	当前的主要选项输出到 Tecplot 或 KML
	创建一个新的 EFDC 模型，使用当前时间来分配初始条件
	Julian 日期与 Gregorian 日期转换计算器
显示	
	显示颜色渐变、矢量、网格线、覆盖等选项
	导入显示地理参考的位图背景
导航	
	放大程度
	固定增量放大
	固定增量缩小
	向左平移
	向右平移
	向上平移
	向下平移
	距离的工具，距离显示在状态栏上
后处理	
	时间序列的工具，点击单元格建立一组单元格

续表

图标	功能
后处理	
	垂直剖面的工具，ViewProfile 的水柱选项可用
	统计工具，将结果复制到剪贴板
	纵向剖面工具
	水量和质量通量
	动画工具，将输出动画至屏幕和/或 AVI 文件
	多段线/多边形创建/编辑工具
	点的提取数据工具
	查看率定站点、数据和/或数据模型的残差
前处理	
	用修改单元格窗体进行一般编辑的多单元格选择工具
	复制网格属性按钮，单元格调整运行者可用来快速点击单元格

1) 输出 EMF 和位图文件

由于大多数的建模最终是用于工程和科学报告，因此，能够生成高质量的图形并直接应用于主流的文字处理程序是 EE 非常重要的功能。EE8.3 支持输出增强型图元文件（EMF）。

另一个有用的报告和演示文稿图像格式是位图（BMP）。EE8.3 能输出由用户定义的分辨率的位图，如图 3.6.6 所示。用户还可以设定每英寸的点数分辨率和在 X 和 Y 方向上以像素为单位的位图大小。

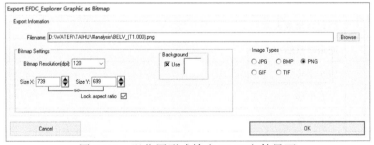

图 3.6.6　以位图形式输出 EMF 文件界面

2) 输出 Tecplot 和 KML 文件

EE8.3 可根据第三方软件所需的文件格式到处数据。例如，可以导出为 Tecplot® 文件（图 3.6.7），用户可以选择输出的开始和结束时间，以及跳跃间隔。

图 3.6.7　绘图输出时间选项界面

此外，EE8.3 还支持输出 KML（Keyhole 标记语言）文件。KML 是 Google Earth©的文件格式，是 2D 和 3D 的地图文件。选择此选项，并输入文件名后，系统会提示用户设置 UTM 时区（1~60）和不透明度（%）。在创建 KML 后，文件可以被加载到 Google Earth©，每个 I、J 网格单元显示在一个地点（图 3.6.8）。

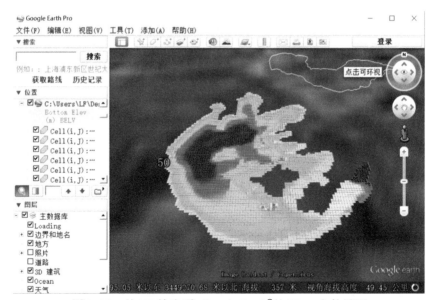

图 3.6.8　从 EE 输出到 Google Earth©的 KML 文件界面

3）创建新的 EFDC 模型

该功能将当前视图时间的模拟结果作为初始条件保存到磁盘的一个新项目中。选中时，系统会提示用户选择一个新的项目目录，以保存新的模型。在当前模型中调整所有适当标志和设置,允许用户加载新保存的模型(原始模型仍是当前的项目)和运行 EFDC 模型。所有模拟的参数使用一个空间变化的初始条件文件,该功能对于在一个特定的日期后测试各种调整或修正模型的输入非常有用。

4)多段线/多边形创作工具

该工具是在 EE 创建和编辑各种多段线和多边形的主要工具,用户可能需要这些工具帮助确定边界网格、通量线、模型注释和速度剖面等。当按钮被按下时,EE 要求用户加载文件,以编辑现有的数据。用户可以选择要编辑的文件,或在没有曲线的情况下,可通过该工具自行创建多段线/多边形。创建结束时,用户可为该线命名,以方便使用一些工具时进行辨识。文件默认格式是 P2D(格式详见附录 B)。

5)水量与物质通量

该工具用于计算水质参数的水体和物质通量,如水量、盐度和 DO 等。该工具在计算污染负荷时非常有用。要使用该工具,用户必须先有一个多段线,或利用 ViewPlan 中的工具创建一多段线。通量计算对话框如图 3.6.9 所示。在此对话框中,用户还可以选择不同的流量选项,包括总流量、*I* 和 *J* 方向的通量计算,或占主导地位的流量。EE 将计算出时间序列显示的流量、物质通量(g/s)和平均浓度。如果用户关闭时间序列复选框,将会计算特定时间的通过这条线的东西向和南北向总通量和绝对通量。

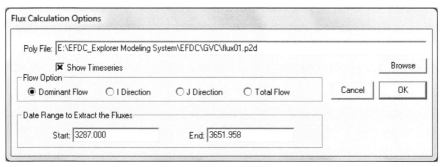

图 3.6.9　通量计算选项界面

6)　查看率定数据

当设置好时间序列校准数据或垂直剖面时(参见 3.5.1 节),用户可以使用"View Calibration Data"(查看率定数据)功能在选定图像中显示校准信息。符号、字体和时间公差使用 "Display Options"(显示选项)中的数据记录选项。

查看率定数据工具栏功能切换开关如下所示:

(1)"Show Data Station"(显示数据站),在当前绘图中标记站点 ID,该信息将显示在大多数的视图中。

(2)"Show Data Values"(显示数据值),如果参数匹配当前数据且当前数据在时间公差允许的范围内，则在当前绘图标记率定数据。

（3）"Show Data Residuals"（显示数据残差），如果参数匹配当前数据且当前数据在时间公差允许的范围内，则在当前绘图标记残差（计算数据-实测数据）。

（4）"Use Layer Options"（使用层选项），此选项强制执行率定数据层选项到当前视图中。

（5）"Set Model/Data Time Tolerance"（设置模型/数据时间公差），用户可设置模型快照时间和数据时间允许范围的分钟数。如果绝对时间差小于或等于时间公差，那么 EE 会认为两个时间相同，并且显示相应的数据或残差。

（6）"Show Previous Data"（显示上一个数据），此功能将当前视图跳回前一个与当前参数匹配的模型数据。

（7）"Show Next Data"（显示下一个数据），此功能将当前视图跳到下一个与当前参数匹配的模型数据。

3.6.3　ViewPlan 显示选项

ViewPlan 中主要的显示选项可以通过点击工具条上的"Display options"按钮或者通过鼠标右击图例、比例尺或时间框打开。本节将介绍 ViewPlan 显示选项的 4 个主要子选项。

3.6.3.1　常规选项

"Genneral Options"页面如图 3.6.10 所示。在"Modal Grid Characteristics"（模型网格特征）框中，用户可以为某一特定选项修改一条线的线型或颜色。此操作可由在图片框点击鼠标左键显示格式完成。显示格式框时，允许用户做一些需要的调整。绘图背景色可以根据相应表框做简单的调整（图 3.6.10①）。

"E/N Scale Modifiers"用于进行一维放大以更好地查看模型。该方法仅适用于在所需放大的方向上存在一个有效网格的模型。例如，查看一条长 100km（I 方向）、宽 100m（J 方向）的笔直河道的测试案例模型。若水平向比例为 1:1 的视图，则将很难看清模型网格的颜色。尺度因子设为 5 时更利于观察。横向比例的显示是可选的。单位的设置在"Units"（单位）下拉菜单栏里。尺度的单位与当前报告的单位设置是相互独立的（图 3.6.10②）。使用"Coordinate Grid"（坐标网格）选项对模型网格进行覆盖。在东侧和北侧分别输入需要的 Δx 和 Δy 间隔。标签形式和线型可以通过按钮"Motify"（调整）（图 3.6.10③）实现。在格式框中，用户可以选择"Link"复选框来对 X 和 Y 设置相同的格式。

"Color Ramp"（色标）代表渐变色两端的 Blue 和 Red 值，可由用户自行赋值。若选择"Autocale with View"（自动尺寸查看），则 Blue 和 Red 值范围将重置为当前视图中所设参数的最小值与最大值（图 3.6.10④）。

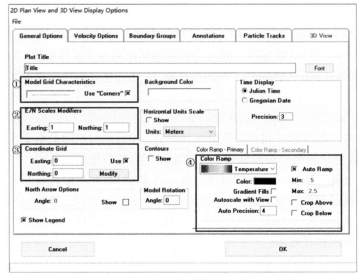

图 3.6.10　ViewPlan 显示选项：常规选项界面

3.6.3.2　速度选项

　　"Display Options"中的"Velocity Options"（流速选项）如图 3.6.11 所示。该选项提供速度矢量的相关格式选项，包括缩放、显示单位和其他格式选项。若选择"Scale Vectors"复选框，则速度矢量的长度将和缩放因子成比例。若未选择，则速度矢量的长度和调整的角度显示为常量，其大小将标注在矢量附近（图 3.6.11①）。

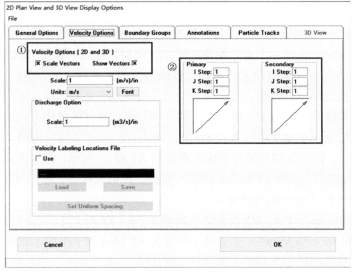

图 3.6.11　ViewPlan 显示选项：流速选项界面

"Primary"（主要的）矢量，控制当前加载的 EFDC 模型的矢量的显示格式；"Secondary"（次要的）矢量，控制第二个模型的矢量或数据的显示格式（3.5.2 节）。点击鼠标左键进行矢量格式的设置（图 3.6.11②）。图 3.6.12 为矢量格式设置框，可设置矢量的大小、颜色、渐变特性、箭头形式和定位等。

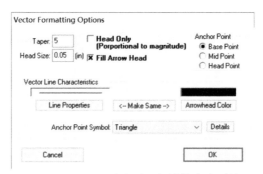

图 3.6.12　ViewPlan 显示选项：矢量格式选项界面

3.6.3.3　边界条件选项

"Boundary Groups"（边界组）中可设置边界条件的显示信息，如图 3.6.13 所示。在"Boundary Condition Display Options"（边界条件显示表）中，"Color Cells by Groups"（网格颜色组）复选框允许用户对相似的边界条件类型设置同一颜色（图 3.6.13①）。

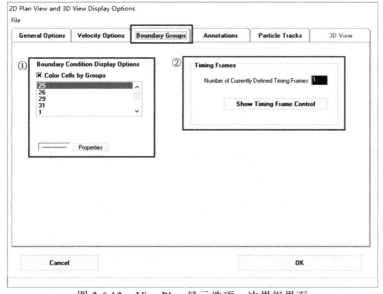

图 3.6.13　ViewPlan 显示选项：边界组界面

用户可以通过"Properties"（属性）按钮设置所选的多段线属性，如颜色、厚度以及线型等，如图 3.6.14 所示。

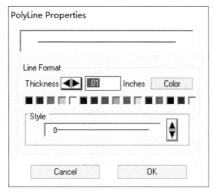

图 3.6.14　典型多段线属性选项界面

　　"Timing Frames"（时间坐标轴）框提供用户确定当前的时间坐标轴（图 3.6.13②）。点击"Show Timing Frame Control"（显示时间坐标轴控制）按钮可编辑该选项，如图 3.6.15 所示。该对话框允许用户可以选择"New"来定义新的坐标轴。每种定义的坐标轴与相应的边界条件一起列在"Boundary Group to Show"表中，而所选的边界条件将以高亮蓝色显示。

图 3.6.15　时间坐标轴选项控制界面

3.6.3.4　注释选项

　　"Annotations"（注释）选项中，提供标记和覆盖图的设置选项，如图 3.6.16 所示。"Data Posting File"（数据站点文件）和"Lable File"（标签文件）可用于在 ViewPlan 中显示站点位置和标签。标签文件与数据记录文件的格式基本相同（XY 标签）。Google Maps ©的标准 kml 文件也可以作为数据记录或标签文件导入进来。

"Data Posting File"中的 "Symbol"（符号）、"Font"（字体）以及 "Time Tolerance for Matching Model"（与模型匹配的时间公差）均可设置（图 3.6.16①）。"Lable File" 中的 "Edit Labels"（编辑标签）可单独保存（图 3.6.16②）。

"Overlay Files"（覆盖图文件）可加载多个标记，用于不同场合的显示，文件格式同上述一致。"Layer under model"复选框令 EE 先作出指定图层的图像，然后将模型结果叠加到该图上。"Polygons"复选框可以将 XY 数据用封闭多边形显示（图 3.6.16③）。

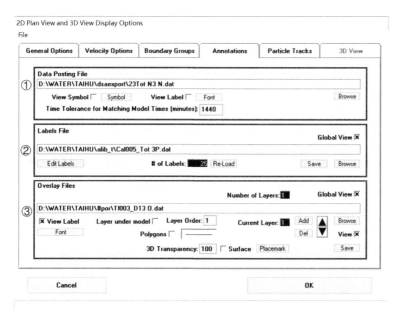

图 3.6.16 ViewPlan 显示选项：注释选项界面

3.6.4 常规预处理功能

EE 在建模过程中，ViewPlan 可用于预处理过程，如编辑或查看网格特性、赋值初始与边界条件等。如果当模型的结果被加载，用户在进行操作时需确定当前时间设置为零时刻或初始条件，只有初始条件数据可以被编辑，而模型的结果不能被编辑。为了防止意外修改数据，用户只能在"Enable Edit"（启用编辑）复选框被选中时才能编辑数据。

3.6.4.1 单网格编辑

编辑单个网格的属性时，点击鼠标右键，选中需要修改的网格。网格编辑框或弹出式菜单是否可显示取决于视图选择。如果选择"Edit"（编辑），将弹出"Modify/Edit Cell"（修改/编辑网格）框（图 3.6.4），用户可以对所显示的参数输入一个新值或使用一个操作。

3.6.4.2 多网格编辑

使用相同"Modify/Edit Cell"框可同时编辑一组网格。这组网格可用两种方法进行选择。最简单的方法是使用"Alt+鼠标右键"选择一组矩形框内的网格，所有质心在框内的网格都将包含在编辑组里；第二种方法是从工具栏中使用多边形选择工具，点击"Apply Polygon Selection for Cell Modification"（应用多边形选择进行网格编辑）工具进行选择。

"Modify/Edit"框允许用户改变网格组的参数值。某些属性值并不在该框显示，是因为该属性会随着选定的网格变化。如果显示的是固定值，则该值对于被选定的网格是不变的。如果要更换一些新的属性值，输入新值到适当的输入框。

3.6.4.3 网格复制/赋值

该功能允许用户选择"Source Cell"（源网格）并复制当前属性到其他的网格（目标网格）。用户需打开在工具栏中"Copy Cell Properties"（复制网格属性）按钮，使用"Ctrl+鼠标左键"选中"Source Cell"，随后输入框中显示该网格的属性，用户可通过输入或使用 Operator 函数改变其值，然后使用"Ctrl+鼠标右键"点选需要被复制的网格，源网格的属性将被复制到所选网格。

用户可以使用该功能进行更复杂的编辑操作。例如，要对现在被编辑的参数增加 50%的幅度，可以按下面的步骤实现：

（1）选择需要的"Viewing Opt's"；

（2）如果输出数据被加载，设置当前时间到开始时的时间（初始时刻）；

（3）选择"Enable Edit"复选框；

（4）点击工具栏上的 P→P 按钮；

（5）在"Cur Value"窗口域键入"* 1.5"（注意*和 1.5 有空格）；

（6）"Ctrl+鼠标右键"点击网格，将应用 150%因子至网格值上。

3.6.4.4 平滑数据区域

EE 可将深度、盐度和温度等数据在整个区域变光滑或者使用多边形在子网格平滑化。通过"Ctrl+S"显示平滑控制框。"Polygon"（多边形）对话框中的"Load"按钮可以用于输入多边形文件（格式详见附录 B），否则整个区域将被使用。"Smoothing Factor"（平滑因子）中输入平滑因子值，点击"Apply"，每次点击都会平滑一次数据，每次平滑数据都会刷新显示。

3.6.5 常用后处理功能

除了具有建模前处理的相关功能，ViewPlan 也具有后处理功能，如"Times

Series"（时间序列）、"General Statistics"（统计）和 "Animate"（动画）等。基本
的使用方法是在指定的时间点显示各种参数的 2D 图。基于不同的环境，视图选项
会有多种变化。例如，对于水体的信息，用户可以指定平均深度结果，或者查看每
一层的计算结果。

使用"Timing"（时间滚动条）可以跳到想要的时间，使用"PgUp/PgDn"键的
组合或者"Ctrl+G"可以直接跳到指定的日期。使用工具栏或右击图例、时间框或
视野比例可以打开"Display Options"显示框，进行相关输出设置。本节介绍几个主
要的后处理功能。

3.6.5.1　时间序列

使用 ViewPlan 工具栏上的"Times Series"，鼠标左击想要的每个网格，可以迅
速显示一组相同参数的时间序列曲线。除了水深之外，对于任意的其他参数，用户
在每选定一个新网格时，就会被询问是否需要显示时间序列，一次最多可以显示 10
个时间序列。3.8 节将会详细讨论时间序列功能的使用。

使用"Alt+O"键可以保存当前时间序列/剖面图，也可以使用"Alt+I"键重新载入
当前时间序列的数据。切换时间序列按钮可以重置序列列表或视图选项。

3.6.5.2　常规统计表

ViewPlan 工具栏中的 "General Statistics" 功能可以计算当前参数或者瞬时的常
规统计表。点击"General Statistics"按钮，将弹出一个浏览窗口，提示用户选择一个
多边形文件。如果用户选择"取消"，EE 会选定全部区域。如果用户选择一个多边
形文件，则在多边形以内的网格加入计算范围。在所选择的网格中，EE 计算当前
显示的快照的一系列常规统计值，统计数据的精确度随参数变化而变化。

3.6.5.3　制作动画

ViewPlan 工具栏中的 "General Statistics" 功能可以为任何基于时间的计算结果以
动画的形式输出至屏幕或生成 avi 文件。如果将动画保存为 avi 文件，会被询问每秒输
出文件的帧数。一般情况下，每秒 4 帧的设置可提供相当流畅且速度中等的动画效果。
动画的尺寸会根据"ViewPlan"框的大小进行调整，使用任意键可以停止生成动画。

3.6.6　ViewPlan 主要视图选项

本节将介绍在 ViewPlan 中查看"Viewing Opt's"选项的具体内容。

3.6.6.1　网格指标

"Cell Indexes"（网格指标）选项基于 $LXLY$ 坐标系在 ViewPlan 中显示 I 和 J
的索引值和线性索引值 "L"。标签格式记录的数据用来显示索引值（图 3.6.17）。

"i Skip" 和 "j Skip" 区域用来减小标记的频率，避免标签过于拥挤。若要标

图 3.6.17　Viewing Opt's：网格指标界面

记某一特定网格，按如下方法操作：

（1）对 i 和 j 索引值输入很大的跳跃值；

（2）鼠标右击将要标记的网格；

（3）刷新视图，直到"Reset List"按钮被按下，当用户查看网格索引值时，只有用户指定的网格会被标记。

"Transparent"（透明）复选框会使网格显示时没有填充色，即只有网格轮廓线可见。在使用地球参考位图背景显示时，常需要使用这一功能。

3.6.6.2　网格地图

"Cell Map"（网格地图）选项可以显示内存中所存储的网格形式，如图 3.6.18 所示。该图案例显示使用"Uniform Grid"（统一网格）选项的网格地图。

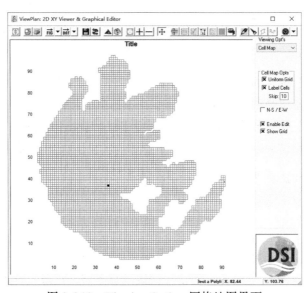

图 3.6.18　Viewing Opt's：网格地图界面

在该视图下，网格可以被指定无效或有效。鼠标右击某个网格，则会弹出一个菜单供用户编辑、激活、无效，或显示 I、J 坐标。无效的网格仍会被定义和存储，只有在用户点击保存时，有效网格的数量才会改变。当用户再次载入文件时，被定义无效的网格将被永久删除。

在网格编辑的过程中，内存中保留的无效网格允许用户重新激活而不会丢失其信息。要重新激活一个失效的网格，可以鼠标右击该网格，选择"Active"（激活）。EE 会根据其邻近的网格来定义该网格的尺寸、深度、旋转等参数。由于 EE 是根据邻近的网格来分配网格特性的，用户在添加网格时应使绝大多数的已激活网格与需要激活的网格邻近。

3.6.6.3 底高程

"Bottom Elev"（底高程）视图选项可显示模型的水下地形（图 3.6.19）。使用"Move Centroids"（移动质心）可以移动网格单元的质心，而"Volume Evaluation"（容积评估）可以显示一个容积-面积关系和面积-高程关系的 XY 坐标图。

图 3.6.19　Viewing Opt's：底高程界面

使用"Transparent"功能可以查看下面的地理参考位图。如果"Show Grid"选项没有被选中，则显示颜色变化的轮廓线，但是不会显示网格。

如果已有"比较"模型载入（3.5.2 节），"Alt+M"键可以比较当前模型和对比模型的水下地形。"Alt+M"键可以切换比较模型的显示，允许替换高程而显示水下地形的差值（原始-对比）。

3.6.6.4 水位

"Water Levels"（水位）选项提供许多由水深产生的参数（图 3.6.20）。该选项的两个主要用途是绘制水深和表面高程图。其他选项介绍见下：

"Wet/Dry"（湿/干），提供两种颜色显示湿（蓝色）网格和干（灰色）网格。当"Use Wet"没有被选中时，即湿深度没有使用时，干/湿是由干深度决定的。干/湿网格的区域和数量会被记录。

"Total Head"（总水头），显示总水头、水面高程+速度水头（$v^2/2g$）。该功能

图 3.6.20　Viewing Opt's：水位界面

仅在载入流速时可用。

　　"Overtopping"（漫溢），显示 FEMA 定义的漫溢深度，定义为：深度+流速水头（$v^2/2g$）。该功能仅在载入流速时可用。

　　"Areal Ext （H）"，该选项显示 FEMA 流速危险等级，定义为深度与流速水头（$v^2/2g$）之积。显示区域和计算区域基于超过指定最小值计算的危险等级。用户可以改变最小等级，EE 会对重新计算区域并显示结果。

　　"Areal Ext （D）"，该选项是洪泛图，且使用指定的最小值深度和持续时间计算洪水区域。用户可以改变最小值、最小深度和持续时间，EE 会重新计算区域并显示结果。如果比较模型和第三个模型载入，每个模型的结果会按照原始、比较、第三个的顺序绘图。每个模型显示的颜色可通过鼠标左击"Areal Ext"复选框下面的颜色盒进行改变。图 3.6.21 为一个使用原始和比较模型的例子。

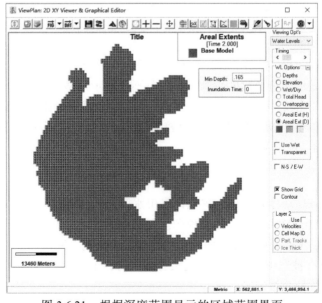

图 3.6.21　根据深度范围显示的区域范围界面

"Delta"，显示原始模型和比较模型水面高程的差值（如 Delta=原始−比较）。该选项需要载入带有深度的比较模型。

默认使用"Dry depth"（干深）作为"Wet"和"Dry"网格之间的断点，若选中"Wet depth"则使用湿水深，会导致更少的网格当作湿网格。该选项仅在模型使用干/湿选项时可用。

3.6.6.5 边界条件

"Boundary C's"（边界条件）选项允许用户查看当前定义的边界条件的位置和类型，用户也可以结合时间序列查看（图 3.6.22）。

图 3.6.22 Viewing Opt's：边界条件界面

在可编辑状态下，用户通过鼠标右击一个网格单元时，会显示菜单，实现边界条件的编辑操作：

（1）"View"，查看已定义的边界条件；

（2）"Edit"，编辑已定义的边界条件组；

（3）"New"，添加新的边界条件组；

（4）"Delete"，删除已有的边界组；

（5）"Add to Adjacent"，鼠标右击添加网格单元至已有的边界组，边界组需有一个网格与当前网格相邻。

3.6.6.6 固定参数

"Fixed Params"（固定参数）可查看和编辑与时间无关的参数（图 3.6.23），这些参数主要包括：

（1）Roughness，粗糙度；

（2）Cell Angle，网格角度；

（3）Wind Shelter，风遮挡因素（仅在 WSER>0 时显示）；

（4）Shading Factors，遮蔽要素（仅在使用阴影时显示）；

（5）GVC Layers，GVC 层（仅在使用 GVC 模型时显示）；

（6）Groundwater Map，地下水图（仅在激活地下水时显示）；

（7）Wind Fetch，风吹程。

图 3.6.23　Viewing Opt's：固定参数界面

3.6.6.7　模型度量

"Model Metrics"（模型度量）选项中（图 3.6.24），主要包括以下参数：

（1）"CFL DeltaT"（CFL 时间步长），显示每个网格的计算 Courant- Fredrich-Levy
（CFL）时间步长。该选项对于设置合适的时间步长是很好的指导；

（2）"Courant #"（柯朗特数），根据模型时间步长的设置，会显示模型的克朗
特数；

（3）"Orthogonal Deviation"（正交偏差），该选项可以显示模型网格的正交
偏差；

（4）"Velocity"（速度），显示计算出的每个网格单元的速度。

图 3.6.24　Viewing Opt's：模型度量界面

以下选项必须在已经载入流速的前提下才可用：

（1）"Froude #"（弗劳德数），显示每个网格单元的弗劳德数；

（2）"Richardson #"（理查森数），显示计算出的每个网格单元的理查森数；

（3）"Densimetric Froude"（密度计的弗劳德数），显示每个网格单元的以密度计的弗劳德数。

3.6.6.8　流速

"Velocities"流速视图选项可以显示模型流速矢量和大小（图 3.6.25）。运行过的模型的流速数据被存储在 EE_VEL.OUT 中。用户需要选择分层选项的显示类别，包括："Depth Avg"（平均深度）、"Layer"（指定层）和"All Layers"（所有层）。对于"All Layers"选项，每个网格单元的向量都与该层符合，蓝色代表第 1 层，红色代表 KC 层。

"Velocity Opts"选项框控制显示的流速制图，该选项可以被合并。例如，用户可以根据垂向速度大小的颜色来绘制 2D 矢量图，颜色变化范围和矢量类型格式由显示选项框控制。

"Show Flow"（显示流动）复选框被选择时，EE 显示流量而不是流速。

图 3.6.25　Viewing Opt's：流速界面

1）剖面工具

EE 提供了一个快速显示流速剖面图以及流量剖面图的方法。鼠标右击一个网格，定位需要剖面位置的一面，弹出的菜单询问用户是否需要生成一个剖面，提示开始网格和结束网格，EE 从网格单元中提取当前时间下两个选中的网格单元之间的流速或流量，包括多样的剖面图。

2）流量工具

通过特定单元边界提取流量的另一个方法是利用 ViewPlan 工具栏上的 "Water and Mass Flux Tool"。该方法计算通过一个或多个 "flux lines"（流量线）（包括 P2D 多边形文件，格式详见附录 B）的流量（图 3.6.26）。

图 3.6.26　流量工具控制选项界面

如果选中 "Show Timeseries"，用户必须指定需要的流量组分，各种类型的描述见下：

（1）"Total Flow"（总流量），穿过某区域流量的绝对值；

（2）"I Direction"（东西向流量），穿过东西向的流量总和，东西向指 I 组分流量；

（3）"J Direction"（南北向流量），穿过南北向的流量总和，南北向指 J 组分流量；

（4）"Dominant Flow"（主导流量），计算穿过某区域的总流量并在主导流量上做标记，该选项是大多数应用中最常用的。

如果采用 "Poly File"（多边形文件）定义多个区域或流量线，EE 会计算所有定义线的流量（最多 10 个）。图 3.6.27 为应用于 San Francisco Bay 使用主导流量选项计算的总流量。

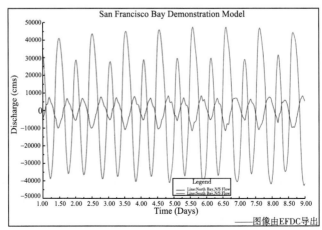

图 3.6.27　使用主导流量的流量工具计算结果示例图

3.6.6.9 沉积床

"Sediment Bed"（沉积床）视图选项提供了黏性和非黏性底泥传输层的特性。在水体视图选项中可以进行悬浮物的绘图和分析，图 3.6.28 显示 ViewPlan 中的沉积床查看选项。同时，图中还显示了网格编辑框，可编辑沉积物物质量（该模型案例使用的 KB 值是 10）。即便在没有模拟沉积过程时，沉积床选项也是可用的，因为在后处理过程中底部剪切应力总是参与计算并且可用的。

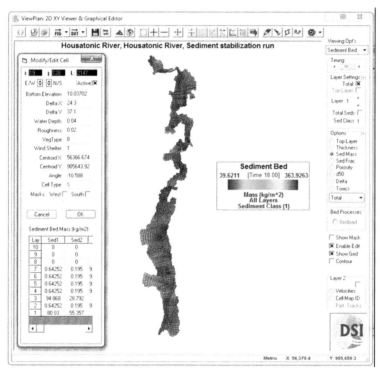

图 3.6.28　Viewing Opt's：沉积床界面

在查看沉积物数据时，需要进行显示层的设置。用户有三种选择来查看沉积物数据："Total"（层数的总和）、"Layer"（指定层）和"Top Layer"（顶层）。EFDC 模型计算时允许与水体相关联的层数发生变化，因此，"Top Layer"选项提供了一个简单方法来查看与水体相连的沉积物层。

用户可查看单级沉积物或总沉积物，需选择指定或选择"Total Seds"复选框来选择所有层。如果仅需一个等级，则取消"Total Seds"并在"Sed Class"区域中指定等级。

"Delta"功能显示了底高程中初始条件高程和当前时间的底高程之间差值。该计算为 BotElcur–BotElIC，因此 Delta 小于零表示冲刷，大于零表示沉积。为使 Delta

选项能够运行，底床形态学选项需要设置为"1"（泥沙选项卡中"Bed & Consol"选项下的"Bed Morphology Options"），该设置允许底高程随着沉积物传输而变化。

1）沉积物底床初始化工具

ViewPlan 中提供强大的沉积物柱状样初始河床工具执行文件（格式详见附录 B），以便于快速构建沉积床模型。如果模型设置沉积物，那么"Ctrl+T"键可以切换沉积物底床工具的开关。鼠标右击和选择"Load Cores"允许用户导入沉积物柱状样文件（后缀为.dat，格式详见附录 B）。该操作产生了一个所有柱状样、柱状样数和沉积物底床设置的列表。随后用户被提示绘制柱状样标签，包括 d_{50} 或柱状样 ID。然后在 ViewPlan 中绘制沉积物底床柱状样的顶层。

鼠标右击或者选择"Edit Core"时，就会显示沉积柱状样编辑工具，如图 3.6.29 所示。该工具允许编辑沉积柱状样数据和样本间隔数据。

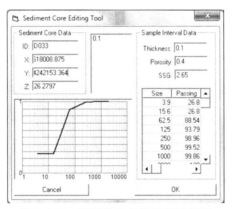

图 3.6.29　沉积物柱状样编辑示例图

鼠标右击一个已存在的沉积柱状样会提供几种选项包括：定义柱状样为当前样，删除柱状样以及编辑柱状样。定义柱状样为当前样时，允许用户通过鼠标右击另一个位置，选择"Add a new[core no.]"复制当前柱状样至鼠标右击的位置。该操作会在文件末尾增加一个新的核，并增加核的数量。

在视图区域中鼠标右击其他任意位置，允许用户在该点定义一个新柱状样，也可以加载和保存沉积物柱状样的数据。注意，如果编辑窗口关闭，则编辑操作关闭，用户只有用鼠标右击选择"Save Cores"时才会保存柱状样的数据。

2）有毒物质

"Toxics"（有毒物质）选项仅在模拟有毒物质时可使用。选中该项后，层设置框中的标签会改变，由"Total Seds"变为"Total Tox"，"Sed Class"变为"Tox Class"。这些功能保持不变，但是应用于有毒物质等级而不是沉积物等级。其他选项还包括：

（1）"Total"（总有毒物质），选择等级选项的有毒物质总浓度；

（2）"Tox（Diss）"（溶解性有毒物质），选择等级选项的复杂溶解性有毒物质浓度；

（3）"Tox（DOC）"（与溶解态有机碳相关的有毒物质），选择等级选项的与溶解态有机碳相关的有毒物质浓度；

（4）"Tox（POC）"（与颗粒态有机碳相关的有毒物质），选择等级选项的与颗粒态有机碳相关的有毒物质浓度；

（5）"POC"（颗粒态有机碳），分配给沉积物的颗粒态有机碳浓度；

（6）"DOC"（溶解态有机碳），分配给沉积物的溶解态有机碳浓度。

3.6.6.10　水柱

ViewPlan 中的 "Water by Layer"（水柱/层）和 "Water by Depth"（水柱/深度）是查看水柱中所有参数的 2D 查看器（图 3.6.30）。对于以"层"来查看，设置的首选项为 "Layer Settings"，包括："Depth Avg"（平均深度）、"Bot Layer"（底层）和 "Layer"（指定层）。

图 3.6.30　Viewing Opt's：水柱（层/深度）界面

当查看沉积物或有毒物质时，"Total Seds" / "Total Tox" 和 "Sed Class" / "Tox Class" 用于确定如何处理显示的结果，如全部显示或按等级显示。

如果当前时间被设置为初始条件时，2D 图像显示的数据可使用编辑工具进行编辑。在选项框中列表显示的选项只有在正确设置计算标记时才可用，"Density"

（密度）选项仅在模拟盐度或温度时才可用。如果仅模拟盐度，温度默认为 20℃。

对于多数查看选项，工具条上的"Statistics"统计工具可用于计算当前界面的一系列统计数据。对于水柱选项，统计工具提供了附加的功能，统计工具可对模型所有参数或任意子集中的参数计算一个时间序列的物质加权平均数。

1）纵向剖面

当查看水柱中的"Water by Layer"下拉菜单时，工具栏上的"Longitudinal Profiles"（纵向剖面）工具可使用。该功能与 ViewProfile 剖面视图类似（3.7 节），不过提供沿着一些剖面的当前参数的一个 XY 纵向图。如果选中"Use Drape Line"（使用覆盖线），则用户定义需要的层，选择"Show"按钮之后会要求提供覆盖线。

每次绘图最多可以绘制 10 条线，用来显示所需的水质参数数据。其中，分层选项是由纵向剖面工具控制，而不是"Layer Settings"框中的设置。可用的选项包括：

"Layer #"（层），指定层数，或者一系列层的平均。在相邻图表中"Line 4"区域中输入 1 至 4，则绘制出的 DO 线是那些层的 DO 平均值（图 3.6.31）。

0：输入数字 0，则提取的值为深度平均值。

–1：特例，水位。

–2：特例，水深。

–3：特例，底高程

–4：特例，底部剪切应力。

如果层区域的某条线是空白的，将被跳过。按 F4 键可获得定义帮助提示。

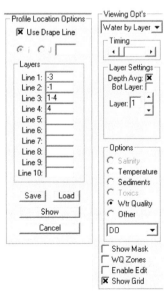

图 3.6.31　纵向剖面设置示例图

图 3.6.32 显示了选项结果中的纵向剖面图。利用工具栏的"Animate"按钮，这些图可以以动画形式观看或者以 AVI 的格式保存。

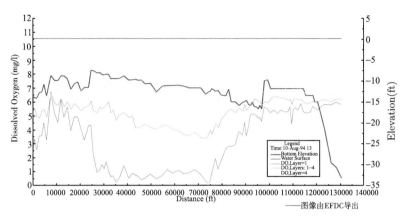

图 3.6.32 溶解氧的纵剖面图示例图

2）水质

如果模拟水质，则"Wtr Quality"选项作为参数的下拉列表使用。除了 22 个 EFDC 模型的水质参数，EE 还有 27 个衍生水质参数可显示（表 3.6.4）。对于衍生水质参数，参数末尾会以"DP"标明。

表 3.6.4 水质参数缩写所对应的参数名

缩写	名称
EFDC 模型参数	
CBact	蓝藻
Alg-D	硅藻
Alg-G	绿藻
RPOrg C	难溶颗粒有机碳
LPOrg C	活性颗粒有机碳
DOrg C	溶解性有机碳
RPOrg P	难溶颗粒有机磷
LPOrg P	活性颗粒有机磷
DOrg P	溶解性有机磷
TPO4-P	总磷酸盐
RPOrg N	难溶颗粒有机氮
LPOrg N	活性颗粒有机氮
DOrg N	溶解性有机氮
NH4-N	氨氮
NO3-N	硝态氮

缩写	名称
EFDC 模型参数	
PBioSi	颗粒性生物硅
AvailSi	溶解性可用硅
COD	化学需氧量
DO	溶解氧
TActM	总活性金属
FColi	粪大肠杆菌
MacAlg	大型藻类
EFDC 模型衍生参数	
Tot C	总有机碳
Tot P	总磷
TORN	总有机氮
TORP	总有机磷
EE 衍生参数	
POrg C	颗粒有机碳
POrg N	颗粒有机氮
TKN	总凯氏氮
Tot N	总氮
Chl a	叶绿素 a
TION	总无机氮
LimP-C	藻类限制：磷—蓝藻
LimP-D	藻类限制：磷—硅藻
LimP-G	藻类限制：磷—绿藻
LimN-C	藻类限制：氮—蓝藻
LimN-D	藻类限制：氮—硅藻
LimN-G	藻类限制：氮—绿藻
LimNP-C	藻类限制：氮磷—蓝藻
LimNP-D	藻类限制：氮磷—硅藻
LimNP-G	藻类限制：氮磷—绿藻
LimL-C	藻类限制：光—蓝藻
LimL-D	藻类限制：光—硅藻
LimL-G	藻类限制：光—绿藻
LimT-C	藻类限制：温度—蓝藻
LimT-D	藻类限制：温度—硅藻

缩写	名称
EE 衍生参数	
LimT-G	藻类限制：温度—绿藻
LimA-C	藻类限制：所有因素—蓝藻
LimA-D	藻类限制：所有因素—硅藻
LimA-G	藻类限制：所有因素—绿藻
TSI	卡尔森营养状态指数
TSS	总悬浮固体（无机&有机）
POrg P	颗粒有机磷

3） 光辐射

确定光穿透量以及确定底部辐射百分比的功能非常有用。例如，在有水生植物和水生植物群落的地方。可由"ALT+B"键使用底部辐射工具，用户应提供加载分析用的多段线，或分析模型整个区域，选项框如图 3.6.33 所示。用户如输入最大底部深度（单位为米），网格比该深度深时显示为白色。若需要最终输入光辐射目标作为百分比，EE 会随后计算所有匹配标准的网格单元，并计算所有单元的统计值。注意，该工具仅限定潜在的光辐射，没有考虑白天、夜间、云遮挡系数等因素。

图 3.6.33 水柱，百分比光辐射工具图

4） 栖息地分析

当选择"Water by Layer"下拉列表时，可进行栖息地分析，如图 3.6.34 所示。该

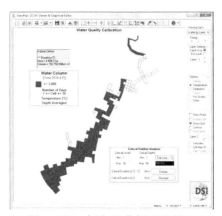

图 3.6.34 栖息地分析工具界面

工具通过"ALT+H"键打开，用户可以分析水体选项框中显示的任何参数。用户需要设置临界等级（该示例为温度，℃）、临界深度以及临界持续时间（以小时计），点击"Display"后，EE 会计算符合标准的网格数量，在黄色的"Habitat Criteria"框中显示面积、体积和临界网格等。

3.6.6.11 沉积物成岩

如果使用了完全沉积物成岩子模型，可通过"Diagenesis"（成岩）选项查看沉积成岩模块的计算结果（图3.6.35）。如用户使用的是常数或指定随时间变化的营养物通量，则可以使用"Sediment Flux"（沉积物通量）选项查看营养物质的通量。

图 3.6.35   Viewing Opt's：沉积成岩界面

当使用"Full Diagenesis Model"（全成岩模型）进行模型的构建时，视图选项"Diagenesis"可用来查看/编辑初始沉积物浓度，在模型运行之后，可以查看沉积物计算结果和营养盐通量等。"Show Zone"（显示区域）可显示不同的成岩区设定参数或计算结果。表 3.6.5 为"Diagenesis"中可查看的参数列表。

表 3.6.5   沉积物成岩参数及可用子选项

缩写	名称	子选项
Conc PON	PON 浓度	总计或者根据 G 等级
Conc POP	POP 浓度	总计或者根据 G 等级
Conc POC	POC 浓度	总计或者根据 G 等级
Conc NH4-N	氨氮浓度	总计或者按层
Conc NO3-N	硝酸盐浓度	总计或者按层
Conc PO4-P	磷酸盐浓度	总计或者按层
Conc H2S	硫化氢浓度	总计或者按层
Conc Silica	二氧化硅浓度	生物性颗粒或者按层

续表

缩写	名称	子选项
Benthic Stress	底部应力（非剪切应力）	
Sed Temp	沉积物温度（与热量子模型不链接）	
PON Flux	沉积物-水之间的 PON 通量	总计或者根据 G 等级
POP Flux	沉积物-水之间的 POP 通量	总计或者根据 G 等级
POC Flux	沉积物-水之间的 POC 通量	总计或者根据 G 等级
SOD	沉积物需氧量	总计或仅含碳的或仅含氮的
COD	化学需氧量	
NH4 Flux	沉积物-水之间的氨氮通量	
NO3 Flux	沉积物-水之间的硝酸盐通量	
PO4 Flux	沉积物-水之间的磷酸盐通量	
Silica Flux	沉积物-水之间的二氧化硅通量	

3.7　ViewProfile（2D）剖面视图

EE 主工具栏中"View 2D Vertical Slice [Profile Grid]"（2D 垂向切面/剖面），即 ViewProfile 剖面视图选项提供剖面/横断面后处理的功能，如图 3.7.1 所示，为河

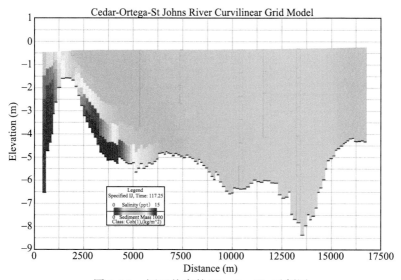

图 3.7.1　河口盐度的 ViewProfile 示例图

口的盐度剖面视图示例。与 ViewPlan 一样，通过鼠标左击网格显示当前网格的内容。ViewProfile 中很多操作与 ViewPlan 中相似。

与 ViewPlan 类似，ViewProfile 按钮为用户提供了一个下拉菜单，包括选项：

（1）"View Initial Conditions"（查看初始条件），该选项在用户设置模型或在模型运行之前查看 ICs 时可使用。

（2）"View Model Results"（查看模型结果），该选项在模型运行完成和分析模型结果时可使用。

（3）"View Model Results （Re-Scan Output）"查看模型结果（重新浏览输出），如果用户已合并两个模型或继续运行一个模型时，想让 EE 返回初始的输出结果设置，该选项可使用。

3.7.1　切面/剖面

EFDC 模型在剖面提取之前首先需要在"Slice/Extraction Options"（剖面提取选项）框中设置，包含三个选项：用户需选择一个 I 值提取沿 I 方向的网格；或选择一个 J 值提取沿 J 方向的网格；第三种选项是加载一个"Drape Line"（覆盖线），该线为与 $LXLY$ 数据在同一坐标系统的多段线，沿线的 I & J 网格会被自动识别，输出沿线的剖面。如图 3.7.2 所示。

图 3.7.2　剖面提取选项界面

3.7.2　主要显示选项

在进入 ViewProfile 后，用户可以通过右击图例或用"Ctrl+O"调出"Profile Options"（剖面选项）框，进行不同的显示选择和设置，如图 3.7.3 所示。

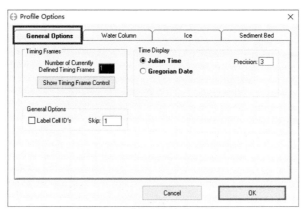

图 3.7.3　剖面显示选项界面

ViewProfile 工具栏包含剖面显示操作的诸多功能，其中部分功能与 ViewPlan 工具栏中相似，表 3.7.1 列举了主要的工具栏功能。

表 3.7.1　剖面工具栏功能汇总

图标	功能
一般功能	
	退出剖面视图
	打印设置选项
	当前打印机打印当前视图
	将当前视图输出为 Windows 增强型图元文件（EMF）
导出功能	
	切换网格
	显示/编辑注释框
	显示/隐藏标记
绘图格式和选项	
	编辑标题文本和字体
	显示参数选项/设置
	访问 X 坐标轴选项窗体
	访问 Y 坐标轴左侧选项窗体
	访问 Y 坐标轴右侧选项窗体
	将所有坐标轴格式设置成最后编辑的坐标格式
导航功能	
	固定增量放大
	固定增量缩小
	向左平移
	向右平移

续表

图标	功能
导航功能	
![向上平移图标]	向上平移
![向下平移图标]	向下平移
实用功能	
![坐标切换图标]	坐标显示切换
![动画工具图标]	动画工具，将动画输出到显示屏或者 AVI 文件中

3.7.3　功能键

在模型前/后处理过程中，常通过 2D 时间序列编辑图形和分析数据。用户可通过 F2 帮助信息查询，如图 3.7.4 所示。

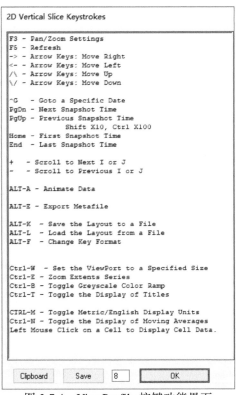

图 3.7.4　ViewProfile 按键功能界面

参 考 文 献

[1]　Tong C. PSUADE Reference Manual(Version 1.7)[J]. Lawrence Livermore National Laboratory, Livermore, CA, 2015.

[2]　Wang C, Duan Q, Tong C H, et al. A GUI platform for uncertainty quantification of complex dynamical models[J]. Environmental Modelling & Software, 2016, 76: 1-12.

[3]　Ji Z G. Hydrodynamics and Water Quality: Modeling Rivers, Lakes, and Estuaries[M]. John Wiley & Sons, 2017.

[4]　Dynamic Solutions International, 2017. EFDC+ Theory Guide, DSI, 2017.

[5]　Tetra Tech, EFDC Technical Memorandum, Theoretical and Computational Aspects of the Generalized Vertical Coordinate Option in the EFDC Model, Tetra Tech, Inc, Fairfax, VA. 2007.

[6]　Tetra Tech. The Environmental Fluid Dynamics Code, User Manual, US EPA Version 1.01, Tetra Tech, Inc. Fairfax, VA. 2007.

[7]　Tetra Tech, EFDC Technical Memorandum, Thermal Bed Model, Tetra Tech, Inc. Fairfax, VA. 2007.

4 河流水动力模拟案例实训

本章是以长江感潮河段为研究区域，介绍河流水动力数值模型的构建过程。该感潮河段为长江下游江阴至南通段，其水动力过程受上游下泄径流和下游潮汐的共同影响，具有鲜明的代表意义。本章所构建的二维水量模型，用于模拟长江流量、水位与流场之间的响应关系；并以大通站的水位和江阴站相应的潮位过程作为边界条件，分析感潮河段水体受潮汐作用的水位和流场变化。同时，还模拟了在入河排污口存在的条件下，排入长江的污染物在感潮河段的迁移和扩散规律。本章详细描述了模型构建和运行分析的每个步骤，也为后续案例提供参考。

4.1 项 目 概 况

长江是世界第三、亚洲第一长河，全长 6397km，仅次于非洲的尼罗河和南美洲的亚马孙河，也是中华民族的母亲河。长江发源于青藏高原的唐古拉山脉，干流流经青海、西藏、四川、云南、重庆、湖北、湖南、江西、安徽、江苏和上海共 11 个省、自治区、直辖市，于崇明岛以东注入东海。长江集运输、水力发电、渔业、灌溉农田等功能于一体，目前形成的"长江经济带"给长江沿岸城市的经济发展正带来战略性机遇[1]。

目前，长江入海口地区正面临着盐水入侵和水源地水质安全的问题。长江下游的江阴至南通段是典型的感潮河段，水流既受上游下泄径流的影响，又受下游潮汐的影响，流态极为复杂，在确定设计水文条件的同时，还要考虑上游下泄径流和下游潮汐的影响[2]。由于长江有多个饮用水水源保护区和取水口，同时排污口的分布对其水质产生不可忽视的影响[3,4]，因此，感潮河段水流流态的分析对避免水源地受潮汐侵蚀具有重要作用。大通水文站是长江下游河段不受潮汐作用影响的水文站，其流量频率分析结果代表长江下游河道的设计流量。江阴水文站位于下游的长江口，其潮位代表潮汐作用的影响。

本案例研究的区域是长江一段狭长的区域，且内含有多条入江支流交汇。该河段水流流态与上游河段有很大不同。感潮河段因受到上游下泄径流和下游潮汐作用的双重影响，水流流向存在着不确定性。此外，由于本案例是研究平面方向上的流态特征，选取二维数学模型来模拟其水体的水动力情况。为了分析潮汐对感潮河段水体物质迁移和扩散规律，采用 EFDC 模型水动力学模块中的 Dye（染料）模块来进行模拟研究，并通过 EFDC_Explorer8.3（EE8.3）的后处理系统，得到水位和流场的可视化图形和排入长江的污染物在河段的时空分布特征图形。

4.2　河流 CVLGrid 曲线正交网格绘制

平面二维网格分为矩形网格、三角网格和曲线正交网格等。其中，曲线正交网格可以很好地贴合复杂的地形边界，其特点是网格边界为曲线，且网格相交处均正交，特别适用于模拟区域边界为狭长形或较复杂时。根据案例研究区域的特点，采用 CVLGrid1.1 绘制软件进行网格划分。CVLGrid 是由美国 DSI 公司开发的二维网格生成工具，所构建的网格适用于 EFDC_DSI、EFDC_SGZ、EFDC_EPA 和 EFDC_Hydro 等模型。以下将介绍曲线正交网格划分过程。

4.2.1　网格构建

CVLGrid 网格构建步骤如下：

（1）在地图或地形软件（如 Google Earth）中找到待模拟河段的地形图，经配准后，保存为.geo 文件。

（2）单击工具栏的"Geo-Referenced Background"按钮，

选择.geo 文件作为绘图底图，也可以直接导入 p2d 文件（二维多边形文件），沿 p2d 文件的轮廓绘制地形边界，如图 4.2.1 所示。

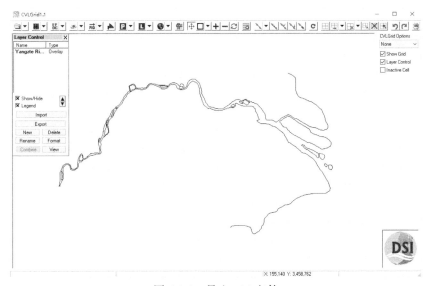

图 4.2.1　导入 p2d 文件

（3）点击工具栏的"Toggle Pan"按钮水平移动地图，找到目标区域，滑动鼠标可放大或缩小页面缩放比例，将目标区域以合适的大小移动到页面视图中，如图 4.2.2 所示。

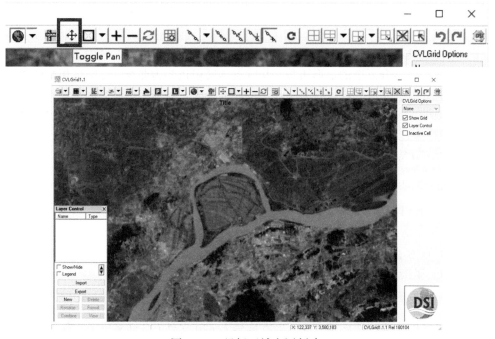

图 4.2.2　目标区域底图创建

（4）新建图层。点击界面左下角"Layer Control"选项卡中的"New"按钮，弹出"Create Layer"对话框，在"Layer Name"项后面的空白框为图层命名，点击"OK"按钮，具体如图 4.2.3 所示。

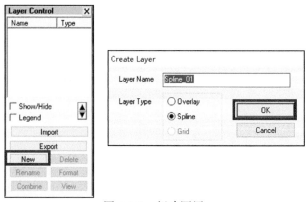

图 4.2.3　新建图层

（5）点击工具栏的"Draw a New Spline"按钮，鼠标箭头变为十字形，选取一段平直的河段，沿河岸边界单击鼠标左键描点连成线。一般以河流长度方向为先，单击鼠标右键结束单线段的绘制，河流长度方向的边界描完后，在河宽方向上绘制截面，形成闭合的曲线轮廓，如图 4.2.4 所示。

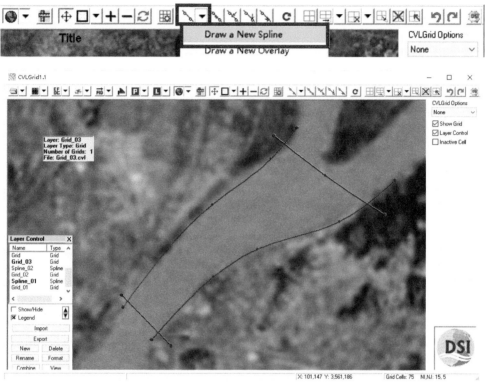

图 4.2.4　河段曲线轮廓描绘

（6）新建网格。点击工具栏的"Create a New Grid using current Spline layer"按钮，弹出"Generate Grid"对话框。在"Layer Name"项后面的空白框为新建网格命名，"I-Cells Number"为河长方向上的网格划分数，"J-Cells Number"为河宽方向上的网格划分数，点击"OK"按钮。基于图层"Spline_01"划分的"Grid_01"网格如图 4.2.5 所示。

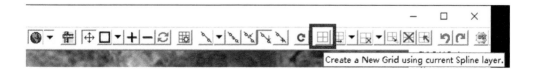

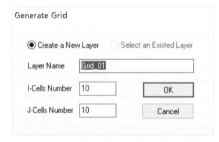

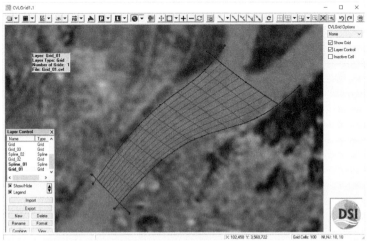

图 4.2.5　河段新建网格图

（7）依此类推，绘制出不同河段处的图层，建立对应的网格，对于需要编辑的图层，在"Layer Control"选项卡中将其选中，点击"Show/Hide"按钮可将激活状态下的图层或网格显示或隐藏。图 4.2.6 是将河段分成 5 个区域分别绘制网格的分布图。

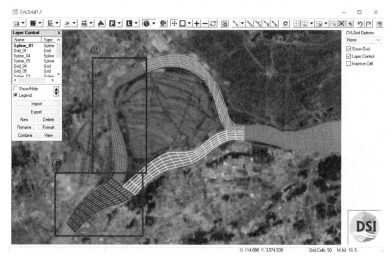

图 4.2.6 河段网格分区

（8）对于和河岸边界贴合不紧密或者需要改动位置的网格节点，点击工具栏的"Move a Grid Node"按钮移动个别网格节点的位置。

（9）连接相邻两段网格。点击"Layer Control"选项卡中的"Grid_01"，将该网格激活，单击鼠标右键选择"Connect Two Grids"，点击需要连接的两个河段相交处的截面两端端点，如图 4.2.7 所示，则图 4.2.6 中的①和②河段网格相连成为一个整体，如图 4.2.8 所示。

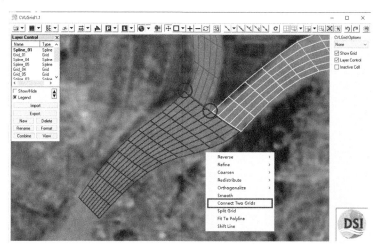

图 4.2.7 连接相邻网格

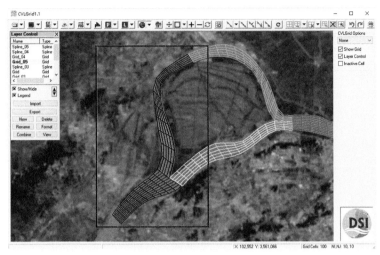

图 4.2.8　网格连接后的完整图

（10）需要局部加密的网格。将"Layer Control"选项卡下的待加密网格激活，单击鼠标右键选择"Refine→Refine Local"，点击需要加密的网格两端点，弹出"Refine Grid"对话框，在空白框里输入需要加密的倍数，点击"OK"按钮，两端点区域内的网格会加密成相应的倍数，如图 4.2.9 所示。

图 4.2.9　网格局部加密

（11）若连接网格时出现多余的网格，如图 4.2.10 所示，点击工具栏的"Delete a Grid Cell"按钮，选择"Deactivate Line of Cells"选项，鼠标箭头变为十字形，单击鼠标左键描点连线，结束时单击鼠标右键，如图 4.2.11 所示，删除与所画线段相接触的网格线，如图 4.2.12 所示。

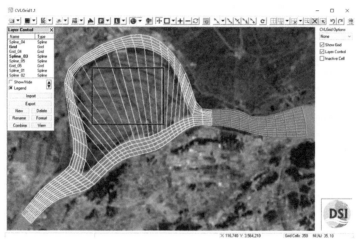

图 4.2.10 网格多余曲线删除区域

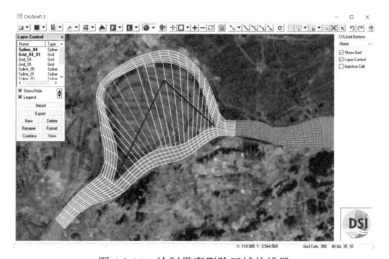

图 4.2.11 绘制贯穿删除区域的线段

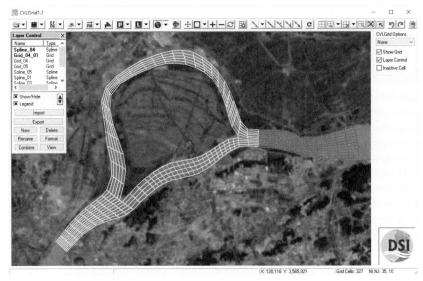

图 4.2.12 多余曲线区域删除完成图

（12）将各河段网格连接完成后的完整网格如图 4.2.13 所示。

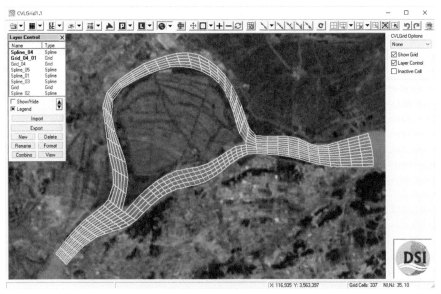

图 4.2.13 各区域网格连接完成图

（13）网格正交性校正。为了实现模型的最优精度，网格应与模型域相适应，保持正交性。单击鼠标右键选择"Orthogonalize"中的"Orthogonalize Local"并选中待处理区域的对角点，如图 4.2.14 所示，则目标区域的网格的曲线和节点会微调以使网格相交处接近处处正交,如图 4.2.15 所示。若出现"Cannot improve the average orthogonal deviation of this selected domain further"对话框,则该区域的正交性已达到最佳。在界面右侧"CVLGrid Options"的下拉列表中选择"Orthog. Deviation"选项,则界面会显示整个网格的正交偏差分布情况,如图 4.2.16 所示。为保证数值模型的精度,网格计算的平均正交偏差应小于 3°。

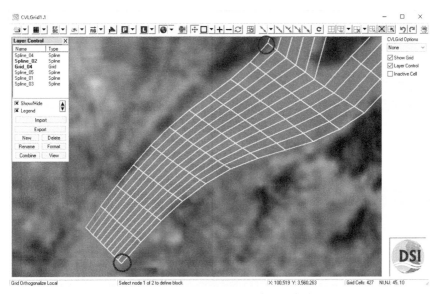

图 4.2.14 选中待校正区域的对角点

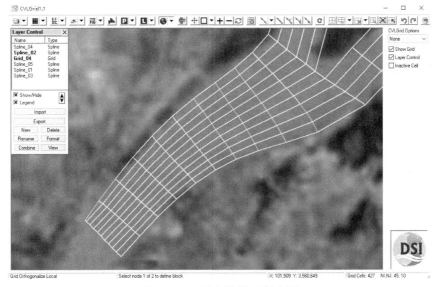

图 4.2.15 正交性校正完成图

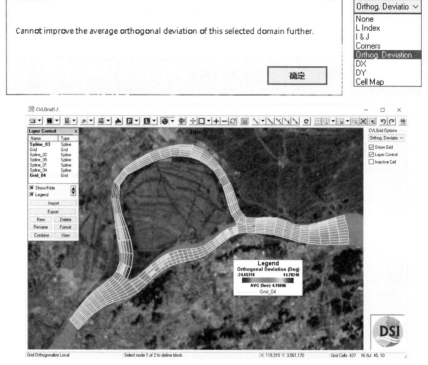

图 4.2.16　正交偏差分布情况

（14）保存文件。点击工具栏第一个按钮下的"Save Project"选项保存为".cvp"文件，如图 4.2.17 所示，保存所有图层和网格，或点击"Export Current Layer"选项保存为".cvl"文件，只保存当前激活状态的网格。

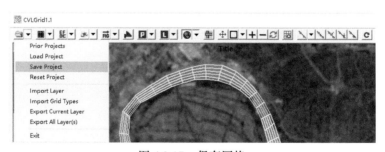

图 4.2.17　保存网格

4.2.2　网格文件导入 EE8.3 及时间步长确定

4.2.2.1　曲线网格文件导入

（1）打开 EE8.3，单击工具栏中的"Generate new model"创建新模型。

（2）点击左侧"Grid Type"的 CVLGrid 选项（图 4.2.18①），在"DSI Curvilinear Grid Files"下的"CVLGrid Nodal Point File（CVL）"处点击"Browse"（图 4.2.18②）选择上述制作完成的曲线网格文件，点击"Generate"（图 4.2.18③）。点击"Map"选项卡，生成的网格分布如图 4.2.19 所示。

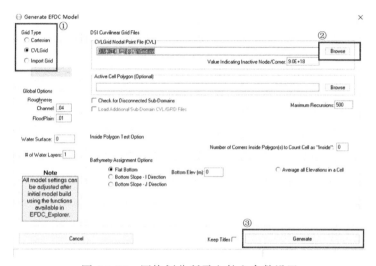

图 4.2.18　网格划分所需文件和参数设置

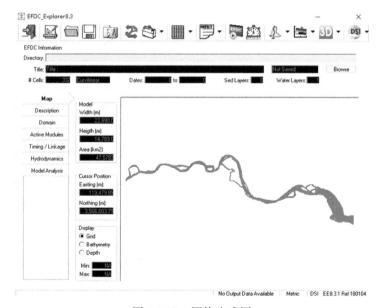

图 4.2.19　网格生成图

4.2.2.2 底高程数据导入

（1）选择"Domain→Initial Conditions & Bottom Roughness→Bathymetry→Assign"赋值底高程，如图 4.2.20 所示。在弹出的对话框"Data File"处导入高程数据文件设置河床底高程，点击"Apply→Done"，如图 4.2.21 所示。

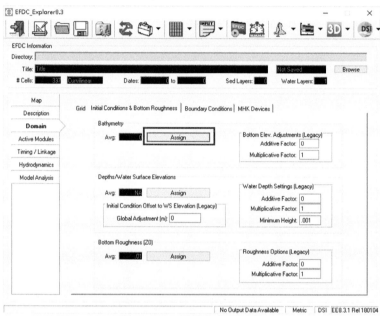

图 4.2.20 区域底高程赋值

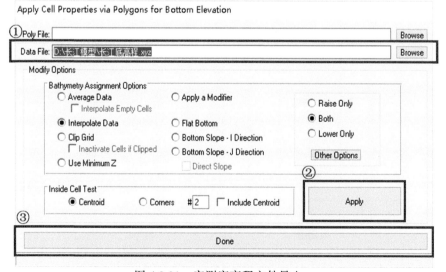

图 4.2.21 实测底高程文件导入

（2）由于研究的是长江感潮河段的水动力特征，一般是以表层为主要研究区域，不涉及垂向上的变化，因此本案例的垂直方向只有1层。选择"Domain→Grid→Standard Sigma"，层数为1（图4.2.22）。

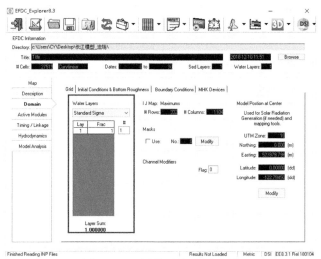

图 4.2.22 网格垂直分层选择

4.2.2.3 干湿水深设置

考虑浅水区域有可能出现的干/湿交替情况，需要在模型中设置湿、干节点，将水深小于0.05m的区域视为"干"区域。选择"Hydrodynamics→Wetting & Drying"，勾选"Use"，设置临界干水深为0.05m（图4.2.23），不同的模型赋值可调整。

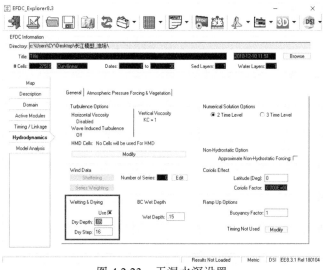

图 4.2.23 干湿水深设置

4.2.2.4 时间步长设置

水动力模块计算采用静态时间步长，选择"Timing/Linkage"，将"Time Step"时间步长设置为 3.47s。"Beginning Date/Time"为模拟的开始时间（通常以儒略日表示），"#Reference Periods"指模拟时间段数，与"Duration of Reference Period"的乘积，为模型从开始至结束的模拟时间。"Dynamic Timestep Options"选项中设定"Safety Factor"为 0，表示时间步长固定，如图 4.2.24 所示。

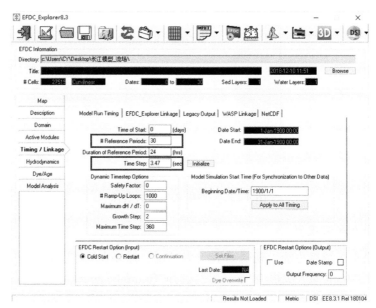

图 4.2.24 时间步长设置界面

4.3 边界条件设置

本案例的研究区域是长江河段典型的感潮河段，主要使用水位作为水动力边界条件。

4.3.1 设置水位边界条件时间序列

选择"Domain→Boundary Conditions"，EFDC 中可利用的边界条件时间序列显示在"Number of Input Tables and Series"中，点击图 4.3.1 中"Water Level"对应的"E"按钮，打开水位边界的时间序列输入窗口。在水位时间序列数据输入窗口中（图 4.3.2），单击"Current"得到水位边界随时间变化的图，如果只需要显示 1 个参数的图，右击图例，会弹出"Line options and Controls"窗口，选中不需要显示的参数后"Delete"，以水位随时间变化图为例，显示结果如图 4.3.3 所示。

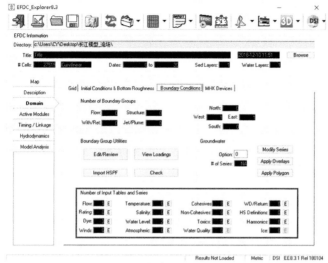

图 4.3.1   水位边界条件设置

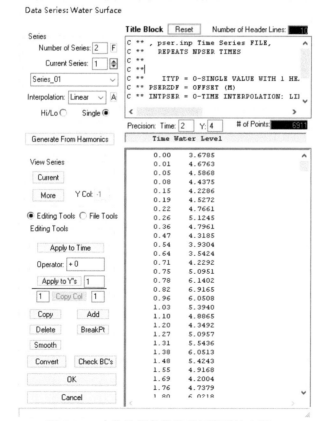

图 4.3.2   水位边界条件的时间序列输入窗口

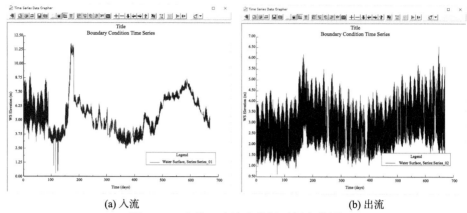

(a) 入流　　　　　　　　　　　　　　　　　　(b) 出流

图 4.3.3　　入流、出流水位随时间变化图

4.3.2　设置排污口流量边界条件时间序列

点击图 4.3.1 中"Flow"对应的"E"按钮，设置"Number of Series"为 1，表示需要输入 1 组流量时间序列数据，"Current Series"显示的是当前正在编辑的数据组（图 4.3.4①），在右侧输入流量时间序列数据，排污口流量边界值采用 2017 年的流量数据。如图 4.3.4 所示，点击"OK"完成一组边界数据的输入。需要注意的是，输入数据的大数不能小于模型计算的天数。

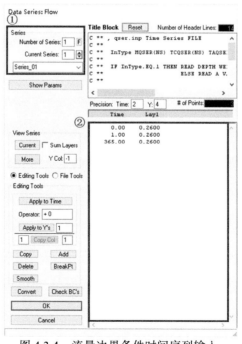

图 4.3.4　　流量边界条件时间序列输入

4.3.3 设置染料浓度边界条件

使用与 4.3.2 节相同的步骤，设置染料（Dye）边界，点击图 4.3.1 中 "Dye" 对应的 "E" 按钮，打开 Dye 边界的时间序列输入窗口，设置 "Number of Series" 为 3，表示需要输入 3 组 Dye 时间序列数据。"Current Series" 显示的是当前正在编辑的数据组，在右侧输入 Dye 时间序列数据，点击 "OK" 完成一组边界数据的输入，如图 4.3.5 所示。

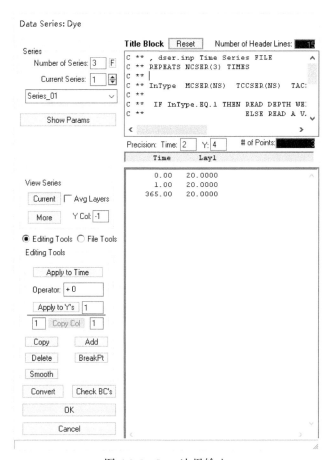

图 4.3.5 Dye 边界输入

4.3.4 模型边界位置及类型设置

（1）完成时间序列数据的输入之后，需要将各数据赋值到对应的网格中，选择工具栏中的 "View 2D plan of Grid & Data"。

（2）设置出入流水位边界。选择 "Viewing Opt's" 为 "Boundary C's"，勾选

"Enable Edit"，右击需要设置边界条件的网格，选择"New"，如图 4.3.6 所示。输入"Boundary Group ID"后，选择"Boundary Type"为 5，在编辑窗口"Time series"中选择对应的水位序列，如图 4.3.7 所示。若相邻网格有相同的水位边界，在对应的网格上右击，选择"Add to Adjacent"，则相应网格上设置相同的水位边界。

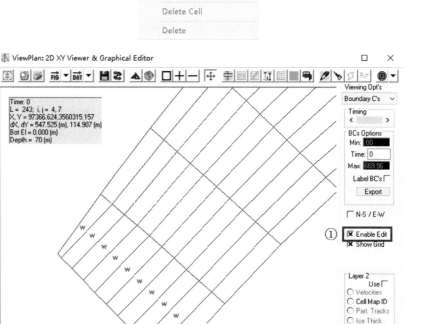

图 4.3.6　添加入流水位边界

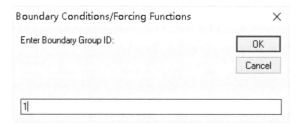

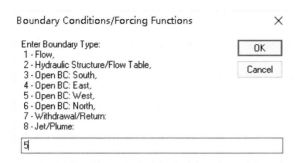

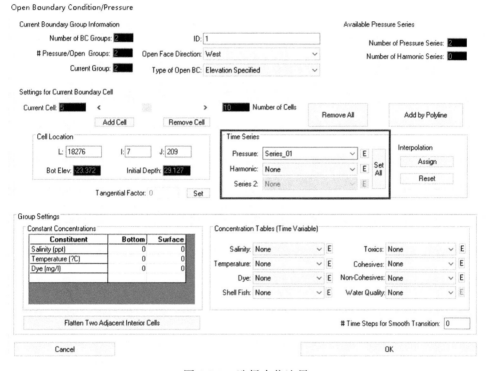

图 4.3.7 选择水位边界

（3）设置流量边界。选择"Viewing Opt's"为"Boundary C's"，勾选"Enable Edit"，右击需要设置边界条件的网格，选择"New"，如图 4.3.8 所示。输入"Boundary Group ID"后，选择"Boundary Type"为 1，在编辑窗口"Flow Assignment"中选择对应的流量序列，如图 4.3.9 所示。

（4）设置 Dye 边界。右击需要设置边界条件的网格，选择"Edit"，在弹出的"Modify/Edit Flow BC Properties"窗口中"Concentration Tables → Dye"处选择所要设置的 Dye 时间序列，如图 4.3.10 所示，设置完成的 Dye 边界位置见图 4.3.11。

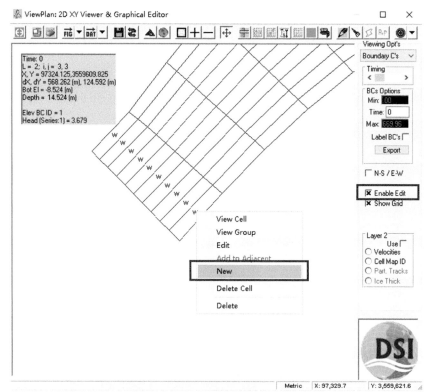

图 4.3.8　添加流量边界位置及类型

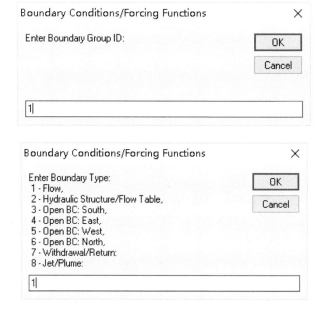

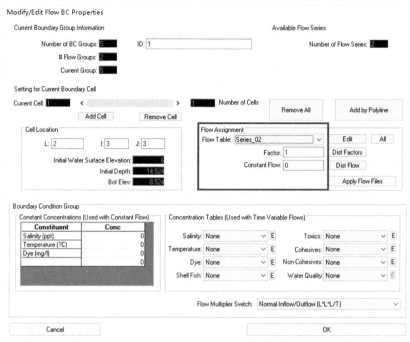

图 4.3.9 选择流量边界对应的时间序列文件

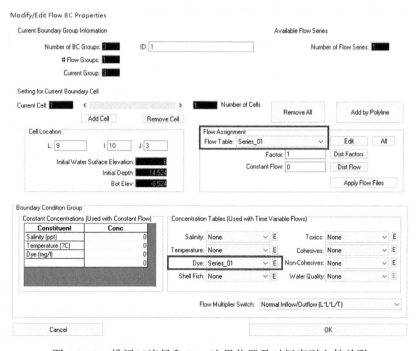

图 4.3.10 排污口流量和 Dye 边界位置及时间序列文件关联

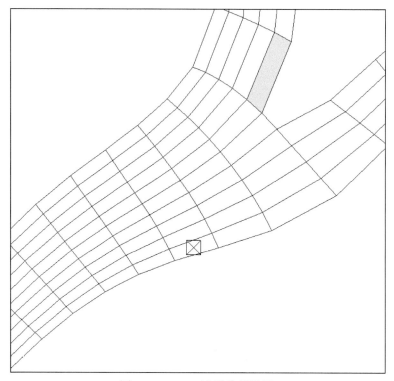

图 4.3.11　Dye 边界位置设置

4.4　初始条件设置

4.4.1　水位数据导入

　　导入水位数据文件，选择"Domain→Initial Conditions & Bottom Roughness→Depths/Water Surface Elevations→Assign"赋值水深（图 4.4.1），在弹出的对话框"Data File"中导入底高程数据。通过底高程数据文件设置水位边界，在"Set Initial Conditions"下选择"Use Constant"，在"Operator or Constant"处填写初始水位，点击"Apply→Done"，如图 4.4.2 所示。

4.4.2　Dye 模块激活

　　本案例由于需要计算 Dye 浓度的衰减情况，因此需要预先激活 EE8.3 中计算污染物的模块 Dye 模块。勾选"Active Modules→Active Dye"，如图 4.4.3 所示，左侧出现"Dye/Age"选项卡，勾选"Dye（Conservative or Non-Conservative）"，在"Initial Conditions"下勾选"Use"，并设置初始浓度为 0。在"Dye Decay/Growth Rate"处填写污染物的衰减系数，如图 4.4.4 所示。

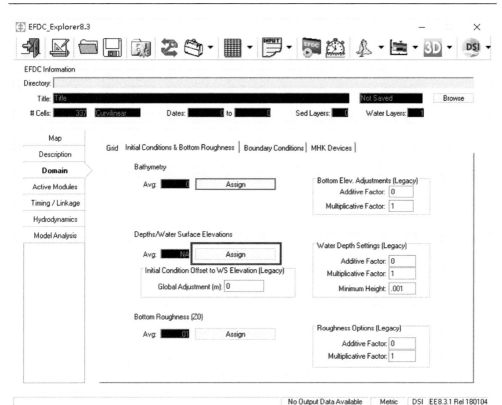

图 4.4.1　研究区域的初始水位设置

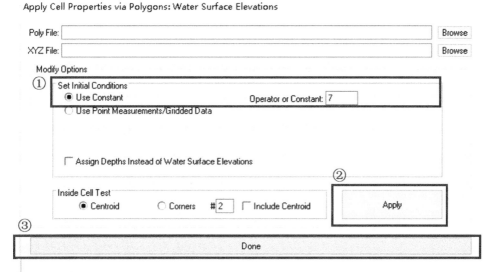

图 4.4.2　设置初始水位

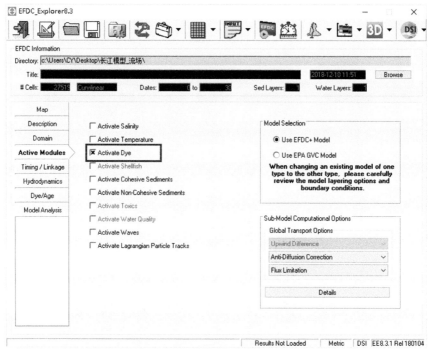

图 4.4.3　激活 Dye 模块

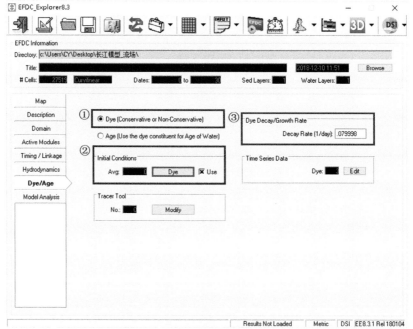

图 4.4.4　设置初始 Dye 浓度为常数

4.5 模型率定验证[*]

4.5.1 模型率定验证步骤

参数率定验证是使模拟结果与实际情况更加贴近的重要步骤,通常需要进行多次率定参数来达到最佳模拟效果。本案例利用水位的模拟值和实测值的比较情况来率定参数,具体步骤如下:

(1)选择"Model Analysis→Model Calibration→Time Series Comparisons→Define/Edit"(图 4.5.1),打开"Calibration Tools: Time Series Comparisons"窗口,如图 4.5.2 所示。

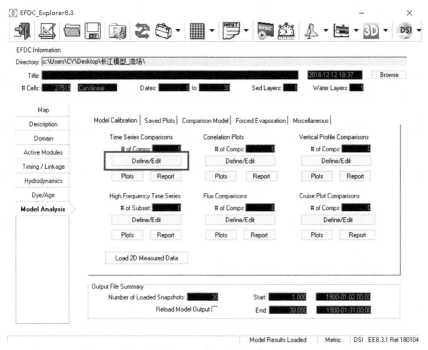

图 4.5.1 模型率定选项

(2)在"Calibration Tools: Time Series Comparisons"窗口的右侧"Number of Time Series"处输入需要率定的点位数,这里输入"10",下方显示与输入数值相对应的行数,如图 4.5.2 所示。可通过更改其数值来添加或删减下方的行数。

(3)在 X 和 Y 列下方输入待率定点位的坐标,ID 为待率定参数的可识别符号,

---

[*] 模型率定验证仅节选了典型的对比数据。

在"Pathname"区域，右击选择用于率定的实测数据的文件路径，在"Param"列输入参数代码从模型中提取与相应数据文件中包含的数据进行对比的数据，右击"Param"区域后弹出各代码代表的参数，如图 4.5.3 所示。先率定水位，点击"Param"区域后，在下方输入框中输入"–1"，点击"OK"。

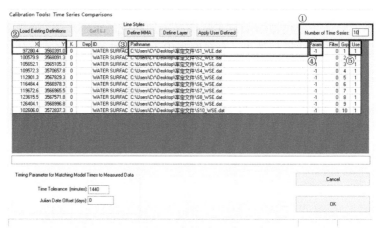

图 4.5.2　率定参数工具窗口

图 4.5.3　率定参数对应的代码

（4）回到“Model Analysis”窗口，点击“Time Series Comparisons→Plots”可以看到模型的模拟值和实测值之间关系的时间序列图，点击“Report”可以得到率定结果（图 4.5.4）。

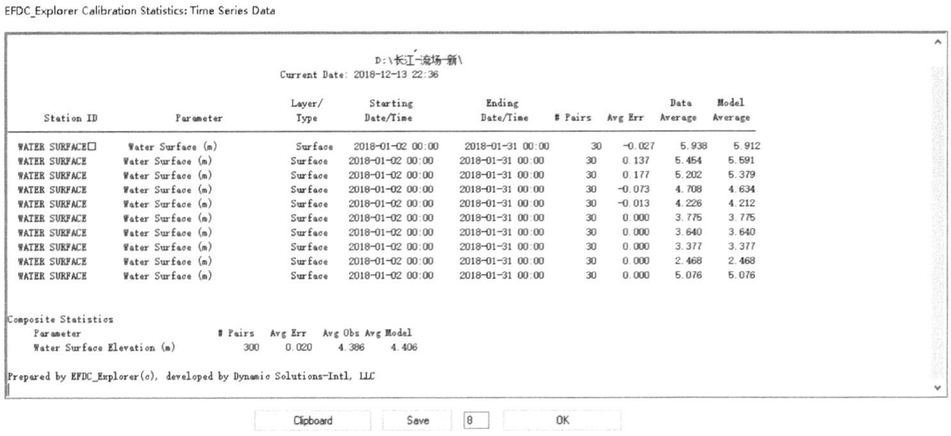

EFDC_Explorer Calibration Statistics: Time Series Data

D:\长江-流场-新\
Current Date: 2018-12-13 22:36

Station ID	Parameter	Layer/ Type	Starting Date/Time	Ending Date/Time	# Pairs	Avg Err	Data Average	Model Average
WATER SURFACE□	Water Surface (m)	Surface	2018-01-02 00:00	2018-01-31 00:00	30	-0.027	5.938	5.912
WATER SURFACE	Water Surface (m)	Surface	2018-01-02 00:00	2018-01-31 00:00	30	0.137	5.454	5.591
WATER SURFACE	Water Surface (m)	Surface	2018-01-02 00:00	2018-01-31 00:00	30	0.177	5.202	5.379
WATER SURFACE	Water Surface (m)	Surface	2018-01-02 00:00	2018-01-31 00:00	30	-0.073	4.708	4.634
WATER SURFACE	Water Surface (m)	Surface	2018-01-02 00:00	2018-01-31 00:00	30	-0.013	4.226	4.212
WATER SURFACE	Water Surface (m)	Surface	2018-01-02 00:00	2018-01-31 00:00	30	0.000	3.775	3.775
WATER SURFACE	Water Surface (m)	Surface	2018-01-02 00:00	2018-01-31 00:00	30	0.000	3.640	3.640
WATER SURFACE	Water Surface (m)	Surface	2018-01-02 00:00	2018-01-31 00:00	30	0.000	3.377	3.377
WATER SURFACE	Water Surface (m)	Surface	2018-01-02 00:00	2018-01-31 00:00	30	0.000	2.468	2.468
WATER SURFACE	Water Surface (m)	Surface	2018-01-02 00:00	2018-01-31 00:00	30	0.000	5.076	5.076

Composite Statistics

Parameter	# Pairs	Avg Err	Avg Obs	Avg Model
Water Surface Elevation (m)	300	0.020	4.386	4.406

Prepared by EFDC_Explorer(c), developed by Dynamic Solutions-Intl, LLC

Clipboard　Save　8　OK

图 4.5.4　率定结果列表

4.5.2　率定验证结果

通过 4 个点位水位的实测值和模拟值比较图可知，A 站点的水位平均误差、平均绝对误差分别为 0.137m、1.052m；B 站点分别为 0.177m、1.719m；C 站点分别为–0.073m、1.934m；D 站点分别为–0.013m、1.107m，具体如表 4.5.1 所列。结果表明，模拟水位与长江 4 个监测站的实测值吻合较好（图 4.5.5），这 4 个站点的平均误差都较小，平均绝对误差小于 2m，说明模型的模拟结果能够比较好反映河段的水位变化。

表 4.5.1　长江水位分析统计表　　（单位：m）

监测站点	水位	
	平均误差	平均绝对误差
A	0.137	1.052
B	0.177	1.719
C	–0.073	1.934
D	–0.013	1.107

4.5.3　模拟结果分析

通过 2017 年的模拟流场图（图 4.5.6、图 4.5.7），可以发现干流分岔前和支流交汇后不同时期流速的大小比较接近，支流交汇时截面小的支流流速较大，符合水力学基本规律。此外，通过污染物浓度在感潮河段的时空分布（图 4.5.8）可以看出，由

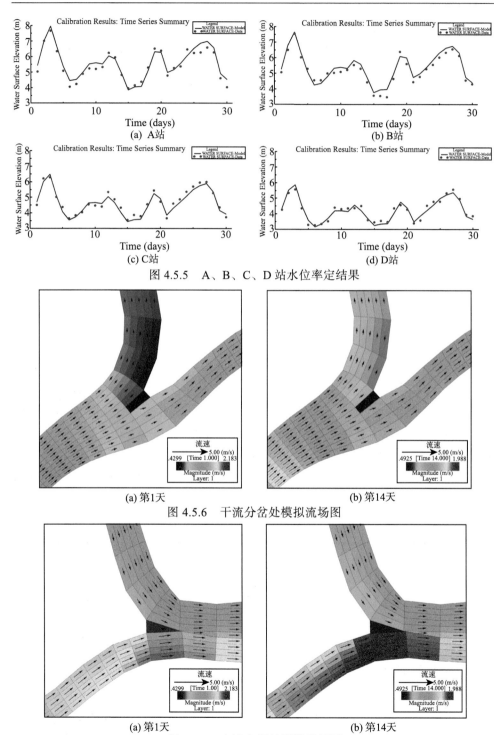

图 4.5.5　A、B、C、D 站水位率定结果

(a) 第1天　　　　　　　　　(b) 第14天

图 4.5.6　干流分岔处模拟流场图

(a) 第1天　　　　　　　　　(b) 第14天

图 4.5.7　支流交汇处模拟流场图

于长江流量很大，岸边排污口排放的污染物进入长江后被迅速稀释，在长江沿岸形成一条污染带，且随着时间的流逝，污染物浓度逐渐减小，说明长江的稀释和自净能力在一定程度上削减污染物对水质的影响程度和范围。

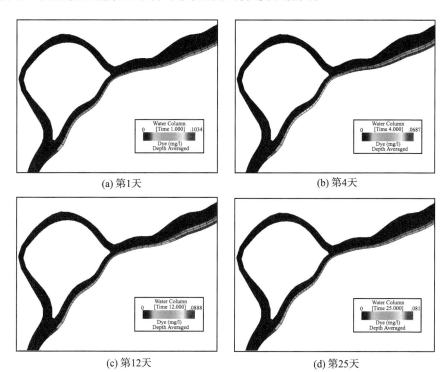

(a) 第1天   (b) 第4天

(c) 第12天   (d) 第25天

图 4.5.8 污染物浓度的空间分布

4.6 模型使用小结

以长江感潮河段的二维水动力模型案例为主，应用 EFDC 模型来模拟水位、流场和 Dye，从而分析感潮河段的水体受下泄流量与潮汐的综合影响情况和排污口排放的污染物在长江中的迁移特点。利用点位的实测水位数据校准验证水动力模型中的主要变量，模拟了水体流场和污染物迁移的时空分布规律。本案例的主要研究成果包括：通过 CVL 工具绘制二维曲线正交网格（详细内容请参考北京态图环境技术有限公司网站资料：www.tetoc.com）；基于 EFDC 模型，合理地模拟感潮河段中水动力的主要动态变化过程以及污染物的迁移规律。

案例模型使用的水位条件由长江监测站提供，在感潮河段的模拟中，水位的精度对水动力模拟的结果有很大的影响，因此在模型构建之初需收集大量高频次的监测数据，这对模型参数的率定验证和模拟结果的准确性十分重要。

参 考 文 献

[1] 钟茂初. 长江经济带生态优先绿色发展的若干问题分析[J]. 中国地质大学学报(社会科学版),2018(6):
    8-22.

[2] 王文才，李一平，杜薇，等. 长江感潮河段潮汐变化特征[J]. 水资源保护, 2017, （6）: 121-124.

[3] 孙晓峰，韩昌来，王如琦，等. 上海长江口取水口、排污口和水源地规划研究[J]. 人民长江, 2017, （14）:
    1-4.

[4] 陈明华，仲崇阳，张晓萌，等. 长江经济带城市污染排放分布动态及趋势[J]. 城市问题, 2018, （11）:
    37-48.

5 浅水湖泊水动力和富营养化模拟案例实训

本章将重点讲解浅水型湖泊水环境模型的构建步骤及相关模拟应用,包括水动力、富营养化(水质)和沉积物 3 个方面。案例均从网格划分、初始和边界条件设定、模型参数敏感性和不确定性分析、模型参数校验和模拟应用等方面展开。其中,5.1 节和 5.2 节是以太湖为例,分别构建太湖水动力和富营养化模型,以水龄的时空分布情况有效地评估引江济太调水工程对太湖的影响,以西部入湖河道两种不同营养盐负荷削减方案(包括总氮、总磷和叶绿素 a)进行情景模拟并预测不同方案下水质的变化。5.3 节以太湖流域另一代表性浅水湖泊——滆湖为例,详细讲解构建沉积物成岩模块以模拟沉积物底部连续释放的过程,并分析滆湖沉积物磷释放规律,预测入湖河道磷负荷变化、全湖总磷以及沉积物磷释放量的响应关系。

5.1 水动力模拟案例

5.1.1 项目概况

太湖是中国第三大浅水湖泊,总面积为 2338km^2,平均水深约 2.0m,具有蓄洪、供水、灌溉、航运、旅游等多方面功能,同时也是无锡和苏州等城市的供水水源地,其供水服务范围超过 2000 万人,占太湖流域总人口的 55%以上。太湖是典型的大型浅水湖泊,水动力过程主要受到风场的驱动,夏季主导风是东南风,冬季主导风是西北风,平均风速为 3.5～5m/s[1,2]。

随着环太湖圈经济的发展和对湖泊的不合理利用,如工业生产、围湖造田和沿岸发展渔业等,大量污水不断汇入太湖,使太湖生态系统逐步退化,水体自净能力下降,水质日趋恶化。自 2002 年 1 月以来,为了改善太湖水体水质和流域河网的水环境,确保流域供水安全,太湖流域实施了引江济太调水试验工程。该工程依据"以动治静、以清释污、以丰补枯、改善水质"的原则,依托望虞河、太浦河两项骨干工程,将长江水引入黄浦江上下游、杭嘉湖地区及沿太湖周边地区。然而,不同调水方案对太湖及周边水环境改善的效果难以评估,需要通过模型模拟计算不同工况下的结果来找到最优的调水方案。

太湖属于典型的大型浅水湖泊,其水动力过程与小型湖泊或深水湖泊有很大不同。由于"面大、水浅"的特点，水体受到上边界（"水-气"界面）和下边界（"水-土"界面）影响极大，导致这类湖泊的水动力过程复杂多变[3]。此外，湖泊水动力的模拟为预测污染物的迁移转化提供了基本的环境背景，模拟结果的优劣直接影响富营养化、泥沙等其他过程的模拟精度。由于太湖具有明显的风生流特征，表面流场与风向一致，而底层流场与表面流场的方向完全相反，为明显的补偿流，而且在风场作用下可产生垂直环流系统[4]。因此，使用简单的二维模型来研究太湖水动力不够精确，需要采用垂向分层的三维数学模型来模拟太湖水体的水动力情况。EFDC模型中的水动力、水质、水龄、拉格朗日粒子等功能模块满足研究要求。其中，水动力模块中的"水龄"模拟用来反映太湖水体被交换的快慢，水龄的时空分布用来评价调水工程对太湖的影响。

应用 EFDC 模型模拟和研究太湖水位、流量及水龄的响应关系，通过水龄的时空分布描述望虞河入湖水与太湖水体的交换快慢和交换程度，以此分析引江济太工程对太湖水动力过程的改善情况，评估引江济太调水工程对太湖的影响。

5.1.2　网格划分及时间步长确定

EFDC 模型可用网格主要有矩形网格和曲线正交网格，构建网格的方式主要有3 种：①使用软件自带的工具进行矩形网格划分；②使用 CVL 工具绘制曲线正交网格；③使用其他的工具，如 Delft RGFGrid、Seagrid 等第三方软件生成网格后导入。由于矩形网格具有生成快速、方便，并且计算速度快的特点，因此，本案例采用矩形网格。如果模拟区域边界为狭长形或较复杂，也可以采用曲线正交网格。

5.1.2.1　平面网格划分

利用 EFDC_Explorer8.3（EE8.3）生成矩形网格的具体步骤如下：

（1）单击工具栏中的"Generate new model"开始绘制网格。

（2）设置每个网格单元边长为 750m，即 $\Delta x=\Delta y=750m$；在"Set to Data"选择研究区域边界文件（p2d 格式，该格式文件可在地图软件，如 Google Earth 中描取边界后通过投影坐标转换获得）（图 5.1.1①），并将同一个边界文件导入"Active Cell Polygon"调整网格至所需的模型研究区（图 5.1.1②），先后点击"Update"和"Generate"，模型研究区域被划分为 4464 个矩形网格（图 5.1.2）。

5.1.2.2　垂向网格划分

（1）导入研究区域的底高程文件，选择"Domain→Initial Conditions & Bottom Roughness→Bathymetry→Assign"赋值底高程（图 5.1.3），可以选择"Flat Bottom"，并在文本框中输入河床高程，通过导入高程数据文件设置河床高程（图 5.1.4）。

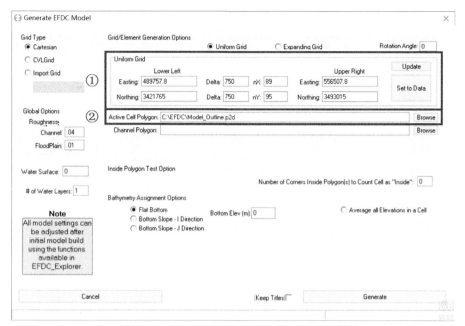

图 5.1.1 边界文件导入和网格设置

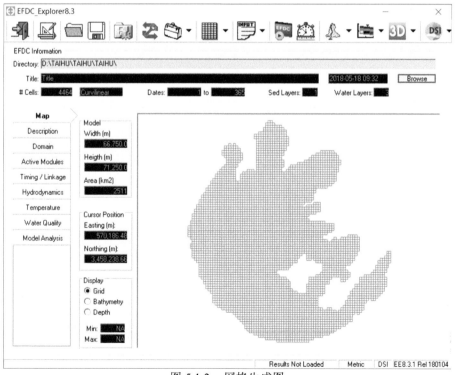

图 5.1.2 网格生成图

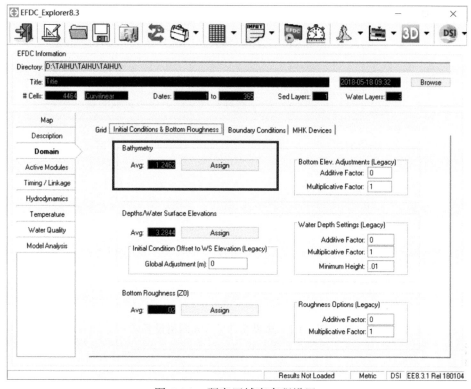

图 5.1.3 研究区域底高程设置

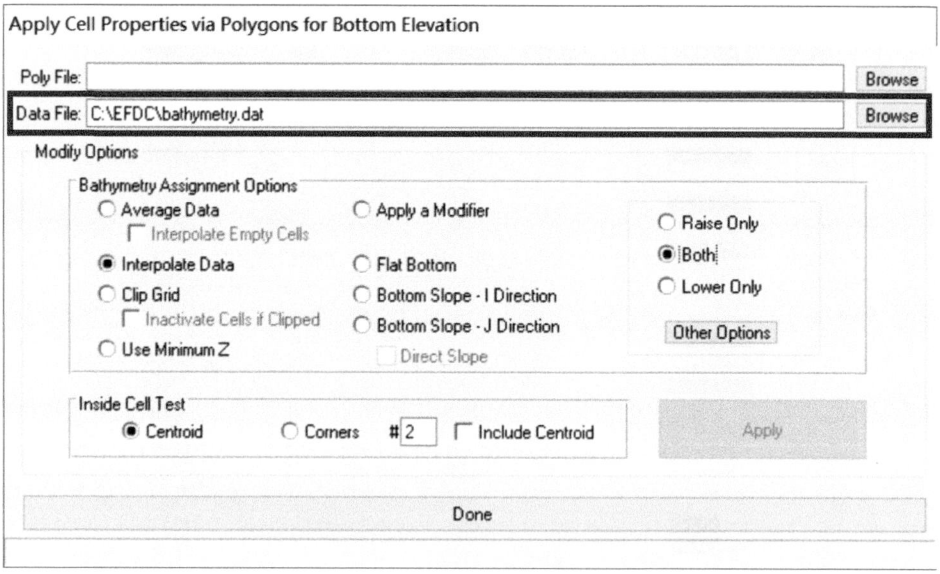

图 5.1.4 实测高程文件导入

（2）由于太湖湖底平坦，地形变化不剧烈，为了较好地模拟湖底地形，垂直方向采用 σ 坐标，平均分为 3 层。数值实验结果表明，垂向等分为 3 层，对于求解湖水垂向结构已经足够，且 5 层模型结果与 3 层模型结果差异不大。其中，网格的高度根据水深设置，网格的初始水深介于 0.5m（岸边）与 2.5m（湖心区）之间。同时，通过改变网格密度和插值方式使模型湖底坡度小于 0.33，以避免产生 σ 坐标带来的压力梯度误差[5]。选择 "Domain→Grid→Standard Sigma"，将层数改为 3（图 5.1.5），垂向网格分层图形如图 5.1.6 所示。注意，分层步骤可以在设置完边界条件后再进行，这样更方便输入边界条件时间序列数据。

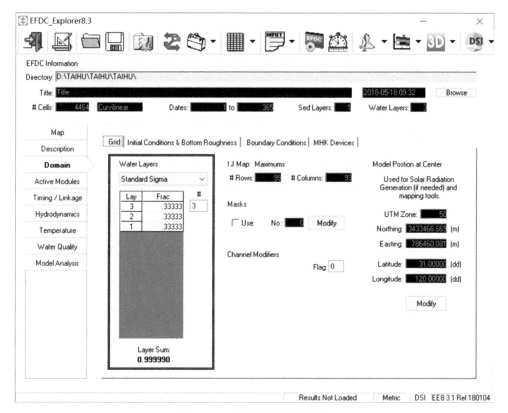

图 5.1.5　网格垂直分层选择

5.1.2.3　干湿水深设置

为了适应水位波动，尤其是浅水区域，需要在模型中设置干湿水深值。选择 "Hydrodynamics→Wetting & Drying"，勾选 "Use"，设置临界干水深为 0.05m（图 5.1.7）。

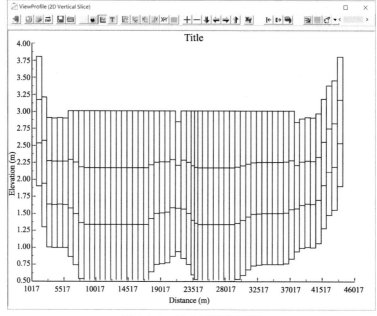

图 5.1.6　垂向网格分层图

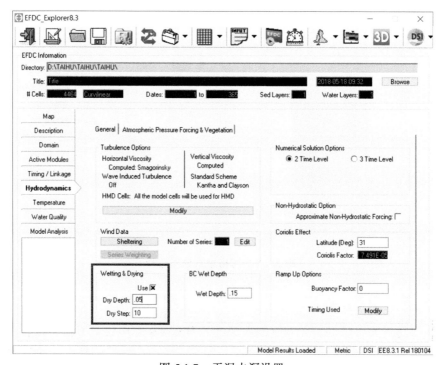

图 5.1.7　干湿水深设置

5.1.2.4　时间步长设置

水动力模块计算采用动态时间步长 10～100s。选择"Timing/Linkage",将"Time Step"设置为 10s(图 5.1.8①)。"Beginning Date/Time"为开始模拟的时间,"Duration of Reference Period"为指定的对项目描述有意义的一个基准参考时间段,通常将该参数设定为 24h 来作为基准参考时间段,通过设定基准参考时间段来决定模拟时间。结束时间则由开始时间和模拟时长计算得出。

"Dynamic Timestep Options"选项的子窗口可通过设定安全因子"Safety Factor"(0<安全因子<1)来获得变化的时间步长。通常情况下安全因子应小于 0.8,但有的运行过程中要求安全因子大于 1,而有的则要求小于 0.3。如果设为 0 则表示时间步长固定,本案例中设为 0.1(图 5.1.8②)。需要注意的是,自动时间步长必须是初始时间步长的倍数,将"Maximum Time Step"设置为 100s(图 5.1.8③)。

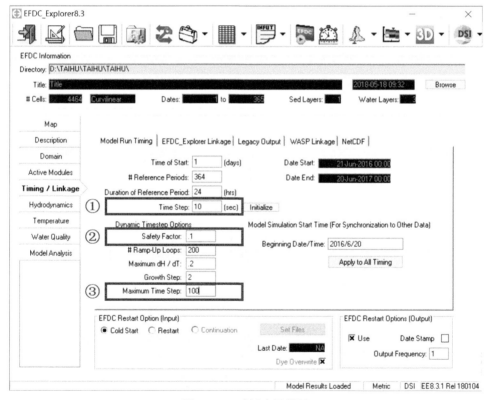

图 5.1.8　时间步长设置

5.1.3　边界条件设置

太湖是典型的风生流浅水湖泊,本模型中主要使用大气、表面风力和出入湖流量作为动力边界条件。其中，大气边界包括降水、气压、气温、太阳辐射、湿度、蒸发量以及云覆盖系数。使用的气象数据来自湖区周围的气象监测站，其中日降雨量数据来自湖区附近的 8 个雨量监测站获取数据的平均值。根据中国科学院太湖湖泊生态系统研究实验室的气象监测站（梅梁湾附近）得到每日的风速、风向数据，采用太湖夏季主导风向东南风，平均风速约为 5m/s。

太湖环湖进出河道约有 219 条，然而相对于太湖 2338km² 的面积，4.48×10⁹m³ 的蓄水量，环湖吞吐流对太湖整体湖流运动的影响比较小，太湖湖流运动主要受风浪的影响，太湖独特的地形地貌条件在不同的风向下形成不同的湖流环流运动，故模型中未考虑吞吐流对太湖湖流的影响，环湖河道只作为边界条件引入。由于太湖周边河道复杂多样，仅将较小的河流并入相邻的主河道，最后将主要河流概化为 30 条，沿顺时针依次编号 1～30，其简图如图 5.1.9 所示。流量边界值采用 2004～2005 年每月一次的流量数据。

图 5.1.9　研究区域概况与环湖河道图

EFDC 模型中是以逐个网格的形式来分配边界条件的，EE8.3 则可采用一个更基于物理空间的方式设定边界条件。在 EE8.3 中，可将边界网格进行逻辑分组，如一条河流入流、一个支流或是沿某一方向的一个开边界。创建边界组，给各组命名，并对所有包含在同一个组分里的网格进行赋值（通过手动操作或多段线/多边形控制），实现边界条件的设定。边界组的信息则存储在项目目录中的 EFDC.EE 文件。当 EE8.3 加载一个项目而无现存分组时，则会根据网格的边界条件类型和所在位置对已存在的边界网格进行分组。在一个组内，流量、水位和压力设置可以按逐个网格通过系数进行调整。

5.1.3.1　设置流量边界

（1）选择"Domain→Boundary Conditions"，EFDC 模型中的边界条件都包含在"Number of Input Tables and Series"中（图 5.1.10）。已定义的选项及其时间序列显示在按钮标签"E"中。

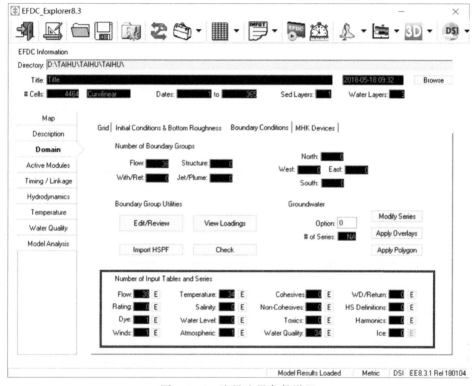

图 5.1.10　流量边界条件设置

（2）点击"Flow"对应的"E"按钮，设置"Number of Series"为 30，表示设定输入 30 组流量时间序列数据（图 5.1.11①），"Current Series"显示的是当前正在编辑的数据组，在右侧输入流量时间序列数据（图 5.1.11②），点击"OK"完成一组边界数据的输入。需要注意的是，输入数据的天数不能小于模型计算的天数。通过"Current"（图 5.1.11③）可以看到当前数据的时间–流量图（图 5.1.12）。

5.1.3.2　设置大气边界

采用与 5.1.3.1 节同样的步骤设置大气边界，点击图 5.1.10 中"Atmospheric"对应的"E"按钮，打开大气边界的时间序列输入窗口。输入参数的具体说明在输入框上方（图 5.1.13①）。

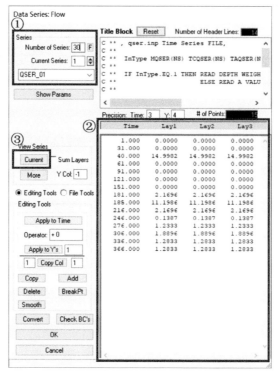

图 5.1.11　流量边界条件时间序列数据输入

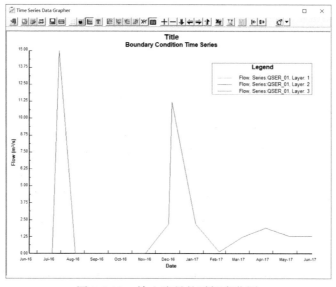

图 5.1.12　输入流量的时间变化图

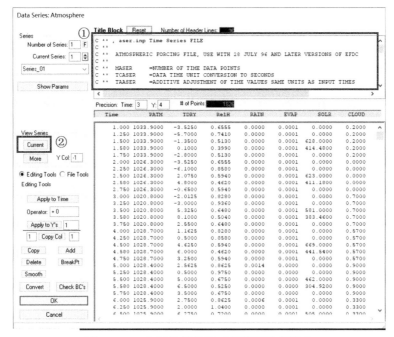

图 5.1.13　大气边界条件时间序列数据输入

同样，单击"Current"（图 5.1.13②）得到大气边界各参数随时间变化的曲线（图 5.1.14（a）），大气边界有 7 个参数，分别为大气压强、温度、相对湿度、降雨量、蒸发量、太阳辐射和云覆盖。如果只需要显示 1 个参数的图，右击图例，弹出"Line options and Controls"窗口，选中不需要显示的参数（图 5.1.15①），点击"Delete"（图 5.1.15②）。以只显示大气压随时间变化曲线为例，其显示结果如图 5.1.14（b）所示。

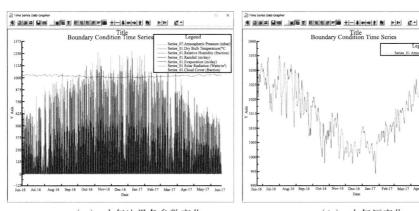

（a）　大气边界各参数变化　　　　　　　（b）　大气压变化

图 5.1.14　大气边界参数随时间变化图

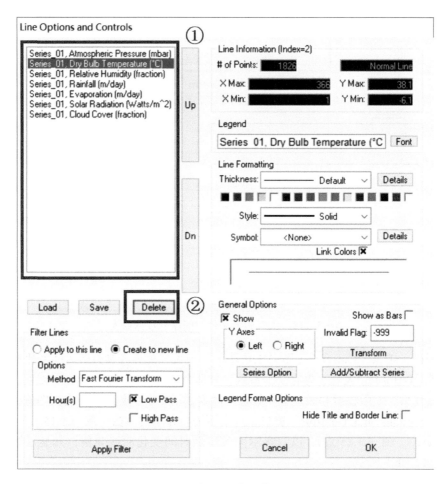

图 5.1.15　折线图类型修改窗口

5.1.3.3　设置风场边界

点击图 5.1.10 中"Winds"对应的"E"按钮，打开风场边界的时间序列输入窗口。在风场时间序列数据输入窗口中，选择"Show Params"（图 5.1.16（a）①）设置风场系列站点的坐标。EE8.3 利用数值栏中的 X，Y 坐标显示风场位置。如果没有输入 X，Y 值，EE8.3 将根据提供的经纬度自动计算 X，Y 坐标。注意，如果两者都输入数据，EE8.3 将以 X，Y 坐标为准，还可以设置站点的风速计高度（图 5.1.16（b）），本案例设置的是 10m。通过"Wind Rose"（图 5.1.16（a）②）可以显示风玫瑰图（图 5.1.17）。

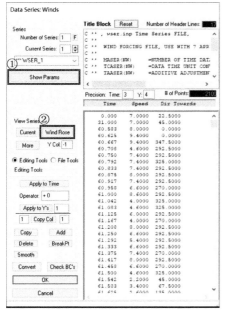 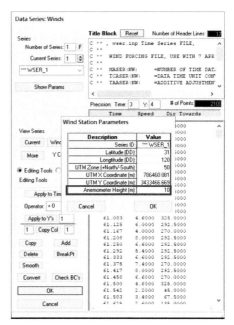

（a）　风场系列站点坐标设置　　　　　　　（b）　风速计高度设置

图 5.1.16　风场边界条件时间序列数据输入

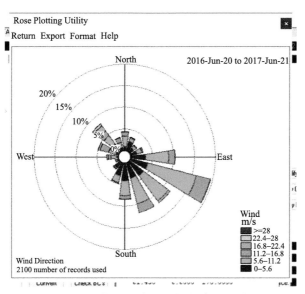

图 5.1.17　风场时间序列文件创建的风玫瑰图

5.1.3.4　边界位置与类型设置

完成时间序列数据的输入之后，需要将各数据赋值到对应的边界网格中，选择工具栏中的"View 2D plan of Grid & Data"。

选择"Viewing Opt's"为"Boundary C's"（图 5.1.18①），勾选"Enable Edit"（图 5.1.18②），右击需要设置边界条件的网格，选择"New"，输入"Boundary Group ID"后，选择"Boundary Type"为 1（图 5.1.19），在编辑窗口"Flow Assignment"中选择对应的流量序列（图 5.1.20）。

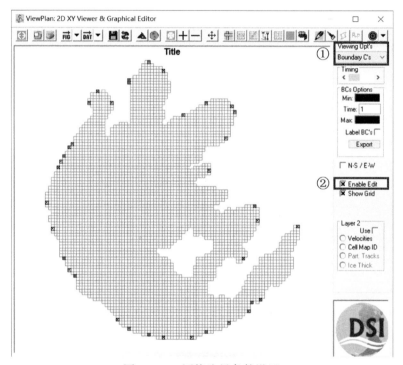

图 5.1.18　网格边界条件设置

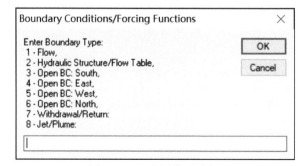

图 5.1.19　边界类型选择

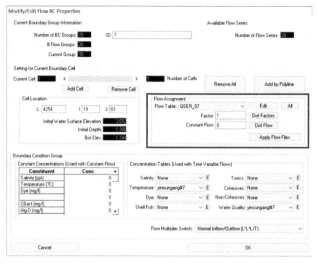

图 5.1.20　流量边界位置与时间序列关联选项

5.1.4　初始条件设置

本案例设置水位、流量、流场的初始条件。在假设湖面水平条件下，初始水位设置为模拟时段第 1 天的平均值，水深是根据水位和湖底高程得出的，并且设置初始流速为 0m/s。

5.1.4.1　初始水位设置

选择 "Domain→Initial Conditions & Bottom Roughness→Depth/Water Surface Elevations→Assign"（图 5.1.21），设置水位的初始值为常数（图 5.1.22）。

图 5.1.21　设置初始水位

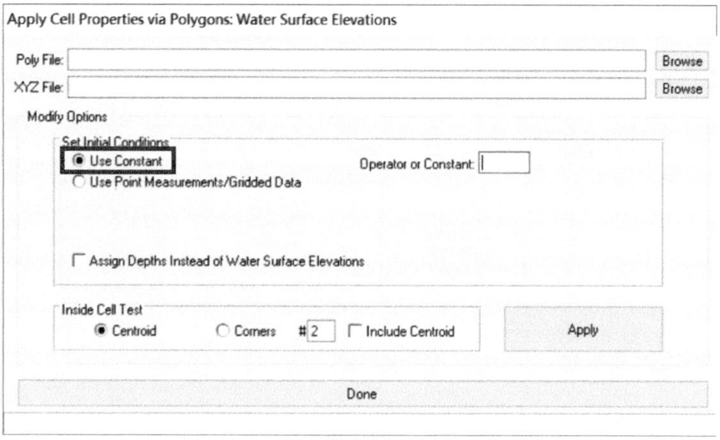

图 5.1.22　设置初始水位为常数

5.1.4.2　激活水龄模块

水龄的计算需要激活 EE8.3 中计算水龄的模块。设置与 4.4.2 节中描述基本相同。

5.1.5　模型参数不确定性和敏感性分析

本案例中水动力过程复杂，模拟难度较大，模拟的准确度与模型参数的正确取值有直接关系。对模型参数进行不确定性和敏感性分析，可以有效识别对模拟输出结果影响较大的参数，提高参数率定过程的效率，指导监测工作有针对性地开展，这已成为建模工作的必要步骤。

5.1.5.1　参数不确定性和敏感性分析方法

1）LHS（Latin hypercube sampling）方法

LHS 方法是一种分层的蒙特卡罗抽样方法（Monte Carlo sampling，MCS），并且避免了蒙特卡罗方法的坍塌性[6]，大大提高了抽样的代表性和效率，是分析模型参数不确定性的有力工具[7]。LHS 方法是对 K 个参数，每个参数在其取值范围内划分为 N 层，被抽取的变量落入每层的概率为 $1/N$，参数值从每层中随机抽取；在第一个参数取值范围中抽取 N 个值，与第二个参数抽取的 N 个值随机配对，再与第三个参数随机配对，直到产生 N 个组合，每个组合有 K 个参数取值，用于模型的计算。

应用 LHS 方法大大缩减了模型运行的次数，一般认为，当抽样的次数 N 为参数个数 K 的 2 倍时，具有较好的准确性；Iman 和 Helton 研究认为抽样次数 N 为参数个数 K 的 4/3 倍时，就能产生准确的结果[8]。

2）不确定性统计分析方法

将 N 个经 LHS 方法得到的参数组合，代入模型进行计算，得到 N 个预测值；

将这 N 个预测值由小到大排列，分配给最小值的概率为 1/N，分配给次小值的累积概率为 2/N，从而以此类推得到预测值的经验分布函数，该函数可以提供由参数引起的预测值累积概率为 5%（下边界）和 95%（上边界）的不确定性空间分布。

3）敏感性分析方法

以标准秩回归方法[9]，计算输入参数和输出结果的秩回归系数（standardized rank regression coefficient, SRRC）和决定系数（R^2），公式如下：

$$\frac{(\hat{y}_i - \overline{y})}{\hat{s}} = \sum_{j=1}^{k} \left(b_j \hat{s}_j / \hat{s} \right) \left(x_{ij} - \overline{x}_j \right) / \hat{s}_j \quad i = 1, 2, \cdots, m \quad (5.1.1)$$

$$R^2 = \sum_{j=1}^{k} \mathrm{SRRC}_j^2 \quad (5.1.2)$$

式中，$\overline{x}_j$，$\hat{s}_j$ 分别为输入参数 x_j 的平均值和标准差；$\overline{y}$，$\hat{s}$ 分别为输出结果的平均值和标准差；系数 $(b_j \hat{s}_j / \hat{s})$ 是标准秩回归系数 SRRC，SRRC 越大，说明该参数越敏感，对模型不确定性的贡献率也越大；SRRC_j^2 为参数 j 对整个输出结果的贡献率；R^2 为表征输出结果不确定性回归模型分析的可行性程度，数值越大表示可行性也越大，一般认为大于 0.7 时，参数输入值和输出值具有强烈的回归关系，分析合理。

5.1.5.2 研究参数以及输出分析目标的确定

针对大型浅水湖泊的水动力特点，选择风拖曳系数（wind drag coefficient）、床面粗糙高度（roughness height）、涡流黏滞系数（eddy viscosity coefficient）、紊流扩散系数（turbulent diffusion coefficient）和风遮挡系数（wind shelter）等 5 个重要参数作为输入参数。假定参数符合均匀分布、正态分布、对数正态分布和三角分布，参数之间相互独立。根据已有文献的报道，确定了模型参数的最小值和最大值（表 5.1.1）。为了保证抽样结果的可靠性与代表性，以及节省计算时间，本案例利用 LHS 随机抽样生成 200 组参数，运行 200 次 EFDC 模型，得到 200 组特定目标的输出结果，研究 5 个参数对模型模拟结果的不确定性影响。由于太湖是典型的风生流湖泊，湖流垂向存在切变，风应力在浅水湖泊风生流的形成过程中起决定性作用，水位和流速受到风场条件影响极大，能较好地反映水动力变化过程。因此选取水位和垂向三层流速（表层、中层和底层）作为模型特定的模拟目标，即为模型的输出。

表 5.1.1 模型输入参数的范围

序号	参数符号	参数名称	最小值	最大值
1	Cs	风拖曳系数	5×10^{-4}	5×10^{-3}
2	Z_0	床面粗糙高度	5×10^{-3}	5×10^{-2}
3	ε	涡流黏滞系数	0.1	10
4	A	紊流扩散系数	1	100
5	Ws	风遮挡系数	0.5	1

5.1.5.3　模型参数不确定性和敏感性分析的主要步骤

（1）选取主要参数，确定各个参数取值范围以及 LHS 抽样函数分布。

（2）基于估计的参数分布和范围，利用 LHS 生成 200 组随机参数组合。

（3）对 LHS 生成的每一组参数组合，运行 EFDC 太湖水动力模型，输出模型结果（水位和三层流速）。

（4）评估参数不确定性对输出目标值不确定性的影响。

（5）采用标准秩回归法进行参数全局敏感性分析，估算每个参数对模型结果不确定性的相对贡献率。

5.1.5.4　模型参数不确定性分析结果与讨论

选择模型输出的水位值和流速作为输出目标，分析 200 组参数的组合对模拟目标的影响。参数不确定性是以模拟目标值的均值、不确定边界（5%和95%百分位值）以及方差来进行量化描述。

1）以水位为输出目标

由 200 组 5 个参数 LHS 抽样组合对水位产生的不确定性结果（图 5.1.23）表明，几个典型湖区的平均水位和5%、95%百分位值呈现较大的空间差异性。西北湖区分别为 3.04m、3.01m 和 3.09m；竺山湾分别为 3.05m、3.01m 和 3.10m；湖心区分别为 3.01m、3.00m 和 3.04m；东太湖分别为 2.90m、2.83m 和 2.98m。由于受东南风的影响，水位大致呈现由东南方向至西北方向逐渐壅高的趋势，西北湖区、梅梁湾、竺山湾水位值最大，而东太湖水位值相对较小。各种频率的水位空间分布特征各不相同，95%水位空间分布沿着风场的方向变化梯度最大，水位均值空间变化梯度次之，5%水位空间变化梯度最小。5%水位值 < 水位均值 < 95%水位值，表明参数不确定性对水位模拟结果的不确定性有显著影响。各个湖区 200 组水位方差的分布量化参数不确定性对水位模拟结果不确定性的影响见图 5.1.23（d）。方差值越大说明参数对水位计算结果产生的不确定性也越大。水位变化方差主要呈现由湖心区向西北湖区和东南湖区逐渐变大的趋势，变化范围为（0.01，0.06）。湖心区、贡湖和东部湖区受到的不确定性影响较小，竺山湾、东太湖和梅梁湾受到的不确定性最大。综上，当水位为输出目标时：①湖湾区受到的不确定性明显大于湖心敞水区；②湖湾敞口与风向一致的半封闭湖湾区的不确定性大于其他湖湾区；③不确定性与风吹程有关；④边界地形较为复杂的湖湾区受到的不确定性较大。因此，湖湾的形状、湖泊岸线复杂程度、周边风场是产生湖泊水位不确定性的重要原因。

2）以流速为输出目标

由 200 组 5 个参数 LHS 抽样组合对表层流速产生的不确定性结果（图 5.1.24）表明，几个典型湖区的表层流速均值和5%、95%百分位值同样具有较大的空间变化，西北湖区分别为1.59cm/s、1.02cm/s 和 2.23cm/s，竺山湾分别为1.54cm/s、0.48cm/s

和 1.90cm/s，湖心区分别为 1.22cm/s、0.47cm/s 和 1.98cm/s，东太湖分别为 0.75cm/s、
0.30cm/s 和 1.23cm/s。各种频率下表层流速空间变化梯度各不相同，并且 5% 的流
速值 < 平均值 < 95% 的流速值，这说明参数不确定性对表层流速模拟结果产生较大
的不确定性。由图 5.1.24（d）可知，表层流速的最大值为 8cm/s，主要出现在太湖
东部湖区，同时不确定性也很大，方差为 0.829 左右，说明在这个区域表层流速受
到参数影响较大。东太湖和西南湖区受到参数不确定性的影响较小。不同参数组合
对各个湖区表层流速产生很大的影响，不确定性方差范围为 [0，1.6]。表层流速与
水位（图 5.1.23）不确定性空间分布的形式不同，参数组合对表层流速产生的不确
定性远大于对水位产生的不确定性，说明针对不同的模拟目标，产生的不确定性区
域以及不确定性大小也不同。当以表层流速为输出目标时：①风吹程越大，湖区的不
确定性越大；②岸线复杂的湖区不确定性较大。因此，湖泊岸线和风场是表层流速
不确定性的重要影响因子。

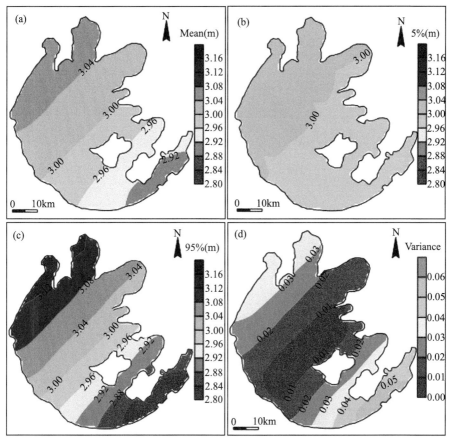

图 5.1.23　模拟水位均值（a）、5%（b）和 95%（c）百分位值、方差（d）

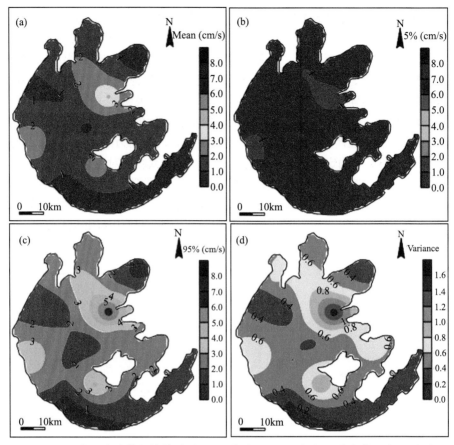

图 5.1.24　表层流速模拟均值（a）、5%（b）和 95%（c）百分位值、方差（d）

对中层和底层流速进行 LHS 抽样统计分析，不确定性结果见图 5.1.25。由图可知，大型的浅水湖泊由于受到风生流的影响，垂向存在切变，各层流速差异较大，表层平均流速最大，底层次之，中层最小。其主要原因为：在稳定阶段，水面倾斜的负反馈作用最大，因而在垂直方向受到 3 个不同力的直接影响程度不同，可划分为 3 个不同的区域，它们自表层到底层依次由风应力影响区过渡到湖底摩擦力影响区，流速自表层到底层逐渐减小，到风应力与压强梯度力影响平衡区，流速达到极小值，往下过渡到压强水平梯度力占优区域，流速逐渐加大，并继续偏转，到达极大值区域压强梯度力的影响与湖底摩擦力影响达到平衡，再往下进入湖底摩擦力影响占优区，流速逐渐减小。根据中层和底层流速的变化方差可知，表层流速受到参数不确定性影响最大，底层次之，中层最小。可能是由于表层和底层受到风场参数和底部床面粗糙高度参数的影响较大，而中层流速受到风场与湖底摩擦力综合作用，导致中层流速受到参数不确定的影响较小。综上所述，风场和湖底地形是影响各层流速不确定性的重要因素。

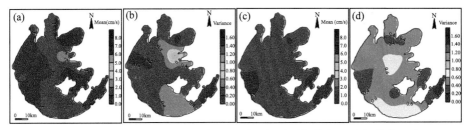

图 5.1.25　中层（(a)、(b)）与底层（(c)、(d)）模拟流速的均值和方差

5.1.5.5　模型参数敏感性分析结果与讨论

1）以水位为输出目标

对输入参数组合和输出目标水位值进行标准秩回归分析，结果如图 5.1.26 所示。由图 5.1.26（f）可以得出，决定系数 R^2 有 84.61% 的点位都是大于 0.9 的，则表明 200 组参数组合对于水位为输出目标的回归分析是可行的。从图 5.1.26（a）和表 5.1.2 可知，风拖曳系数 $SRRC^2$ 值为 60%~70%，风拖曳系数对水位结果变化很敏感，风拖曳系数不确定性对模拟结果的不确定性有显著贡献。由 5.1.26（e）和表 5.1.2 可知，风遮挡系数的 $SRRC^2$ 值为 20%~30%，因此，风遮挡系数也是一个敏感参数。两个风场参数不确定性对整个太湖水位不确定性的贡献率占有绝对主导地位。各个湖区床面粗糙高度、扩散系数、黏滞系数的 $SRRC^2$ 值基本接近于 0，即表明床面

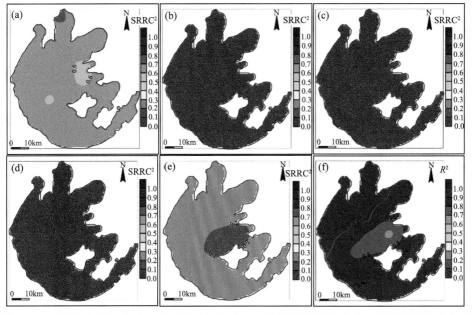

图 5.1.26　风拖曳系数（a）、床面粗糙高度（b）、涡流黏滞系数（c）、紊流扩散系数（d）和风遮挡系数（e）等 5 个参数对水位不确定性的 $SRRC^2$ 值和回归 R^2 值（f）的影响

粗糙高度、紊流扩散系数、涡流黏滞系数对于模拟水位而言，敏感性相比风场参数稍差，并且参数不确定性对结果变化的贡献率在 1% 以下（表 5.1.2）。5 个参数不确定性对模拟水位结果不确定性的贡献率排序为：风拖曳系数（60%～70%）>风遮挡系数（20%～30%）>床面粗糙高度 ≈ 涡流黏滞系数 ≈ 紊流扩散系数（<1%）。所以，以太湖水位为模拟目标时，湖泊周围的风场和周边地形对水位不确定性的贡献最为显著，即水位结果对风场参数最为敏感。

表 5.1.2　不同参数分布的敏感性分析结果

输出目标	参数分布	参数贡献量	贡湖湾	梅梁湾	竺山湾	西北湖区	西南湖区	东太湖	东部湖区	中心湖区
水位	均匀分布	Cs SRRC^2	0.649	0.688	0.691	0.684	0.656	0.691	0.631	0.650
		Ws SRRC^2	0.265	0.266	0.271	0.262	0.265	0.266	0.228	0.233
	正态分布	Cs SRRC^2	0.602	0.682	0.694	0.675	0.629	0.686	0.589	0.584
		Ws SRRC^2	0.268	0.274	0.267	0.272	0.255	0.278	0.215	0.235
	对数正态分布	Cs SRRC^2	0.694	0.751	0.762	0.751	0.733	0.776	0.657	0.644
		Ws SRRC^2	0.200	0.202	0.212	0.214	0.216	0.173	0.134	0.133
	三角分布	Cs SRRC^2	0.688	0.752	0.752	0.745	0.688	0.760	0.663	0.667
		Ws SRRC^2	0.143	0.164	0.177	0.171	0.164	0.175	0.153	0.138
表层流速	均匀分布	Cs SRRC^2	0.701	0.679	0.725	0.670	0.643	0.646	0.706	0.671
		Z_0 SRRC^2	0.055	0.081	0.030	0.087	0.112	0.099	0.038	0.083
		Ws SRRC^2	0.205	0.230	0.230	0.219	0.211	0.237	0.245	0.212
	正态分布	Cs SRRC^2	0.676	0.603	0.680	0.621	0.624	0.614	0.663	0.658
		Z_0 SRRC^2	0.062	0.131	0.050	0.115	0.102	0.093	0.057	0.080
		Ws SRRC^2	0.228	0.227	0.242	0.224	0.223	0.246	0.254	0.229
	对数正态分布	Cs SRRC^2	0.770	0.773	0.731	0.780	0.717	0.740	0.750	0.754
		Z_0 SRRC^2	0.054	0.056	0.046	0.066	0.120	0.048	0.067	0.065
		Ws SRRC^2	0.161	0.143	0.196	0.148	0.111	0.190	0.178	0.152
	三角分布	Cs SRRC^2	0.772	0.707	0.774	0.722	0.708	0.685	0.750	0.746
		Z_0 SRRC^2	0.051	0.100	0.041	0.096	0.100	0.098	0.046	0.073
		Ws SRRC^2	0.160	0.163	0.167	0.165	0.152	0.162	0.172	0.165

注：敏感性分析小于 1% 未列出。

2）以流速为输出目标

对输入参数组合和输出目标表层流速进行标准秩回归分析，结果见图 5.1.27。由图 5.1.27 可知，决定系数 R^2 有 96.15% 的点位都大于 0.9，可以反映出标准秩回归分析是非常可行的。风拖曳系数（图 5.1.27（a））对表层流速不确定性的贡献率在不同湖区有不同程度的影响，对湖心区和风吹程大的湖区不确定性贡献率比较大。例如，对湖心区和竺山湾的贡献率分别为 73.3% 和 72.5%。风拖曳系数 SRRC^2 值在

60%~75%，说明风拖曳系数的不确定性对表层流速不确定性贡献率非常大，即风拖曳系数对于表层流速是最为敏感的参数。由图 5.1.27（e）表明，风遮挡系数对在太湖西南岸靠近梅梁湾区域表层流速不确定性的贡献率相比其他区域略小，风遮挡系数的贡献率一般在 20% 左右。图 5.1.27（b）反映床面粗糙高度对不确定性的贡献率主要表现在西南湖区，贡献率为 11.2%，其他区域次之。床面粗糙高度对表层流速不确定性的贡献率一般在 2%~12%。由图 5.1.27（c）和（d）可知，涡流黏滞系数和紊流扩散系数对不确定性的贡献率很小，SRRC^2 值几乎为 0，表明这两个参数在模型率定验证过程中很不敏感，一般可设为常数，这与很多文献的观点是一致的[10,11]。这 5 个参数对流速不确定性的贡献率排序为：风拖曳系数（60%~75%）>风遮挡系数（20%）>床面粗糙高度（2%~12%）>涡流黏滞系数≈紊流扩散系数（<1%）。表层流速不确定性主要依赖于风场、周边地形和湖底地形，也就是说，表层流速为输出目标时不确定性是风拖曳系数、风遮挡系数和床面粗糙高度共同作用的结果。

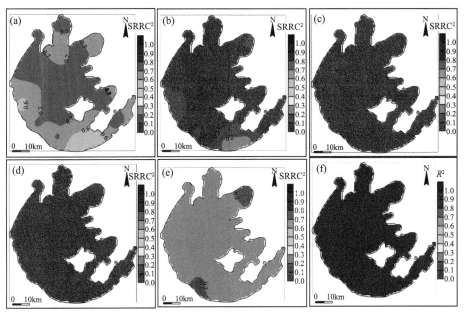

图 5.1.27 风拖曳系数（a）、床面粗糙高度（b）、涡流黏滞系数（c）、紊流扩散系数（d）和风遮挡系数（e）等 5 个参数对于表层流速不确定性的 SRRC^2 值和回归 R^2 值（f）的影响

比较湖泊垂向三层流速受参数不确定性的影响。将这 5 个参数对各层流速不确定性贡献率在整个太湖上做平均，衡量参数对每层流速不确定性影响的重要性。计算各层各个参数贡献率的标准方差，衡量参数对各层流速不确定性贡献率在各个湖区的变化（图 5.1.28）。各层的决定系数 R^2 的平均值都在 0.9 以上，说明参数与各层流速之间的回归系数是可行的。两个风场参数（风拖曳系数和风遮挡系数）对各

层流速不确定性的贡献率都非常大，分别为55%～65%和18%～22%。在垂直方向上，两个风场参数对表层流速不确定性贡献率最大，中层次之，底层最小。湖底床面粗糙高度对流速不确定性影响的贡献率一般为7%～20%，在垂直方向上，与风场参数的结果相反，湖底床面粗糙高度对底层流速不确定性贡献最大，中层次之，表层最小。这是由于湖流从上往下受到风场和湖底床面粗糙高度的影响，表层流速风场占主导因素，越往下，流速受到湖底摩擦力影响越大。涡流黏滞系数和紊流扩散系数对各层流速不确定性的贡献率变化很小，而且都小于1%。由图5.1.28（b）可以看出，风拖曳系数和湖底床面粗糙高度对每层流速不确定性贡献率的标准方差很大，说明这两个参数对各层流速不确定性的贡献率在空间上呈现很大变化。对于大型浅水湖泊，流速不确定性主要是由于风场参数和湖底床面粗糙高度参数引起的，并且对各个湖区流速不确定性贡献率差异很大。

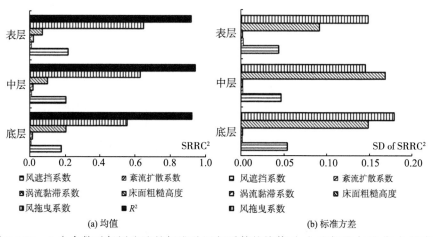

图 5.1.28　5个参数对每层流速的标准秩回归系数的均值（a）和标准方差（b）的变化

5.1.5.6　模型参数不确定性和敏感性分析结论

（1）针对大型浅水湖泊，湖泊的岸线和湖湾形状、湖底地形、湖泊周围地形、湖泊水面风场对模拟结果产生决定性影响。对于水位，湖湾区尤其是湖湾敞口与风向一致的半封闭湖湾区、风吹程较长以及岸线比较复杂的湖区受到的不确定性较大；对于流速，风吹程越长和湖泊岸线越复杂的湖区受到的不确定性越大，并且在垂直方向上表层流速受参数不确定性影响最大，底层次之，中层最小。

（2）以大型浅水湖泊水位为模拟目标时，风场参数是模拟水位变化的最敏感参数，即湖泊周围的风场和周边地形对水位不确定性的贡献最为显著。

（3）以大型浅水湖泊流速为模拟目标时，风场、周边地形和湖底地形对流速不确定性起主导作用，也就是说风拖曳系数、风遮挡系数和床面粗糙高度是敏感参数；在垂直方向上，风场参数对表层流速不确定性贡献率最大，中层次之，底层最小，而底部床面粗糙高度则刚好相反。

（4）针对大型浅水湖泊水动力过程，涡流黏滞系数和紊流扩散系数对湖泊水动力过程影响不大。在模型率定验证过程中，可将涡流黏滞系数和紊流扩散系数定为常数。

（5）对于大型浅水湖泊水动力模型，在选择模型参数时，要充分考虑湖泊岸线和周围地形的情况，特别是与风场相关的参数（风拖曳系数和风遮挡系数）以及底部粗糙高度，要仔细选取参数。

（6）经计算检验，对于不同的参数密度函数分布，模拟水位均值和方差的分布与数量级都十分相似，参数取样不同的分布函数会导致最终参数对模拟结果不确定性的贡献率略有不同，但主要敏感性参数的排序基本一致。

5.1.6 模型的率定和验证[*]

通过模型参数不确定性和敏感性分析结果，以及相关参数的野外监测值和相关文献，得到率定验证的风场参数和底部床面粗糙高度等，其中风拖曳系数取 3×10^{-3}，风遮挡系数取 1，底部床面粗糙高度 Z_0 取 0.02m。

5.1.6.1 模型率定步骤

（1）"Model Analysis"选项卡中提供 EE8.3 可用的模型率定选项："Time Series Comparisons"是时间序列对比、"Correlation Plots"是相关图、"Vertical Profile Comparisons"是垂直剖面对比。选择"Time Series Comparisons→Define/Edit"（图 5.1.29），打开"Calibration Tools: Time Series Comparisons"窗口（图 5.1.30）。

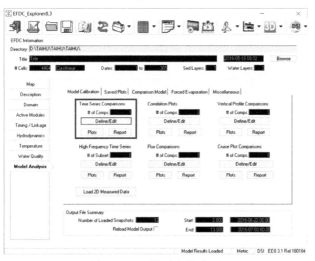

图 5.1.29 模型率定选项

---

[*] 模型的率定和验证仅节选了典型的数据。

（2）在"Calibration Tools: Time Series Comparisons"窗口中，"Number of Time Series"时间序列数目显示为"0"，要定义或添加/删除链接，在该窗口输入需要的链接数，这里输入 1（图 5.1.30①），下方会显示与所输入数字相对应的行数。计算数据–实测数据链接数，且可以随时修改。

（3）通过"Get I & J"可以输入 X 和 Y 值，确定相应的 I 和 J 值（图 5.1.30②），选中"ID"后，在下方框中输入当前链接的 ID，右击"Pathname"区域，可以选择用来率定的实测数据的文件路径（图 5.1.30④），在"Param"输入参数代码可从模型中提取与相应数据文件中包含的数据进行对比的数据（图 5.1.30⑤），右击"Param"区域后，弹出各代码代表的参数（图 5.1.31），先率定水位，因此点击"Param"区域后，在下方输入框中输入"–1"（图 5.1.30③）。

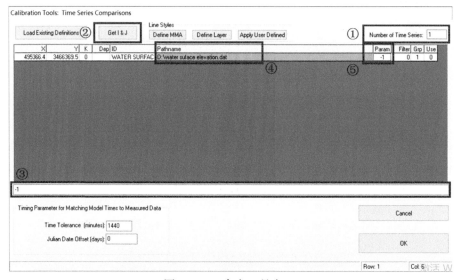

图 5.1.30　率定工具窗口

（4）回到"Model Analysis"窗口，选择"Time Series Comparisons→Plots 或 Report"就可以得到率定结果（图 5.1.29）。

5.1.6.2　率定结果

通过 2005 年全年太湖 4 个监测点（太浦口、夹浦、小梅口和西山）的水位实测值和模拟值比较图（图 5.1.32）可知，大浦口水位平均误差、平均绝对相对误差为 0.001m、0.09m；夹浦水位站点分别为–0.079m、0.11m；小梅口水位站点分别为–0.073m、0.11m；西山水位站点分别为–0.023m、0.06m，具体见表 5.1.3。结果表明，模拟水位与太湖 4 个监测站（大浦口、夹浦、小梅口和西山）的实测值吻合较好，这 4 个站点的平均误差都较小，绝对误差小于 0.11m（表 5.1.3），说明模型的

图 5.1.31　率定参数对应代码

模拟结果能够比较好地反映湖区的水位变化。此外，通过 2005 年 3 月和 8 月实测流场与模拟流场的对比（图 5.1.33），可以发现实测流场与模拟流场的环流形状基本相同，流速的大小比较接近，环流的大小和方向也比较一致。

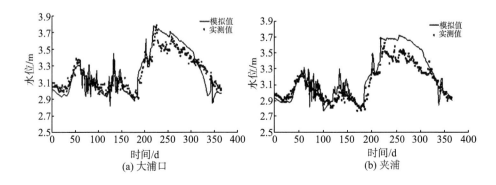

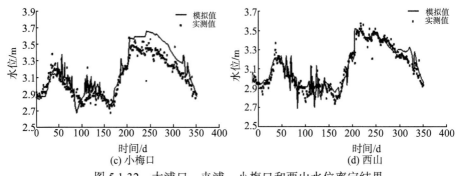

(c) 小梅口   (d) 西山

图 5.1.32 大浦口、夹浦、小梅口和西山水位率定结果

表 5.1.3 太湖水位分析统计表 （单位：m）

湖区（监测站点）	水位	
	平均误差	平均绝对误差
大浦口	0.001	0.09
夹浦	−0.079	0.11
小梅口	−0.073	0.11
西山	−0.023	0.06

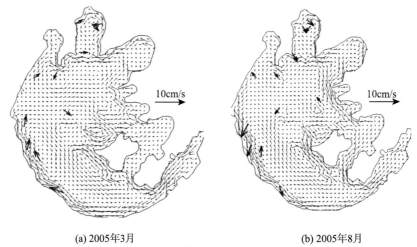

(a) 2005年3月   (b) 2005年8月

图 5.1.33 实测流场与模拟流场对比图

5.1.7 情景模拟方案

为了研究调水量对水龄的影响，设计了 15 个方案（表 5.1.4）进行计算。方案 1 的计算采用 2005 年观测的流量和风场，分析 2005 年的情况；方案 2 仍使用 2005 年的流量数据，风场为无风状态，并假设没有调水的情况；方案 3~6 考虑了望虞河在没有其他出入湖支流的理想状态，风场状态也为无风，根据 2005 年的实测值，方案中 50m³/s、100m³/s、150m³/s 和 200m³/s 分别代表望虞河低、中、高和极高流

量；方案 7~14 设置 8 个不同方向的风场来模拟风向对湖体水龄的影响；方案 8 和方案 15 分别计算东南风（夏季主导风向）风速为 5m/s、2.5m/s 情况下风速对湖体水龄的影响。所有方案都采用相同的模型和参数进行计算，计算时间为 365d。

表 5.1.4　模型计算工况表

方案	流量/（m³/s）			风场
	望虞河	太浦河	其他支流	
1	2005 年观测值	2005 年观测值	2005 年观测值	2005 年观测值
2	2005 年观测值	2005 年观测值	2005 年观测值	无风
3	50	50	无流	无风
4	100	100	无流	无风
5	150	150	无流	无风
6	200	200	无流	无风
7~14	100	100	无流	风速 5m/s，风向 E、SE、S、SW、W、NW、N、NE
15	100	100	无流	风速 2.5m/s SE

5.1.8　模拟结果与讨论

5.1.8.1　环湖河道对太湖水龄的影响

为了研究环湖河道对水龄的影响，在模型中假设风场为无风，其他条件与方案 1 相同的情况下进行模拟。夏天大流速和冬天小流速的情况用第 219 天和第 365 天的水龄来表示。冬季和夏季的结果都表明，竺山湾、西北湖区、贡湖和梅梁湾等地区水龄较小。这些湖区都与主要入流河流相连接，并且水龄沿太湖入口到湖心依次增大。湖心区、东部湖区和东太湖湾的部分区域的水龄较大。湖体中最小的水龄小于 10d，而最大的水龄超过 350d，这说明入流支流对水龄的分布有着很大的影响，尤其是在河道的入湖口处；另外也说明湖体水龄存在着很大的时空分异性，不同湖区的水龄存在很大的差别。这种差别主要与入湖河道的位置和风场等因素密切相关。

5.1.8.2　引江济太工程对太湖水龄影响

为了评估引江济太工程对太湖水动力改善的效果，结合目前的实际操作流量，本案例考虑了望虞河以 4 种不同流量入湖的情况：50m³/s、100m³/s、150m³/s 和 200m³/s（方案 3~6，表 5.1.4），并假设没有风场的影响，除了望虞河和太浦河外，没有其他支流入湖。为保持湖泊水位变化幅度不大，各方案中太浦河的流量与望虞河保持一致。模型除了表 5.1.4 所列的驱动条件不同之外，其他条件和参数设置与方案 1 相同，模拟时长均为 365d。

第 365 天的结果（模型模拟的最后一天）表明（图 5.1.34），分别对应望虞河流速为 50m³/s，100m³/s，150m³/s 和 200m³/s 的情况，湖区水龄平均值小于 360d 所占的百分比分别为 26%，53%，71% 和 78%。该比例随着望虞河引水流量的增加而升高，说明水量越大，交换越快。然而，比例变化的幅度在不同的方案下也不尽相同。从图 5.1.34（a）～（d）可以看出，当望虞河入湖流量从 50m³/s 到 200m³/s，以 50m³/s 的幅度增加时，水龄小于 360d 的区域所占比例分别增加了 27%，18% 和 7%。可见，当望虞河引水量从 50m³/s 增加到 100 m³/s 时变化率最大，而从 150m³/s 增加到 200m³/s 时变化率最小。结果表明，考虑到投入产出比，引水工程对改善湖体水动力和水循环效果最佳的流量为 100m³/s。另外，从水龄的空间分布来看，水龄较小的区域从贡湖蔓延到附近的区域（<30d），再到整个湖心区（直至 360d）。然而，梅梁湾、竺山湾和西南湖区仍然保持不变（最大为 365d）。说明引江济太工程对于

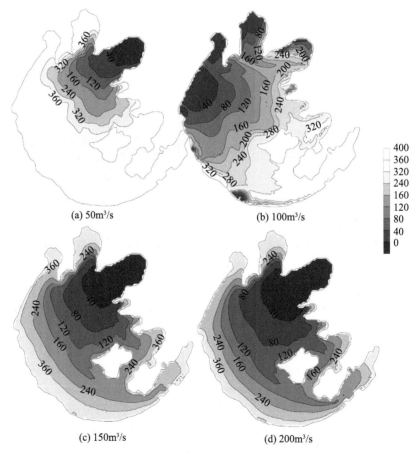

(a) 50m³/s   (b) 100m³/s

(c) 150m³/s   (d) 200m³/s

图 5.1.34 望虞河在不同入湖流量条件下的水龄分布（第 365 天时）

改善贡湖、湖心区及东部湖区的水循环有很大的促进作用，然而，对于改善梅梁湾、竺山湾和太湖西岸的帮助不大，而这几个湖区恰好是太湖水体的重污染区。由此可知，引江济太工程能够改善太湖部分湖区的水动力特征，而不是改变整个太湖。

5.1.8.3　风场对太湖水龄的影响

由于太湖是典型的风生流湖泊，评估风场对水龄的影响是十分重要的。在恒定风速 5m/s 时，8 种不同风向下（表 5.1.4 中方案 7～14），模拟太湖湖体水龄的分布情况，位于梅梁湾内的站点和位于湖心区的站点分别用来代表半封闭湖区和开放湖区，结果表明（图 5.1.35）：在相同风速、不同风向下，这两个站点的水龄差别较大。如对于梅梁湾站点，水龄最大达到 335d（西北风）和 305d（东南风），最小为 207d（西南风）和 254d（东北风）。同样，对于湖心区站点，最大的水龄为 305d（东北风）和 300d（西南风），最小的为 169d（西北风）和 174d（东南风）。对于同一站点由于风向引起水龄的差别超过 100d，而在空间分布上，不同站点的水龄变化超过 150d。因此，风向对水龄的时间和空间分布均有重要的影响。由于在太湖东部湖区有 7 个水厂取水口，故研究了风场对该饮用水源区域水龄的影响，结果表明，西北风和东南风有助于梅梁湾的水体交换。在东南风时，梅梁湾、竺山湾和湖心区北部的区域水龄较小（小于 200d），西北湖区、西南湖区和东部湖区的水龄较大（250～365d）。西北风时，东南湖区的的水龄较小（小于220d），西南湖区的水龄较大（365d）。湖区水龄较小的区域都接近 7 个水厂的取水口，表明西北风是引水工程对饮用水水质改善最有效的风向。

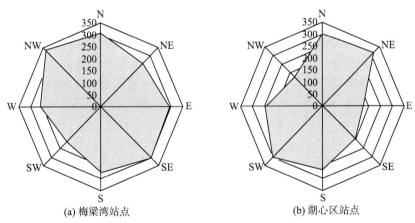

(a) 梅梁湾站点　　　　　　　(b) 湖心区站点

图 5.1.35　不同风向下太湖湖体两站点水龄分布（第 365 天时）

5.1.9　水动力模型使用小结

给出一个太湖三维水动力模型，应用 EFDC 模型模拟水位、流量、水龄，从而分析引江济太调水工程对太湖水动力过程的改善情况。利用点位的观测数据，校准验证水动力模型中的主要变量，为后续研究引江济太调水工程和入湖污染负荷的削减对太湖水环境的影响提供基础，结果表明：引江济太调水工程对太湖的影响可有效通过水龄的时空分布来反映。总体来说，风场和环湖河道对太湖水龄的时空分布产生重要影响，水龄在分布上具有很强的时空异质性。

5.2　水质富营养化模拟案例

5.2.1　项目概况

由于工农业迅速发展以及缺乏合理的污染防治措施，导致太湖的水环境状况正在逐年恶化，富营养化程度不断增加，部分湖区和环湖河道的水质已经难以实现相应的功能，湖泊的生态系统也面临着巨大威胁，造成的严重后果是大面积的蓝藻水华暴发。为了改善湖泊水体的水质，控制湖泊富营养化，需要对太湖水质变化以及对外部污染负荷的响应关系进行深入研究。以太湖入湖污染负荷削减评估为例，在5.1 节水动力模型的基础上，应用 EFDC 模型构建太湖的富营养化模型，并使用2004～2005 年太湖水质数据对模型进行模型率定验证。本案例采用两种不同的营养盐负荷削减方案进行模拟并分析其效果。

将太湖划分为 8 个子区域，分别为竺山湖、梅梁湾、贡湖、西北湖、西南湖、湖心区、东部湖区和东太湖，不同湖区水质相差较大。太湖北部梅梁湾有主要入湖口——梁溪河和直湖港，其流域多为平原和城镇地区，工农业发达，水质差；西南部多林地，人口密度小，城镇少，水质相对较好。同时太湖的主要来水之一是南部地区的苕溪河，主要出水是东部的太浦河，这样就形成了南部湖区水流交换较快，水质相对于北部较好。由于太湖水动力条件较弱，营养盐的浓度较高，因此，在夏秋季节容易暴发藻类，并且不同湖区的藻类浓度存在着较大的空间差异性。其中，竺山湾和梅梁湾的情况最为严重，藻类最多，而东部沿岸区较少[12,13]；湖心区处于轻度富营养化而且从未进行藻类打捞，2005～2007 年湖心区水体总无机磷年平均值分别为 0.117mg/L、0.136mg/L、0.099mg/L，总无机氮分别为 3.111mg/L、3.042mg/L、2.789mg/L，叶绿素分别为 10.870mg/L、10.079mg/L、20.993mg/L[14]。竺山湾叶绿素浓度相对较高，2005～2007 年平均值为 32.906g/L，其次为梅梁湾和梁溪河，而东部湖区、西南湖区和湖心区的年平均值仅分别为 6.787g/L、11.569g/L、13.980g/L[15]。高锰酸盐指数最高的是梁溪河、直湖港、大浦口和竺山湾，年平均值分别为7.754mg/L、5.498mg/L、9.141mg/L、7.501mg/L，而湖心区年平均值为4.952mg/L。因此，太湖北部和西部湖区是重污染湖区，直接承受着入湖河道带来的大量营养物质，需要重点关注[16]。

5.2.2　边界条件设置

太湖富营养化模型是在水动力模型的基础上考虑出入湖河流的水质、大气沉降以及底泥的交互作用。水质边界值采用 2004～2005 年每月一次的流量和水质监测数据。农业面源离散到周边入湖河道。太湖大气沉降采用均值，沉降系数的设置则来源于实测的文献[17-19]。此外，考虑到底泥释放受湖区影响带来的空间差异性，不同湖区的底泥通量（包括 PO_4^{3-}、NH_4^+、NO_2^-、NO_3^- 和 SOD）的取值则参考相关实测文献进行设置[20-22]。基于 5.1 节水动力条件，将其简化为 30 条主要河流，编号如图 5.1.9 所示。

（1）模型网格划分和水动力模块设置，参照 5.1 节。

（2）激活水质模块。在"Active Modules"中先激活"Temperature"模块（图 5.2.1①），再激活"Water Quality"模块（图 5.2.1②）。

（3）水温模板边界和初始条件的设置。"Temperature→Atmospheric Data"中大气边界数据设置参见 5.1 节，在"Initial Conditions for Temperature"设置初始水温为 2℃（图 5.2.2①），并在"BC Time Series Data for Temperature→Edit"中分别设置 30 条河道的水温边界数据（图 5.2.2②）。

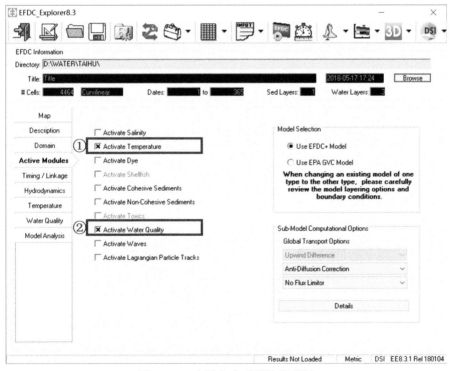

图 5.2.1　水温和水质模块的激活

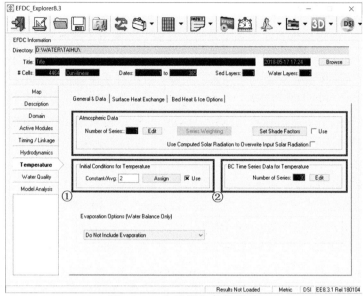

图 5.2.2　水温模块条件设置

（4）设置边界条件。选择"Boundary Conditions"，在"Water Quality Point Source Loading Option"中选择"Use Time Variable Point Source Concentrations"使用随时间变化的点源负荷浓度（图 5.2.3①）。

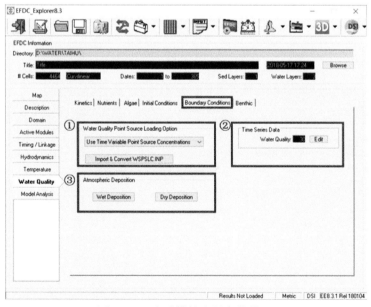

图 5.2.3　水质模块边界条件设置

　　编辑"Time Series Data"(图 5.2.3②)时,EE8.3 会显示所有 21 个水质参数,"Current Param"显示的是当前正在编辑的参数。因为有 30 条河流的水质边界,设置序列数"Number of Series"为 30,"Current Series"显示的是当前正在编辑的数据组,在右侧输入已有的水质序列数据,格式如图 5.2.4 所示,点击"View Series→Current"可看到水质时间序列变化,如图 5.2.5 所示。

　　大气沉降"Atmospheric Deposition"(图 5.2.3③)分为湿沉降和干沉降,湿沉降和干沉降边界取值如图 5.2.6 所示。

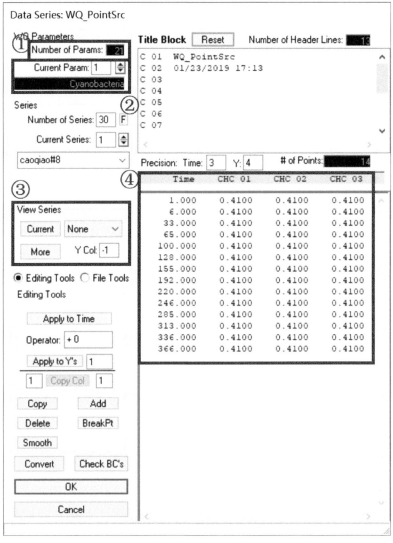

图 5.2.4　水质时间序列输入设置

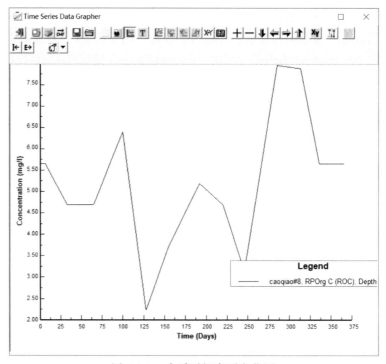

图 5.2.5 水质时间序列变化图

Constant Atmospheric Dry Deposition			Constant Atmospheric Wet Deposition		
Description	**Value**		**Description**	**Value**	
Cyanobacteria (g/m2/day) :	0		Cyanobacteria (mg/l) :	0	
Diatoms (g/m2/day) :	0		Diatoms (mg/l) :	0	
Green Algae (g/m2/day) :	0		Green Algae (mg/l) :	0	
Refractory POC (g/m2/day) :	.000387		Refractory POC (mg/l) :	.325	
Labile POC (g/m2/day) :	.000387		Labile POC (mg/l) :	.325	
Dis Org Carbon (g/m2/day) :	.000773		Dis Org Carbon (mg/l) :	.65	
Ref Part Org Phosphorus (g/m2/day) :	0		Ref Part Org Phosphorus (mg/l) :	0	
Lab Part Org Phosphorus (g/m2/day) :	0		Lab Part Org Phosphorus (mg/l) :	0	
Dis Org Phosphorus (g/m2/day) :	.000054		Dis Org Phosphorus (mg/l) :	.045	
Total Phosphate (g/m2/day) :	.000019		Total Phosphate (mg/l) :	.016	
Ref Part Org Nitrogen (g/m2/day) :	.00053		Ref Part Org Nitrogen (mg/l) :	0	
Lab Part Org Nitrogen (g/m2/day) :	.00053		Lab Part Org Nitrogen (mg/l) :	0	
Dis Org Nitrogen (g/m2/day) :	.000771		Dis Org Nitrogen (mg/l) :	.648	
Ammonia Nitrogen (g/m2/day) :	.000214		Ammonia Nitrogen (mg/l) :	.18	
Nitrate Nitrogen (g/m2/day) :	.000393		Nitrate Nitrogen (mg/l) :	.33	
Part Biogenic Silica (g/m2/day) :	0		Part Biogenic Silica (mg/l) :	0	
Dis Available Silica (g/m2/day) :	.000247		Dis Available Silica (mg/l) :	0	
Chemical Oxygen Demand (g/m2/day) :	0		Chemical Oxygen Demand (mg/l) :	0	
Dissolved Oxygen (g/m2/day) :	0		Dissolved Oxygen (mg/l) :	0	
Total Active Metal (g/m2/day) :	0		Total Active Metal (moles/l) :	0	
Fecal Coliform (MPN/m2/day) :	0		Fecal Coliform (MPN/100ml) :	0	
Cancel		OK	Cancel		OK

（a）干沉降 （b）湿沉降

图 5.2.6 干湿边界取值

成岩作用/底栖生物通量是在 "Benthic" 底栖生物选项卡中设置，"Benthic Flux→Modify Parameters" 修改参数按钮可以设置营养底栖生物通量的计算选项（图 5.2.7）。由于太湖不同分区的底泥通量不同，所以在修改参数界面中选择 "Spatial/Temporal Varying Benthic Flux Rates" 进行参数设置。底泥沉岩参数值设置区域如图 5.2.8①所示，该区域下方 "Zones→#of Zones" 表示将太湖分为 8 个分区，"Current" 表示当前分区号为 1（图 5.2.8②），"Block Times→#of Time" 表示共 2 组时间序列，"Current" 表示当前设置的时间为第 0 天（图 5.2.8③），图 5.2.8④ "Spatial/Temporal Varying Flux File" 为该分区文件的网格信息。

图 5.2.7　成岩作用/底栖生物通量模块选项

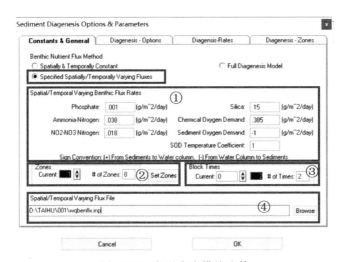

图 5.2.8　底泥成岩模块取值

5.2.3 初始条件和参数设置

初始水温和水质指标浓度（DO、TP、PO_4^{3-}、TN、NH_4^+、NO_3^-、COD、BOD_5、Chl a）根据 2004 年 1 月 30 个监测点的实测值进行空间内插而得。水质采样每月进行一次，采样点覆盖了太湖各个湖区，其中梅梁湾 5 个（S1～S5），竺山湾 2 个（S6～S7），贡湖 4 个（S8～S11），东太湖 3 个（S12～S14），湖心区 5 个（S15～S19），东部湖区 4 个（S20～S23），西北湖区 2 个（S24～S25），西南湖区 5 个（S26～S30）。由于碳、氮和磷各组分的测量困难，缺乏实测数据，本案例根据测量得到的水质指标浓度（包括 COD、BOD_5、NH_4^+、NO_3^-、TN、PO_4^{3-} 以及 TP）对难溶性、活性和溶解性的有机碳、氮和磷组分进行估算[15]。由于蓝藻是太湖优势藻种，因此忽略其他藻类的影响，使用叶绿素代表蓝藻浓度进行模拟。模型使用固定的时间步长 100s 进行计算，临界干水深设置为 0.05m。

5.2.3.1 设置初始条件

每一个水质参数可以设为常数或者空间可变的初始条件。如果需要设置随空间变化的初始条件，必须应用"Apply Cell Properties via Polygons"多边形应用网格属性修改实用工具在模型网格中插入数据。如果模型设置空间变化的初始条件，还需选择使用哪一种输入数据形式，即 WQWCRST.INP 或者 WQICI 文件格式。选择"Spatially Constant"（图 5.2.9），通过"Const IC's"设置常数取值如图 5.2.10 所示。

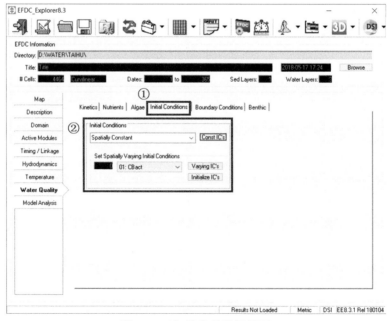

图 5.2.9 初始条件设置界面

IC's Constants

Description	Value
Cyanobacteria	0
Diatoms	0
Green Algae	.1
Refractory POC	.05
Labile POC	.05
Dis Org Carbon	.01
Ref Part Org Phosphorus	.004
Lab Part Org Phosphorus	.008
Dis Org Phosphorus	.005
Total Phosphate	.01
Ref Part Org Nitrogen	.0€1
Lab Part Org Nitrogen	.212
Dis Org Nitrogen	.151
Ammonia Nitrogen	.01
Nitrate Nitrogen	.4
Part Biogenic Silica	.1
Dis Available Silica	1.2
Chemical Oxygen Demand	.5
Dissolved Oxygen	12
Total Active Metal	0
Fecal Coliform	0
Macroalgae	2
Minimum Macroalgae Biomass	.2

Cancel	OK

图 5.2.10　水质参数取值

5.2.3.2　营养盐参数设置

"Nutrients→Nutrient Options and Parameters"（图 5.2.11）包含许多基础营养盐参数的设置。营养盐参数根据类型分类并且可以单击各自按钮分别编辑。比如单击 "Nitrogen" 按钮就可以设置氮的参数。此案例中设置 "Carbon" "Nitrogen" "Phosphorus" "COD&DO" 参数取值如图 5.2.12～图 5.2.15 所示。

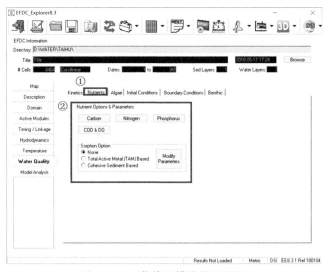

图 5.2.11　营养盐模块设置界面

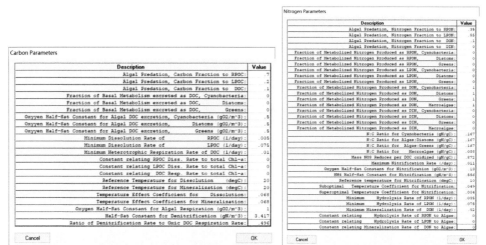

图 5.2.12　Carbon 相关参数取值设置　　图 5.2.13　Nitrogen 相关参数取值设置

Phosphorus Parameters	
Description	**Value**
Algal Predation, Phosphorus Fraction to RPOP:	.1
Algal Predation, Phosphorus Fraction to LPOP:	.2
Algal Predation, Phosphorus Fraction to DOP:	.5
Algal Predation, Phosphorus Fraction to InP:	.2
Fraction of Metabolized Phosphorus Produced as RPOP, Cyanobacteria:	0
Fraction of Metabolized Phosphorus Produced as RPOP, Diatoms:	0
Fraction of Metabolized Phosphorus Produced as RPOP, Greens:	.1
Fraction of Metabolized Phosphorus Produced as LPOP, Cyanobacteria:	0
Fraction of Metabolized Phosphorus Produced as LPOP, Diatoms:	0
Fraction of Metabolized Phosphorus Produced as LPOP, Greens:	.1
Fraction of Metabolized Phosphorus Produced as DOP, Cyanobacteria:	1
Fraction of Metabolized Phosphorus Produced as DOP, Diatoms:	1
Fraction of Metabolized Phosphorus Produced as DOP, Greens:	.75
Fraction of Metabolized Phosphorus Produced as DOP, Macroalgae:	1
Fraction of Metabolized Phosphorus Produced as P4T, Cyanobacteria:	0
Fraction of Metabolized Phosphorus Produced as P4T, Diatoms:	0
Fraction of Metabolized Phosphorus Produced as P4T, Greens:	.05
Fraction of Metabolized Phosphorus Produced as P4T, Macroalgae:	0
Partition Coefficient for Sorbed/Dissolved PO4 (to TSS or TAM):	2.509
Minimum Hydrolysis Rate of RPOP (1/day):	.005
Minimum Hydrolysis Rate of LPOP (1/day):	.075
Minimum Mineralization Rate of DOP (1/day):	.1
Constant relating Hydrolysis Rate of RPOP to Algae:	0
Constant relating Hydrolysis Rate of LPOP to Algae:	0
Constant relating Mineralization Rate of DOP to Algae:	.2
Constant1 used in Determining Algae C:P Ratio (gC/gP):	42
Constant2 used in Determining Algae C:P Ratio (gC/gP):	85
Constant3 used in Determining Algae C:P Ratio (gC/gP):	200
Cancel	OK

图 5.2.14　Phosphorus 相关参数取值设置

Description	Value
Reaeration constant (3.933 for OConnor-Dobbins; 5.32 for Owen-Gibbs):	3.769
Temperature Rate constant for Reaeration:	1.122
Oxygen Half-Sat Constant for COD Decay (mg/L O2):	1.001
COD Decay Rate (per day):	.3
Reference Temperature for COD Decay (degC):	20
Temperature Rate Constant for COD Decay:	.038

Constant Parameters for COD & DO

Cancel　　　　　OK

图 5.2.15　COD&DO 相关参数取值设置

5.2.3.3　藻类参数设置

点击"Algae"选项后显示界面如图 5.2.16 所示。点击"Algae Options"藻类选项复选框内的按钮可以对一系列参数进行合理设置。对"Algal Dynamics""Light Extinction""Temperature" 3 个选项进行参数设置（图 5.2.17～图 5.2.19），其他选项均为默认值。

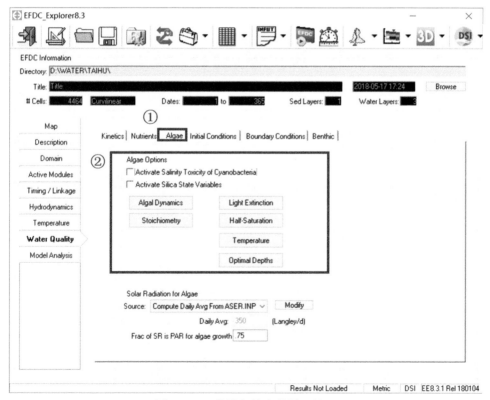

图 5.2.16　藻类相关参数设置界面

Algal Growth Parameters, Global Settings

Description	Value
Maximum growth Rate for Cyanobacteria (1/day):	1.27
Maximum growth Rate for Diatoms (1/day):	1
Maximum growth Rate for Greens (1/day):	3.5
Maximum growth Rate for Macroalgae (1/day):	0
Basal Metabolism Rate for Cyanobacteria (1/day):	.04
Basal Metabolism Rate for Diatoms (1/day):	.01
Basal Metabolism Rate for Greens (1/day):	.15
Basal Metabolism Rate for Macroalgae (1/day):	.1
Predation Rate on Cyanobacteria (1/day):	.17
Predation Rate on Diatoms (1/day):	.2
Predation Rate on Greens (1/day):	.02
Predation Rate on Macroalgae (1/day):	.1
Background Light Extinction Coefficient (1/m):	.45

Cancel   OK

图 5.2.17　　Algal Dynamics 相关参数取值设置

Light Extinction Options

Description	Value
Background Light Extinction Coefficient (1/m):	.45
Light Extinction due to TSS (1/m per mg/l):	.05
Light Extinction due to Chlorophyll, <0 to use Riley's (1/m per mg/l):	.03
Chlorophyll Light Extinction Exponent (ignored if using Riley's):	1
Light Extinction due to POC (POM) (1/m per mg/l):	0
Light Extinction due to DOC (DOM) (1/m per mg/l):	0

Cancel   OK

图 5.2.18　　Light Extinction 相关参数取值设置

Algal Growth Temperature Constants

Description	Value
Lower Optimal Temperature for Growth, Cyanobacteria (degC):	18
Upper Optimal Temperature for Growth, Cyanobacteria (degC):	30
Lower Optimal Temperature for Growth, Diatoms (degC):	20
Upper Optimal Temperature for Growth, Diatoms (degC):	20
Lower Optimal Temperature for Growth, Greens (degC):	22
Upper Optimal Temperature for Growth, Greens (degC):	26
Lower Optimal Temperature for Growth, Macroalgae (degC):	24
Upper Optimal Temperature for Growth, Macroalgae (degC):	24
Lower Optimal Temperature for Predation, Diatoms (degC):	2
Upper Optimal Temperature for Predation, Diatoms (degC):	29
Suboptimal Temperature Effect Coeff for Growth, Cyanobacteria:	.005
Superoptimal Temperature Effect Coeff for Growth, Cyanobacteria:	.004
Suboptimal Temperature Effect Coeff for Growth, Diatoms:	.004
Superoptimal Temperature Effect Coeff for Growth, Diatoms:	.005
Suboptimal Temperature Effect Coeff for Growth, Greens:	.02
Superoptimal Temperature Effect Coeff for Growth, Greens:	.02
Suboptimal Temperature Effect Coeff for Growth, Macroalgae:	.0001
Superoptimal Temperature Effect Coeff for Growth, Macroalgae:	.0001
Suboptimal Temperature Effect Coeff for Predation, Diatoms:	.0001
Superoptimal Temperature Effect Coeff for Predation, diatoms:	.0001
Reference Temperature for Basal Metabolism, Cyanobacteria (degC):	20
Reference Temperature for Basal Metabolism, Diatoms (degC):	20
Reference Temperature for Basal Metabolism, Greens (degC):	20
Reference Temperature for Basal Metabolism, Macroalgae (degC):	20
Temperature Effect Coeff for Basal Metabolism, Cyanobacteria:	.069
Temperature Effect Coeff for Basal Metabolism, Diatoms:	.069
Temperature Effect Coeff for Basal Metabolism, Greens:	.069
Temperature Effect Coeff for Basal Metabolism, Macroalgae:	.069

Cancel   OK

图 5.2.19　　Temperature 相关参数取值设置

5.2.4 模型参数不确定性和敏感性分析

与 5.1.5 节的水动力模型相同，水质模型的参数校验工作需对建立的太湖水环境模型的水质输出目标进行综合分析，使用 LHS 抽样和普适似然不确定性分析，分析模型参数的不确定性，并使用区域敏感性分析方法量化参数的敏感性，为设置水环境数学模型的水质参数提供参考，加深机理认识，提高模型的模拟精度和模拟效率。

5.2.4.1 主要步骤

对太湖水质模型参数不确定性和敏感性分析的主要步骤见图 5.2.20。

1 • 筛选参数、确定参数的取值范围和先验分布

2 • 对参数组进行LHS抽样 (500组)，并模拟计算

3 • 定义似然判据 (Nash–Stucliffe确定性系数)

4 • 设定阈值，并进行归一化处理

5 • 确定预报结果的上下界限，并分析模型不确定性

6 • 计算参数累计似然分布，分析参数敏感性

图 5.2.20　不确定性和敏感性分析的主要步骤图

5.2.4.2 参数筛选

由于 EFDC 模型的水质参数目前已经接近 200 个，对所有水质参数都进行不确定性和敏感性分析是不切实际，也是没有必要的[23]，因此首先需要根据这些参数的物理意义进行筛选并确定取值范围和先验分布。

首先，大量的文献都证明目前蓝藻是太湖的优势藻类[24, 25]，尤其是在藻类暴发期间，因此去除模型中反映其他藻类（绿藻、硅藻和大型藻）生长特性和藻类竞争的约 90 个参数，如藻类生长速率、藻类基础代谢速率和藻类被捕食速率等。沉积物对于水体水质的影响也较大，但 EFDC 模型中水质与沉积物模块是相互独立的，并且在之前的研究中已经对沉积物的沉降和再悬浮进行基于野外实验的分析[26]，关于太湖水土界面的营养盐通量也有着大量的研究[27, 28]，因此模型基于这些研究采用分区设定底泥通量的方法来表示沉积物对水质的影响（包括磷酸盐、氨氮、硝态氮、

COD 和底泥需氧量）。另外，一些参考温度、藻类生长最佳水深和其他通用的参考常数也被筛除（约 40 个参数），再根据模型中参数的控制方程，筛除了一些明显影响较小的反应项系数等，如藻类被捕食的碳分配系数等（约 15 个参数）。通过筛选，最终选择了 40 个参数作为最终分析的水质模型输入参数（表 5.2.1），并通过对比不同的文献得到这些参数的取值范围和先验分布等[29, 30]。

表 5.2.1　模型输入参数取值范围及先验分布表

参数组	参数	参数含义	单位	先验分布	最小值	最大值
藻类生长	PMc	蓝藻最大生长速率	d^{-1}	均匀分布	2	5
	BMRc	蓝藻基础代谢速率	d^{-1}	均匀分布	0.01	0.06
	PRRc	蓝藻被捕食速率	d^{-1}	均匀分布	0.01	0.06
硝化	rNitM	最大硝化率	d^{-1}	正态分布	0.04	0.2
溶解氧	KRO	复氧速率常数	—	均匀分布	1.5	5.32
COD	KCD	化学需氧量衰减速率	d^{-1}	均匀分布	0.01	0.15
水解和矿化	KRN	难溶颗粒态有机氮最小水解速率	d^{-1}	正态分布	0.001	0.01
	KLN	活性颗粒态有机氮最小水解速率	d^{-1}	正态分布	0.01	0.1
	KDN	溶解有机氮最小矿化速率	d^{-1}	正态分布	0.01	0.08
	KRC	难溶颗粒态有机碳最小水解速率	d^{-1}	正态分布	0.001	0.01
	KLC	活性颗粒态有机碳最小水解速率	d^{-1}	正态分布	0.01	0.1
	KDC	溶解态有机碳最小矿化速率	d^{-1}	正态分布	0.005	0.15
	KRP	难溶颗粒态有机磷最小水解速率	d^{-1}	正态分布	0.001	0.01
	KLP	活性颗粒态有机磷最小水解速率	d^{-1}	正态分布	0.01	0.1
	KDP	溶解态有机磷最小矿化速率	d^{-1}	正态分布	0.01	0.3
光照	Keb	背景消光系数	m^{-1}	均匀分布	0.45	0.55
	KeTSS	悬浮颗粒物消光系数	$m^{-1}/(g \cdot m^{-3})$	均匀分布	0.01	0.1
	KeChl	叶绿素消光系数	$m^{-1}/(g \cdot m^{-3})$	均匀分布	0.01	0.07
	IsMIN	最小合适太阳辐射	lan/d	均匀分布	40	60
半饱和常数	KHNitDO	硝化氧半饱和常数	g/m^3	均匀分布	0.5	1
	KHNitN	硝化氨半饱和常数	g/m^3	均匀分布	0.5	1
	KHCOD	化学需氧量衰减氧半饱和常数	mg/L	均匀分布	1	1.5

续表

参数组	参数	参数含义	单位	先验分布	最小值	最大值
半饱和常数	KHNc	蓝藻生长氮半饱和常数	mg/L	正态分布	0.01	0.25
	KHPc	蓝藻生长磷半饱和常数	mg/L	正态分布	0.001	0.05
	KHDNN	反硝化半饱和常数	g/m³	均匀分布	0.05	0.2
	KHORDO	藻类呼吸氧半饱和常数	g²/m³	均匀分布	0.5	2
温度	KTHDR	水解温度影响系数	—	正态分布	0.05	0.1
	KTMNL	矿化温度影响系数	—	正态分布	0.05	0.1
	KTCOD	化学需氧量衰减温度速率常数	—	均匀分布	0.03	0.05
	KNit1	温度低于最适硝化温度对硝化率的影响系数	—	正态分布	0.002	0.006
	KNit2	温度高于最适硝化温度对硝化率的影响系数	—	正态分布	0.002	0.006
	KTG1c	温度低于 TMc1 时对蓝藻群体生长的影响系数	—	均匀分布	0.001	0.01
	KTG2c	温度高于 TMc2 时对蓝藻群体生长的影响系数	—	均匀分布	0.001	0.01
	TMc1	蓝藻生长适宜温度最小值	℃	均匀分布	20	27
	TMc2	蓝藻生长适宜温度最大值	℃	均匀分布	27	30
	KTR	复氧速率的温度调节常数	—	正态分布	1	1.05
	KTBc	蓝藻基础代谢的温度影响系数	—	均匀分布	0.05	0.08
沉降速率	WSc	蓝藻沉降速率	m/d	均匀分布	0.05	0.3
	WSrp	难溶颗粒态有机物沉降速率	m/d	均匀分布	0.2	1
	WSlp	活性颗粒态有机物沉降速率	m/d	均匀分布	0.2	1

5.2.4.3　模型不确定性分析结果

使用模型对氨氮、硝态氮、总氮、磷酸盐、总磷和叶绿素进行模拟,以氨氮为例,在 4 个典型湖区(梅梁湾、东太湖、湖心区和西南湖区)的模拟结果以及置信度为 95%的对应的不确定性区间如图 5.2.21 所示。从图中可以看到,3 种水质指标的模拟趋势与实测值基本一致,大部分实测值在不确定性区间内,说明模型基本可信，可以用于太湖水体中氨氮的模拟。

在氨氮的模拟过程中，梅梁湾全年的平均浓度最高，湖心区和西南湖区的比较相近，而东太湖的浓度则明显偏低。在 4 个湖区中，东太湖的模拟结果与实测值最为接近，而在湖心区模拟结果和实测值存在偏差。梅梁湾、湖心区以及西南湖区模拟结果的不确定性区间宽度随着时间增加而显著变化，尤其是在模拟时间大于 150d 后，不确定区间宽度明显变大。相比之下，东太湖的模拟结果中不确定区间宽度随时间的变化较小，全年基本均匀。此外，其他 3 个湖区的累计偏差均在 160mg/L 左右，远大于东太湖的累计偏差50mg/L，说明参数不确定性对于东太湖氨氮模拟的变化范围影响较小。

综合其他 5 种水质指标的模拟结果后发现，不确定性与湖区水质指标的浓度相关，浓度越高的湖区的参数不确定性对模拟结果的变化范围影响也越大。另外，对藻类浓度较高的湖区（如梅梁湾），模拟结果的不确定性在时间大于 100～150d 时显著增加，而这段时间也是藻类生长代谢较为活跃的时间，这说明不确定性会受到藻类的影响。

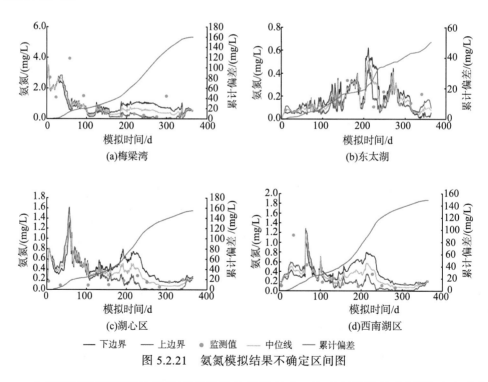

图 5.2.21　氨氮模拟结果不确定区间图

由于不同湖区模拟结果的不确定性的差异较大，为直观具体地分析湖区对不确定性的影响，统计了不同指标和湖区模拟结果的区间覆盖率（CR）、不确定区间平均宽度（UI）、水质指标实测浓度（MC）和不确定区间相对实测值的比例（RI），具体见表5.2.2。

表 5.2.2　4 个湖区参数不确定性统计表

湖区	统计指标	氨氮 /（mg/L）	硝态氮 /（mg/L）	总氮 /（mg/L）	磷酸盐 /（mg/L）	总磷 /（mg/L）	叶绿素 /（μg/L）
梅梁湾	CR	66.70%	58.30%	66.70%	66.70%	66.70%	75.00%
	UI	0.222	0.407	0.497	0.014	0.027	13.59
	MC	1.113	1.554	3.593	0.05	0.108	41.75
	RI	19.90%	26.20%	13.80%	27.00%	24.50%	32.60%
东太湖	CR	75.00%	75.00%	100.00%	83.33%	66.67%	66.67%
	UI	0.0693	0.1528	0.1768	0.0061	0.021	17.3
	MC	0.166	0.26	1.07	0.0174	0.046	10.77
	RI	41.75%	58.77%	16.52%	35.06%	45.65%	160.63%
湖心区	CR	75.00%	75.00%	100.00%	91.70%	75.00%	91.70%
	UI	0.108	0.411	0.61	0.01	0.025	12.28
	MC	0.217	1.138	2.153	0.019	0.084	23.76
	RI	49.80%	36.10%	28.30%	52.60%	29.20%	46.10%
西南湖区	CR	75.00%	83.30%	75.00%	83.30%	66.70%	75.00%
	UI	0.104	0.435	0.62	0.011	0.025	15
	MC	0.281	1.492	2.42	0.019	0.085	28.8
	RI	37.00%	29.20%	25.60%	57.90%	28.80%	52.10%

注：CR 为实测值的区间覆盖率；UI 为不确定区间平均宽度；MC 为水质指标实测浓度；RI 为不确定区间相对实测值的比例。

在 4 个湖区中模拟结果对应置信度为 95% 的不确定性区间的实测值覆盖率平均为 76.4%，说明大部分实测值在不确定性区间内，模型基本可信，可以用于太湖水体水质的模拟。其中，梅梁湾的平均区间覆盖率最低，为 66.7%；而湖心区的区间覆盖率最高，为 84.7%。这说明湖心区的模拟结果与实测值更加接近，而梅梁湾的模拟结果则存在着一定的偏差。

通过对比不同湖区的水质指标实测浓度和不确定区间平均宽度可以发现，两者有较大的相关性。例如，在硝态氮的模拟中，东太湖的浓度最低，对应的不确定区间平均宽度最小；而梅梁湾和西南湖区的硝态氮浓度较高，对应的不确定区间平均宽度也较大。这种现象说明对于像太湖这样水质浓度分布不均匀的大型浅水湖泊，参数对于浓度不同的湖区的影响存在较大差异。虽然对于浓度较高的湖区参数导致结果的不确定性偏大，同时也发现不确定区间相对实测值的比例却基本随着浓度的增加而减小。例如，在总磷的模拟结果中，梅梁湾的总磷浓度最高，但是不确定区

间相对实测值的比例却最小（24.50%）；东太湖的浓度最低，对应的不确定区间相
对实测值的比例却最大（45.65%）。这种现象表明，参数对水质浓度较高的湖区的
相对影响较小。综合以上的两种情况可以得出，参数不确定性导致的模拟结果的变
化区间受到湖区本底水质浓度的影响，并随浓度的增加而增加，但相对于本底浓度
的比例却逐渐变小。因此，为了得到精确的水质模拟结果，需要对低浓度的湖区加
以关注。

不确定性在不同湖区差异较大，可能也受到水动力和外边界的影响，目前许多
的研究都表明太湖水体水质状况受到水动力情况的影响非常大[31, 32]。由于梅梁湾和
东太湖地处湖湾区，湖心区和西南湖区相对而言的风浪、湖流等水动力条件要更强[33]，
因此，与水动力息息相关的水质迁移变化过程也更加活跃，受到参数的影响也更强。
同时梅梁湾靠近湖岸，受到外边界河流的影响较大，实测值存在较大的不确定性，
从以上的 6 个水质指标中也可以发现，梅梁湾的模拟结果存在着一定的偏差，有部分
实测值点落在不确定区间外，而东太湖同样靠近湖岸但受外边界河流影响较小[34,35]，
从而没有这种现象。因此，对于水动力条件较弱且受到边界入湖河流影响较大的湖
区，参数的影响有限，应当优先关注外边界设置的精确程度。

5.2.4.4 水质模型参数敏感性分析结果

根据模拟结果似然值的大小将模拟结果分为 10 组，对每一组分别计算似然值
在参数取值范围内的累计频率分布函数，得到 RSA 敏感性分析图。参数越敏感，
则对应的 10 条累计频率分布曲线的差异性也越大，因此可以直观地从图中每条分
布曲线的离散程度分辨出每个参数的敏感程度。

例如，通过梅梁湾的藻类 RSA 敏感性分析图（图 5.2.22），可以发现 PRRc（藻
类被捕食速率）的 10 条累计频率分布曲线的差异性最大，说明此参数在模拟过程
中最为敏感，KTG1c（温度低于最适生长下限温度时对蓝藻群体生长的影响系数）
和 TMc1（蓝藻生长适宜温度最小值）累计频率分布曲线的离散程度次之，属于较
敏感参数。其他的参数，如 BMRc（藻类基础代谢速率）、PMc（藻类最大生长速
率）和 KTBc（蓝藻基础代谢的温度影响系数）的累计频率分布曲线也存在一定的
差异性，属于敏感参数；而剩余的参数，如 KLC（活性颗粒态有机碳最小水解速率）
和 KRP（难溶颗粒态有机磷最小水解速率）等，它们的累计频率分布曲线的差异非
常小，基本可以忽略，说明这些参数的敏感性较低，对于模型模拟结果的影响较小。

虽然可以通过不同累计频率分布曲线初步定性地区分参数的敏感性，但是无法
对不同参数的敏感性进行量化和对比分析，因此，对累计频率分布曲线使用 K-S 检
验进行分析，使用最大垂向偏离度（MVD）作为敏感指数（SI）并根据敏感指数的
大小将参数分为不同的敏感级别：非常敏感（SI≥0.25）、敏感（0.1<SI<0.25）和
不敏感（SI≤0.1），除去 SI≤0.1 的不敏感参数后得到模拟过程中参数敏感性指数

图，从而分析不同水质指标在 4 个湖区的参数敏感性。

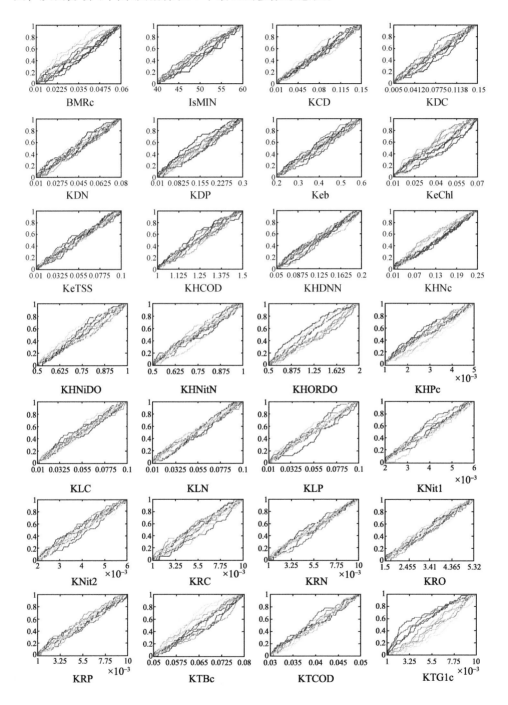

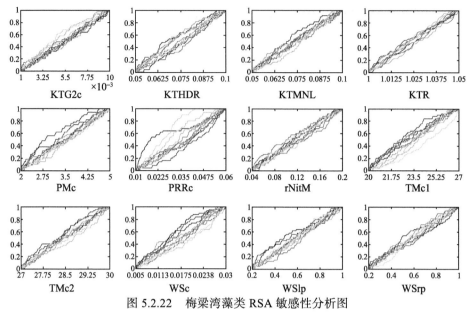

图 5.2.22　梅梁湾藻类 RSA 敏感性分析图

图中颜色逐渐变浅的 10 条曲线分别代表似然值由低到高的累计频率分布曲线

　　以氮元素模拟过程中的参数敏感性为例（图 5.2.23），可以发现在氨氮和硝态氮的模拟中，KeChl（叶绿素消光系数）为最敏感参数，而在总氮的模拟中，PRRc（藻类被捕食速率）为最敏感参数。KTG1c（温度低于最适生长下限温度时对蓝藻群体生长的影响系数）在这三个水质指标中的敏感性也非常高，属于非常敏感参数，并且 KTG1c 的敏感性在不同湖区的差异较大。例如，其在氨氮和总氮的模拟中梅梁湾的敏感性就明显高于其他湖区。PMc（藻类最大生长速率）的敏感性指数在三个水质指标中较高，也属于敏感参数。此外，在氨氮的模拟过程中，KDN（溶解态有机氮最小矿化速率）是较为敏感的参数，而在硝态氮和总氮的模拟中，KDC（溶解态有机碳最小矿化速率）和 TMc1（蓝藻生长适宜温度最小值）则是较为敏感的参数。综合 3 种水质指标模拟中的敏感参数，可以发现大部分的参数与藻类的生长代谢有关，同时对于不同水质指标有特有的敏感参数，如氨氮中的 KDN，以及硝态氮和总氮中的 KDC 和 TMc1。

　　综合其他水质指标的敏感性分析结果，发现不同水质指标的敏感性参数存在差异，存在各自特定的敏感参数（如氨氮中的 KDN，以及硝态氮中的 KDC），但大部分都与藻类的生长代谢密切相关，其中 KTG1c、KeChl、PMc、BMRc、PRRc、WSc 和 TMc1 几乎在所有的指标中都较为敏感，属于非常敏感参数。

　　由于部分参数的敏感性在不同的湖区变化非常大，如 KTG1c 和 KeChl。为了分析这些参数在不同湖区的敏感性差异特点，将非常敏感的参数在不同湖区进行敏感性排序，得到这些参数在 4 个湖区的敏感性排序表（表 5.2.3）。

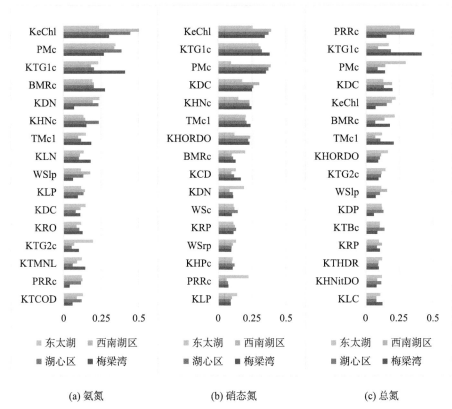

(a) 氨氮   (b) 硝态氮   (c) 总氮

图 5.2.23   氮元素模拟过程中的参数敏感性

表 5.2.3   4 个湖区参数敏感性排序表

湖区	排序	氨氮	硝态氮	总氮	磷酸盐	总磷	藻类
梅梁湾	1	KTG1c	KTG1c	KTG1c	BMRc	PRRc	KTG1c
	2	KeChl	PMc	—	KeChl	—	PRRc
	3	BMRc	KeChl	—	—	—	—
	4	PMc	—	—	—	—	—
湖心区	1	KeChl	KeChl	PRRc	WSc	PMc	KeChl
	2	PMc	PMc	—	BMRc	KeChl	PMc
	3	—	KTG1c	—	—	—	—
	4	—	KDC	—	—	—	—
西南湖区	1	KeChl	KeChl	PRRc	WSc	PMc	KeChl
	2	PMc	PMc	—	—	BMRc	—
	3	—	KTG1c	—	—	—	—
	4	—	KDC	—	—	—	—
东太湖	1	PMc	KTG1c	PMc	PMc	WSc	PRRc
	2	—	KeChl	PRRc	KDN	KeChl	WSc
	3	—	—	—	—	BMRc	PMc
	4	—	—	—	—	PRRc	—

根据表5.2.3 可以发现，在氨氮、硝态氮和总氮这 3 种与氮有关的水质指标的模拟中，梅梁湾的最敏感参数是藻类生长的温度影响系数（KTG1c），湖心区和西南湖区的最敏感参数相同，为叶绿素消光系数（KeChl）和藻类被捕食速率（PRRc），东太湖的最敏感参数则为藻类最大生长速率（PMc）和藻类生长的温度影响系数（KTG1c）。在磷酸盐和总磷这两种与磷有关的水质指标的模拟中，梅梁湾的最敏感参数为藻类基础代谢速率（BMRc）和藻类被捕食速率（PRRc），其他三个湖区的最敏感参数相同，为最大生长速率（PMc）和藻类沉降速率（WSc）。在藻类的模拟中，梅梁湾的最敏感参数是藻类生长的温度影响系数（KTG1c），湖心区和西南湖区的最敏感参数相同，为叶绿素消光系数（KeChl），而东太湖的最敏感参数则为藻类被捕食速率（PRRc）。

综合以上的结果可以发现，对于营养盐和藻类浓度最高的梅梁湾，与藻类生长温度相关的参数（KTG1c）较为敏感。对于营养盐和藻类浓度较高的湖心区和西南湖区，与叶绿素消光有关的参数（KeChl）较为敏感，而对于浓度较低的东太湖，最大生长速率（PMc）较敏感。出现这种现象的主要原因是藻类极大影响太湖水体水质，而不同湖区的藻类生长代谢差异很大，受到的影响因素也不相同。目前对于太湖不同湖区的研究发现，营养盐对藻类生长代谢有着重要的影响[36, 37]，同时温度和光照的影响也不可忽略，这些参数通过控制藻类的生长代谢来影响水质的模拟。从表中还可以发现，湖心区和西南湖区的敏感参数高度相似，这主要是因为这两个湖区的藻类浓度相近。

由于这些敏感参数的分布和藻类密切相关，因此对这两者的相关关系进行分析。首先太湖大部分湖区的营养盐浓度较高，对藻类生长代谢影响较大的可能是能量因素（包括光照和温度）。其中湖心区和西南湖区的叶绿素消光系数（KeChl）较敏感，说明光照的影响较大。梅梁湾则是藻类生长温度的参数（KTG1c）较敏感，这主要可能是藻类浓度过高，上层的藻类吸收太阳辐射，下层藻类吸收到的能量有限，光照的影响减弱，因此温度的影响较大。对于东太湖，直接控制藻类生长的最大生长速率（PMc）较为敏感，说明东太湖的参数敏感性受到藻类生长代谢影响，由于东太湖与其他湖区的光照和温度条件相差不会很大，但是藻类浓度却较低，主要可能是受到营养盐的影响。

5.2.4.5 不确定性和敏感性分析主要结论

（1）参数不确定性对于模拟结果变化范围的影响随着湖区水质指标浓度的增加而增加，并且浓度较高的湖区模拟结果的不确定区间随时间变化较大。

（2）参数不确定性对模拟结果的影响相对本底浓度的比例随浓度的增加逐渐变小，需要对低浓度的湖区加以关注。不确定性在不同湖区差异也受到水动力和外边界的影响，对于水动力条件较弱且受到边界入湖河流影响较大的湖区，参数的影响较小，应当优先关注外边界设置的精确程度。

（3）虽然不同水质指标有各自特定的敏感参数，但大部分的敏感性参数都与藻类的生长代谢密切相关，其中KTG1c、KeChl、PMc、BMRc、PRRc、WSc和TMc1几乎在所有的水质指标中都较为敏感，属于非常敏感的参数。

（4）与藻类有关的参数，对太湖容易暴发的富营养湖泊的水质影响较大，而湖区的差异性主要是由于藻类生长限制因子不同。其中，梅梁湾的主要限制因子是温度，湖心区和西南湖区是光照，而东太湖则是营养盐。叶绿素消光系数（KeChl）和温度对藻类生长的影响系数（KTG1c）分别是光照和温度限制因子中的最敏感参数，需要加以关注。

5.2.5 模型率定和验证[*]

模型率定验证了主要的水质变量（包括水温、DO、TP、TN、NH_4^+，Chl-a），实测值采用2004年1月至2005年12月的30个采样点的表层水样监测值。首先，采用2004年1～12月的实测值进行模型率定，然后，采用2005年1～12月的实测值进行模型参数验证。模型率定步骤如下：

点击"Model Analysis→Time Series Comparisons→Define/Edit"（图5.1.29），在"Calibration Tools: Time Series Comparisons"窗口中，输入梅梁湾的X，Y坐标，右击"Pathname"区域可以选择用来率定的实测数据的文件路径，以率定溶解氧为例，右击"Param"区域后会弹出各代码所代表的参数，在"Param"列输入参数代码"819"（图5.2.24）。返回"Model Analysis"窗口，通过在"Time Series Comparisons"下方的"Plots"和"Report"查看率定结果（图5.2.25）。

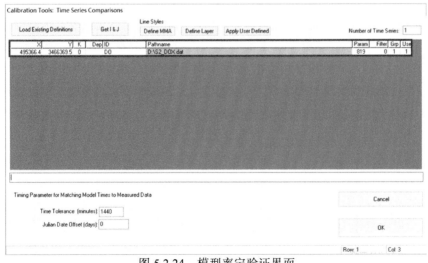

图 5.2.24 模型率定验证界面

---

[*] 模型率定和验证仅节选了典型的对比数据。

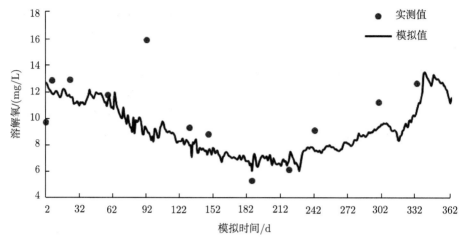

图 5.2.25　溶解氧率定验证结果

　　水温和水质变量的模拟值与 2005 年 30 个监测点的实测值的时空变化规律一致。太湖 8 个湖区各监测点的率定验证结果汇总如表 5.2.4 所示。水温是富营养化模型的关键参数，绝大部分的营养盐传输过程都依赖于温度，水温影响营养盐转变的速率。根据 8 个湖区中各个监测点的率定验证统计表可以发现，水温和水质模拟结果与实测值较为接近，基本在可接受的范围内。其中水温作为影响营养盐传输转化和藻类生长的重要参数，在湖区所有的监测点位中的相对误差在 8.61%～25.74%，其中竺山湾最低，东太湖湾最高。这说明模型在水温的模拟上与监测值比较接近，可以较为精确地模拟太湖各个湖区分布和全年的水温变化，为营养盐和藻类等其他水质指标的模拟提供支撑。湖区内这 30 个监测点的溶解氧模拟值在9.50mg/L 左右，与实测值平均值相比误差在6.42%～23.58%，说明建立的水环境模型可以反映湖区内溶解氧的分布和变化情况。然而模型在模拟氨氮、总氮和总磷的过程中相对于实测值的误差比水温和溶解氧的要稍大。例如，在竺山湾氨氮浓度模拟结果的相对误差为 70.47%，而在西北湖区的总磷模拟的相对误差为 51.99%。出现这种情况的主要是水体中水环境因子变化复杂、相互影响并且受到复杂水动力的影响。对于所有监测点的氨氮、总氮和总磷模拟结果的相对误差分别为 54.40%、33.7%和 36.3%，总体在可接受的范围内，但同时也说明不确定性和敏感性分析的必要性。叶绿素作为衡量藻类和湖泊富营养化的主要指标之一，在模型模拟中不同湖区模拟结果的相对误差在 10.2%～52.3%，空间差异非常大。例如，对于西北湖区的模拟结果相对误差为 10.2%，而对于贡湖湾则是 52.3%，因此需要进一步对导致湖区差异的因素进行分析来提高模拟的精确度。

表 5.2.4 湖区 30 个点位水质模拟结果误差统计分析

湖区(监测点)	水样数	水温/℃			DO/(mg/L)			TN/(mg/L)			NH₄⁺/(mg/L)			TP/(mg/L)			Chl-a/(μg/L)		
		观测平均值	模拟平均值	相对误差/%	观测平均值	模拟平均值	相对误差/%	观测平均值	模拟平均值	相对误差/%	观测平均值	模拟平均值	相对误差/%	观测平均值	模拟平均值	相对误差/%	观测平均值	模拟平均值	相对误差/%
梅梁湾(S1~S5)	60	16.95	16.48	14.70	9.24	9.56	11.67	3.59	3.63	31.50	1.12	0.69	47.2	0.11	0.090	24.07	41.9	35.79	32.19
竺山湾(S6~S7)	24	16.74	17.29	8.61	8.59	9.62	15.14	5.70	4.60	22.94	3.0	0.91	70.47	0.164	0.131	24.16	88.1	53.50	39.72
贡湖湾(S8~S11)	48	16.58	18.37	11.91	10.19	9.30	11.52	2.49	2.48	55.24	0.43	0.18	53.30	0.075	0.089	33.44	23.8	14.75	52.3
东太湖(S12~S14)	36	17.5	21.45	25.74	7.66	9.42	23.58	1.08	1.49	40.95	0.17	0.04	75.64	0.042	0.041	31.89	10.9	13.18	30.4
湖心区(S15~S19)	60	17.24	17.18	12.92	10.18	9.49	10.88	2.15	2.04	21.93	0.22	0.36	28.13	0.082	0.077	27.78	29.4	20.39	31.04
东部湖区(S20~S23)	48	17.04	18.92	14.24	9.04	9.45	12.41	1.70	1.94	28.69	0.18	0.20	27.72	0.052	0.061	31.37	17.7	19.36	11.76
西北湖区(S24~S25)	24	17.08	17.64	10.14	8.63	9.15	15.52	4.83	3.70	32.53	1.28	0.84	63.22	0.139	0.084	51.99	43.0	46.78	10.2
西南湖区(S26~S30)	60	17.1	17.85	10.21	9.43	9.26	6.42	2.46	2.39	36.14	0.23	0.16	69.57	0.076	0.069	55.69	22.2	21.02	13.3

注：相对误差 RE 的计算方法，$RE = \dfrac{\sum_{i=1}^{N}|O_i - X_i|}{\sum_{i=1}^{N}O_i} \times 100\%$，$O_i$ 和 X_i 分别为观测值和模拟值。

　　根据敏感性分析结果中的似然值的后验分布可以对敏感参数合适的取值范围进行推测,从而为模型的参数调整提供依据。首先根据参数取值将模拟结果平均分为 10 组,计算每组中的累积似然值概率得到似然值的后验分布图(图 5.2.26)。根据参数似然值的后验分布可以发现参数在不同的取值区间内似然值的概率密度是不同的,通过概率密度的大小可以直观地发现模型模拟参数的适当范围。例如,对于藻类最大生长速率参数 PMc,当参数取值在 2~3.8 的范围内时,似然值的累积密度较大,说明在此区间内模型模拟的结果普遍较好。而当取值大于 3.8 时,累积密度明显减小,模拟结果较差,综合分析得到可能的取值范围为 2~3.8,但是由于模型设置的最大生长速率下限较高,因此调整 PMc 范围为 1~3.8。从 BMRc 的似然值后验分布可以发现,当参数取值大于 0.04 时,累积似然值的概率密度明显增加,说明参数在取值区间大于 0.04 时,模型模拟结果的似然值可能较高,模拟结果较好。通过同样的方法得到其他参数对应模拟结果较好的取值范围,最后得到 6 个结果见表 5.2.25。

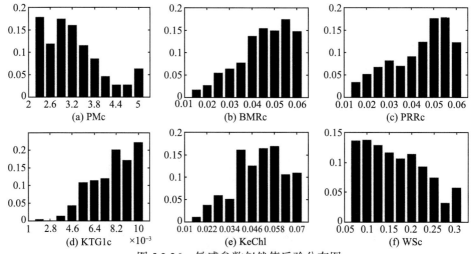

图 5.2.26　敏感参数似然值后验分布图

横轴为参数取值,纵轴为累积分布函数的概率密度

表 5.2.5　敏感参数取值范围估计表

敏感参数	参数含义	单位	最小值	最大值
PMc	最大生长速率	d^{-1}	1.0	3.8
BMRc	藻类基础代谢速率	d^{-1}	0.04	0.06
PRRc	藻类被捕食速率	d^{-1}	0.04	0.06
KTG1c	藻类生长温度影响系数	—	0.0046	0.01
KeChl	叶绿素消光系数	—	0.034	0.058
WSc	藻类沉降速率	m/d	0.05	0.20

虽然可以通过调整参数达到优化模型模拟的目的，由于广泛存在的其他不确定性因素，仅仅通过参数调整还是无法达到最优化的目的。由于参数之间存在着实际意义上的相互联系，"异参同效"的现象非常普遍，往往参数的组合比单个参数的取值有意义，因此给出的敏感参数取值范围并不是严格意义上的准确取值，仅供参考。

5.2.6　情景模拟方案

本案例主要对太湖北部和西部入湖河道（图 5.1.9 所示的 13、30 号河道）营养的负荷进行削减模拟，削减方案如表 5.2.6 所示。方案 1（低削减方案），需削减河道的水质目标为 V 类水（TN：2.0mg/L；TP：0.4mg/L），入湖支流水质 P 基本都小于 0.4mg/L，所以在此削减方案中，TN 的削减比例 1.3%～68.79%，TP 不削减。方案 2（高削减方案），需削减河道的水质目标为 III 类水（TN：1.0mg/L；TP：0.2mg/L），在此削减方案中，TN 的削减比例 50.65%～84.4%，TP 的削减比例为 0～48.2%。

表 5.2.6　入湖河流削减方案

方案	水质目标	削减比例
方案 1	V 类水	只有 N 削减，P 现状已达到要求
（低削减方案）	TN: 2.0mg/L；TP: 0.4mg/L	TN: 1.3%～68.79%; TP: 0
方案 2	III 类水	N 和 P 同时削减
（高削减方案）	TN: 1.0mg/L；TP: 0.2mg/L	TN: 50.65%～84.4%; TP: 0～48.2%

5.2.7　模拟结果与讨论

选取 TP、TN、Chl-a 3 个参数的第 45 天、第 135 天、第 225 天、第 315 天（分别代表春、夏、秋、冬 4 个季节）在整个湖区的模拟结果进行分析。从 4 个时间的总氮浓度分布来看，全湖总氮浓度秋季浓度最低，冬季次之；梅梁湾、竺山湾和西北湖区是全湖总氮浓度最高的 3 个区域，东太湖是整个湖区内最低的区域。梅梁湾、竺山湾的总氮在 4 个时间浓度均较高，尤其是在第 45 天和第 135 天。西北湖区在第 45 天、第 135 天总氮浓度较高，但到第 225 天时，总氮浓度降低，而第 315 天升高（图 5.2.27）。

从 4 个时间的总磷浓度分布来看，全湖总磷浓度秋季最高，夏季次之；梅梁湾、竺山湾是全湖总磷浓度最高的 2 个区域，东太湖是整个湖区内最低的区域。梅梁湾、竺山湾的总磷在 4 个时间浓度均较高，竺山湾的总磷浓度在第 225 天达到峰值。西北湖区在第 45 天总磷浓度较高，而在第 135 天时，总氮浓度降低，在第 225 天升高（图 5.2.28）。

从 4 个时间的叶绿素 a 浓度分布来看，全湖叶绿素 a 浓度夏季浓度最高，春季次之；夏季时，西北湖区叶绿素 a 浓度整体较高；秋季时，竺山湾是全湖叶绿素 a 浓度最高的区域，东太湖在春季和夏季时叶绿素 a 浓度较高（图 5.2.29）。

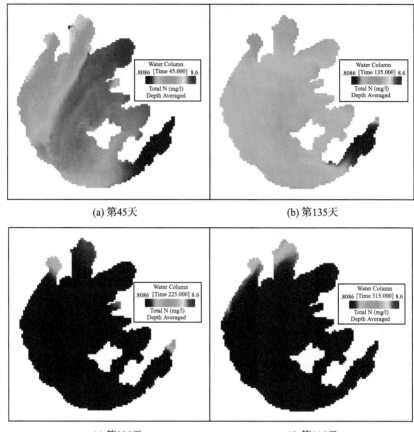

(a) 第45天　　　　　　　　　　(b) 第135天

(c) 第225天　　　　　　　　　　(d) 第315天

图 5.2.27　模拟湖区总氮分布图

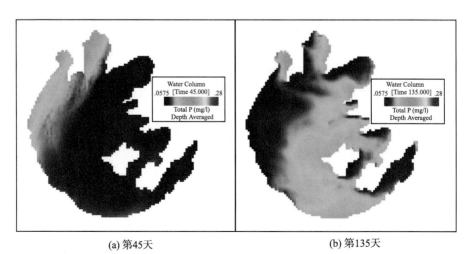

(a) 第45天　　　　　　　　　　(b) 第135天

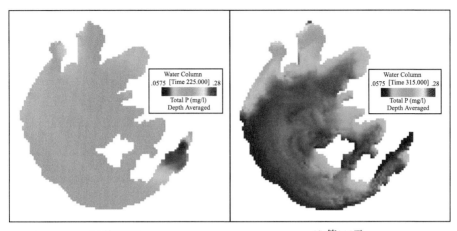

(c) 第225天   (d) 第315天

图 5.2.28 模拟湖区总磷分布图

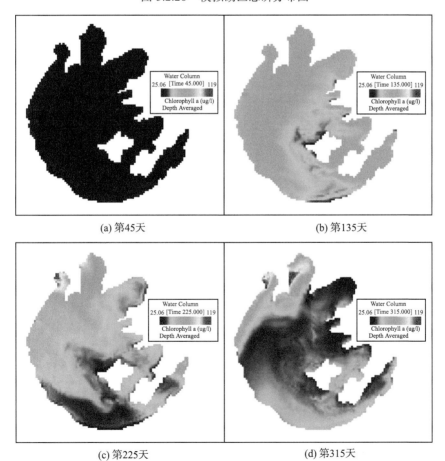

(a) 第45天   (b) 第135天

(c) 第225天   (d) 第315天

图 5.2.29 模拟湖区叶绿素 a 分布图

　　太湖西北部工农业发达，入湖河道带来的大量营养物质使得梅梁湾、竺山湾、西北湖区受到严重污染。以这 3 个湖区为研究对象进行结果分析，评估重污染湖区对外源输入负荷削减的响应关系（图 5.2.30），结果显示，外源的减少有利于湖区内营养盐浓度的降低，但是只有营养盐负荷的大量减少，才能使藻类生长得以有效控制，因此要达到这个目的仍比较困难。例如，在表 5.2.6 方案 1 中（低削减方案，只削减 N），TN 浓度竺山湾减少比例最大，竺山湾（S7）减少 26%，梅梁湾（S2）减少 24%，西北湖区（S25）减少 22%（图 5.2.30（a）～（c））。在表 5.2.6 方案 2 中（高削减方案，同时削减 N 和 P），TN 浓度在竺山湾（S7）、梅梁湾（S2）和西北湖区（S25）减少比例差别不大，减少比例分别为 39%，38% 和 37%；TP 浓度梅梁湾（S2）减少比例最大，为 17%，竺山湾（S7）和西北湖区（S25）分别相应地减少 14% 和 13%（图 5.2.30（d）～（f））。叶绿素 a 浓度在 3 个湖区对营养盐削减方案的响应程度各不相同（图 5.2.30（g）～（i））。在表 5.2.6 方案 1 中（低削减方案，只削减 N），叶绿素 a 浓度在梅梁湾降低了 23%，尤其是夏秋季节，叶绿素 a 浓度降低最为明显；而在表 5.2.6 方案 2 中（高削减方案，同时削减 N 和 P），叶绿素 a 浓度在梅

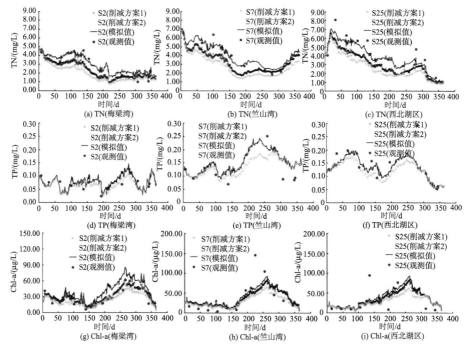

图 5.2.30　梅梁湾（S2）、竺山湾（S7）和西北湖区（S25）的水质指标
（TN，TP，Chl-a）浓度时间模拟序列

红点为观测值；黑线为 2005 年模拟值；紫色圆圈为削减方案 1 模拟值；
浅色圆圈为削减方案 2 模拟值

梁湾（S2），竺山湾（S7）和西北湖区（S25）分别减少38%，26%和24%（图5.2.30（g）～（i））。这有可能说明在梅梁湾区域藻类生长是N和P同时限制，而西北湖区是P限制区域。

在本案例中，同时模拟了内源的释放。根据文献和野外监测，底泥营养盐的释放率（如PO_4^{3-}、NH_4^+、NO_2^-、NO_3^-和SOD）在不同的湖区设置了不同的数值。结果表明，虽然支流外源的减少对湖泊富营养化状态的变化起着十分重要的作用，但是仅仅依靠外源支流负荷的减少仍然不能十分有效地控制藻类的生长。内源和大气沉降对水质恶化和水华的发生同样起着重要作用。根据测算，内源负荷几乎是外源负荷的3～10倍，特别是对于P而言[38]，大气沉降大约占流域负荷的20%[39]。因此，对于15条河流的入湖负荷削减的工作需要加快进程，同时，在太湖流域也需长期实施综合的污染管理（包括底泥释放和大气沉降）。

5.2.8　水质富营养化模型使用小结

以引江济太工程和对太湖入湖污染负荷削减评估为案例，应用EFDC模拟水质，并在2005年的基础上对营养盐负荷削减方案进行模拟应用。结论表明：

（1）EFDC模型合理地模拟了湖泊中水质主要动态变化过程。外源的减少有利于湖区内营养盐浓度的降低，但是只有营养盐负荷的大量减少，才能使得藻类生长得以有效控制，要达到这个目的仍比较困难。

（2）由于沉积成岩通量数据不足，对水质模型造成一定的误差。水柱和沉积床之间内部净通量是颗粒态营养物质沉降、水柱和沉积床之间的扩散、沉积固体再悬浮和沉降的结果。这一内部净通量是3个分量的残差，并远小于每个分量。观测数据不足通常是水质模拟的一个挑战。对这些复杂的内部交换需要进一步分析和诊断。

（3）通过参数后验分布得到模拟结果较好的参数取值范围，并对先验分布补充完善，提高模拟参数调整的效率。但由于不确定性因素多种多样，仅通过调整参数还无法达到最优化的目的。由于参数间存在着实际意义上的相互联系，"异参同效"的现象非常普遍，所以将参数进行组合比单个参数的取值有意义。

（4）本案例仍存在部分局限性和待完善的部分。为弥补高估蓝藻沉降带来的影响，模型设置了较高的最大生长速率下限，给出的PMc最小取值范围可能略微偏高。同时，为了使模拟更加科学合理，应当考虑可变化学计量的藻类、浮游动物模型。

5.3　沉积物成岩模拟案例

5.3.1　项目概况

漷湖（又名西太湖）位于江苏省南部，是太湖流域第二大浅水型湖泊，面积约

164km², 平均水深 1.2m。滆湖水流自西岸入湖河道流入, 整体向东缓慢流动, 从东岸出湖河道流出, 在每年 4 月进入丰水期, 10 月后逐步进入枯水期, 年均入湖水量约为 12.4 亿 m³ (图 5.3.1)。滆湖在当地经济建设中占有重要地位, 具有水产养殖、水上运输、蓄洪灌溉及现代娱乐等多种使用功能, 同时还是太湖上游的一道自然截污屏障。然而, 滆湖的水生态环境近 30 年来变化迅速, 由 20 世纪 80 年代的中营养状态发展至当前的中–重度富营养状态[40]。多项研究表明, 过量的氮磷输入是导致滆湖水环境退化和富营养进程加速的主要因素[41]。氮磷负荷不但造成水质的恶化, 同时也不断富集于沉积物中, 对整个水环境生态系统的平衡损害巨大。根据 2009 年 5 月～2010 年 4 月期间对滆湖的水质监测表明, 全湖平均 TN 和 TP 数值明显超出国家地表水 V 类标准, 滆湖水质总体为 V 类, 部分区域为劣 V 类水平。随着各项治理措施的实施和科学研究的开展, 2010～2014 年滆湖水质呈现逐步好转的趋势。根据 2013 年 11 月至 2014 年 10 月期间的水质监测统计数据表明, 全湖 TN、TP、COD_{Mn} 和 NH_4-N 等 4 项指标年均值均有不同程度下降, 其中, COD_{Mn} 和 NH_4-N 指标已处于 III 类水指标, 水环境质量正向恢复和改善的方向发展。

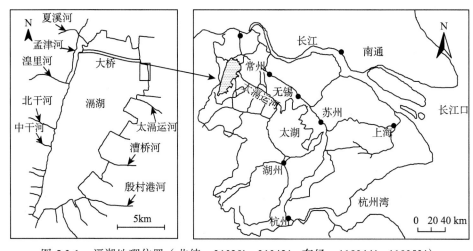

图 5.3.1　滆湖地理位置 (北纬: 31°29′～31°42′, 东经: 119°44′～119°53′)

　　滆湖水环境生态系统变化还有一个特殊的现象, 就是水生植被大面积的消亡。在 20 世纪 90 年代, 滆湖水生植物资源十分丰富, 覆盖率达 90% 以上。2000 年后, 沉水植被以每年 10% 的速度迅速递减, 至 2006 年调查显示, 覆盖率已不足全湖面积的 2%[42]。根据 2009 年 5 月对全湖进行的沉水植被调查发现, 滆湖南部沉水植被大部分已消失, 水生植被呈点状分布, 南部湖区仅有苦草, 中部仅存少量狐尾藻, 北部湖区有菹草和金鱼藻。2009 年 10 月的再次调查显示, 南部湖区仅有苦草、金鱼藻和马来眼子菜呈点状分布, 中部湖区为点状分布的马来眼子菜, 北部大洪港围垦区的沉水植物仍有较好的分布, 金鱼藻成片状分布, 生物量为 2.75kg/m², 伴生有蓖草和狐尾藻。目前，整个湖泊已由"草型-清水"湖退化为"藻型-浊水"湖，部分区域呈现重度富营养化状态（图 5.3.2）。

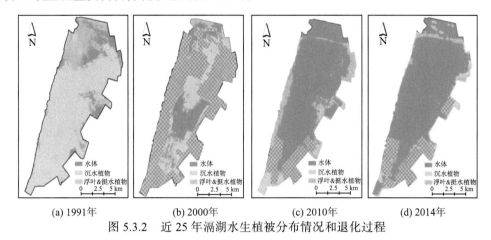

(a) 1991年　　　　　(b) 2000年　　　　　(c) 2010年　　　　　(d) 2014年

图 5.3.2　近 25 年滆湖水生植被分布情况和退化过程

滆湖周边区域早期经济发展带来工业排污、农村生活污水和农业污染面源；20 世纪 90 年代开始大范围的围网养殖，投料残饵沉积于湖底，不断加重沉积物营养盐负荷；同时，由于其浅水特性，沉积物在没有水生植物约束和一定的水动力及风力条件下频繁再悬浮，造成"土-水"界面营养物质交换过程大大区别于深水湖泊的静态释放，内源释放长时期提供营养物质支持藻类生长等。国内外对于河湖沉积物氮磷内源释放的研究方法通常为：基于野外观测或室内实验，研究沉积物的静/动态释放规律或某种影响因子对沉积物释放强度的影响，归纳和分析氮磷释放与水质及富营养化问题之间的关系，或估算氮磷释放通量。然而，一些研究的困难依然存在，例如，实验室环境与野外实际环境差别很大。实验室所获得的数据引入了较大的不确定性；难以动态确定沉积物氮磷的释放规律，过于简化的估算模型计算出的内源负荷与实际存在较大的误差；一些关键的过程和因素，如区域的干/湿交替、沉积物再悬浮、富营养化限制因子的动态特性等，可能被不同程度地简化或忽略；此外，从沉积物中有机氮磷的衰变到向上覆水释放，这一过程的机理研究少于实验研究，包含机理的模型研究远少于估算或根据实验的回归结论。这些研究现状存在的问题，对研究的手段和方法提出更高的要求。计算有机物在沉积物中的衰减变化以及向上覆水释放的全过程的模型被称为沉积成岩模型。

当前，沉积成岩模型理论已有较全面的发展，对于湖泊沉积物中的主要营养元素均可实现水质过程的模拟。由于野外监测条件的客观限制、水体本身的特异性和模型参数不确定性等因素，沉积成岩模型在湖泊水环境模拟中的应用案例极少，沉积物营养盐释放通量，通常依然采用参数估计和参数调节的方法进行率定。本案例针对滆湖浅水特征，从系统性定量分析和动态过程的角度，构建基于沉积成岩作用（diagenesis）的磷通量模型（phosphorus flux model），模拟和分析滆湖"土-水"界面磷交换的关键过程。在此基础上，分析滆湖沉积物磷释放的规律及其影响因素等问题。

5.3.2　网格划分

滆湖模型的网格划分相对简单，水平方向采用曲线正交坐标将计算区域划分为 552 个单元，单元尺度为：i 方向（东西向）为 201～644m，j 方向（南北向）为 313～846m。垂向采用 σ 坐标，设置为 3 层结构，可具备良好的计算效率和足够的精度。此外，根据实际设置了 12 个挡水网格，用于模拟滆湖分割南北部的高速公路地基（图 5.3.3（b））。2011 年 7 月后，滆湖北部进行清淤疏浚、底部挖深和入湖河道改造等工程，模型的网格划分略微有所变化（561 个网格）。网格划分、监测点布设和河道入湖边界等如图 5.3.3 和图 5.3.4 所示。

5.3.3　边界条件设置

非稳态模型受边界条件影响强烈，边界条件的准确程度将直接影响模拟结果的准确性。与 5.1.3 节和 5.2.2 节类似，设置边界条件包括：①入流边界条件；②风力边界条件；③温度边界条件；④气象边界条件（气压、湿度、温度、降雨量、蒸发量、太阳辐射和云覆盖）；⑤泥沙边界条件；⑥水质边界等（图 5.3.5）。

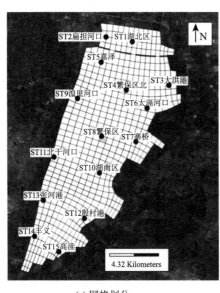

(a) 网格划分　　　　　　　　　　　(b) 北部区域改造后

图 5.3.3　滆湖计算区域网格划分和北部区域改造后

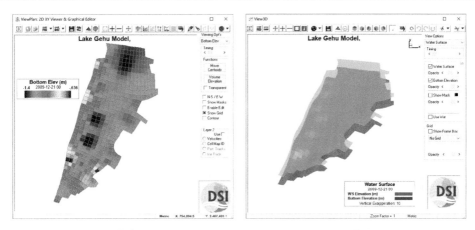

(a) 底部高程图　　　　　　　　　　　(b) 初始水位图

图 5.3.4　滆湖模型的底部高程图和初始水位图

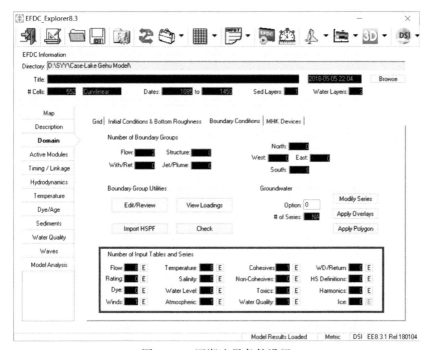

图 5.3.5　滆湖边界条件设置

　　在"Water Quality"模块中点击"Boundary Conditions"，在"Wet Deposition"和"Dry Deposition"中设置大气干/湿沉降（图 5.3.6③）。在此选项卡中，也可点击"Water Quality"（图 5.3.6②）修改水质边界条件的设置，其余边界条件则仍需要回到"Domain"中设置。此外，EE 还提供点源负荷输入的转换和文件输入方式（图 5.3.6①）。

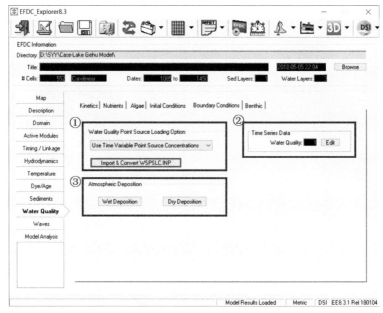

图 5.3.6　干/湿沉降边界条件设置

5.3.4　初始条件设置

浅水型湖泊水动力和水质的变化受边界条件影响强烈，初始条件对计算的影响非常有限。因此，可采用某个时刻实测的水质数据，通过类似 5.1.4 节和 5.2.3 节的自动计算插值分布后，作为初始条件，如水深、TP的初始条件设定（图 5.3.7）。磷通量模型的初始条件设置，根据对基质调查均匀赋值，并运行模型 5 年，使用第 5 年末的模型结果作为模拟的初始条件，以使沉积床的水质浓度达到动力学平衡。

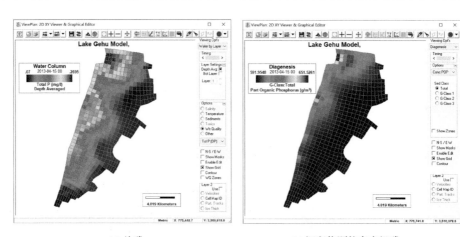

(a) 总磷　　　　　　　　　　　　　　　(b) 沉积物颗粒态有机磷

图 5.3.7　初始条件设定

5.3.5　不确定性和敏感性分析

磷通量模型共有 21 个需要设置的参数，排除广泛认可的 7 个参数后，14 个参数需要在合理范围内进行不确定性和敏感性验证。与 5.1.5 节相同，采用 LHS 抽样方法，获取参数取值的随机分布组合，将每个参数组合代入模型计算，统计输出结果的经验分布函数，进行参数不确定性分析。应用标准秩回归方法，进行参数敏感性分析。具体如表 5.3.1 所示。

表 5.3.1　LHS 抽样分析输入参数及范围

序号	符号	参数名称	单位	参考取值	最大值	最小值
1	rM2	下层（第二层）固体颗粒浓度	kg/L	0.5	0.75	0.25
2	Dd	孔隙水扩散系数	m^2/d	0.0005	0.000864	0.00006
3	Dp	颗粒物混合表面扩散系数	m^2/d	0.00006	0.00006	0.000001
4	ThDd	Dd 的温度调整常数	—	1.08	1.15	1.05
5	ThDp	Dp 的温度调整常数	—	1.117	1.117	1.07
6	P2PO4	厌氧条件下 PO_4 分配系数	L/kg	100	100/150	50
7	DOcPO4	PO_4 吸附临界溶解氧值	mg/L	2	3	1
8	KMDp	氧颗粒物混合半饱和常数	mg/L	4	6	2
9	KST	累积底栖压力的一阶衰减速率	d^{-1}	0.03	0.045	0.015
10	ThKP1	KPOP1 温度调节常数	—	1.1	1.166	1.052
11	ThKP2	KPOP2 温度调节常数	—	1.15	1.166	1.052
12	Hsed	成岩沉积物厚度	m	0.1	0.15	0.05
13	W2	沉积物覆盖速率	cm/a	0.27	1	0.02
14	DP1PO4	PO_4 吸附加强因子	—	300	300/400	100

5.3.5.1　参数不确定性分析

以 PO_4-P 通量为输出目标，参数不确定性所产生的 5%边界、95%边界、均值和方差如图 5.3.8（a）～（d）所示。经统计 5%边界下，全湖 PO_4-P 释放通量为 0.16 ± 0.27 mg/（$m^2 \cdot d$），不均匀性较大，北部区域变化范围为 0.2～0.6 mg/（$m^2 \cdot d$），河口区域变化范围为 0.2～1.0 mg/（$m^2 \cdot d$），南部区域释放通量最小；95%边界下，全湖 PO_4-P 释放通量为（8.5 ± 3.4）mg/（$m^2 \cdot d$），北部区域变化范围为 10.0～25.0 mg/（$m^2 \cdot d$），河口区域变化范围为 10.0～35.0 mg/（$m^2 \cdot d$），南部区域小于北部区域和河口区域；均值下，全湖 PO_4-P 释放通量为（2.6 ± 1.1）mg/（$m^2 \cdot d$），北部区域和河口区释放通量较大，变化范围为 3.0～11.0 mg/（$m^2 \cdot d$），南部区域小于 3.0 mg/（$m^2 \cdot d$）；释放通量的大小呈现：5%边界值<均值<95%边界值，说明参数不确定性在全湖范围对

PO$_4$-P 释放通量的模拟结果存在较显著的影响；方差统计结果（图 5.3.8（d））显示，河口区（孟津河、湟里河、北干河等）受参数不确定性影响最为强烈，其余区域影响微弱。其原因与河口区上覆水条件有关，释放通量受上覆水 PO$_4$-P 浓度影响。相比于南部敞水区，河道入湖加强河口区上覆水 PO$_4$-P 的变化，从而影响 PO$_4$-P 的释放；同时，河口区 DO 值略低于其他区域，在相同的参数条件下，加大 PO$_4$-P 的释放通量。

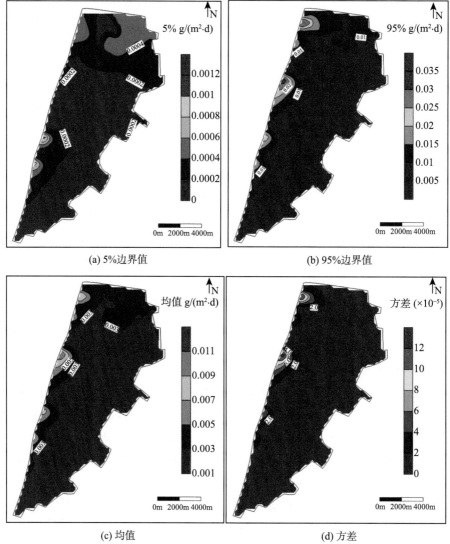

(a) 5%边界值   (b) 95%边界值

(c) 均值   (d) 方差

图 5.3.8   以 PO$_4$-P 通量为输出目标的 5%、95%、均值和方差空间分布特征

5.3.5.2　参数敏感性分析

　　以 PO₄-P 通量为输出目标，对输入参数与 PO₄-P 通量进行标准秩回归分析，$SRRC^2$ 值由大到小排列，前五位的参数分别为沉积物固体浓度（rM2）、厌氧层 PO₄-P 分配系数（P2PO4）、有氧层 PO₄-P 吸附因子（DP1PO4）、孔隙水扩散系数（Dd）和颗粒物表面扩散系数（Dp），统计结果及回归决定系数 R^2 的分布特征如图 5.3.9 所示。由图5.3.9（f）可知，决定系数 R^2 值在全湖大部分区域大于 0.7，模型参数与输出目标 PO₄-P 通量呈较强回归关系，回归分析合理可行。由图 5.3.9（a）可知，沉积物固体浓度对 PO₄-P 通量结果最为敏感，贡献率最大（$SRRC^2$：0.220～0.264），其次，厌氧层 PO₄-P 分配系数（$SRRC^2$：0.115～0.173）、有氧层 PO₄-P 附加因子（$SRRC^2$：0.118～0.164）、孔隙水扩散系数（$SRRC^2$：0.105～0.158）和颗粒物表面扩散系数（$SRRC^2$：0.046～0.070）也具有较大贡献率，这 5 个参数对 PO₄-P 通量输出结果不确定性的贡献率占所有参数的 85%以上，其他参数对输出结果的敏感性见表 5.3.2。因此，在 PO₄-P 通量的模拟中，应十分注意这些参数的取值。

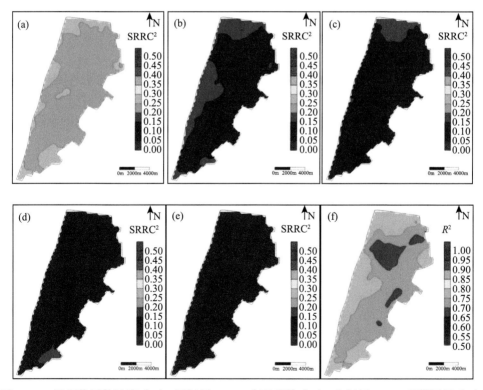

图 5.3.9　沉积物固体浓度（a）、厌氧层 PO₄-P 分配系数（b）、有氧层 PO₄-P 吸附因子（c）、孔隙水扩散系数（d）、颗粒物表面扩散系数（e）5 个敏感参数对 PO₄-P 通量不确定性的 $SRRC^2$ 值（贡献率）及回归 R^2 值（f）

表 5.3.2　不同参数贡献率（SRRC^{2}值）模拟结果统计

参数	以 PO$_4$-P 通量为输出目标	
	SRRC^{2}值范围/均值	敏感性排序
rM2	0.220～0.264/0.242	1
P2PO4	0.115～0.173/0.139	2
DP1PO4	0.118～0.164/0.134	3
Dd	0.105～0.158/0.133	4
Dp	0.046～0.070/0.062	5
Hsed	0.0017～0.0136/0.0077	6
ThDd	0.0022～0.0142/0.0072	7
ThDp	0.0012～0.0097/0.0060	8
W2	0.0032～0.0086/0.0050	9
KMDp	0.0032～0.0069/0.0045	10
ThKP1	0.0026～0.0049/0.0034	11
ThKP2	0.0005～0.0040/0.0024	12
KST	<0.0001	13
DOcPO4	<0.0001	14

　　表 5.3.2 统计了对于以 PO$_4$-P 通量为输出目标的 14 个参数全湖的 SRRC^2 值和均值，其中，沉积物固体浓度（rM2）、厌氧层 PO$_4$-P 分配系数（P2PO4）、PO$_4$-P 吸附因子（DP1PO4）、孔隙水扩散系数（Dd）和颗粒物表面扩散系数（Dp）5 个参数敏感性较大，对输出结果的不确定性贡献率均大于 85%，其余参数在两种输出情况下的敏感性排序略有区别，但影响力都极小。由此可见，在应用磷通量模型进行水质模拟时，应重点率定和调节这 5 个参数，同时也应加强对这些参数的监测工作，直接获得参数的取值。值得注意的是，不确定性和敏感性检验得到的结果是在参数合理的取值范围内，以及滆湖水环境下的分析结果，对于不同的湖泊和环境条件，应重新进行敏感性检验。

5.3.6　模型率定验证[*]

　　磷通量模型是滆湖模型的一部分，模型参数的校验是滆湖模型整体参数的校验，通过以下步骤完成：①通过设定和调节水动力、温度、泥沙底床和光衰减等相关模块参数，用以校准水位、温度和透明度等水动力变量，正确合理的水动力过程是水质参数校准的基础；②根据水质实测数据初步确定藻类过程的关键动态参数，包括生长、新陈代谢、沉降、捕食、最佳生长温度范围等，以及磷化学反应的主要参数；③初步确定沉积成岩模块（磷通量模型）的参数，根据敏感性验证结论，重点调节那些经敏感性检验后贡献率较大的参数；④将校准过程确定的所有参数代入验证过程，进行验证计算，根据需要对部分参数进行微调，并参考相关文献的取值最终确定模型参数，现以湖北区和繁保区两个站点为校验点。

---

　　[*] 模型率定验证仅节选了典型的数据。

5.3.6.1 水动力部分

水动力部分的校验，重点率定水量（水深）、温度和透明度，以提供水质变量化学反应合理的水动力背景，如图 5.3.10 所示。

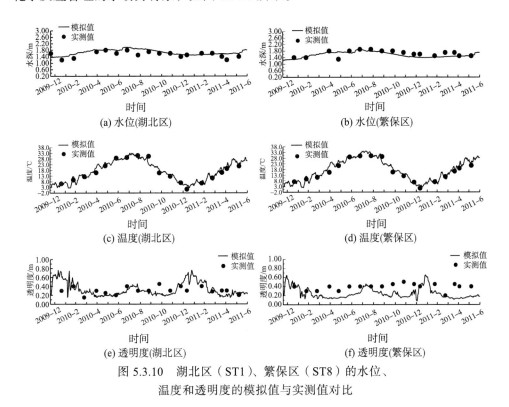

图 5.3.10 湖北区（ST1）、繁保区（ST8）的水位、
温度和透明度的模拟值与实测值对比

5.3.6.2 水质

水质部分的校验，重点率定磷通量模型主要参数、上覆水体中藻类和磷循环过程的关键参数，如图 5.3.11 所示。

5.3.6.3 误差统计和分析

误差统计采用均方根误差（root mean square error, RMSE）和相对均方根误差（relative root mean square error, RRMSE）作为检验模型适应性的指标。表 5.3.3 统计了滆湖的校验阶段的 RMSE 和 RRMSE。由表可知，滆湖模型 93.3%的水动力和水质指标的 RRMSE 小于 40%，60%的指标小于 35%，RRMSE 平均值为 30.7%，水动力指标的准确度大于水质指标。参考同类模拟案例资料，滆湖模型能够充分地表达滆湖水动力和水质的动态过程，具备一定的可靠度。

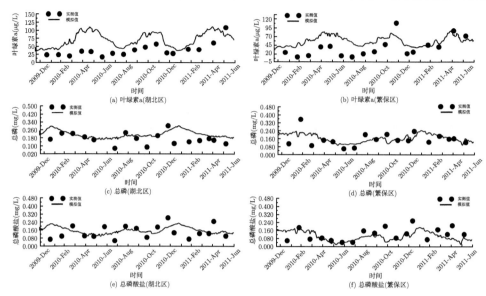

图 5.3.11 湖北区（ST1）、繁保区（ST8）的叶绿素 a、
总磷和总磷酸盐的模拟值与实测值对比

表 5.3.3 漏湖模型校验的误差统计

参数	组数	实测均值	模拟均值	RMSE	RRMSE/%
水深/m	221	1.53	1.38	0.33	30.3
温度/°C	234	16.5	17.3	2.71	9.2
溶解氧（DO）/（mg/L）	234	10.9	9.1	3.8	34.3
氨氮（NH₄-N）/（mg/L）	234	1.03	1.04	1.07	37.1
总氮（TN）/（mg/L）	234	3.78	3.49	1.75	33.0
总磷酸盐（PO₄-P）/（mg/L）	234	0.130	0.088	0.085	37.9
总磷（TP）/（mg/L）	234	0.175	0.143	0.094	32.3
叶绿素a（Chl-a）/（μg/L）	233	40.9	49.7	31.9	28.5

5.3.7 沉积物成岩模型关键参数设置

磷通量模型参数的具体设定步骤如下：

（1）在"Water Quality"选项卡中，选择"Benthic→Modify Parameters"，进入设置"Sediment Diagenesis Options & Parameters"。EE8.3 提供了 3 种沉积物释放设置选项，沉积成岩模型选择"Full Diagenesis Model"（图 5.3.12①），此时，常规使用的赋值方法区域无法填入数值，变为灰色（图 5.3.12②）。

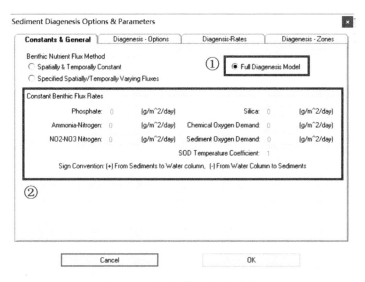

图 5.3.12　沉积物释放选项设置

（2）点击 "Diagenesis Options" 选项，在选择中设定沉积物初始条件（图 5.3.13 ①），EE8.3提供了3个选项，包括常数、读取 "WQSDICI.INP" 文件和 "WQSDRST.INP" 文件，后两者的文件格式相同。常数设置或区域赋值，可点击 "Spatially Constant IC's" 和 "Spatially Varying IC's" 按钮，设置方法与 5.1.4 节、5.2.3 节相同。

此选项右侧区域为沉积成岩模型的一些基础参数设置，包括：① "Settled Algae Nutrient Split to Gi Classes"（沉降到沉积物中藻类的 Gi 分类份数），用于设定沉降的藻类的 Gi 分类；② "Spatially Constant Sediment Flux Parameters"（沉积物通量区域常数参数）（图 5.3.13③），用于设定参数 rM1、rM2、ThDd、ThDp、GPOCr、KMDp、DpMIN 等；③ "N&P Spatially Constant Parameters"（氮磷区域常数参数）（图 5.3.13④），用于设定 P2PO4、DOcPO4；④ "H2S/CH4/SOD Spatially Constant Parameters"（H2S/CH4/SOD 区域常数参数），用于设定进行硫/甲烷等模拟时的参数设置；⑤ "Diagenesis Stoichiometry"（成岩化学计量），涉及 H_2S 和硝化–反硝化的耗氧计量；⑥ "Spatially Constant SILICA Parameters"（硅的区域参数），用于设定进行硅模拟时的参数。

图 5.3.13②提供是否需要输出重启文件和诊断文件的选择，以及可以直接通过 "WQ3DSD.INP" 文件载入已有的模型参数。

（3）点击 "Diagensis Rates" 选项设置磷通量模型的其他参数。该选项包括：① "Nutrient Decay Rates for each Gi Class"（不同 Gi 类有机物质的衰减速率）（图 5.3.14②），包括衰减速率和温度影响系数的设定，设置 KPOP1、KPOP2、KPOP3、ThKP1、ThKP2 和 ThKP3 等；②设置沉积物初始温度和温度扩散系数（DifT）（图 5.3.14①），该选项中包含了 KMDp、P2PO4 和 DOcPO4 参数的设定，可根据实际情况在"Diagenesis Options"和"Diagensis-Rates"两个选项中设置即可，数据将自动同步调整；③硫元素耗氧和底栖生物量的底部累积应力等参数。

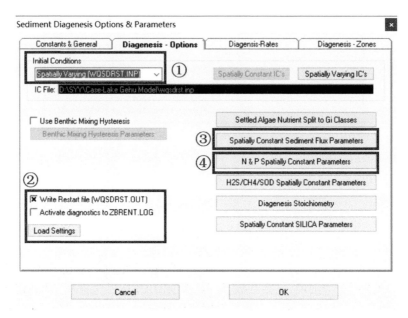

图 5.3.13　沉积成岩模块设定：Diagenesis Options

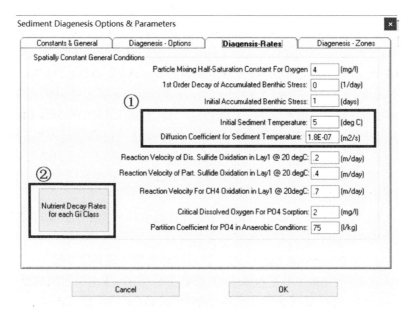

图 5.3.14　沉积成岩模块设定：Diagenesis Rates

（4）点击"Diagenesis Zones"选项设定相关参数，该选项包括：①设置参数 Hsed、W2、Dd、Dp、DP1PO4 等参数；②"Set Zones"，成岩区域设置（图5.3.15 ①），可以设置多个成岩区域，而每个区域采用的参数不同；③"Spatially Varying Nutrient Fractionation"（图 5.3.15②），用于设定水柱难溶有机物质沉降到沉积物中的 Gi 分类。

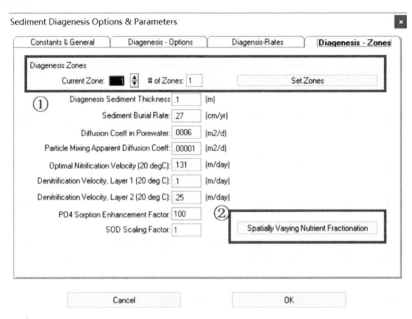

图 5.3.15　沉积成岩模块设定：Diagenesis Zones

至此，滆湖模型磷通量模型的设定基本完毕，表 5.3.4 为所采用的主要参数。

表 5.3.4　磷通量模型采用的参数列表

编号	符号	参数含义	单位	参考取值	取值
1	rM1	上层（第一层）固体浓度	kg/L	0.5	0.674
2	rM2	下层（第二层）固体浓度	kg/L	0.5	0.674
3	Dd	孔隙水扩散系数	m^2/d	0.0005	0.0006
4	Dp	颗粒物混合表面扩散系数	m^2/d	0.00006	0.00001
5	ThDd	Dd 的温度调整常数	—	1.08	1.08
6	ThDp	Dp 的温度调整常数	—	1.117	1.117
7	GPOCr	GPOC（1）的参考浓度	g/m^3	100	100
8	DpMIN	颗粒混合的最小扩散系数	m^2/d	0.000006	0.0000001
9	P2PO4	厌氧条件下（第二层）PO_4 分配系数	L/kg	100	75
10	DOcPO4	PO_4 吸附临界溶解氧值	mg/L	2	2
11	KMDp	氧颗粒物混合半饱和常数	mg/L	4	4
12	DifT	沉积物温度扩散系数	m^2/s	1.80E-07	1.80E-07

续表

编号	符号	参数含义	单位	参考取值	取值
13	KPOP1	G1 类 POP 在 20℃的衰减速率	d^{-1}	0.035	0.035
14	KPOP2	G2 类 POP 在 20℃的衰减速率	d^{-1}	0.0018	0.0018
15	KPOP3	G3 类 POP 在 20℃的衰减速率	d^{-1}	0	0
16	ThKP1	KPOP1 温度调节常数	—	1.1	1.036
17	ThKP2	KPOP2 温度调节常数	—	1.15	1.036
18	ThKP3	KPOP3 温度调节常数	—	1	1
19	Hsed	成岩沉积物厚度	m	0.1	0.1
20	W2	沉积物覆盖速率	cm/a	0.27	0.27
21	DP1PO4	PO_4 吸附因子	—	300	100

5.3.8　模拟结果与讨论

5.3.8.1　沉积物磷动态释放过程

沉积物以溶解态磷酸盐（PO_4-P）扩散形式的释放过程是一个连续的复杂过程，其释放速率（强度）受诸多因素的影响。滆湖模型考虑到这一过程中的主要影响因素和机制，包括温度、上覆水 PO_4-P 浓度、DO 浓度和再悬浮作用。首先，温度直接影响 PO_4-P 的扩散速率、颗粒态磷的混合强度和成岩衰变等化学反应的速率，是从整体上影响 PO_4-P 释放速率的最主要因素；其次，上覆水 PO_4-P 浓度和有氧层 PO_4-P 浓度的差异将直接导致某一时刻 PO_4-P 在"土–水"界面的释放方向和强度。滆湖模型中定义了由沉积物向上覆水方向的释放通量为正（+），那么，当有氧层 PO_4-P 浓度大于上覆水中浓度时，即为一般意义上的"内源释放"的概念。当上覆水 PO_4-P 浓度大于有氧层中浓度时，则将出现"负释放"现象，即 PO_4-P 由上覆水扩散至沉积物中。上覆水 DO 浓度控制有氧层 PO_4-P 的溶解态和颗粒态的分配系数 π_1，直接影响有氧层 PO_4-P 浓度，进而间接影响 PO_4-P 的扩散释放。因此，PO_4-P 释放的动态变化与温度、上覆水 PO_4-P 浓度、DO 浓度等因素直接相关。

根据滆湖模型计算结果统计，全湖沉积物以 PO_4-P 扩散形式连续释放的动态曲线及其与沉积物温度、上覆水 PO_4-P 浓度和 DO 浓度的对比曲线，如图 5.3.16 所示。图 5.3.16（a）为 PO_4-P 释放速率与温度的同步变化，两者大体呈正相关趋势。在夏季温度较高的时间范围内，相应的释放速率也较大，而在冬季温度较低时，释放速率较低；图 5.3.16（b）为上覆水（选取网格底层，$K=1$）DO 浓度与 PO_4-P 释放速率的关系，两者大体呈负相关趋势，夏季 DO 浓度较低的时段，相应的释放速率较大，冬季 DO 浓度较高的时段，释放速率相对较小；图 5.3.16（c）为上覆水（$K=1$）PO_4-P 浓度与 PO_4-P 释放速率的关系曲线，可以明显地发现，两者大致呈"反向"变化，即上覆水 PO_4-P 浓度增大时，PO_4-P 释放速率降低，PO_4-P 浓度减小，PO_4-P 释放速率增大，PO_4-P 释放最直接的驱动力为沉积物上层（有氧层）与底层上覆水的浓度差。温度、上覆水 DO 和 PO_4-P 浓度都直接或间接地影响"土–水"界面 PO_4-P 的浓度差,从而造成释放(+)或者负释放(-);由图 5.3.16(c)可以看出,2013 年 5 月,全湖 PO_4-P 出现释放速率小于零,即"负释放"现象,而此时,沉积物温度和上覆水 DO 浓度均处于有利于 PO_4-P 释放的状态(温度相对较高,DO 浓度相对较低),产生负释放的原因即为上覆水 PO_4-P 浓度过大,从而使 PO_4-P 自上覆水扩散至沉积物中,这种上覆水 PO_4-P 浓度的增大有可能是出现一个较大的外源输入。例如,降雨导致河道磷负荷短时期的增大,也有可能是再悬浮作用导致短时期上覆水 PO_4-P 浓度增大,考察这一时期模型边界条件发现,造成这一短时期上覆水 PO_4-P 浓度过大的原因为外源负荷。

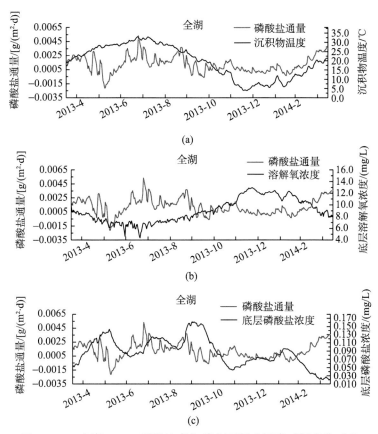

图 5.3.16 全湖 PO_4-P 释放速率与其主要影响因素时间变化对比

PO_4-P 释放速率在全湖区域也具有明显的空间差异,图 5.3.17 列举了 4 个季节代表性时刻的 PO_4-P 释放速率的空间分布;由图可知,PO_4-P 释放速率区域性差异最大的是夏季,代表性均值为 0.0052g/(m²·d)(变化范围:-0.0029~

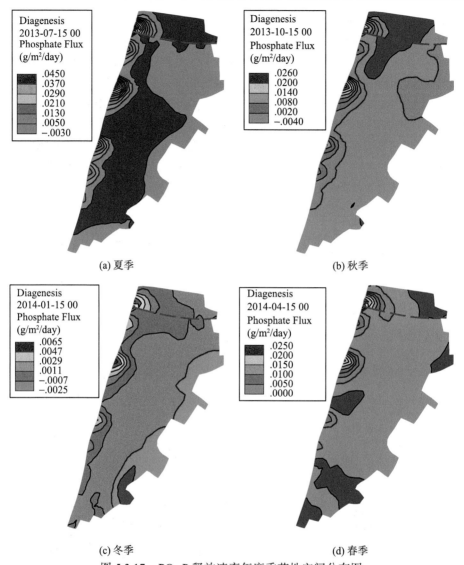

(a) 夏季　　　　　　　　　　　　　(b) 秋季

(c) 冬季　　　　　　　　　　　　　(d) 春季

图 5.3.17　PO₄-P 释放速率年度季节性空间分布图

0.0437g/（m² · d）），最小为冬季，代表性均值为 0.001g/（m² · d）（变化范围：−0.0022～0.0062g/（m² · d）））；春季代表性均值为 0.0036g/（m² · d）（变化范围：0.0009～0.022g/（m² · d）），秋季代表性均值为 0.0014g/（m² · d）（变化范围：−0.0034～0.0251g/（m² · d）），春季大于秋季；整个年度时间内，PO₄-P 释放速率在西部沿岸的河口地区最大，东南部沿岸相对较小。以湟里河口（ST9）和繁保区（ST8）比较，PO₄-P 年均释放速率分别为 0.01381g/（m² · d）和 0.00056g/（m² · d），湟里河口的释放速率远大于繁保区。两处的温度（20.3℃/19.9℃）、上覆水 DO 浓度（8.7mg/L/9.3mg/L）、

悬浮沉积物浓度（40.6mg/L/39.7mg/L）和基质有机磷浓度（687.7mg/L/632.5mg/L）均差异较小（<10%），而上覆水 PO_4-P 浓度（0.109mg/L/0.091mg/L）和沉积物 PO_4-P 浓度（659.8mg/L/ 209.2mg/L）差别较大。可以认为，沉积物中 PO_4-P 浓度是造成湟里河口和繁保区 PO_4-P 释放速率差异的主要原因。由于两处上覆水 DO 浓度差异微弱，并且数值远大于 2mg/L，则两处上层 PO_4-P 分配系数 π_1 差异微弱，PO_4-P 浓度的较大差异必然导致湟里河口上层 PO_4-P 浓度大于繁保区，造成释放速率的较大差异。因此，释放速率的差异来自基质浓度的差异和环境影响因素的动态变化。

　　磷在深水湖泊中的内部循环，因受到热力分层的影响，具有典型的季节性或年际变化特性。例如，当藻类死亡或吸附于悬浮沉积物上的磷，一旦下沉至湖底后，就很难再回到上覆水，以溶解形态通过扩散是唯一的机制，而且在热力分层期间，温跃层还起到阻拦营养物质向上扩散的作用，只有在季节性"翻池"现象发生时，才具有较好的混合效果，促进透光带内藻类的生长。相比于深水湖泊，磷在浅水湖泊中的内部循环具有明显的不同。浅水湖泊上覆水与沉积床的距离太近，在"土–水"界面上可以频繁地发生物质交换和生物–化学反应。例如，沉积物中的 PO_4-P 可以轻松地扩散或通过再悬浮和解吸作用迁移至上覆水中，提供藻类生长所需；浅水湖泊中磷的内部循环时刻都能进行，没有明显的季节性或年际尺度的变化规律，促进磷循环的因素也非常多，在受风浪影响强烈的地区，上覆水磷的浓度甚至可以出现明显的"日变化"。因此，由于沉积床内源磷的支持和磷的内部循环，上覆水磷浓度对外源磷负荷的变化响应缓慢。

5.3.8.2　河道入湖负荷变化与全湖水质、沉积物释放的响应关系

　　根据文献资料，2005～2009 年总磷通过河道入湖为 220.9～812.4t，根据实测数据的推算，2010 年度总磷负荷约为 251.7t，模型计算年度约为 206.5t。由此可见，滆湖在 2010 年后，总磷入湖负荷得到一定的控制，但由于浅水湖泊营养盐的内部循环特征，沉积物扮演着营养盐"缓冲器"的角色，入湖负荷的变化与上覆水磷浓度以及沉积物释放量之间的响应关系，可通过情景设置来模拟和分析。以 2013 年 4 月～2014 年 4 月的年度总磷负荷 206.5t/a 为基准范围，依据所总结和推算的近年来滆湖河道总磷入湖负荷范围（220.9～812.4t/a），将总磷入湖负荷设定在此变化范围内，如表 5.3.5 所列。由表可知，在河道总磷入湖负荷 51.7～825.9t/a 的变化范围内，PO_4-P 的释放量与入湖负荷呈负相关变化，入湖负荷越大，沉积物 PO_4-P 释放量越小，入湖负荷在情景 3 时，PO_4-P 释放量为 0.65t，接近于不释放；全湖总磷年均值与入湖负荷呈正相关变化，但总磷入湖负荷在 200t/a 以下时，由于沉积物"缓冲器"的原理，总磷浓度与入湖负荷不表现强烈的响应关系，但在 200t/a 以上时，总磷入湖负荷依然与上覆水总磷浓度呈正相关。从 5 种情景来看，由于营养盐充足，边界条件一致，整个年度时间范围内，在适合藻类生长的时期，依然是光照限制为主要限制因子，藻类代谢磷的总量基本一致，藻类死亡后沉降至沉积床加入沉积成岩过

程，藻类代谢的这部分磷就从上覆水中去除。那么，多余的上覆水磷必将与沉积物进行互相扩散和平衡，形成此消彼长的相互关系。从统计得出的内/外源负荷（含干湿沉降）比来看，也是动态变化的，当外源负荷很小时（情景1），内/外源负荷比为 0.85。

表 5.3.5　河道总磷入湖变化与全湖总磷浓度及沉积物磷酸盐释放响应关系的统计

情景设置	河道总磷入湖负荷/（t/a）	全湖总磷平均浓度/（mg/L）	$PO_4\text{-}P$ 释放量/t	内/外源释放比（含干湿沉降）	水质达标类别
情景 1	51.7	0.092	120.3	0.85	Ⅳ
情景 2	103.2	0.103	104.8	0.54	Ⅴ
验证阶段	206.5	0.103	71.6	0.024	Ⅴ
情景 3	412.9	0.173	0.65	0.001	Ⅴ
情景 4	619.4	0.221	−72.3	—	劣Ⅴ
情景 5	825.9	0.269	−143.6	—	劣Ⅴ

根据模型计算结论，仅仅从降低外源负荷的角度，改善和恢复水质具有较大的阻碍，尤其是在保持经济高速发展的前提下。如情景1所示，将外源负荷控制在 51.7t/a 的总量上，可使全湖年均总磷值小于 0.1mg/L，达到Ⅳ类水标准，但这显然是一时难以做到的。因此，可以将 Ⅳ 类水标准作为近期目标，采用逐步削减外源负荷的方法，使其正处于沉积物"缓冲器"作用有效的范围，因此，实际年负荷 206.5t 是非常合理的量，本案例认为，目前滆湖河道输入总磷量应控制在 200t/a 左右。可将Ⅲ类水标准作为远景目标，通过流域减排、建设环湖河道阻隔污染、建设湿地缓冲带、底泥生态清淤、削减围网养殖面积以及恢复沉水植物群落等措施，不断降低内外源负荷，逐步改善水质。

5.3.8.3　零负荷入湖情景模拟

如前所述，外源负荷输入量的减少，可以驱动沉积物内源释放量的增加。那么，假设一种理想情景，即外源入湖的磷负荷全部为零，包括河道输入和干湿沉降，仅依靠内源负荷的支持，全湖水质状况将会发生怎样的变化？设置该情景，将河道输入和干湿沉降的总磷负荷设置为零，并以实际情况的其余边界条件连续计算 5 年，每年计算开始时的初始条件用前一年计算结束时的数值赋值。表 5.3.6 为计算 5 年每年的全湖年均叶绿素 a、总磷和沉积物 $PO_4\text{-}P$ 释放量。由表可知，即使切断所有总磷外源负荷，包括河道入湖和干湿沉降，全湖年均叶绿素 a、总磷和沉积物 $PO_4\text{-}P$ 释放量均逐步缓慢降低，5 年均值分别为 31.4μg/L、0.049mg/L 和 150.5t，内源 5 年平均负荷是实际情况外源负荷的 50.8%，这部分内源负荷足以支持藻类的生长，甚至在外部环境条件合适时发生"水华"。因此，浅水湖泊沉积床可能具有很大的释放潜能，这也是在切断外源负荷后，许多湖泊水质状况仍需多年才能得到改善的重要原因。

表 5.3.6 零负荷入湖情景统计

参数	第 1 年	第 2 年	第 3 年	第 4 年	第 5 年
叶绿素 a/（μg/L）	33.6	32.1	31.3	30.4	29.4
总磷/（mg/L）	0.057	0.052	0.049	0.046	0.043
PO$_4$-P 释放量/t	157.9	157.8	152.3	145.7	139.0

5.3.9 沉积成岩模型使用小结

以滆湖为例，基于 EFDC 模型构建沉积物磷通量模型，通过不确定性和敏感性分析，参考相关文献资料确定磷循环的参数。在此基础之上，分析了沉积物磷酸盐连续释放的过程和相关情景模拟与预测。

本案例突破了以往对于湖泊沉积物释放进行直接赋值或经验公式推算的方法，尝试采用机理模拟的方法。同时，也引入了更多的因参数不确定性而带来的误差。因此，对模型参数进行敏感性分析显得非常重要。在本案例中，应用 LHS 抽样和标准秩回归方法，对磷通量模型参数进行不确定性和敏感性的分析表明，沉积物固体浓度（rM2）、厌氧层 PO$_4$-P 分配系数（P2PO4）、PO$_4$-P 吸附因子（DP1PO4）、孔隙水扩散系数（Dd）和颗粒物表面扩散系数（Dp）这 5 个参数对输出结果的不确定性贡献率大于 85%，应重点率定这些参数或直接进行监测；参数不确定性和敏感性分析具有个体特征，对于不同水体环境，结论可能不同。

在模型构建方面，由于滆湖蓝藻占绝对优势，采用一种藻替代多种藻类共生的整体效应。目前，包括 EFDC 在内的许多模型均可以实现多种藻类共生的模拟技术，对每种藻类进行生长、新陈代谢、沉降和被捕食等参数的赋值，然而，由于当前湖泊水质的监测指标通常无法细化到某一具体藻种。例如，滆湖存在的三大类藻种：蓝藻、绿藻和硅藻，在对藻类生物量进行监测时，通常采用叶绿素 a 表示其生物量，或仅监测总的藻密度值。未来的研究应更加细化，可以在水质监测中进行多重藻类密度和生物量的监测，采用分类的藻类生物量进行模型的校验，是未来精细模拟的一个趋势。

参 考 文 献

[1] 李一平, 逄勇, 罗潋葱. 波流作用下太湖水体悬浮物输运实验及模拟[J]. 水科学进展, 2009, 20（5）: 701-706.

[2] Li Y P, Acharya K, Yu Z B. Modeling impacts of Yangtze River water transfer on water ages in Lake Taihu, China[J]. Ecological Engineering, 2011, 37（2）: 325-334.

[3] 秦伯强. 太湖生态与环境若干问题的研究进展及其展望[J]. 湖泊科学, 2009, 21（4）: 445-455.

[4] 胡维平, 胡春华, 张发兵, 等. 太湖北部风浪波高计算模式观测分析[J]. 湖泊科学, 2005, 17（1）: 41-46.

[5] Mellor G L, Oey L Y, Ezer T. Sigma coordinate pressure gradient errors and the seamount problem[J]. Journal of Atmospheric and Oceanic Technology, 1998, 15（5）: 1122-1131.

[6] Stein M. Large sample properties of simulations using Latin hypercube sampling[J]. Technometrics, 1987, 29（2）: 143-151.

[7] Manache G, Melching C S. Sensitivity analysis of a water-quality model using Latin hypercube sampling[J]. Journal of Water Resources Planning and Management, 2004, 130（3）: 232-242.

[8] Iman R L, Helton J C. Comparison of uncertainty and sensitivity analysis techniques for computer models[R]. Sandia National Labs., Albuquerque, NM （USA）, 1985.

[9] Pan F, Zhu J T, Ye M, et al. Sensitivity analysis of unsaturated flow and contaminant transport with correlated parameters[J]. Journal of Hydrology, 2011, 397（3）: 238-249.

[10] 许旭峰, 刘青泉. 太湖风生流特征的数值模拟研究[J]. 水动力学研究与进展: A 辑, 2009, 24（4）: 512-518.

[11] 周婕, 曾诚, 王玲玲. 风应力拖曳系数选取对风生流数值模拟的影响[J]. 水动力学研究与进展: A 辑, 2009, 24（4）: 440-447.

[12] 毛新伟, 徐枫. 引江济太与环太湖主要河流对太湖水质影响的对比分析[J]. 水利发展研究, 2018,（1）: 29-32.

[13] Ma R H. Spatio-temporal distribution of cyanobacteria blooms based on satellite imageries in Lake Taihu, China[J]. J Lake Sci., 2008, 20: 687-694.

[14] 张晓晴, 陈求稳. 太湖水质时空特性及其与蓝藻水华的关系[J]. 湖泊科学, 2011, 23: 339-347.

[15] 朱广伟. 太湖水质的时空分异特征及其与水华的关系[J]. 长江流域资源与环境, 2009, 18（5）: 439-445.

[16] 郭文景, 符志友, 汪浩, 等. 水华过程水质参数与浮游植物定量关系的研究——以太湖梅梁湾为例[J]. 中国环境科学, 2018, 38（4）: 1517-1525.

[17] 刘涛, 杨柳燕, 胡志新, 等. 太湖氮磷大气干湿沉降时空特征[J]. 环境监测管理与技术, 2012, 24（6）: 20-24.

[18] 余辉, 张璐璐, 燕姝雯, 等. 太湖氮磷营养盐大气湿沉降特征及入湖贡献率[J]. 环境科学研究, 2011, 24（11）: 1210-1219.

[19] 翟水晶, 杨龙元, 胡维平. 太湖北部藻类生长旺盛期大气氮、磷沉降特征[J]. 环境污染与防治, 2009, 31（4）: 5-10.

[20] 胡开明, 王水, 逄勇. 太湖不同湖区底泥悬浮沉降规律研究及内源释放量估算[J]. 湖泊科学, 2014, 26（2）: 191-199.

[21] 王小冬, 秦伯强, 刘丽贞, 等. 底泥悬浮对营养盐释放和水华生长影响的模拟[J]. 长江流域资源与环境, 2011, 20（12）: 1481-1487.

[22] 朱广伟, 秦伯强, 张路, 等. 太湖底泥悬浮中营养盐释放的波浪水槽试验[J]. 湖泊科学, 2005, 17（1）: 61-68.

[23] Muleta M K, Nicklow J W. Sensitivity and uncertainty analysis coupled with automatic calibration for a distributed watershed model[J]. Journal of hydrology, 2005, 306（1-4）: 127-145.

[24] Feng L J, Liu S Y, Wu W X, et al. Dominant genera of cyanobacteria in Lake Taihu and their relationships with environmental factors[J]. Journal of Microbiology, 2016, 54（7）: 468-476.

[25] Lu Y P, Wang J, Zhang X Q, et al. Inhibition of the growth of cyanobacteria during the recruitment stage in Lake Taihu[J]. Environmental Science and Pollution Research, 2016, 23（6）: 5830-5838.

[26] Gao X M, Li Y P, Tang C Y, et al. Using ADV for suspended sediment concentration and settling velocity measurements in large shallow lakes[J]. Environmental Science and Pollution Research, 2017, 24（3）: 2675-2684.

[27] Yu J H, Fan C X, Zhong J C, et al. Evaluation of in situ simulated dredging to reduce internal nitrogen flux across the sediment-water interface in Lake Taihu, China[J]. Environmental Pollution, 2016, 214: 866.

[28] Qiu H M, Geng J J, Ren H Q, et al. Phosphite flux at the sediment-water interface in northern Lake Taihu[J]. Science of The Total Environment, 2016, 543: 67-74.

[29] He G J, Fang H W, Bai S, et al. Application of a three-dimensional eutrophication model for the Beijing Guanting Reservoir, China[J]. Ecological Modelling, 2011, 222（8）: 1491-1501.

[30] Seo D I, Kim M A. Application of EFDC and WASP7 in Series for water quality modeling of the Yongdam Lake, Korea[J]. Journal of Korea Water Resources Association, 2011, 44（6）: 439-447.

[31] 张文慧. 水动力对太湖营养盐循环及藻类生长的影响[D]. 北京：中国环境科学研究院, 2017.

[32] 张毅敏, 张永春, 张龙江, 等. 湖泊水动力对蓝藻生长的影响[J]. 中国环境科学, 2007, 27（5）: 707-711.

[33] 李一平, 唐春燕, 余钟波, 等. 大型浅水湖泊水动力模型不确定性和敏感性分析[J]. 水科学进展, 2012, 23（2）: 271-277.

[34] 崔云霞, 颜润润, 程炜, 等. 太湖主要入湖河流排污控制量研究[J]. 环境监控与预警, 2010, 2（5）: 34-39.

[35] 余辉, 燕姝雯, 徐军. 太湖出入湖河流水质多元统计分析[J]. 长江流域资源与环境, 2010, 19（6）: 696-702.

[36] 熊文. 太湖蓝藻生长限制因子分析及水华模拟研究[D]. 南京：南京大学, 2012.

[37] 钟远, 金相灿, 孙凌, 等. 磷及环境因子对太湖梅梁湾藻类生长及其群落影响[J]. 城市环境与城市生态, 2005,（6）: 32-33.

[38] 张路, 朱广伟, 罗潋葱, 等. 风浪作用下太湖梅梁湾水体磷负荷变化及与水体氧化还原特征关系[J]. 中国科学：地球科学, 2005, 35: 138-144.

[39] 翟水晶, 杨龙元, 胡维平. 太湖北部藻类生长旺盛期大气氮、磷沉降特征[J]. 环境污染与防治, 2009, 31: 5-10.

[40] Xu L G, Pan J Z, Jiang J H, et al. A history evaluation modelling and forecastation of water quality in shallow lake[J]. Water and Environment Journal, 2013, 27（4）: 514-523.

[41] 张毅敏, 段金程, 晁建颖, 等. 河口前置库系统在滆湖富营养化控制中的应用研究[J]. 生态与农村环境学报, 2013, 29（3）: 273-277.

[42] 高亚岳, 周俊, 陈志宁, 等. 滆湖富营养化进程中沉水植被的演替及重建设想[J]. 江苏环境科技, 2008, 21（4）: 21-24.

6 深水水库水动力及水温数值模拟案例实训

本章以美国著名水库——米德湖（Lake Mead）为例，详细讲解了深水水库水动力模型的构建，并模拟和预测了水位变化对热分层变化和水龄分布的影响。此外，通过情景模拟和对比研究，验证了采用 Sigma-z（SGZ）坐标模拟此类深水水库，在降低水平压力梯度误差、模拟精度和计算效率等方面具有更大的优势。

6.1 项 目 概 况

6.1.1 项目背景与研究目标

水库是介于具有较好流动性的河流与水体相对封闭的湖泊两类水体之间的半自然半人工水体。水库拦水筑坝后在带来巨大的经济效益、社会效益的同时，往往也改变了原有的天然河道水动力过程及水体热交换过程，引起水库水体温度空间分布以及生态环境的多重变化。对于大型深水水库，上下层水体温度差异引起的水体密度差异容易导致水体分层现象的产生。热分层其实就是水温动态分层的一个现象，随着夏季的太阳辐射增强和外界气温上升，水库表层水体与外界热交换加快，导致表层水温迅速升高，而水库的中下层水体主要靠太阳辐射、上下层水体对流和传导传热[1,2]，太阳辐射强度在水体中随着水深的增加而迅速衰减，加上水体上下层的对流交换较慢，趋于停滞，导致中下层水体对流和传导传热严重受阻，水温上升缓慢，因此水库水温整体在水深方向上呈现分层[3,4]。水温对于水生生态环境的影响极为重要。一方面，水生生物的新陈代谢与水温有关；另一方面，水温既是水质参数，也是影响其他水质指标的重要因素，水库水温的垂向分层也将影响其他水质参数，如 DO、pH、电导率、盐度及氮磷营养盐等分层[5]。水源型水库通常是由水质较为优良的山区河流下游拦坝蓄水形成，作用是将蓄积的水质优良的原水输往城市作为饮用水水源，对其水体热分层结构以及带来的水质问题进行详尽研究显得格外重要。

此外，由于周期性气候模式和不断增加的供水需求，干旱和半干旱地区的大型湖泊和水库容易发生水面高程的大幅波动。近年来，水位波动对河流、湖泊等社会经济和生态过程的影响已引起广泛关注。通常，水位波动将影响湖泊的水循环模式、温度状态、形态的变化，最终将影响水生生境和水质。所以，研究在降低水位情况下湖库水动力过程和特征变化，提高水温模拟精度，分析水温分层规律，对深入研究深水湖库的环境特征具有重要意义，为水库取水设计和运行管理提供科学依据，缓解水库水温分层时下泄低温水带来的影响，保护下游河道生态环境和水生生物的多样性，促进水电开发与环境保护协调发展。

6.1.2　项目区域概况

米德湖是美国重要的水库之一，位于拉斯维加斯东南部约 30mi（48km）的内华达州和亚利桑那州交界处，胡佛大坝的建设形成了延伸 110mi（约 180km）的蓄水，使米德湖成为了一个典型的深水水库，水深最大处超过 150m。米德湖也是美国最大的人工水库，面积 635km^2，总蓄积量 35.5km^3，兼具娱乐用水、鱼类和野生动物栖息地、饮用、灌溉以及工业用水等多重功能，约为 2500 万人提供可靠和安全的水源。由于内华达州南部城市快速发展，加之上游土地利用变化和物种入侵，米德湖的水质逐渐恶化。同时，米德湖约 96%的水来自科罗拉多河，由于气候干旱和水资源的过度分配，科罗拉多河的径流量持续减少，持续 10 年米德湖的出流量超过入流量，导致自 2000 年以来水位急剧下降（约 35m）。博尔德盆地的表面积约占米德湖的 1/3，该水域对拉斯维加斯和下游地区的影响巨大，其水深变化复杂，能够很好地代表整个湖泊的特性，因此，本案例研究区域选择博尔德盆地（图 6.1.1）。

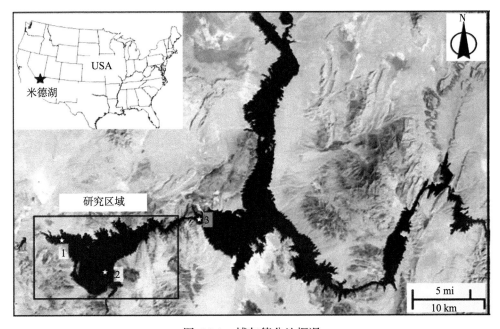

图 6.1.1　博尔德盆地概况

EFDC 模型垂向坐标分别选择 σ 坐标和 Sigma-z 坐标。在 σ 坐标系中，由斜压引起的水平压强梯度力的离散近似一直是长期存在的问题，其主要困难在于"静压矛盾"，即在等密度线为水平的情况下，水平压强梯度力中的两项离散相减时会出现较大误差[6,7]。水平压强梯度力计算公式如下：

$$\left.\frac{\partial \rho}{\partial x}\right|_z = \frac{\partial \rho}{\partial x} - \frac{\sigma}{H}\frac{\partial H}{\partial x}\frac{\partial \rho}{\partial \sigma} \qquad (6.1.1)$$

式中，ρ 为密度；H 为水深；$\sigma \equiv z/H$。在地形陡峭的水域，∂H 与 ∂x 的比值会很大。在这种情况下，较小的截断误差也会使压力梯度计算产生较大误差。该误差引起米德湖模型的严重不稳定。在陡峭地形区域中计算水平压力梯度的误差受到广泛的关注，特别是在底部斜坡陡峭的地方（一般底坡坡度大于 0.33°），提出了许多可替代的方案用以减小误差。

选择温度和水龄作为热状态和水动力的指示参数，研究水位下降对水动力过程的影响，并探究不同坐标模式下降低水平压力梯度误差的方法，包括 σ 坐标系下水平压力梯度误差降低方法（①提高水库垂向分层数；②修改无量纲的黏度参数 C_M）以及 Sigma-z 混合坐标下水平压力梯度误差降低方法。EFDC 模型的水温模块能较好地模拟大型深水水库不同时期水温分层结构及沿程发展变化过程，已成功应用于丹江口水库、二滩水库等典型深水水库的水温分层现象模拟[8,9]。

6.2　网格划分和时间步长设置

6.2.1　网格划分

使用 EE8.3 生成笛卡儿计算网格，水平方向采用矩形网格，垂直方向进行 σ 坐标伸缩。划分步骤如下：

（1）单击工具栏中的"Generate new model"开始绘制网格。

（2）设置每个网格单元边长为 216m，即 $\Delta x = \Delta y = 216$m，点击"Set to Data"选择研究区域边界文件（p2d 格式）（图 6.2.1①），并将同一个边界文件导入有效网格多边形（active cell polygon）来调整网格至所需的模型研究区（图 6.2.1②），按下"Update（更新）"按钮，然后点击"Generate（生成）"，模型研究区域被划分为 3512 个矩形正交网格，如图 6.2.2 所示。

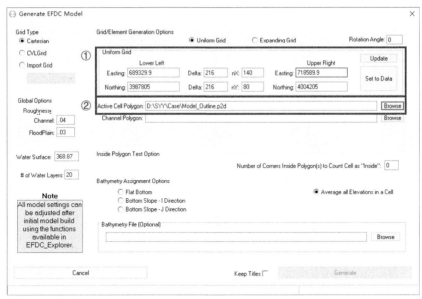

图 6.2.1 水平网格设置图

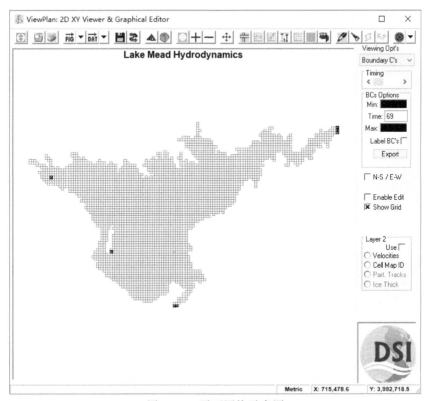

图 6.2.2 平面网格示意图

（3）网格沿垂直方向均匀分成 30 层，每个垂直单元厚度等于局部水深除以垂直层的数目。点击"Domain"中的"Grid"，选择垂向坐标"Standard Sigma"（图 6.2.3①），设置分层层数为 30 层（图 6.2.3②）。需要注意的是，分层步骤可以在设置边界条件后再进行，这样能更方便地完成边界条件的自动分层。

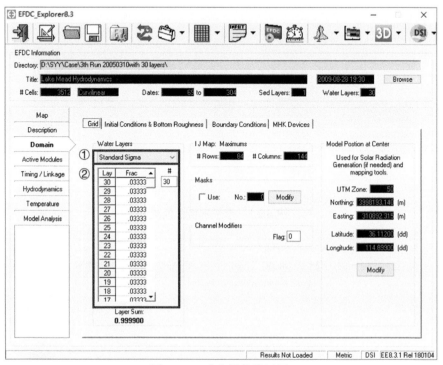

图 6.2.3　垂向网格设置图

6.2.2　时间步长设置

时间步长采用动态时间步长 1～15s，设置步骤如下：

（1）点击"Timing/Linkage"选项卡，将"Time Step"设置为 1s（图 6.2.4①）。"Beginning Date/Time"为开始模拟的时间，"Duration of Reference Period"为指定的对项目描述有意义的一个基准参考时间段。通常被设定为 24h（1d）作为基准参考时间段。通过设定基准参考时间段来决定模拟时间。结束时间则由开始时间和模拟时长计算得出。

（2）"Dynamic Timestep Options"选项的子窗口可通过设定安全因子"Safety Factor"（0<安全因子<1）（图 6.2.4②）获得变化的时间步长。通常情况下安全因子应小于 0.8，但有的运行过程中安全因子大于 1，而有的则要求小于 0.3。如果设为 0 则表示时间步长固定。需要注意的是，自动时间步长必须是初始时间步长的倍数，这里将"Maximum Time Step"设置为 15s（图 6.2.4③）。

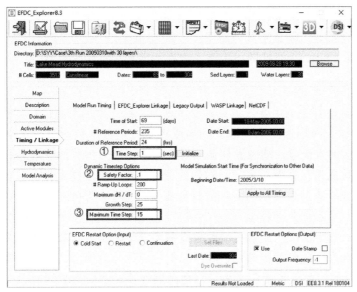

图 6.2.4　时间步长设置界面

6.3　边界条件设置

点击"Boundary Conditions"选项卡，边界条件以不同的时间尺度、格式和单元设置。数据包括流量信息（入流和出流）（Flow：图 6.3.1①）、风速和风向（Winds：

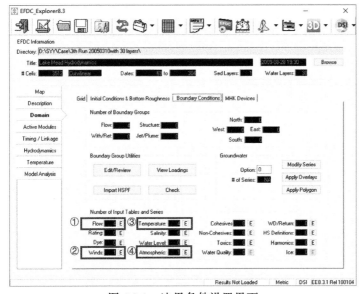

图 6.3.1　边界条件设置界面

图6.3.1②）、水温（Temperature：图6.3.1③）和大气数据（大气压、干/湿球温度、降雨量、蒸发量、太阳辐射和云量等）（Atmospheric：图 6.3.1④），点击各边界选项卡右侧"E（Edit）"即可进一步输入边界条件和设置相关参数。

6.3.1 流量数据

　　博尔德盆地有2个主要入流：科罗拉多河、拉斯维加斯湾；2个主要出流：胡佛大坝出流和南内华达州水资源管理局取水。流量数据包括拉斯维加斯过水区流量、科罗拉多河入流量、胡佛大坝流出量和南内华达州水资源管理局取水速率。由于并没有直接测量从科罗拉多河通过纽约湾海峡进入博尔德盆地的流量，根据湖水质量守恒原理计算通过纽约湾海峡的日径流量，包括入湖净流量、降水量、蒸发量、湖水水位变化率和博尔德盆地深度-容量曲线。纽约湾海峡的预计流量在所有30层中垂直分布，假定水平合成速度沿着垂直剖面遵循传统的对数定律。由于胡佛大坝极其复杂且动态变化的出流条件，故将结构边界简化为流动边界，并将其用最南端2个网格单元的对数垂直剖面来表示。考虑到计算域中最南端的边界网格位于胡佛大坝上游约400m处，所以假设其对建模结果产生较小的影响。

　　流量边界条件设置界面如图6.3.2所示，点击"Show Params"（图6.3.2①）设

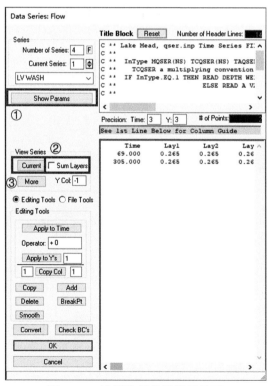

图6.3.2　流量边界条件设置界面

置相关参数，点击"Sum Layers"（图 6.3.2②）选择显示整体平均时间序列还是分别列出各层时间序列，点击"Current"（图 6.3.2③）可展现流量时间序列。参数设置界面如图 6.3.3 所示，4 个边界流量时间序列如图 6.3.4 所示。

Flow Parameter	
Description	**Value**
Series ID:	LV WASH
Latitude (DD):	36.12004
Longtitude (DD):	119.142
UTM Zone (+North/-South):	50
UTM X Coordinate (m):	692778.4
UTM Y Coordinate (m):	3999387.3

Cancel　　　OK

图 6.3.3　参数设置界面

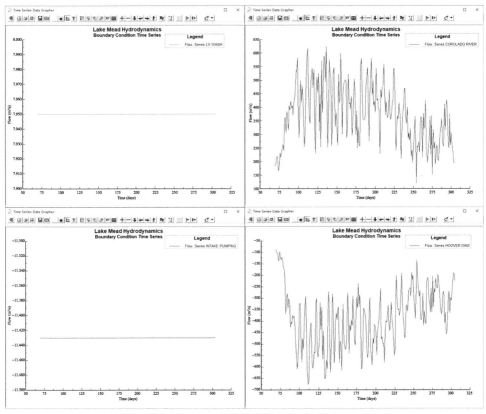

图 6.3.4　4 个边界流量时间序列图

6.3.2　水温数据

各个边界的水温数据分为 30 层，水温边界条件设置界面如图 6.3.5 所示，水温时间序列如图 6.3.6 所示。

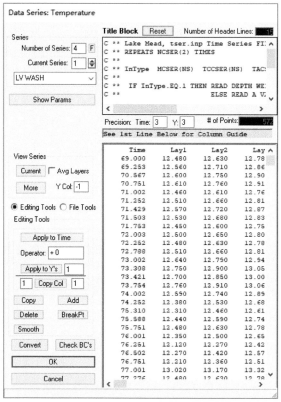

图 6.3.5　水温边界条件设置界面

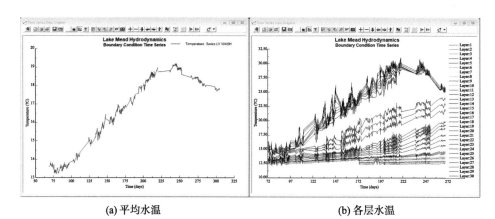

(a) 平均水温　　　　　　　　　　　　　(b) 各层水温

图 6.3.6　水温时间序列图

6.3.3　风场数据

风速风向条件设置界面如图 6.3.7 所示，点击"Wind Rose"（图 6.3.7①）展现风玫瑰图，风速风向时间序列如图 6.3.8 所示，风玫瑰图如图 6.3.9 所示。

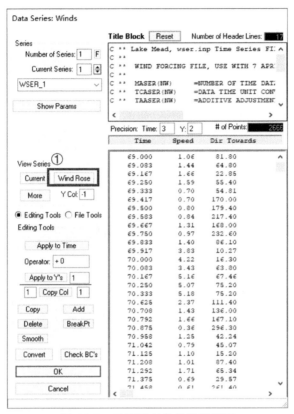

图 6.3.7　风速风向条件设置界面

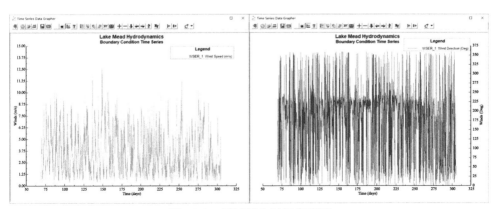

图 6.3.8　风速风向时间序列图

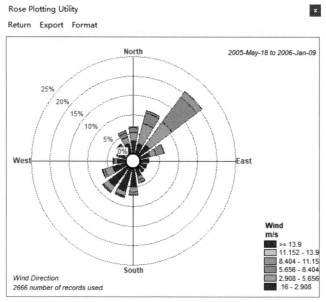

图 6.3.9　风玫瑰图

6.3.4　大气数据

　　大气条件包括大气压、干/湿球温度、相对湿度、太阳辐射和云量。大气条件设置界面如图 6.3.10 所示，大气压、干/湿球温度、相对湿度和太阳辐射时间序列如图 6.3.11 所示。

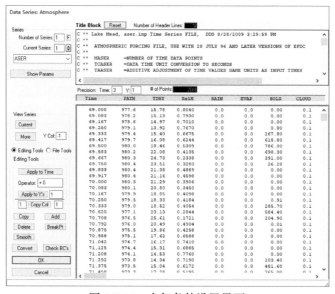

图 6.3.10　大气条件设置界面

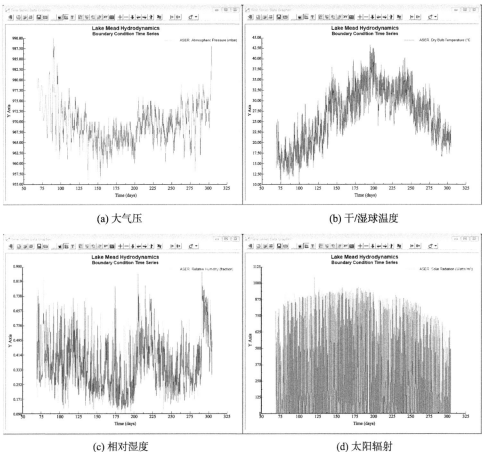

(a) 大气压　　　　　　　　　　　　　　(b) 干/湿球温度

(c) 相对湿度　　　　　　　　　　　　　(d) 太阳辐射

图 6.3.11　大气压、干/湿球温度、相对湿度和太阳辐射时间序列图

6.4　初始条件设置

点击"Initial Conditions & Bottom Roughness"选项卡。初始条件包括底部高程（Bathymetry：图 6.4.1①）、初始水面高程（Depths/Water Surface Elevations：图 6.4.1②）、底部粗糙高度（Bottom Roughness（Z0）：图 6.4.1③），点击"Assign"（图 6.4.1④）进行数据输入。

湖泊形态获取自侧扫声呐图像和高分辨率地震反射剖面。图 6.4.2 显示了调查追踪的位置。从美国地质调查局数据数字高程模型（DEM）获得湖面上的地形数据。图 6.4.3 显示了使用计算网格离散化处理的研究区域的底部高程。

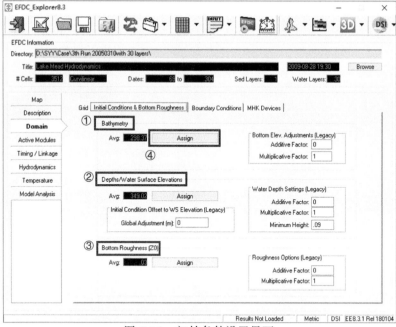

图 6.4.1　初始条件设置界面

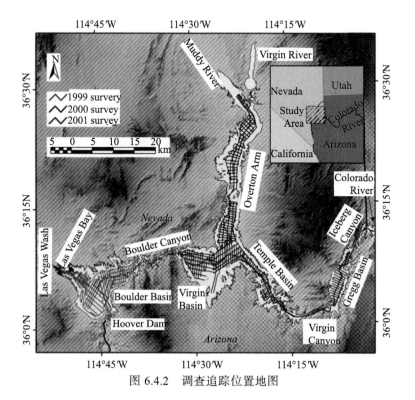

图 6.4.2　调查追踪位置地图

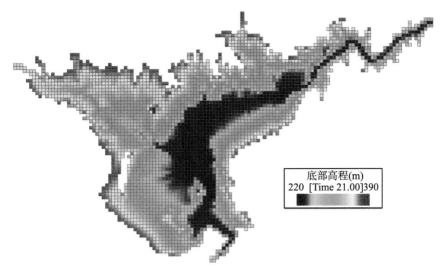

图 6.4.3 网格离散化的底部高程

6.5 模型率定验证*

6.5.1 模型的校验

模型率定验证数据采用哨兵岛站（SI）2005 年 1 月 1 日～12 月 31 日之间的湖泊水位和温度分布（图 6.5.1）。主要校准参数包括水平和垂直涡流黏度及扩散系数、底部粗糙高度、风遮挡系数（影响水动力过程），以及与温度模拟相关的若干参数。

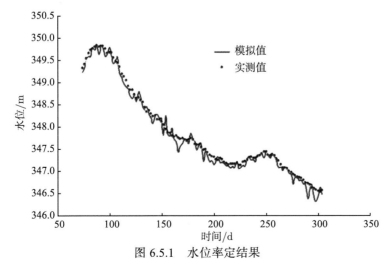

图 6.5.1 水位率定结果

---

* 模型率定验证仅节选了典型的对比数据。

通过在 2005 年拉斯维加斯湾站（LVB）和哨兵岛站（SI）的第 100 天，第 200 天和第 300 天进行的数值模拟和现场测量，探究了米德湖的温度垂向分布。实测资料表明，在第 200 天（7 月 19 日），拉斯维加斯湾站（浅层）水深约 15m，哨兵岛站（深部）水深约 40m。拉斯维加斯湾站表层和底层的温差为 7℃，而哨兵岛站表层和底层的温差为 16℃；拉斯维加斯湾站和哨兵岛站的第 100 天和第 300 天的温度分布与第 200 天相比都是相对均匀的。在浅水区和深水区，该模型可获取垂直热结构和周转循环过程；在哨兵岛站的第 200 天深度为 30～40m 的较低层的模拟温度略大于观测数据。在哨兵岛站的 3 个水层包括表层（水面以下 1m）、中层（水面以下 30m）和底层（水面以下 75m）处对校准和监测的温度时间序列进行比较。结果表明，在表层和中层的校准温度时间序列达到很好的一致性。在底层的校准温度时间序列与观察数据偏离一定程度。误差被认为是来自由 σ 坐标变换引起的水平压力梯度误差。在 6.6 节模拟结果与讨论部分详细讨论了降低 σ 坐标引起的水平压力梯度误差的方法。

水位的平均绝对误差为 0.084m。表、中、底层水温的绝对平均误差分别为 1.51℃、1.04℃和 1.42℃，相应地，表、中、底层水温的平均绝对相对误差分别为 7.3%、6.9% 和 10.9%。如图 6.5.2 所示，结果表明，模拟值与实测结果吻合较好。

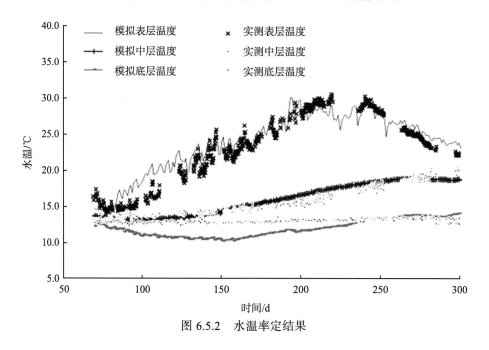

图 6.5.2　水温率定结果

6.5.2　模型关键参数设置

主要校准参数包括水平和垂直涡流黏度及扩散系数、底部粗糙高度、风遮挡系数（影响水动力过程）和与温度模拟相关的若干参数（表6.5.1）。

表 6.5.1　模型关键参数列表

参数	描述	单位	取值
ΔT	动态时间步长	s	1～15
HDRY	临界干水深	m	0.5
HWET	临界湿水深	m	0.51
AHO	常数的涡流黏度	m^2/s	1.0
AHD	无量纲的水平动量扩散系数	无量纲	0.2
AVO	背景动力学涡流黏度	m^2/s	0.001
ABO	背景分子扩散系数	m^2/s	1.0×10^{-9}
AVMN	最小动力学涡流黏度	m^2/s	1.0×10^{-4}
ABMN	最小涡流黏度	m^2/s	1.0×10^{-8}
Z_0	底部粗糙高度	m	0.02
SWRATNF	纯水消光系数	m^{-1}	0.45
DABEDT	活性床温层厚度	m	5
TBEDIT	初始河床温度	℃	12
W_{SC}	风遮挡系数	无量纲	1.0
FSWRATF	表层吸收太阳辐射	无量纲	0.45
HTBED1	床层与底部水层间的对流传热系数	无量纲	0.003
HTBED2	床层与底部水层间的热传导系数	W/（$m^2\cdot$℃）	0.3

6.6　情景模拟方案

6.6.1　研究水位下降对水动力过程的影响

选择温度和水龄来研究水位下降的影响作为热状态和水动力过程的指示参数。选取浅层区域（A）和深水区域（B）2个代表站点，对温度和水龄的时间分布进行高水位阶段模拟研究。A点（36.47472°N，114.80889°W）位于拉斯维加斯湾站中心附近，B点（36.06194°N，114.74200°W）位于鞍岛东北角。以A点水深为88m和B点水深为150m作为高水位阶段模拟的初始水深（图6.6.1）。

6.6.2　σ坐标水平压力梯度误差降低方法

在σ坐标下，研究两种方法降低水平压力梯度误差，使其达到可接受的水平，包括提高垂向分层数和修改无量纲黏度参数值。

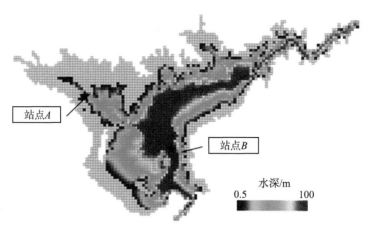

图 6.6.1　高水位阶段模拟的初始水深

6.6.2.1　提高垂向分层数

分别将垂向网格均匀分成 14 层、20 层和 30 层（图 6.6.2），分析增加垂直分层数对降低水平压力梯度误差的影响。

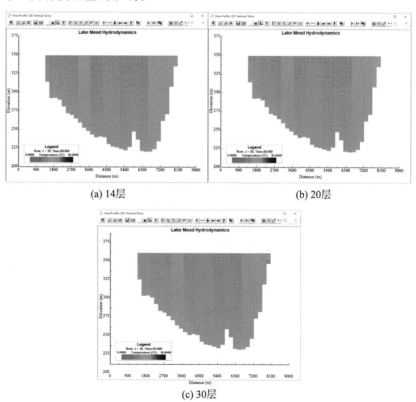

(a) 14层　　　　　　　　　　(b) 20层

(c) 30层

图 6.6.2　三种垂向分层模式剖面图

6.6.2.2 修改无量纲黏度参数 C_M

通过修改无量纲黏度参数 C_M 来调整水平黏度，采用推荐的无量纲黏度参数值（0.2）的不同倍数来研究水平压力梯度误差。Smagorinsky 法计算水平黏度的公式为[12]

$$A_M = C_M \Delta x \Delta y \times \left[\left(\frac{\partial U}{\partial x}\right)^2 + \frac{1}{2}\left(\frac{\partial V}{\partial x} + \frac{\partial U}{\partial y}\right)^2 + \left(\frac{\partial V}{\partial y}\right)^2\right]^{1/2} \quad (6.6.1)$$

式中，A_M 为水平黏度；C_M 为无量纲黏度参数，建议无量纲黏度参数在推荐值 0.2 的基础上乘以 100。为了测试无量纲黏度参数值的影响，当 C_M 在 0.2~1.0 之间变化时，比较 B 点底层模拟与实测温度的时间序列。

6.6.3 SGZ 混合坐标下水平压力梯度误差降低方法

一般来说，水平压力梯度误差只发生在陡峭变化的水深测量区域。为了克服这一弱点，将新的垂直分层算法应用于米德湖，以反映 SGZ（Sigma-z）坐标系统的优点。为节省计算时间，在本模拟情境下，将网格在水平面上划分为 935 个单元，网格尺寸为 400m，沿垂直方向分为 20 层。分层模式选择见图 6.6.3：σ 坐标下采用 standard

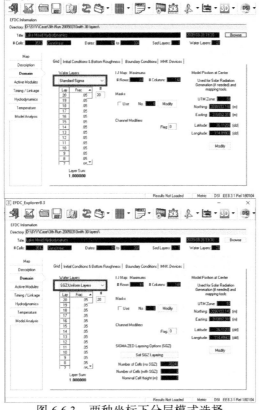

图 6.6.3　两种坐标下分层模式选择

Sigma 坐标,垂向均匀分布;Sigma-z 坐标下采用 SGZ:uniform layers 分层模式,每个单元的层数为 2～20 层,不等(图 6.6.4)。动态时间步长设为 0.02～10s。

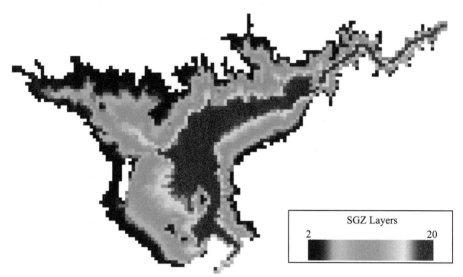

图 6.6.4　SGZ 坐标下分层情况

6.7　模拟结果与讨论

6.7.1　探究水位下降对水动力过程的影响

6.7.1.1　水位下降对温度分层的影响

高水位阶段模拟结果表明,水温分布呈现季节性变化,夏季温度分层,冬季等温变化(图 6.7.1)。高水位阶段下的分层状态持续时间约为 220d。最低温度(11℃)通常出现在 12 月至 2 月,而在夏季超过 28℃的温度在长时间内持续存在。在深水

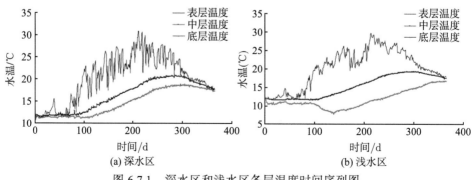

图 6.7.1　深水区和浅水区各层温度时间序列图

区，温度分层过程中表层和底层的最大温差约为 18℃，在浅水区为 12℃。不同水层（表层、中层和底层）水温的时间序列表明：表层水温随时间大幅波动，而湖面温度的空间分布相当均匀。然而，底部水温随时间变化不大，但在湖区之间存在强烈的空间差异。在温度分层期间，浅水区域（A）的底层温度比深水区域的底层温度高 5～8℃。此外，浅水区域的温度分层时间（～200d）比深水区域（～260d）短 50d。所有这些温度的模拟结果与 2000 年期间的实际观测结果高度吻合。

A 和 B 两个站点水温时间变化模拟结果表明，温度分层的程度和持续时间受到水位下降的强烈影响。虽然在冬季（12～2 月）垂向平均温变化不大，但由于水面面积的减少，从 3 月到 8 月（模拟期的第 90 天到第 250 天）的垂向平均温度差逐渐增加。A 和 B 站点的最大垂向平均温度差（高水位、低水位两种模拟情景）分别为 7 月 26 日的 4.3℃（第 208 天）和 8 月 21 日的 2.5℃（第 234 天）。此外，根据图 6.7.2 可知，温度分层的持续时间从 305d（高水位阶段）降低到 235d（在低水位条件下），表明在低水位模拟情景中秋季使湖区达到完全混合的时间更短（少了 70d）。

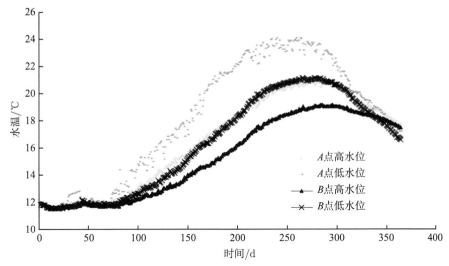

图 6.7.2　两种情景下 A、B 两处垂向平均温度时间序列图

在两种情景下的强温度分层期间，研究垂向平均、表层和底层的温度变化（图 6.7.3），结果表明，浅水区有较大的温度差。例如，浅水区的平均水温提高 4～7℃，深水区的平均水温提高 2～4℃，温度变化受水柱位置的影响。例如，对于垂向平均水温，温度变化大于 2℃ 的区域和温度变化大于 5℃ 的区域分别占总水面面积的 99.9% 和 15.7%。然而，对于表层水温，温度变化大于 2℃ 和大于 5℃ 的水面面积占比分别为 30.1% 和 0.2%。底层水温相应分别为 76.9% 和 30.4%。换而言之，在较低的水位下，深水区的水温更高。深水区域（如 SI）的垂向温度分布（图 6.7.4）也

显示相同的趋势。因此，表层水温受到大气边界条件（如太阳辐射、风）的强烈影响，而底层水温更受水深的影响。

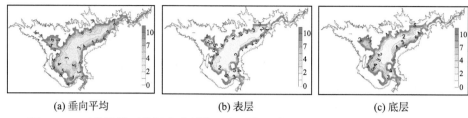

(a) 垂向平均　　　　　　　　　　(b) 表层　　　　　　　　　　(c) 底层

图 6.7.3　两种情景下强温度分层期垂向平均、表层和底层的温度差空间分布图

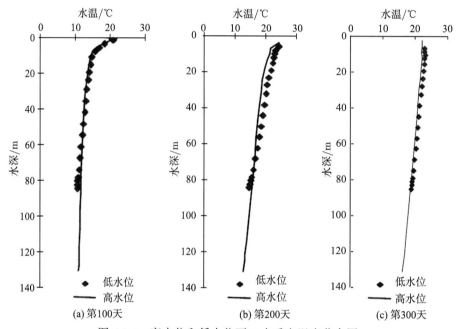

(a) 第100天　　　　　　　　　(b) 第200天　　　　　　　　　(c) 第300天

图 6.7.4　高水位和低水位下 B 点垂向温度分布图

6.7.1.2　水位下降对水龄的影响

为了能更好理解复杂的水动力运移过程，选择水龄作为代表稳定溶解性物质运移时间的指标。高水位阶段模拟结果表明，米德湖的水龄显示出高度的时空异质性（图 6.7.5）。浅水区（A）水龄分布的时间序列表明，整个模拟过程中水龄增加，这表明模拟期内与来自科罗拉多河的入流交互作用较小。对于深水区（B），表层和中层的水龄几乎接近最大值，然而底层水龄在整个模拟期间持续增加。一般来说，在高水位模拟期间，浅水区（A）的最大垂向平均水龄（30 层的平均值）为 220d，深水区（B）的最大垂向平均水龄为 190d。通过比较水龄的垂向分布（图 6.7.5），

发现浅水区水龄的垂向分布相当均匀,而在深水区则有明显的变化。例如,在深水区(B)的表层、中层和底层在第 365 天的水龄分别为 178d、211d 和 266d,这表明表层水比底层水发生更高程度的水交换。

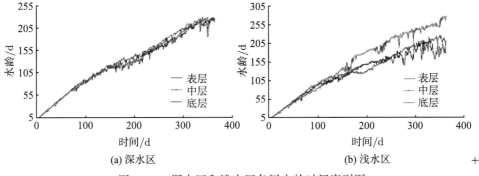

(a) 深水区　　　　　　　　　　(b) 浅水区　　　　＋

图 6.7.5　深水区和浅水区各层水龄时间序列图

在两种模拟情景中,A 和 B 的平均垂向水龄的日变化表明水龄在模拟期间呈现显著的差异(图 6.7.6)。在模拟期结束时(第 365 天)发现 A 点水龄的最大变化为 84d,而 B 点水龄的最大变化为 105d。这些结果表明,米德湖水位的下降将极大加速水体中溶解性物质的运移和排放。

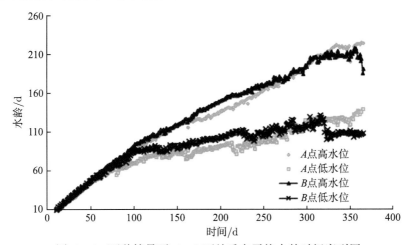

图 6.7.6　两种情景下 A、B 两处垂向平均水龄时间序列图

为了研究水平和垂向水龄的变化程度,研究了两种情景下第 365 天垂向平均、表层和底层水龄变化(图 6.7.7),并且比较了两种情景下第 365 天表层、底层和垂向平均水龄差分布占比(表 6.7.1)。结果表明,对于表层,全湖水龄变化相对均匀,55%水域的水龄差在 80~90d。然而,在底层,水龄差在 70~150d 之间分布均匀。垂向平均的水龄差大部分在 70~150d。这些结果表明,水位下降对底层和深水区域

水交换的影响大于表层和浅水区域。

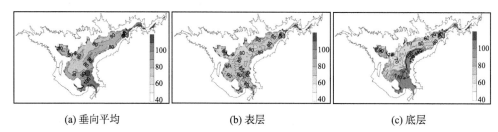

(a) 垂向平均　　　　　　　　(b) 表层　　　　　　　　(c) 底层

图 6.7.7　两种情景下第 365 天垂向平均、表层和底层的水龄差空间分布图

表 6.7.1　两种情景下第 365 天表层、底层和垂向平均水龄差分布占比

ΔWA/d	表层/%	底层/%	垂向平均/%
<70	3.1	18.3	1.2
70～80	18.0	22.3	32.1
80～90	55.2	20.4	39.3
90～100	20.5	11.2	13.6
100～150	2.6	21.1	13.0
>150	0.7	6.8	0.8

6.7.2　σ 坐标下水平压力梯度误差降低方法

6.7.2.1　提高水库垂向分层数

垂向分成 14 层、20 层和 30 层三种情景下，B 点底层温度的平均绝对误差分别为 2.47℃、2.05℃和 1.37℃（图 6.7.8）。正如预期的那样，垂直分辨率越高，水平压力梯度误差越低。然而，较高的垂直分辨率需要更长的 CPU 计算时间。例如，在从 2005 年 3 月 1 日到 2005 年 10 月 31 日的模拟期间，分成 30 层大约需要 120 个 CPU 小时，分成 14 层只需要 40 个 CPU 小时。

6.7.2.2　修改无量纲的黏度参数 C_M

在模拟期内，两种参数取值下 B 点计算水平黏度值的平均值和标准偏差分别为 1.28±0.24m²/s（$C_M=0.2$）和 3.35±2.59m²/s（$C_M=1.0$）。B 点底层温度的平均绝对误差分别为 2.46℃（$C_M=0.2$）和 2.30℃（$C_M=1.0$）（图 6.7.9）。结果表明，该模型对无量纲黏度参数 C_M 的适度变化不敏感。但是，在无量纲黏度参数 C_M 的较大调整下，该模型是不稳定的。

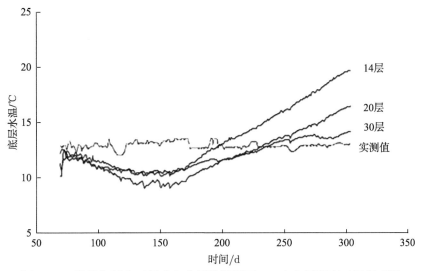

图 6.7.8　模拟期间在不同垂向分层数情景下，B 点底层温度时间序列图

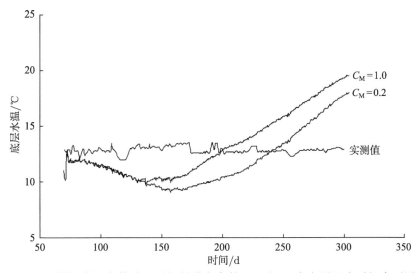

图 6.7.9　模拟期间在修改无量纲的黏度参数 C_M 下，B 点底层温度时间序列图

6.7.3　SGZ 混合坐标下水平压力梯度误差降低方法

6.7.3.1　垂向网格数比较

σ 坐标下各水平单元垂向网格分层数相同且固定不变，SGZ 坐标下各水平单元垂向网格分层数不同且随水深变动发生改变（图 6.7.10）。在模拟过程中，水深不断变化导致计算域实时更新，每个单元的底层需要重新确定，影响水柱的垂直结构和水面流场。

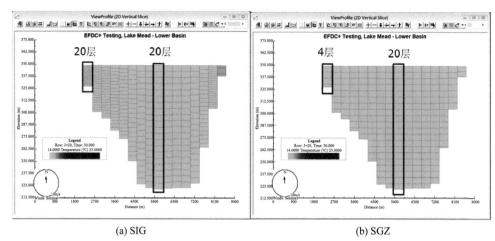

(a) SIG   (b) SGZ

图 6.7.10 垂向网格对比图

6.7.3.2 运行效率比较

模型运行时间短是 SGZ 的优点之一（特别是当层数较大时），表 6.7.2 统计了 EFDC 子模型的一些运行时间。这些主要是计算水动力模块 HDMT 和 UVW 中的三维速度场、显式解、湍流、热子模型和总体运行的时间。使用 σ 坐标运行 EFDC 的总时间为 1.94h，SGZ 模式的运行时间仅为 1.8h，即缩短了 0.14h。

表 6.7.2 两种模式下运行时间对比 （单位：h）

子模块	流体动力学模块	计算三维速度场	显式解	湍流	热模块	总时间
SIG	1.93	0.23	0.15	0.18	0.04	1.94
SGZ	1.72	0.17	0.14	0.14	0.03	1.8

6.7.3.3 温度剖面比较

图 6.7.11 和图 6.7.12 分别展现了两种坐标模式下 $J = 20$ 的截面在第 50 天、第 100 天、第 200 天和第 300 天时的温度分布。在 SIG 模式下，水温在第 200 天出现垂向变化，直到第 300 天分层才明晰。然而，在 SGZ 模式下，水温在第 200 天垂向变化已经明显，第 300 天表水层增加了 13m。由于浮力效应，温度最高的水停留在顶层。此外，水平混合过程比垂向混合过程要快得多。

为了探讨两种坐标模式下水平压力梯度误差对温度垂直分布和模拟精度的影响，对两种模式下哨兵岛站（SI）在模拟期第 50 天、第 100 天、第 200 天和第 300 天的模拟数据和实测温度进行比较（图 6.7.13）。经检验，SGZ 模式产生的米德湖温度结构明显优于 SIG 模式。虽然两种模式下的整体表面温度是相似的，但 SGZ 的垂直结构要好得多。

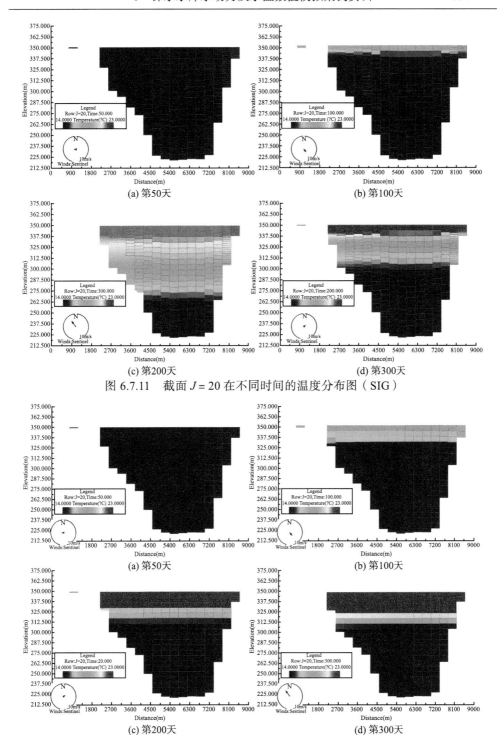

图 6.7.11　截面 *J* = 20 在不同时间的温度分布图（SIG）

图 6.7.12　截面 *J* = 20 在不同时间的温度分布图（SGZ）

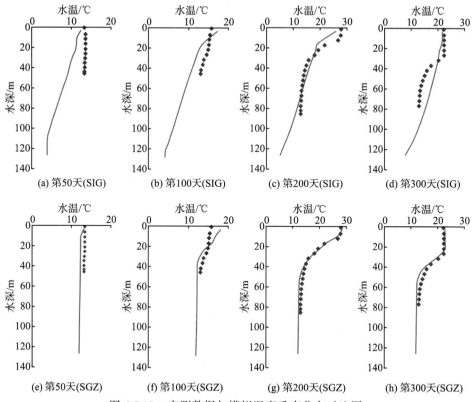

图 6.7.13　实测数据与模拟温度垂直分布对比图

◆ 实测值；—— 模拟值

从表 6.7.3 可以看出，2005 年 7 月 19 日的温度模拟结果表明：上层水体（水深为 16m）SIG 模式的绝对误差为 2.44℃，相对误差为 11.38%，SGZ 模式下分别为 1.09℃、5.09%；SIG 模式下水深骤变处（水深为 31～36m）的平均绝对误差和平均相对误差分别为 1.97℃ 和 11.06%，SGZ 模式下水深骤变处（水深为 31～36m）

表 6.7.3　两种模式下垂直剖面上的温度模拟结果对比表　（第 200 天，site=SI）

水深/m	OB/℃	SIG/℃	SGZ/℃	OB & SIG		OB & SGZ		平均 AE		平均 RE	
				AE/℃	RE/%	AE/℃	RE/%	SIG/℃	SGZ/℃	SIG/%	SGZ/%
16	21.4	19.00	22.53	2.44	11.38	1.09	5.09				
31	15.4	17.45	17.01	2.01	12.99	1.57	10.14				
36	14.6	16.53	15.05	1.93	13.21	0.45	3.10	1.73	0.87	11.06	5.57
56	13.1	14.19	12.32	1.09	8.31	0.78	5.97				
81	12.6	11.39	12.12	1.18	9.42	0.45	3.54				

注：OB 为实测值；AE 为绝对误差；RE 为相对误差。

的平均绝对误差仅为 1.01℃，平均相对误差仅为 6.62%。从整个深度方向看，SIG
模式的平均绝对误差为 1.73℃，平均相对误差为 11.38%，SGZ 模式下平均绝对误
差和平均相对误差分别为 0.87℃ 和 5.57%。结果表明，SGZ 坐标模拟的精度优于 σ
坐标，尤其是当水深骤变时，模拟精度优势更为明显，可达到 2 倍左右。

6.7.3.4 速度场分布比较

SIG 和 SGZ 两种模式下第 304 天的底层和表层流速模拟结果如图 6.7.14 所示。
可以看出，SIG 模式下的速度场不如 SGZ 模式变化剧烈。同时，尽管两种情况的初
始条件和边界条件相同，速度水平分布也有很大差异。这是因为在 SGZ 模式中，
水深变化导致计算域中每个单元底层不断改变，因此，影响水柱的垂直结构和流场。
Navier-Stokes 水平梯度项以及 SIG 模式下平流扩散方程的计算对水平梯度非常敏
感，水平梯度项的局部调节在改变两种模型之间的一般流动行为（即循环）方面起
着重要作用。

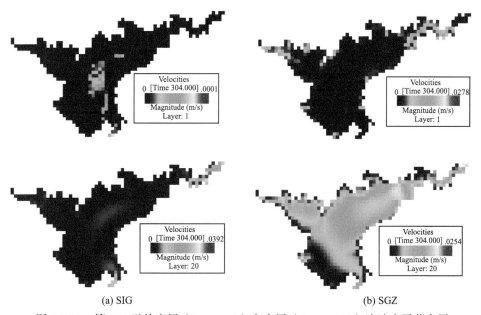

(a) SIG   (b) SGZ

图 6.7.14   第 304 天的底层（Layer：1）和表层（Layer：20）流速水平分布图

6.8 模型使用小结

本研究案例是基于 EFDC 模型构建米德湖模型，利用 2005 年的观测资料对模
型中的水位和水温进行率定验证，并且应用于研究水位下降对湖泊热结构和水动力
过程的影响，该模型有助于为水库取水设计和运行管理提供科学依据，缓解水库水

温分层时下泄低温水带来的影响，对保护下游河道生态环境和水生生物的多样性、促进水电开发与环境保护协调发展具有重要意义。同时，探究不同坐标模式下降低水平压力梯度误差的方法，为提高水温模拟精度、分析水温分层规律提供新的思路，对深入研究深水湖库的环境特征具有重要意义。此案例研究的主要成果包括以下方面：

（1）水位下降对湖泊浅水区分层持续时间的影响比深水区强。就水交换而言，水位下降对底层和深水区域的影响比表层和浅水区域更大。湖泊热状态和水龄的变化可能会对米德湖的渔业和生态系统产生重大影响。

（2）σ 坐标垂向上具有相同的网格数，浅水区域具有较高的垂向分辨率，能够很好地拟合地形起伏和水面波动；但应用在水下地形急剧变化处（底坡坡度大于 0.33）会产生水平压力梯度误差，对水动力、水温、水质的模拟精度产生较大影响。

（3）σ 坐标下通过增加水体垂向分层数和修改无量纲黏度参数 C_M 不能显著降低水平压力梯度误差，且会提高计算成本和增加模型的不稳定性。

（4）SGZ 坐标在地形变化剧烈区域能很好地模拟温度剖面和底层温度，明显优于 σ 坐标；使用 SGZ 坐标可以有效减少计算网格数量，从而缩短模型运行时间，提高模拟效率。

（5）在利用 EFDC 模型模拟深水湖库的垂向温度时，当水下地形变化较大（有连续的深沟或暗礁）且底坡大于 0.33 时，垂向坐标建议选用 SGZ 混合坐标。

通过本案例的研究可以发现，掌握详尽的实际观测资料是研究湖库水温时空分布规律和进行数值模拟的重要基础，需要对天然湖泊和已建水库的水温进行长期的原型观测，但是目前监测的时间和空间尺度都有限。EFDC 模型作为三维模型的代表，已经成为湖库水温研究的重要工具和方法之一，由于湖库水动力问题、热力学问题及其生态系统的复杂性，要更真实精确地模拟湖库水温及水环境，未来的模型还需要不断发展。扩展时空尺度，在整个流域范围内研究精确到日的水温变化，全面掌握水温的空间分布特征，尤其是深水湖库的垂向水温分布特征；统筹考虑影响水温的不可忽略因素（泥沙输运、冰冻等），使模拟结果更符合实际情况。

参 考 文 献

[1] Sahoo G B, Forrest A L, Schladow S G, et al. Climate change impacts on lake thermal dynamics and ecosystem vulnerabilities[J]. Limnology and Oceanography, 2016, 61（2）: 496-507.

[2] Li Y, Huang T L, Zhou Z Z, et al. Effects of reservoir operation and climate change on thermal stratification of a canyon-shaped reservoir, in northwest China[J]. Water Science and Technology-Water Supply, 2018, 18（2）: 418-429.

[3] Winder M, Schindler D E. Climate change uncouples trophic interactions in an aquatic system[J]. Ecology, 2004, 85（11）: 3178.

[4] Arifin R R, James S C, Pitts D A D A, et al. Simulating the thermal behavior in Lake Ontario using EFDC[J].

Journal of Great Lakes Research, 2016, 42（3）: 511-523.

[5] Marti C L, Imberger J, Garibaldi L, et al. Using time scales to characterize phytoplankton assemblages in a deep subalpine lake during the thermal stratification period: Lake Iseo, Italy[J]. Water Resources Research, 2016, 52（3）: 1762-1780.

[6] Mellor G L, Oey L, Ezer T. Sigma coordinate pressure gradient errors and the seamount problem[J]. J Atmos Ocean Technol, 1998, 15（5）: 1122-1131.

[7] Berntsen J, Furnes G. Internal pressure errors in sigma-coordinate ocean models—Sensitivity of the growth of the flow to the time stepping method and possible non-hydrostatic effects[J]. Continental Shelf Research, 2005, 25（7）: 829-848.

[8] 甘衍军, 李兰, 武见, 等. 基于 EFDC 的二滩水库水温模拟及水温分层影响研究[J]. 长江流域资源与环境, 2013, 22（4）: 476-485.

[9] 段扬. 基于 EFDC 的丹江口水库水环境数值模拟分析[D]. 北京: 中国地质大学, 2014.

[10] Kimdongmin, Park H S, Chung S. Relationship of the thermal stratification and critical flow velocity near the Baekje Weir in Geum River[J]. Journal of Korean Society on Water Environment, 2017, 33（4）: 449-459.

[11] Fortunato A B, Baptista A M. Evaluation of horizontal gradients in sigma-coordinate shallow water models[J]. Atmosphere-Ocean, 1996, 34（3）: 489-514.

[12] Smagorinsky J. General circulation experiments with the primitive equations[J]. Monthly Weather Review, 1963, 91（3）: 99-164.

7 河口泥沙输移及盐水入侵模拟案例实训

河流和海洋交汇的河口地区，水动力过程复杂，水质、泥沙输运和盐度变化区别于内陆的河流和湖泊，呈现多因素共同影响的复杂特征。本章案例介绍越南茶曲河泥沙输移和盐水入侵的模拟研究。利用水位和盐度观测资料对构建模型的参数进行校验，专门研究了河口谐波潮汐下水动力过程、咸潮入侵预测和河口淤积的模拟。此类模型可用于河口上游水源地水环境预警以及河流演变过程的研究，对保护近岸海域水生态环境、水生生物多样性以及海洋工程建设等具有重要意义。

7.1 项 目 概 况

河口是河流与海洋之间的结合地带，受河流和海洋两种动力的双重作用，陆海交汇地带的近岸区和河口区存在着复杂的水动力过程。在这些区域里潮汐、淡水径流和波浪等各种动力因素共同作用、相互影响，构成本区域的复杂动力场系统。河口区的水质、泥沙和污染物扩散输运，加之人类活动密集频繁，导致河口区域生态环境相对脆弱。目前，世界大多数河流受到人类活动的干扰，流域上游修建水库、建设沿河大堤、推进流域水保工程以及三角洲的"截支强干"等治理措施，使得进入三角洲的泥沙减少。同时，由于三角洲地区运河挖沙疏浚、海平面上升、地表沉降和风暴潮袭击等原因，河口三角洲附近海岸出现不同程度的蚀退，并伴随湿地的消失，这给生态环境造成严重的破坏。因此，了解河口区域海流运动的过程，对掌握污染物质及泥沙入海后的输移转化规律，弄清污染物质和泥沙等在水体中的浓度分布及变化，以及研究污染物和泥沙对海洋生态环境的影响都有十分重要的意义。由于近岸区的水深较浅，波浪影响比较明显，进行数值模拟时如果仅考虑潮流、径流作用，所得到的结果并不能很好地反映实际情况。而将这种结果提供给实际工程做参考时，一定会出现偏差，造成人力、财力、物力的浪费和工程建成后对当地环境的危害。因此，考虑波流耦合作用对近岸区的水流模拟有着非常重要的实际意义。

河口区域另一个特有的自然现象是盐水的入侵。当河流与海洋交汇时，密度较大的盐水会沿着河底侵入河口，导致盐水入侵。盐水入侵的河口处水动力条件及含沙量都会发生一定程度的变化。当流速发生变化后，会形成一些内部环流，而盐水的絮凝作用又使得河水及海水中的细颗粒泥沙发生絮凝沉降，进一步对河床产生较大的影响。为了防止盐水入侵的进一步加剧，研究河口区域的盐度输移规律迫在眉睫。河口区域盐水入侵问题涉及多个学科，是一个综合性的研究课题。目前，考虑多因素作用下河口处盐度的横向、纵向以及垂向分布是研究的重点。

　　EFDC 模型在河口海湾区域具有良好的适应性。应用 EFDC 模型，针对河口水动力-水质的数值模拟研究的成功案例很多。例如，美国佛罗里达州圣露西河口（St. Lucie Estuary，SLE）的水动力研究[1]；英国布里斯托尔海峡（Bristol Channel）和塞文河口（Severn Estuary）的水动力及盐度的变化研究等[2,3]；国内学者应用 EFDC 模型在河口地区的应用，包括对渤海、杭州湾、胶州湾和厦门湾等的单纯水动力方面的研究，模拟水域潮流过程以及对环流的分析[4-6]。此外，还有案例将 EFDC 模型应用于海上溢油漂移扩散和溢油风险评估研究，以及对港区排污方案的研究[7-10]。

　　以越南茶曲河河口为例，基于 EFDC 模型，研究该河口的泥沙输运和盐水入侵问题。茶曲河是越南境内的一条河流，位于茶曲河-茶蓬河流域。它是广义省最大的河流，流经山西县、山河县、思义县、山静县和广义市。茶曲河很大一部分可用作内陆水道，向内陆延伸，远远超出广义市范围，进入山河县。在广义省中心的茶曲河上有一个水电站，位于山河县、思义县和山静县的边界附近。茶曲河-茶蓬河流域面积 5200km²，年径流量 6.19 亿m³（图 7.1.1）。

图 7.1.1　茶曲河位置图

7.2　网格划分及相关设置

7.2.1　网格划分类型

　　为了更好地模拟浅水区域地形对水体流动及环境要素的影响，早期的 EFDC 模

型在垂向上采用 σ 坐标系,整个计算区域在水深方向分为相等的若干层。σ 坐标系对于浅水水域的计算效果较好,但是在某些情况下,计算精度却次于传统的笛卡儿坐标系。例如,在地形变化剧烈的深水湖泊中采用 σ 坐标系斜压梯度力易出现较大的误差,甚至导致错误的计算结果。

为了综合 σ 坐标系和笛卡儿坐标系的优点,EFDC 模型采用 LCLσ(laterally constrained localized sigma)坐标系。在 LCLσ 坐标系中,自由表面位置 $\sigma=1$,但是底部 $\sigma \geqslant 0$,水深越大,σ 值越接近 0,有效避免同一 σ 层高程的剧烈变化。LCLσ 坐标系的定义如下:

$$z = \frac{\lambda(Z_s - Z_b) + Z - Z_s}{\lambda(Z_s - Z_b)} = \frac{\lambda H + Z - Z_s}{\lambda H} \tag{7.2.1}$$

$$\lambda = \frac{Z_{sref} - Z_{bmin}}{Z_{sref} - Z_b \dfrac{1}{1 - Z_b}} \tag{7.2.2}$$

$$H = Z_s - Z_b \tag{7.2.3}$$

式中,λ 为由标准 σ 坐标向 LCLσ 坐标转换的变换系数;Z 和 z 分别为笛卡儿坐标系和 LCLσ 坐标系的垂向坐标;Z_s、Z_b 分别为笛卡儿坐标下自由表面和底部的垂向坐标值;H 为全水深;Z_{sref} 为笛卡儿坐标下自由表面的垂向坐标参考值;Z_{bmin} 为笛卡儿坐标下底部的垂向坐标最小值。

根据式(7.2.1)可知,当参数 $\lambda=1$ 时,LCLσ 坐标系退化为标准的 σ 坐标系。在 EFDC 模型中,可以选择采用 LCLσ 坐标系,也可以选择采用标准的 σ 坐标系。

7.2.2 网格划分

本案例网格划分步骤如下:

(1)使用 CVLGrid1.1 生成笛卡儿计算网格,水平方向采用矩形网格。下面展示矩形网格划分步骤。

① 单击工具栏中的"Geo-Referenced Background"开始绘制网格。点击"Load Geo-Reference File"导入 Google Map 底图。

② 点击工具栏中的"Draw a New Spline"沿着底图岸线画样条线(图 7.2.1)。

③ 点击工具栏中的"Create a New Grid using current Spline Layer"。在弹出的对话框"I-Cells Number"输入该样条线范围内 x 方向的网格数、"J-Cells Number"

输入该样条线范围内 y 方向的网格数（图 7.2.2）。

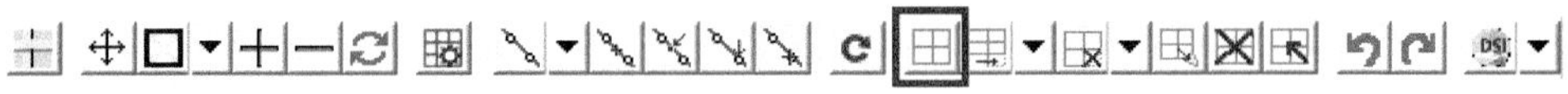

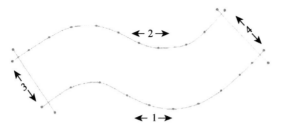

图 7.2.1 CVLGrid 里样条线布置示意图

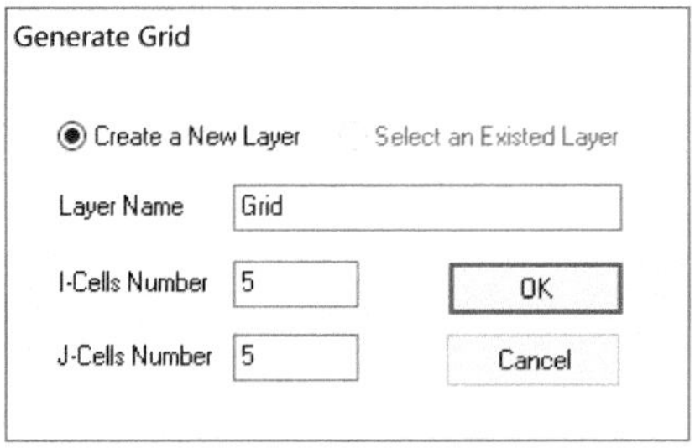

Generate Grid

○ Create a New Layer   Select an Existed Layer

Layer Name   [Grid]

I-Cells Number   [5]   [OK]

J-Cells Number   [5]   [Cancel]

图 7.2.2 CVLGrid 单个样条线范围网格数设置界面

④ 在左下角图层控制菜单上，点击"New"新建图层（图 7.2.3①），在新建图层上重复，步骤②③，分段完成模型范围内各水域的网格划分。

⑤ 在空白处单击鼠标右键，弹出"connect two grids"，将独立网格连接起来。

⑥ 在左下角图层控制菜单上，选中网格图层，点击"Export"输出模型".cvl"格式的网格文件（图 7.2.3②）。

（2）在 EFDC Explore（EE）软件里导入 CVLGrid1.1生成的网格。单击工具栏中的"Generate new model"开始导入。

（3）Grid Type 里选择"CVLGrid"（图 7.2.4①），在右侧点击"Browse"选择前述导出的.cvl 格式的网格文件（图 7.2.4②），并将同一个边界文件导入有效网格多边形（Active Cell Polygon）来调整网格至所需的模型研究区（图 7.2.4③），然后点击"Generate（生成）"，模型研究区域面积约 19.6km^2，被划分为 991 个矩形正交网格。网格采用不等间距矩形正交网格，DX 方向网格最小

图 7.2.3 CVLGrid 图层控制菜单界面

边长约 90m、最大边长约 480m、平均边长约 170m，DY 方向网格最小边长约 60m、最大边长约 220m、平均边长约 110m，见图 7.2.5。

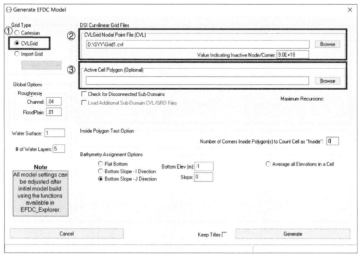

图 7.2.4　CVL 水平网格导入界面

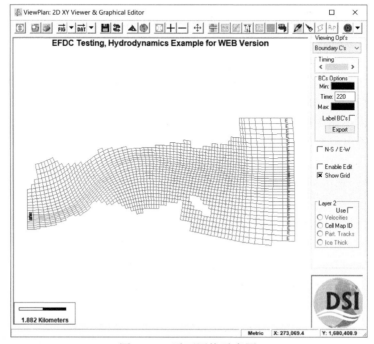

图 7.2.5　平面网格示意图

（4）网格沿垂直方向分成 5 个不均匀的层，垂直单元厚度从上至下分别占局部水深的 10%、20%、30%、20%和 20%。点击"Domain"中的"Grid"，选择垂向坐标"Standard Sigma"（图 7.2.6①），设置分层层数为 5 层（图 7.2.6②）。

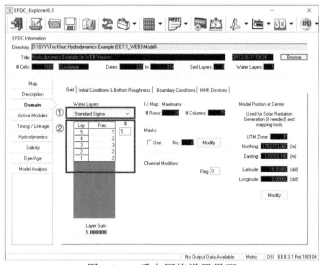

图 7.2.6　垂向网格设置界面

7.2.3　地形高程设置

点击"Domain"，在"Initial Conditions & Bottom Roughness→Bathymetry"选项卡下点击"Assign"（图 7.2.7），在出现的窗口中导入水下地形数据（图 7.2.8①），散点地形高程数据采用邻域法进行差值（图 7.2.8②），得到网格离散化的底高程（图 7.2.9）。

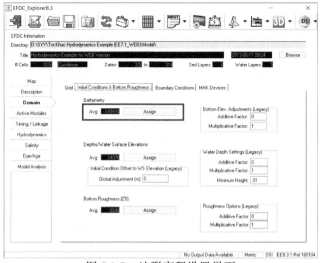

图 7.2.7　地形高程设置界面

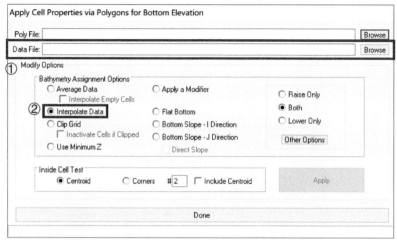

图 7.2.8　邻域法地形差值设置界面

图 7.2.9　网格离散化的底高程

7.2.4　时间步长设置

时间步长采用固定时间步长 5s。

（1）点开"Timing/Linkage"选项卡，将"Time Step"设置为5s（图7.2.10①）。"Beginning Date/Time"为开始模拟的时间，"Duration of Reference Period"为指定的对项目描述有意义的一个基准参考时间段。通常设定为24h（1d）作为基准参考时间段（图7.2.10②）。通过设定基准参考时间段来决定模拟时间。结束时间则由开始时间和模拟时长计算得出。

（2）"Dynamic Timestep Options"选项的子窗口可通过设定"Safety Factor"（0<安全因子<1）来获得变化的时间步长。通常情况下安全因子应小于0.8，但有的运行过程中安全因子大于1，而有的则要求小于0.3。如果设为0则表示时间步长固定。

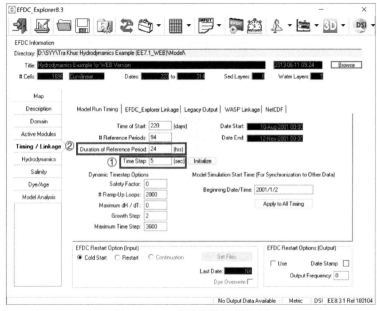

图7.2.10　时间步长设置界面

7.3　边界条件设置

点击"Domain"下的"Boundary Conditions"选项卡，边界条件以不同的时间尺度、格式和单元设置。数据包括流量信息（Flow：图7.3.1①）、示踪剂（Dye：图7.3.1②）、盐度（Salinity：图7.3.1③）、黏性泥沙（Cohesives：图7.3.1④）、非黏性泥沙（Non-Cohesives：图7.3.1⑤）和潮汐调和（Harmonics：图7.3.1⑥），点击各边界选项卡右侧"E（Edit）"即可进一步设置边界条件时间序列。

7.3.1　流量数据

茶曲河上游流量数据在所有5层中垂直分布，流量边界条件设置界面如图7.3.2

所示，点击"Current"（图 7.3.2①）可展现流量时间序列，点击"Sum Layers"（图 7.3.2②）选择显示整体平均时间序列还是分别列出各层时间序列，点击"Show Params"（图 7.3.2③）设置相关参数。参数设置界面如图 7.3.3 所示，边界流量时间序列如图 7.3.4 所示。

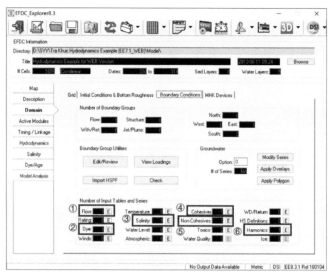

图 7.3.1　边界条件设置界面

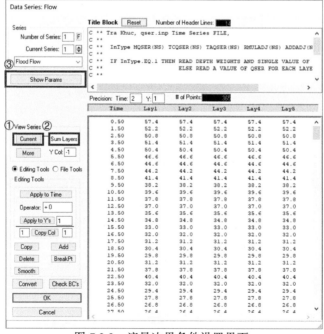

图 7.3.2　流量边界条件设置界面

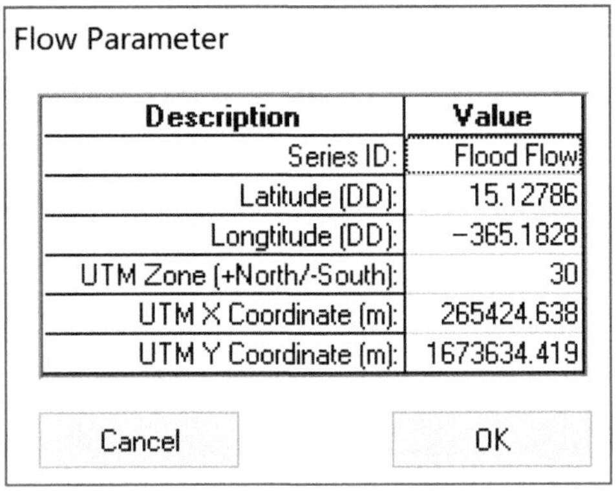

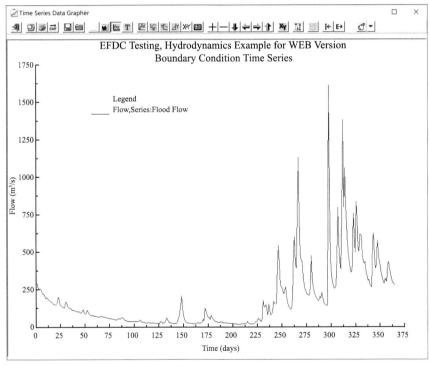

图 7.3.3   流量参数设置界面

图 7.3.4   边界流量时间序列图

7.3.2   示踪剂数据

　　边界数据的导入可以通过设置界面直接粘贴数据（如 7.3.1 节中流量数据设置），也可以导入相关数据文件。勾选"File Tools"（图 7.3.5①），点击"Import Data"（图 7.3.5②）。在弹出的对话框中勾选"EE DAT or WQ Data"，点击"Browse"导入示踪剂数据，边界的示踪剂数据分为 5 层，设置界面如图 7.3.6 所示。

图 7.3.5　示踪剂条件设置界面

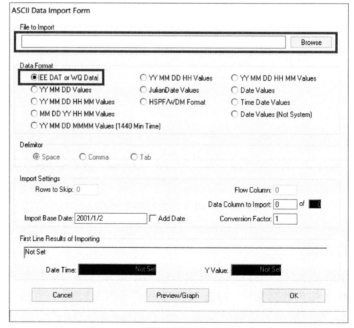

图 7.3.6　示踪剂数据文件导入界面

7.3.3 盐度数据

上游边界为淡水，各层盐度设置为 0.1ng/L，设置界面如图 7.3.7 所示。

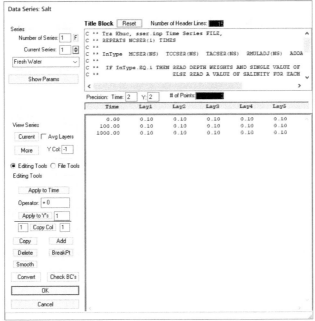

图 7.3.7 盐度条件设置界面

7.3.4 潮汐调和数据

潮汐调和数据需要从谐波潮汐分析（从时间序列水位测量）中得到谐波潮汐常数。在"Number of Harmonic Constituents to Use"中输入位置参数数目（图 7.3.8①）；

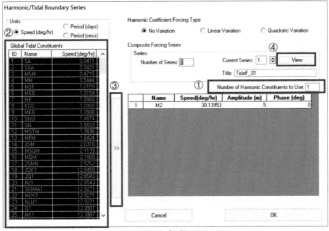

图 7.3.8 潮汐条件设置界面

在左侧全球潮汐成分"Global Tidal Constituents"（图 7.3.8②）中选择相应模型所在位置参数，点击添加按钮图标（图 7.3.8③）添加到右侧数据框内。点击"View"（图 7.3.8④）查看潮汐图。潮汐时间序列见图 7.3.9。

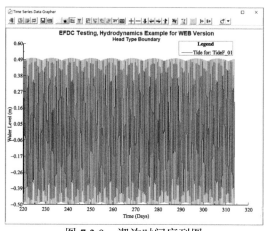

图 7.3.9　潮汐时间序列图

7.3.5　泥沙数据

EFDC 模型泥沙模块包含黏性泥沙和非黏性泥沙，可以模拟多组分泥沙输运。边界泥沙数据平均分为 5 层：黏性泥沙和非黏性泥沙设置界面分别见图 7.3.10 和图 7.3.11，黏性泥沙和非黏性泥沙时间序列分别见图 7.3.12 和图 7.3.13。

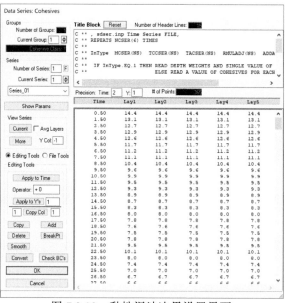

图 7.3.10　黏性泥沙边界设置界面

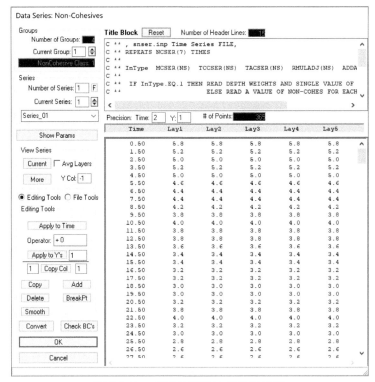

图 7.3.11 非黏性泥沙边界设置界面

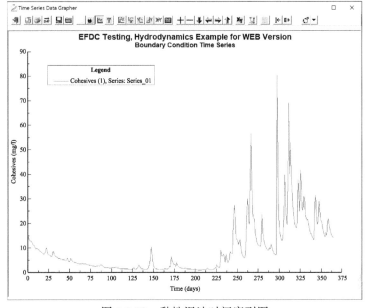

图 7.3.12 黏性泥沙时间序列图

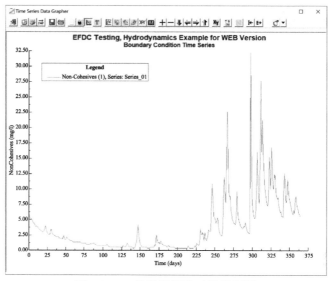

图 7.3.13　非黏性泥沙时间序列图

7.3.6　边界条件设置步骤

本案例模型主要有上下游两处开边界。以下为流量、盐度、谐波潮汐数据分配到两处开边界步骤：

（1）点击菜单栏 "View 2D Plan of Grid & Data" （图 7.3.14），进入二维展示及图形编辑界面。模型左侧为上游淡水开边界，右侧为外海域开边界，采用谐波潮汐数据。

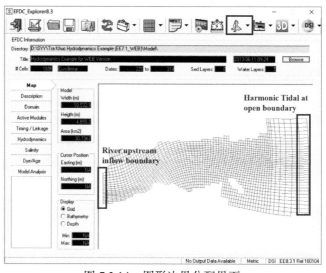

图 7.3.14　图形边界分配界面

（2）进入图形编辑界面后，在"Viewing Opt's"选框中选择"Boundary C's"（图 7.3.15①）；同时，勾选"Enable Edit"（图 7.3.15②），使得模型网格处于可编辑状态。

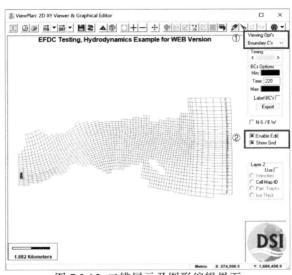

图 7.3.15 二维展示及图形编辑界面

（3）选择上游边界的其中一个网格处右击，选择"new"，弹出边界命名对话框给上游边界命名一个 ID，继而弹出边界类型对话框，根据边界所处位置和类型输入对应值（例如，1 是流量边界、2 是水工构筑物、3 是南水位边界），本案例上游边界选择"1.Flow"流量边界（输入"1"），具体见图 7.3.16。

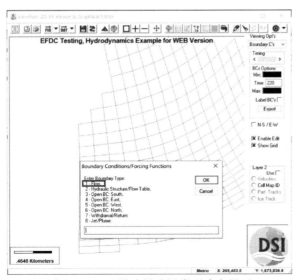

图 7.3.16 上游流量边界类型确定界面

（4）流量边界属性编辑界面，"Flow Assignment"下的"Flow Table"选择7.3.1 节中设置的对应的流量数据（图 7.3.17①）；"Concentration Tables（Used with Time Variable Flows）"下相应位置导入 7.3.2 节至 7.3.5 节中设置的各类数据（图 7.3.17②），随后点击"OK"。

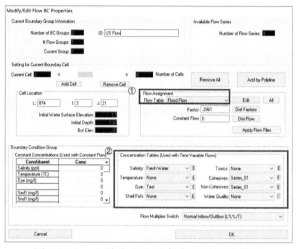

图 7.3.17　上游流量边界各类属性设置界面

（5）选择步骤（4）相邻网格，右击"Add to Adjacent"，将步骤（4）中的网格属性添加到选择的相邻网格，直至将步骤（4）设置的网格属性依次添加到"River upstream inflow boundary"所有上游流量边界网格，如图 7.3.18 所示。

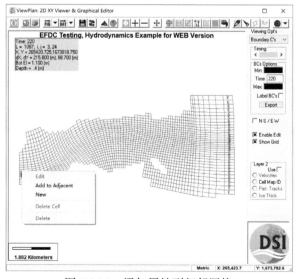

图 7.3.18　添加属性到相邻网格

（6）按照步骤（3）设置下游潮汐开边界，本案例中下游边界类型选择"4.Open BC:East"，流量边界属性编辑界面，"Time Series"下的"Harmonic"选择7.3.4节中设置的对应谐波潮汐常数（图7.3.19①）；其余边界数据若为变化值可在"Concentration Tables（Used with Time Variable Flows）"下设置，常数可以在"Constant Concentrations"中输入相应的值（图7.3.19②）。

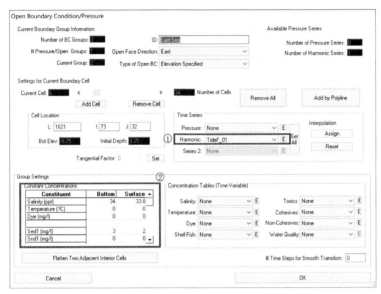

图7.3.19 下游潮汐开边界各类属性设置界面

（7）选择步骤（6）相邻网格，右击"Add to Adjacent"，完成下游潮汐开边界的所有网格属性设置。

7.4 初始条件设置

初始条件一般包含初始水面高程和底部粗糙高度，设置界面如图7.4.1所示。

点击"Domain"下的"Initial Conditions & Bottom Roughness"选项卡。初始水面高程（Depths/Water Surface Elevations：图7.4.1①）、底部粗糙高度（Bottom Roughness（Z0）：图7.4.1②），点击"Assign"（图7.4.1③）进行数据输入。

此外，本案例考虑盐度入侵，因此还包含盐度的初始条件。点击EFDC界面左侧"Salinity"进入盐度模块界面，点击"Initial Conditions"下的"Assign"按钮（图7.4.2），进行盐度初始条件设置。盐度初始条件是二维参数文件需分区给出，在"Poly File"数据框中输入分区文件（图7.4.3①）、在"XYZ File"数据框中输入对应区块的盐度初始数据（图7.4.3②）。

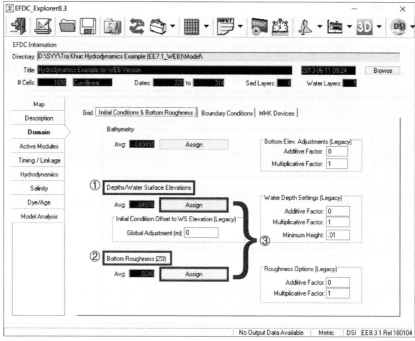

图 7.4.1 初始条件设置界面

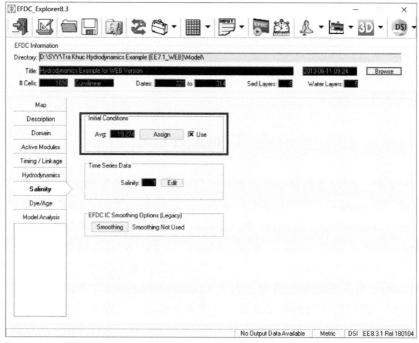

图 7.4.2 盐度模块界面

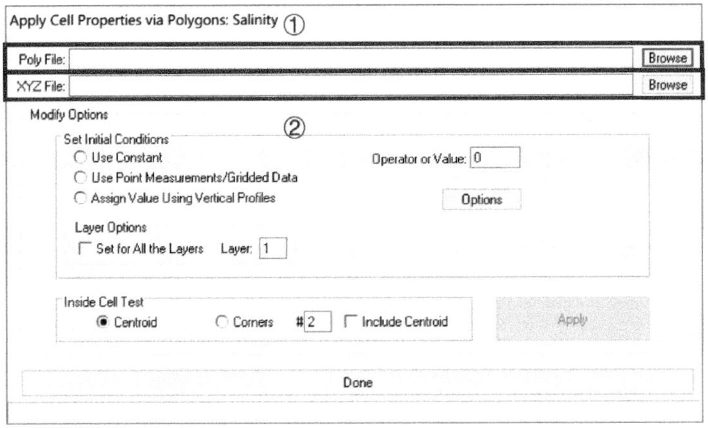

图 7.4.3 盐度分区初始条件设置界面

7.5 模型关键参数设置

7.5.1 模块确定

本案例涉及诸多模块的启用，如图 7.5.1 所示。其中，水动力模块是基础模块，还包含粒子追踪模块（图 7.5.1①）、盐度模块（图 7.5.1②）、黏性泥沙模块（图 7.5.1③）和非黏性泥沙模块（图 7.5.1④）。底泥河床模块选用 EFDC 泥沙模块，勾选"Use EFDC Sediment Model"（图 7.5.1⑤）。

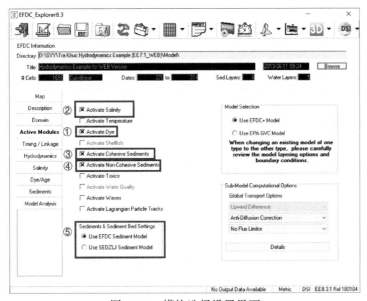

图 7.5.1 模块选择设置界面

7.5.2 水动力参数

　　本案例未设置风场，故不考虑风遮挡系数（影响水动力过程）。点击水动力模块下"Turbulence Options"选项卡中的"Modify"按钮，主要校准参数包括水平和垂直湍流扩散系数（图 7.5.2）、湍流强度（图 7.5.3）以及底部粗糙高度（图 7.4.1②）。

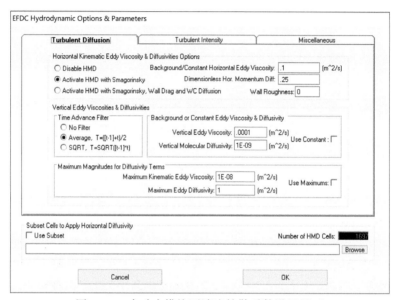

图 7.5.2　水动力模块下湍流扩散系数设置界面

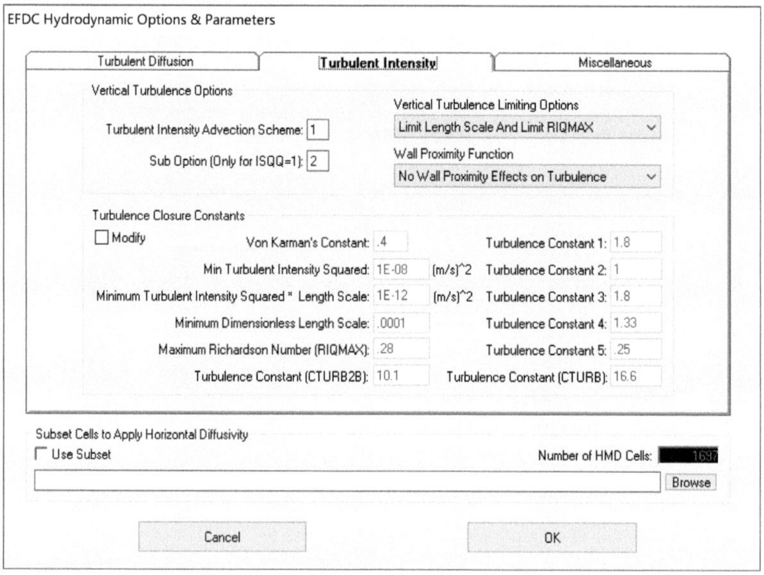

图 7.5.3　水动力模块下湍流强度设置界面

7.5.3　泥沙参数

模型主要的泥沙参数校核包括底部摩擦系数、垂向分层数、临界沉降系数、临界冲刷系数、表面侵蚀率和沉降速度。表面侵蚀率是一个反映流域土壤侵蚀强弱的指标，主要取决于流域的下垫面条件，如流域植被覆盖程度、土壤土质类型和地形地貌等因素。

点击 EE8.3 界面左侧"Sediments"进入底泥模块界面，点击"Sediment Transport Sub-Model Options and Bed Properties"选项卡的"Modify"按钮（图 7.5.4①），进行泥沙输移参数设置；点击"Spatially Variable Bed（Uniform by Layer）"选项卡的"Sediment Bed: Solids"按钮（图 7.5.4②），进行分层河床参数设置。

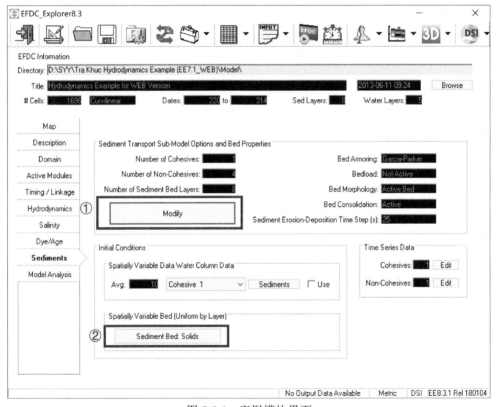

图 7.5.4　底泥模块界面

在"General"（常规选项）中，"Bed Shear Calculation Options"（底床剪切力计算选项）由于本案例同时计算黏性泥沙和非黏性泥沙，选择"Separate Bed Stress into Coh & NonCo"选项（图 7.5.5）。

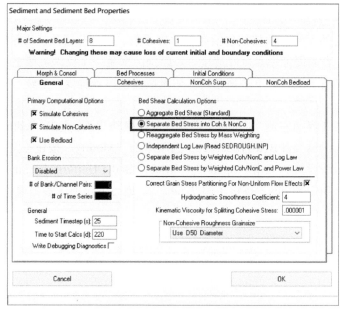

图 7.5.5　泥沙模块常规选项界面

在"Cohesives"（黏性泥沙）选项中，"Cohesive Settling Flag"（黏性泥沙沉降速度）值输入"0"（代表自定义，图 7.5.6①），然后在右侧"Erosion & Deposition Parameters"（图 7.5.6②）参数表中输入黏性泥沙的各项参数。

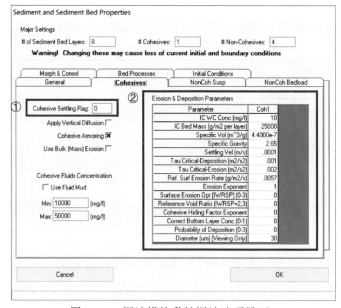

图 7.5.6　泥沙模块黏性泥沙选项界面

在"NonCoh Susp"（非黏性悬移质选项）中，采用"Van Rijn"公式计算临界剪切力（图 7.5.7①），然后在右侧"Erosion & Deposition Parameters"（图 7.5.7②）参数表中输入非黏性悬移质的各项参数。

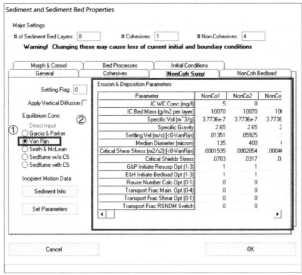

图 7.5.7　泥沙模块非黏性悬移质选项界面

在"NonCoh Bedload"（非黏性推移质）选项中，点击"Initialize Constants"（初始化常数，图 7.5.8①）按钮，选择推移质计算方法。"Bedload Phi Options"（图 7.5.8②）、"Cell Face Transport Rate Option"（图 7.5.8③）中选择推移质运动公式。

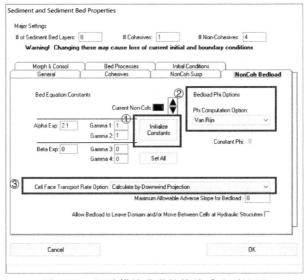

图 7.5.8　泥沙模块非黏性推移质选项界面

在"Morph & Consol"（形态和固化）选项中，泥床形态和固化特性的设置界面"Bed Morphology Options"（泥床形态）选项中选择允许底床高程变化（输入 1，图 7.5.9①），"Max Water Depth"（最大水深）是指当出现负水深的时候允许泥沙缺失底床形态变化的最大允许水深；"Bed Consolidation & Mechanics Options"（泥床固化和结构）选项下，"Bed Mechanics"选择简单底床结构（输入"1"，图 7.5.9②）；在"Bed & Deposition Settings"中进行沉积设置（图 7.5.9③）。

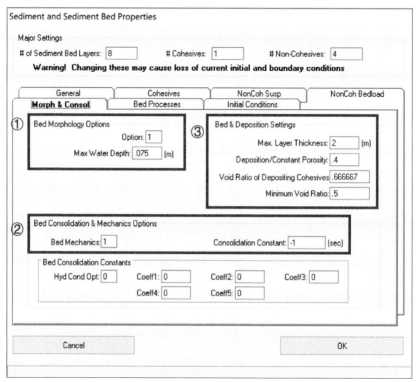

图 7.5.9　泥沙模块泥床形态和固化特性设置界面

7.6　模型率定验证[*]

模型采用水位和盐度两项参数进行率定验证，率定点位分别取靠近河口侧点和靠近内河侧的 2 个点位。水位率定结果见图 7.6.1 和图 7.6.2，盐度率定结果见图 7.6.3 和图 7.6.4。为了量化误差和评估校准性能，水位使用平均绝对误差（absolute mean error，AME），盐度使用平均绝对误差（AME）和平均相对误差（mean absolute relative error，MARE）来评估模型的性能。

---

[*] 模型率定验证仅节选了典型的对比数据。

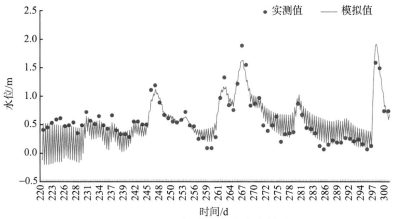

图 7.6.1 河口侧点位水位率定结果

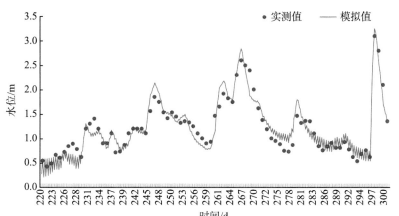

图 7.6.2 内河侧点位水位率定结果

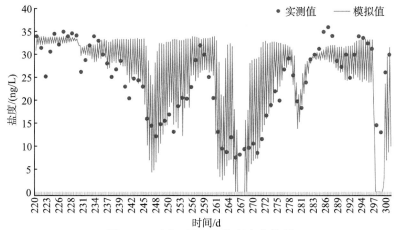

图 7.6.3 河口侧点位盐度率定结果

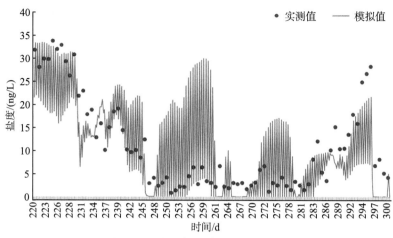

图 7.6.4　内河侧点位盐度率定结果

　　从图 7.6.1 和图 7.6.2 可见：水位变化趋势模拟效果相对较好；河口侧水位的平均绝对误差为 0.08m，内河侧水位的平均绝对误差为 0.14m。

　　从图 7.6.3 和图 7.6.4 可见：盐度变化趋势模拟效果也较好；河口侧盐度的平均绝对误差和平均绝对相对误差分别为3.24ng/L和19.6%；内河侧盐度的平均绝对误差和平均绝对相对误差分别为3.32ng/L和56.6%，这是由于内河来水为淡水，当上游内河来水时受河口盐水入侵影响较小，盐度值总体较小。因此，相同绝对误差下的相对误差就偏大。

7.7　模拟结果与讨论

7.7.1　流场分布

　　从图 7.2.9 网格离散化的底高程可见：茶曲河河口位置水下地形起伏变化剧烈，且浅滩众多。本案例入海口处仅有中间有限宽度的主河道可过水（图 7.7.1），两侧呈"堰"状形成天然屏障阻挡海水上溯。特殊的水下地形也导致本案例水动力的复杂多变。

　　落潮情况下，表层和底层的流场分布分别见图 7.7.2 和图 7.7.3。

　　落潮条件下：①流场方向总体自西往东由内河上游往河口方向流；②主河道流速明显大于浅滩，到达河口位置处表层流速达到 0.6m/s 左右；③由于河口特殊的"凹"形地形，河口"凹"处流场呈放射状；④底层流场分布与表层相似，但是流速大小明显小于表层，"凹"口处的流速大小大约是表层的1/3；⑤底层"凹"口处的射流状态不是十分突出，由于地形的阻挡作用，近岸海域的流速也明显小于内河。

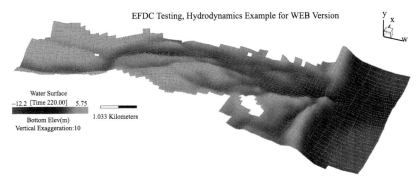

图 7.7.1 三维水下地形图

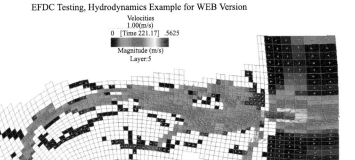

图 7.7.2 落潮情况下表层流场分布

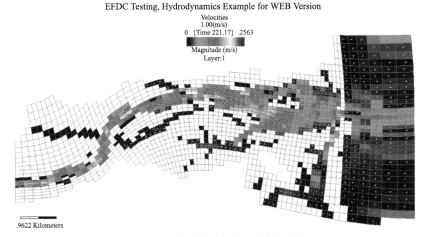

图 7.7.3 落潮情况下底层流场分布

涨潮情况下，表层和底层的流场分布分别见图 7.7.4 和图 7.7.5。

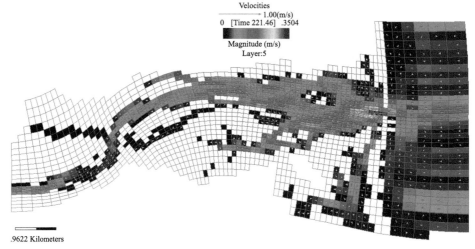

图 7.7.4　涨潮情况下表层流场分布

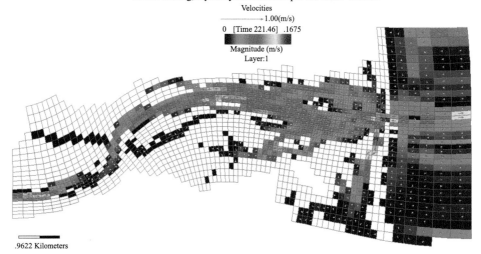

图 7.7.5　涨潮情况下底层流场分布

涨潮条件下：①由于过境流量作用，上游流向自西向东，而下游由于潮位顶托海水从"凹"口入侵内，河流向自东向西流；顶托位置一直延伸到接近内河上游边界处；②主河道流速明显大于浅滩，"凹"口位置处表层流速达到 0.34m/s 左右，入侵海水流速自东向西递减，达到顶托边界处，受上游来水和海水入侵的双重作用流速降低至接近于 0，水位达到高值；③"凹"口处向内河方向呈放射状，堤岸外"凹"

口南北侧由于堤岸的阻挡作用,流速明显小于外海域,且向"凹"口汇集;"凹"口内河侧北部形成明显的小环流;④底层流场分布与表层相似,流速大小明显小于表层,"凹"口处的流速大小约为表层的1/2;⑤由于内河水深相对较浅,底层的顶托位置与表层一致。

7.7.2 盐水入侵模拟分析

咸潮是高矿化度的海水因引潮力作用而倒灌进入河道一定距离,与河水形成咸淡水混合,造成盐水入侵。咸潮一般发生于冬季或干旱的季节。当咸潮入侵的强度过大、持续时间过长时就会造成供水危机。河口内水流含盐量因海潮的影响从河口口门向上游逐渐降低,当含盐量小于2‰时,已不会影响农作物等生长,2‰含盐浓度所及位置即为咸水界。

本案例涨潮情况下表层水体盐水入侵情况见图 7.7.6,落潮情况下表层水体盐水入侵情况见图 7.7.7。

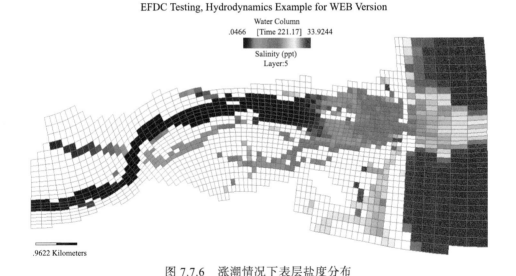

图 7.7.6 涨潮情况下表层盐度分布

从图 7.7.6 可见:①涨潮情况下咸水从"凹"口处往内河倒灌,水动力情况极大程度上影响了倒灌后盐水的水平分布,主河道流速较大导致盐水入侵程度大于浅滩;②水平横断面呈现不规则的"对数"分布;③咸水最大上溯距离约 5.2km,含盐量 30‰以上咸水上溯距离大约 1.6km;④"凹"口外,由于受往复流影响,部分淡水注入河口处后在地形的阻隔作用下在河口外沿岸徘徊,导致沿岸小范围海水含盐量略低于外海域。从图 7.7.7 可见:①落潮情况下,咸水在过境流量作用下往河口消退;②主河道在涨潮情况下咸水入侵快,在落潮情况下咸水消退也快,在"凹"口往内河方向大约 2km 范围内,受到地形及潮位等影响水体含盐量依然高于 2‰,

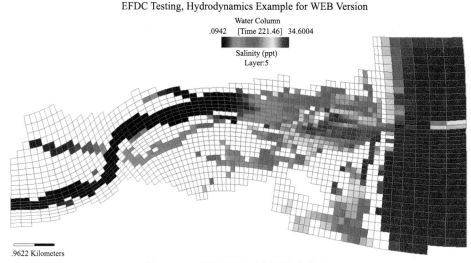

图 7.7.7　落潮情况下表层盐度分布

为咸水；③浅滩支岔由于水动力交换条件较弱，咸水一旦入侵以后消退也较慢，水体含盐量高于主河道；④河口外，在落潮情况下盐度分布较为明显，由于河口外水流呈射流状态，射流辐射范围内含盐量明显低于周围海水。

图 7.7.8 显示从内河上游边界至河口处的 6 处点位的盐度垂向分布。由图可知：

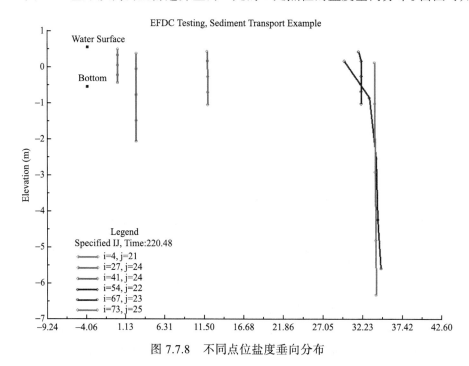

图 7.7.8　不同点位盐度垂向分布

①内河上游由于水深较浅（小于 3m），上游 3 处点位（ i=4、j=21，i=27、j=24，i=41、j=24）盐度垂向分布均匀，基本不存在梯度；②外海域受外海边界潮位的影响，由于本案例中外海边界垂向 5 层盐度取值相同，因此垂向水体盐度梯度几乎为 0（ i=73、j=25）；③河口"凹"口处（ i=67、j=23）和河口上游约 1.5km 处（i=54、j=22）水体垂向存在一定的盐度梯度，盐度从底层往表层递减，越往表层递减幅度越大。这主要是由于径流和潮汐均较强，盐淡水发生掺混，淡水主要从上层下泄，底部有盐水上溯。此外，可能由于河底地形高低不平，盐水在坑洼处长时间累积进而导致底层盐度甚至超过边界外海域盐度。

7.7.3　泥沙输移模拟分析

EE8.3 可以从泥沙样品数据中获取数字沉积模型（digital sediment model，DSM）。DSM 格式要求每一深度的层厚度、容重、孔隙率和颗粒粒径分布遵循多边形规则（沉积深度间的间隔基于数据设定）。利用 DSM 和颗粒粒径分类等级数，每个等级的最大粒径、泥沙的层数和层选项（也就是最小层厚度）建立 EFDC 沉积物文件。图 7.7.9 显示深度平均的 d_{50} 粒径。

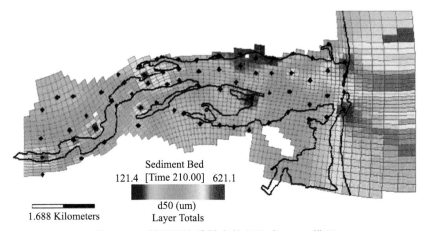

图 7.7.9　利用泥沙采样点粒径生成 DSM 模型

（1）在"Viewing Opt's"选项卡下点击"Sediment Bed"选项（图 7.7.10①）可选择沉积物河床的相关模拟结果进行展示，拖动"Timing"进度条可以显示不同时间点的模拟结果。其中"Thickness"（图 7.7.10②）显示层厚度的分布；"Sed Mass"（图 7.7.10③）为沉积物质量；"d50"（图 7.7.10④）为计算的中值粒径；"Delta"（图 7.7.10⑤）显示了底高程中初始条件高程和当前时间的底高程之间的差值，Delta 小于 0 表示冲刷，Delta 大于 0 表示沉积。

（2）在"Viewing Opt's"选项卡下点击"Water by Layer"选项（图 7.7.11①）可选择水体相关模拟结果进行展示，其中"Sediments"（图 7.7.11②）显示水体中沉积物浓度分布。勾选"Depth Avg"（图 7.7.11③）选框，即选择输出垂向平均值，"Layer："（图 7.7.11④）选框中数值代表当前展示层数，底层为"1"。

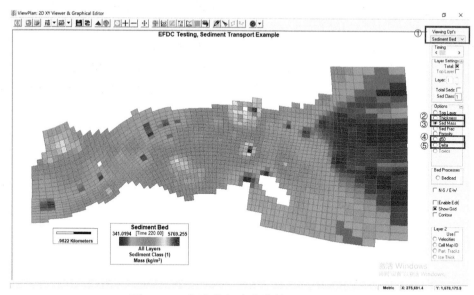

图 7.7.10　沉积物河床参数结果展示界面

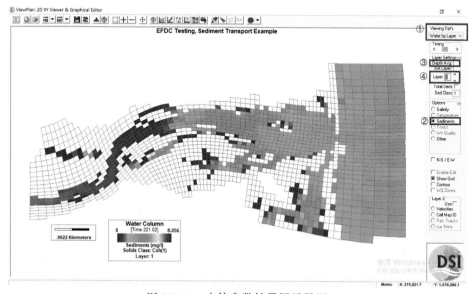

图 7.7.11　水体参数结果展示界面

本案例中，初始时刻（第 220 天）河床中值粒径分布见图 7.7.12，模拟时刻（第 300 天）的河床中值粒径分布见图 7.7.13。对比上述两图可知：主河道（水深较深）

尤其是靠近上游边界处，河床中值粒径变化明显，说明水体存在冲刷现象，河床的输沙能力发生明显的改变。

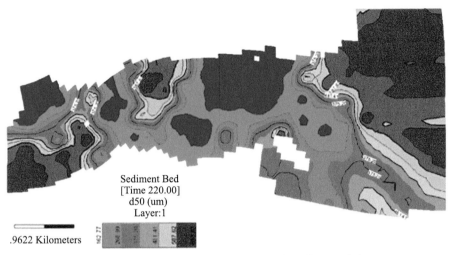

图 7.7.12 初始时刻（第 220 天）河床中值粒径分布

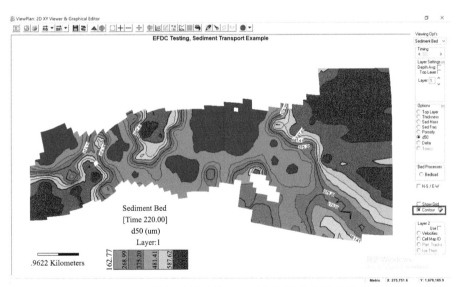

图 7.7.13 模拟时刻（第 300 天）河床中值粒径分布
勾选"Contour"选择输出等值线图

从图 7.7.14 可见：①由于主河道流速变化大，因此主河道泥沙冲淤现象变化明显；②上游河道主要发生冲刷（蓝色：负值），顺直河道两侧无泥沙淤积现象发生，而到弯曲段由于地形影响，河道两岸浅滩流速相对减小，水流携沙能力减弱，故而发生轻微的淤积现象；③经过河口"凹"口处后，泥沙随水流呈现一定的放射状淤积（红色和黄色：正值），形成类似于小型冲积扇淤积现象，淤积范围与"凹"口宽度和水流流速等有关。

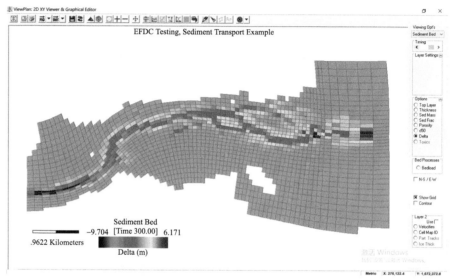

图 7.7.14　河床冲淤变化图（第 200 天～第 300 天）

7.8　模型使用小结

本案例通过流场、盐度场及泥沙输移的模拟揭示：①对于河口模型，河口的地形及外海域的谐波潮汐对河口水动力模拟结果影响较大，水动力结果又在极大程度上影响河口泥沙的冲淤；②对于盐水入侵，沿水深方向垂向盐度变化剧烈，如何较好地拟合地形起伏和选择合适的水体垂向分层方式及分层数对提高模拟精度有较大影响；③泥沙输移模拟较为复杂，涉及的初始条件和所需参数众多，因此准确充分地了解河口区域泥沙特性及运动规律，进而选择合适的输沙模式，根据泥沙起悬沉降输移理论优化相应计算公式显得尤为重要。

通过本案例的研究，发现掌握详尽的实际观测资料是研究河口水动力、盐水入侵过程、泥沙冲淤变化规律以及进行数值模拟的重要基础，因此需要在对河口地区进行长期的原型观测和物理模拟的基础上，采用以 EFDC、MIKE 等为代表的三维模型将有限时间和空间尺度上观测到的规律在时空上进行拓展。但由于河口水动力、咸潮、冲淤问题及其生态系统的复杂性，要更真实精确地模拟河口水温、盐度、泥沙及水生态环境，需统筹考虑风、浪、潮、径流、辐射以及水生动植物等的影响，并同步布设水工建筑物，拓宽未来模型的研究领域，使之成为研究河口的一个重要方法及利器。

参 考 文 献

[1] Ji Z G, Hu G D, She J, et al. Three-dimensional modeling of hydrodynamic processes in the St. Lucie Estuary. Estuarine[J]. Coastal and Shelf Science, 2007, 73（1-2）: 188-200.

[2] Zhou J T, Flconer R A, Lin B L. Refinements to the EFDC model for predicting the hydro-environmental impacts of a barrage across the Severn Estuary[J]. Renewable Energy, 2014, 62: 490-505.

[3] Singhal G, Panchang V G, Nelson J A. Sensitivity assessment of wave heights to surface forcing in Cook Inlet, Alaska[J]. Continental Shelf Research, 2013, 63: 50-62.

[4] 韩雅琼, 沈永明. 基于 EFDC 的渤海冬夏季环流及其影响因素的数值模拟研究[J]. 水动力研究与进展, 2013, 28（6）: 733-744.

[5] Xie R, Wu D A, Yan Y X, et al. Fine silt particle pathline of dredging sediment in the Yangtze River deep water navigation channel based on EFDC model[J]. Journal of Hydrodynamics, 2010, 22（6）: 760-772.

[6] 谢森杨, 王翠, 王金坑, 等. 基于 EFDC 的九江口–厦门湾三维潮流及盐度数值模拟研究[J]. 水动力研究与进展, 2016, 31（1）: 63-75.

[7] 李形, 谢志宜. 水上事故溢油漂移轨迹预测模型研究与应用[J]. 环境科学与管理, 2013, 38（7）: 56-61.

[8] 王祥. 三峡库区溢油模拟及应急对策研究[D]. 武汉: 武汉理工大学, 2010.

[9] 黄软康, 李一平, 邱利, 等. 基于 EFDC 模型的长化下游码头溢油风险预测[J]. 水资源保护, 2015, 31（1）: 91-98.

[10] 樊乔铭, 丁志斌. 基于EFDC的港口污水处理厂排放标准及排污口选划研究[J]. 环境工程, 2016, 34（12）: 147-152.

8 EFDC_Explorer 常见问题及处理方法

本章节主要分析模型代码结构、输入文件,并列举部分常见错误以及处理方法。

8.1 模型代码结构

EFDC 模型基于 FORTRAN 语言,主要文件包括 efdc.for(主文件)、efdc.com 和 efdc.par。efdc.com 文件包含共用块声明和数组变量定义;efdc.par 文件包含参数说明解释数组变量。源码主文件 efdc.for 和通用文件 efdc.com 是对所有模型应用或设置都通用的。参数文件 efdc.par 对每个模型都有所不同,在模型运行过程中尽量减少内存需求。efdc.for 由 1 个主程序和 110 个子程序构成。

8.1.1 EFDC 程序及功能简介

EFDC 程序及其功能简介如表 8.1.1 所示。

表 8.1.1 EFDC 程序及其功能

子程序	功能
ADJMMT.f	调节平均传输场
AINIT.f	初始化变量
ASOLVE.f	双共轭梯度求解器
ATIMES.f	双共轭梯度求解器稀疏矩阵算法
CALAVB.f	计算紊流黏滞和扩散
CALBAL1.f	计算质量、动量和能量平衡
CALBAL2.f	计算质量、动量和能量平衡
CALBAL3.f	计算质量、动量和能量平衡
CALBAL4.f	计算质量、动量和能量平衡
CALBAL5.f	计算质量、动量和能量平衡
CALBUOY.f	利用 UNESCO 方程计算浮力或者密度异常
CALCONC.f	计算标量场(浓度)运输
CALCSER.f	处理浓度时间序列
CALDIFF.f	计算水平扩散标量场
CALDISP2.f	计算时间平均水平剪切弥散张量
CALDISP3.f	计算时间平均水平剪切弥散张量

子程序	功能
CALEBI.f	计算外部模式方程中的浮力
CALEXP.f	计算动量方程中的显式项
CALFQC.f	计算质量（标量浓度场）源和汇
CALHDMF.f	计算动量方程中水平扩散
CALHEAT.f	计算表面和内容热量源和汇
CALHTA.f	单一频率周期胁迫流的调和分析
CALMMT.f	计算时均物质传输场（包含 Stokes's drift）
CALPSER.f	计算表面高程时间序列
CALPUV.f	利用外模式求解刚盖或者小型表面位移流
CALSFT.f	计算贝类幼体扩散、源和汇，以及垂向迁移
CALTBXY.f	计算底部拖曳系数（用于底部切应力的计算）、计算植物阻力参数
CALTRAN.f	计算显式标量场浓度对流扩散
CALTRANI.f	计算隐式标量场浓度对流扩散
CALTRANQ.f	计算湍动能和湍流尺度对流扩散
CALTRWQ.f	计算显式水质变量对流扩散
CALTSXY.f	处理风和其余气象条件时间序列，计算表面风应力
CALUVW.f	求解内模式动量方程和连续方程
CALWQC.f	计算水质变量扩散和源汇过程
CBALEV1.f	计算偶数时间步长下质量、动量和能量平衡
CBALEV2.f	计算偶数时间步长下质量、动量和能量平衡
CBALEV3.f	计算偶数时间步长下质量、动量和能量平衡
CBALEV4.f	计算偶数时间步长下质量、动量和能量平衡
CBALEV5.f	计算偶数时间步长下质量、动量和能量平衡
CBALOD1.f	计算奇数时间步长下质量、动量和能量平衡
CBALOD2.f	计算奇数时间步长下质量、动量和能量平衡
CBALOD3.f	计算奇数时间步长下质量、动量和能量平衡
CBALOD4.f	计算奇数时间步长下质量、动量和能量平衡
CBALOD5.f	计算奇数时间步长下质量、动量和能量平衡
CELLMAP.f	转化水平面上（I，J）指数为单一的 L 指数
CELLMASK.f	在网格单元上增加阻隔物
CGRS.f	减少二维 Helmholtz 方程系统共轭梯度的求解程序
CONGRAD.f	针对二维 Helmholtz 方程对角预处理共轭梯度的求解程序
DEPPLT.f	基于 ASCII 码格式生成地形文件
DEPSMTH.f	平滑底高程和初始水深
DRIFTER.f	释放和追踪特定时间和位置的拉格朗日粒子
EFDC.f	主程序

子程序	功能
FILTRAN.f	平均物质传输垂向过滤
GLMRES.f	计算拉格朗日平均流速
HDMT.f	控制水动力和质量传输
INPUT.f	处理输入文件
LAGRES.f	通过向前运移轨迹计算拉格朗日平均流速
LINBCG.f	双共轭梯度线性方程求解器
LSQHARM.f	最小二乘法谐波分析
LTMT.f	控制物质传输
LUBKSB.f	回代法 LU 分解方程求解器
LUDCMP.f	LU 分解方程求解器
LVELPLTH.f	输出水平拉伸层拉格朗日平均流速场可视化的 ASCII 文件
LVELPLTV.f	输出垂向横断面拉格朗日平均流速场可视化的 ASCII 文件
OUT3D.f	以 8 位 ASCII 整数格式或者 8 位 HDF 整数格式输出二维和三维可视化的向量和标量场
OUTPUT1.f	打印输出文件格式设置
OUTPUT2.f	打印输出文件格式设置
PPLOT.f	打印特性设置
REDKC.f	物质传输模拟时减少 1/2 层数（未激活）
RELAX.f	通过 Red-Black SOR 求解二维 Helmholtz 方程（逐次超松弛迭代）
RELAXV.f	RELAX.f 的更高向量化版本
RESTIN1.f	开始热启动时读 restart.inp 文件
RESTIN10.f	读旧版 restart.inp 文件
RESTIN2.f	读 K 层 restart.inp 文件再初始化 2×K 层的模拟
RESTMOD.f	读 restart.inp 文件，停用指定的水平网格单元
RESTOUT.f	输出热启动文件 restart.out
RESTRAN.f	读入传输文件 restran.inp
ROUT3D.f	8 位 ASCII 整数格式或者 8 位 HDF 整数格式输出二维和三维可视化的时均向量和标量场输出
RSALPLTH.f	输出可视化水平拉伸层的时均标量场的 ASCII 文件
RSALPLTV.f	输出可视化垂向横断面的时均标量场的 ASCII 文件
RSURFPLT.f	输出可视化时表面位移场的 ASCII 文件
RVELPLTH.f	输出可视化水平拉伸层时均流场的 ASCII 文件
RVELPLTV.f	输出可视化垂向横断面时均流场的 ASCII 文件
SALPLTH.f	输出可视化水平拉伸层瞬时标量场的 ASCII 文件
SALPLTV.f	输出可视化的垂向横断面瞬时标量场的 ASCII 文件
SALTSMTH.f	冷启动时平滑或内插初始盐度场
SECNDS.f	仿真 VMS 功能库（是可选子程序，一般在 UNIX 编译时补充于 efdc.f 文件的最后）

子程序	功能
SETBCS.f	设置水平边界条件
SHOWVAL.f	将指定水平位置的瞬时情况在屏幕上显示
SNRM.f	双共轭梯度方程求解器的计算错误规范
SURFPLT.f	输出瞬时表面位移可视化 ASCII 码文件
SVBKSB.f	回代法 SVD 方程求解器
SVDCMP.f	SVD（奇异值分解方法）线性方程求解器
TMSR.f	输出时间序列文件
VALKH.f	求解高频表面重力波散关系子程序
VELPLTH.f	输出可视化的水平拉伸层瞬时流速场的 ASCII 文件
VELPLTV.f	输出可视化的垂向横断面瞬时流速场的 ASCII 文件
VMSLIB.f	VMS 系统子程序库
VSFP.f	提取和输出指定时间和位置的垂向标量场文件，用于模拟野外采样点
WASP4.f	输出网格和传输文件至 WASP5 驱动水质模型模拟
WASP5.f	输出网格和传输文件至 WASP5 驱动水质模型模拟
WASP6.f	输出网格和传输文件至 WASP5 驱动水质模型模拟（由 Tetra Tech, Inc. Fairfax，VA 修改）
WAVE.f	处理 wave.inp 文件输入高频表面重力场，为波流底边界层计算近底波速，为波生流模拟计算三维波浪雷诺应力和波浪斯托克斯漂流

8.1.2 模型的输入文件

根据 EFDC 前处理和数据需求，总结出模型需要输入的 9 大类文件（图 8.1.1）。

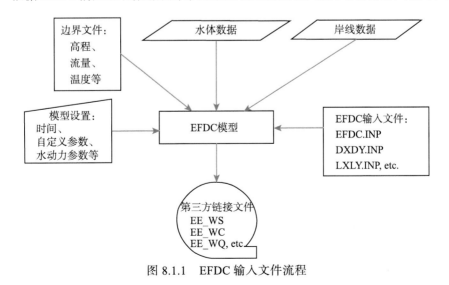

图 8.1.1 EFDC 输入文件流程

8.1.2.1 运行控制文件

1）主控文件

efdc.inp —— 主控文件

wq3dwc.inp —— 水质模块输入主控文件

wq3dsd.inp —— 沉积成岩输入文件

wqrpem.inp —— 根生植物和大型植物设置文件

2）自定义热启动文件

restart.inp —— 水动力热启动文件

rstwd.inp —— 干/湿边界文件

temp.rst —— 底床温度热启动文件

wqwcrst.inp —— 水质模块热启动文件

wqsdrst.inp —— 沉积成岩模块热启动文件

wqrpemrst.inp —— 根生植物和大型植物模块热启动文件

8.1.2.2 水动力岸线边界输入文件

cell.inp —— 网格类型文件

celllt.inp —— 补充网格类型文件

dxdy.inp —— 平面网格、水深、底高程、粗糙度、植物种类文件

lxly.inp —— 网格坐标文件

corners.inp —— 网格节点文件

8.1.2.3 水质模块初始条件文件

1）水体文件

wqwcrst.inp —水质模块热启动文件

wqsdici.inp —— 水质模块底泥沉降初始浓度文件

2）沉积成岩文件

wqsdrst.inp —— 沉积成岩模块热启动文件

wqrpem.inp —— 根生植物和大型植物设置文件

8.1.2.4 其他初始条件文件

salt.inp —— 盐度文件

temp.inp —— 温度文件

dye.inp —— 染料文件

sfl.inp —— 贝类生物文件

toxw.inp —— 水体有毒物质文件

toxb.inp —— 底泥有毒物质文件

8.1.2.5 水质边界时间序列文件

wqpslc.inp —— 点源浓度时间序列文件

wqpsl.inp —— 负荷时间序列

cwqsr##.inp —— 水质变量

8.1.2.6 其他边界时间序列文件

aser.inp —— 气象数据文件

wser.inp —— 风场数据文件

qser.inp —— 流量数据文件

sser.inp —— 盐度数据文件

tser.inp —— 温度数据文件

dser.inp —— 染料数据文件

txser.inp —— 有毒物质数据文件

8.1.2.7 水质空间分区文件

wqwcmap.inp —— 水质动力参数分区文件

wqsdmap.inp —— 底泥释放空间分区文件

algaegro.inp —— 影响藻类生长率因子的时空变化文件

algaeset.inp —— 影响藻类、有机颗粒物沉降速率、复氧因子的时空变化文件

8.1.2.8 其他空间文件

mask.inp —— 自定义障碍物边界文件

mappgns.inp —— 指定从南至北的一段网格或者从北至南的间断（J 方向）文件

moddxdy.inp —— 修正原本定义在 dxdy 文件中的网格尺寸的文件

atmmap.inp —— NASER> 1 时的大气文件

wndmap.inp —— NWSER> 1 时的风向文件

pshade.inp —— 随空间变化的太阳辐射遮蔽文件

8.1.2.9 模型过程文件

qctl.inp —— 水工建筑物文件

gwater.inp —— 地下水交换文件

vege.inp —— 植被阻力定义文件

wavebl.inp —— 波流边界分层文件

wavesx.inp —— 波生流文件

8.2　水动力模块常见问题解析

8.2.1　网格与坐标系统

Q1: EFDC 中各网格坐标系统之间的区别: ①垂向坐标; ②平面坐标。

A1:

（1）EFDC 在垂向上一般采用等平面（z）坐标、地形拟合（σ）坐标以及混合（σ-z）坐标（图 8.2.1）。

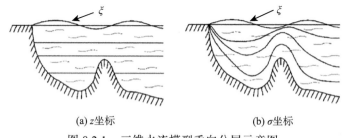

(a) z坐标　　　　　　　　　(b) σ坐标

图 8.2.1　三维水流模型垂向分层示意图

① z 坐标（绝对分层模式），在垂向上按同一水平面（等 z 面）来设置。z 坐标具有很多优点[1]。z 坐标模式方程简单，易于数值离散，符合具有准水平运动特点的水体，如海水运动。海水运动水平速度远大于垂直速度，z 坐标符合海水运动规律。海水温度在水平方向上分布比较均匀，垂直方向变化较大，等温面几乎是水平的，z 坐标在一定程度上符合温度的分布规律。对于 Boussinesq 近似流体来说，水平压强梯度力很容易求得，并不会引入截断误差。但 z 坐标也存在不足的地方。由于等 z 面和水底相交，在水底地形变化剧烈的区域，网格离散时出现许多空洞，水底边界处理不方便。在浅水区域，由于采用绝对分层，很难满足必要的垂向精度。浅水区潮差比较大时，必须考虑自由面的变化，某些计算层出现露出和淹没的情况，很容易造成能量和物质的伪消失和伪增加。z 坐标系下，水体内部较难反映沿着倾斜密度面的物质对流扩散过程，也不能很好地反映底部边界层。由于将实际地形概化为台阶形式，不能很好地拟合水底地形，反而在计算中增加很多不参与计算的网格单元，占用计算机内存。由于这样的网格布置，需要在处理底部边界条件时，同时考虑侧边界条件，这给数值的算法实现带来很大困难。另外，由于将地形概化为台阶形式，在模拟风生环流和温、盐密度流时，将有较大误差，并带有较大的假频混合现象。例如，仅当缓慢变化水平网格分辨率的时候，才能使正压模式的解趋于收敛。

② σ 坐标（地形拟合坐标）是实现垂向上的相对分层，即采用这种坐标系统

在垂向上具有相同的层数，每一层的厚度由水深和分层数量决定。σ 坐标可以较好地拟合地形起伏和水面波动，保证浅水区和深水区具有同量级垂向精度。σ 坐标各计算层随水面起伏而变化，浅水区域不会出现计算层露出和淹没的情况。水底和等 σ 平面重合，可以很好地反映底部地形，底部边界层处理方便，也能很好地给出状态方程的形式。

与 z 坐标系相比，σ 坐标系统能很好地解决浅水区垂向精度欠缺的问题，但并不能很好地反映表面混合层。这是因为在深水区水平相邻网格点之间的垂向网格间距相差较大，相比较 z 坐标而言，其分辨率并不高。这个缺陷可以通过改变 σ 分层进行改进。这样即使远离海岸的海域，其表面混合层也可以保证一定的分辨率。由于方程经过坐标变换，沿着倾斜密度面的对流项和扩散项变得更加繁琐，在地形陡峭的区域，大的地形梯度将导致附加的数值耗散，计算水平压强梯度力时，精度往往很难保证。因为等 σ 面一般不是水平面，而水平压强梯度力垂直于重力方向，这样水平压强梯度力在 R 等值面就会产生一个投影。在大陆架海域，σ 面坡度达到 1/100～1/10，在这样的坡度下，σ 坐标变换下的斜压梯度力会产生较大截断误差和虚拟垂向混合。

③ 混合（σ-z）坐标。在 EFDC 中上部水体采用 z 坐标，下部水体采用 σ 坐标，有利于提高上层水体、温跃层附近的分辨率，而又使水底与等 σ 面重合，这种坐标用于局部深水区有显著优势。但是，对于河口、近岸海域，水深变化较大，采用这种混合坐标，水深较浅的区域实际上享受不到 σ 坐标分层的优势，仍是纯粹的 z 坐标分层，z 坐标的缺点并未消除。而下层水体，如果全部在温跃层以下，σ 坐标的缺点不太显著，但是如果包含温跃层，则并未克服 σ 坐标的缺点。另外，在潮差较大的近岸海域，上层的 z 坐标也不能很好地拟合自由面的变化。

对于局部深水区域，相对合适的垂向坐标是在混合层内采用 z 坐标，在密度跃层内采用密度坐标，中间水体采用地形拟合坐标。但在河口、近岸海域，水深相对较浅，而且滩槽相间，河口地区径流和海水混合，近岸海域由于沿海城市的工业尾水排放等，都造成这一特定海域水体的垂向结构复杂，这种坐标仍是不方便的，并且这种坐标下的数值算法实现较为困难。混合坐标模式网格如图 8.2.2 所示。

（2）EFDC 在水平方向上一般可采用 cartesian（矩形网格）或 CVLGrid（曲线正交网格）。

矩形网格便于组织数据结构，程序设计简单，计算效率较高，但由于计算域不一定是矩形区域，计算中把计算域概化成齿形边界。在比较复杂的岸线边界和地形条件下，计算时有可能会出现虚假水流流动的现象，边界附近解的误差较大，且采用矩形网格不容易控制网格密度，对计算网格不容易进行修改。

正交曲线网格通过正交变化，可以大大改善矩形网格对不规则边界的适应性，但是对过于复杂的边界，网格处理工作量大而且效果难以达到。

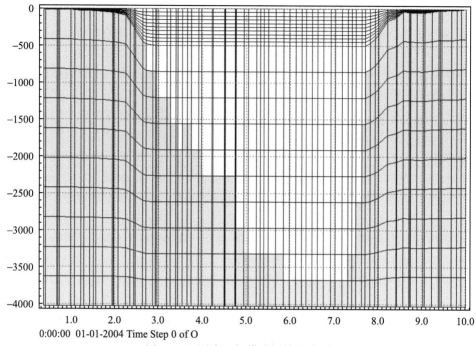

0:00:00 01-01-2004 Time Step 0 of O

图 8.2.2　混合坐标模式网格示意图

Q2：在画 CVL 网格时，如何保证样条（splines）是正确的，网格是正交的呢？

A2：具体操作可参见 CVL 教程，链接地址如下：

https://eemodelingsystem.atlassian.net/wiki/spaces/CVLKB/pages/2818254/CVLGrid+User+s+Manual。

💡**操作小技巧**：在有岸线边界（p2d 或 shapefile 格式）的情况下，可直接利用岸线边界作为部分样条曲线（spline lines）；或者样条曲线沿着岸线边界画，操作过程中尽可能多画一些点，特别是在处理岸线曲折的河流时，就需尽量多画点来贴合边界。

作网格正交时，需要在全局或局部多次尝试（global and local orthogonalization, smooth functions and fix line function），使网格正交化。

8.2.2　常见运行错误

Q1：出现 **"overflow/floating invalid"** 问题，主要原因是什么？

A1：主要原因：

（1）最主要还是由初始/边界条件的错误引起的；

（2）若水位一直下降，则需检查是否都出现负水深，干湿边界是否打开；

（3）也可尝试调小时间步长，但调整时间步长还需综合考虑网格的尺寸。

操作小技巧：首先检查所有的边界条件及初始条件的设置，制作一个检查表，逐一检查，举例如表 8.2.1（根据实际模拟区域修改）所示。

表 8.2.1　模型溢出问题逐项检查表

序号	检查项	是否存在问题
1	输入数据： 流量数据 入流水温 下游水位/流量 气象数据 风场数据 dye 浓度 ……	
2	水动力参数： 水平动量扩散系数 背景水平黏滞系数	
3	初始条件（水位等）	
4	时间步长	
5	其他问题（举例） 流量单位 时间序列是否存在非数字字符 ……	

Q2：出现"**Maximum iterations exceeded in external solutions**"错误的原因是什么？

A2：出现该错误的主要原因是模型不收敛。可进行如下检查：

（1）查看 dx 和 dy 的范围；

（2）查看现使用的时间步长和最小的时间步长（满足柯朗数要求）；

（3）查看初始水位值，尝试运行一个高水位的方案。

Q3：运行时出现"**Exceeded the maximum number of iterations**"错误的原因是什么？

A3：主要原因是时间步长太大，需要满足 CFL 柯朗数要求。

操作小技巧：尝试修改"maximum number of iterations"，例如，将 200 改到 5000，改 ramp-up loop（表示迭代过程中时间步长变为常数所需的迭代次数）。

8.2.3　干湿边界问题

Q1：在水动力模块中如何设置干湿边界？

A1：干湿边界的使用取决于要解决什么问题。比如，在模拟期间，有些网格可能是干的，也就是说，没有水，那么就要使用 wetting and drying。

具体设置方法：Grid & General→Under Wetting & Drying 选择 Flag="−99"（此处可有很多个选择）。然后需设置 dry depth，dry step 和 wet depth。需要确定的是

wet depth 大于 dry depth。设置干湿边界很重要，有助于模型顺利运行。

💡 操作小技巧：Flag 里有多种模式，很多应用案例将其设为"–99"，即 ISDRY= –99，也就是说 EFDC 使用网格跳跃法来加快计算速度。具体其他模式解释可参见 efdc.inp 中 C5 ISDRY。需要定义 C11 中 dry depth（HDRY）和 wet depth（HWET）。也可以定义 dry step 来完成干网格到湿网格的转变。

一般 dry depth 小于 10cm（比如 0.05m），若是干节点，则网格中有水，但不计入水平衡。

Wet depth 边界条件湿水深用于设置取水边界的最小深度，即当取水边界网格内的水深低于该深度时，网格取水边界将关闭，不再进行取水。

如果干湿边界未激活，那么 dry depth 不会影响计算；如果水较少，wet depth 会用来关闭取水边界条件。

Q2：出现负水深（negative depths）需怎么处理？

A2：

（1）按上述设置干湿边界；

（2）尝试动态时间步长计算；

（3）检查地形文件是否异常。

8.2.4　Jet plume 和 Near field 模型

Q1：当没有外界流场时，表面出现不对称的环流（即未出现对称环流（symmetrical circular pattern））原因是什么？

A1：没有出现对称环流是因为 EFDC 使用的是交错网格（staggered grid）。即使在没有给定流场的情况下，系统中依然存在湍流。所有的湍流计算都是在网格表面。离散网格时建议使用更小的网格尺寸来提高对称性，但是也不会完全对称，因为交错网格以及计算的参数都是网格表面。

💡 注释：交错网格就是将标量（如压力、温度和密度等）在正常的网格节点上存储和计算，而将速度的各分量分别放在错位后的网格上存储和计算，错位后的网格的中心位于原控制体积的界面上。解决了在普通网格上离散控制方程时给计算带来的严重问题（一个高度方向非均匀的压力场在离散后的动量方程中的作用，与均匀压力场的作用一致，检测不出变化的压力场）。

Q2：用 EFDC 模拟热排放（thermal discharge），有关于 JETLAG 的说明文件吗？

A2：在 EE7.1 版本中，Jet plume 模型只能在 efdc.inp 中修改（C27～C31），后续版本可以直接在界面中修改。

8.2.5　垂向黏滞系数和扩散系数

Q1："Background or constant eddy viscosity & diffusivity"和"Maximum magnitudes for diffusivity terms" settings，"use constant"和"use maximums"有什么区别？

A1：在 EFDC 模型中水平和垂向黏滞系数（horizontal and vertical eddy viscosities）分别用 AH 和 AV 表示。

AHO（background / constant horizontal eddy viscosity，背景/常数水平黏滞系数）和 AVO（background vertical eddy viscosity，背景垂向黏滞系数）可以作为计算 AH 和 AV 的初始值。ABO 是指背景分子扩散系数（background molecular diffusivity），在整个计算过程中是恒定值。所以，当计算时选择常数选项（constant option）时，AH 和 AV 则不随时间变化。也就是说，AH=AHO，AV=AVO。如果没有选择常数选项，则 AH 和 AV 随时间变化，不会保持恒定。AV 是用 Mellor and Yamada scheme 方法来计算的。

如果开启 maximums 选项，则 AV 和 AB 每一个时间步长都会被检查。如果计算时 AH 大于 AHMX，则 AB 就设置为 ABMX。所以，当选择 maximums 选项时，AV 和 AB 的值不能超过 AVMX 和 ABMX。

有 3 个选项计算垂向黏滞系数和扩散系数，具体细节可参见子程序 calavb.f90（calculates vertical viscosity and diffusivity）：

1）Galerpin

```
IF（ISTOPT（0）== 1）THEN
  SFAV0= 0.392010
  SFAV1= 7.760050
  SFAV2=34.676440
  SFAV3= 6.127200
  SFAB0= 0.493928
  SFAB1= 34.676440
  RIQMIN= -0.999/SFAB1
ENDIF
```

2）Kantha 和 Clayson（1994）

```
IF（ISTOPT（0）== 2）THEN
  SFAV0= 0.392010
  SFAV1= 8.679790
  SFAV2= 30.192000
  SFAV3= 6.127200
  SFAB0= 0.493928
  SFAB1= 30.192000
  RIQMIN= -0.999/SFAB1
ENDIF
```

3）Kantha（2003）

```
IF（ISTOPT（0）== 3）THEN
  SFAV0= 0.392010
  SFAV1= 14.509100
```

```
    SFAV2= 24.388300
    SFAV3= 3.236400
    SFAB0= 0.490025
    SFAB1= 24.388300
    RIQMIN= -0.999/SFAB1
ENDIF
```

Q2: 如何获取总水平和垂向紊流扩散系数（horizontal and vertical turbulent diffusivities）？

A2: 在 EFDC 中，可以通过设置 efdc.inp 中 C12A 的 ISINWV = 2 来输出内部变量，比如输出 AH 和 AV。

可以查看 EE_linkage 子程序 efdcout.f90。在这个子程序中可定义想查询的变量，但若仅是想查看 AH 和 AV 等，就不需要改源程序，用上面的方法就行。

查看内部变量，只需 Viewing Options→Internal variables（内部变量存放在 EE_ARRAYS.OUT），这样就可以在后处理中的下拉菜单中查看 AH 和 AV 时间序列或均值。

内部变量 Internal array AB（L，K）、AH（L，K）之类是时空变化的，AHO 等则是定值。

在计算过程中"Show Run Time Output Summary"也会有一些总结信息，如图 8.2.3 所示。

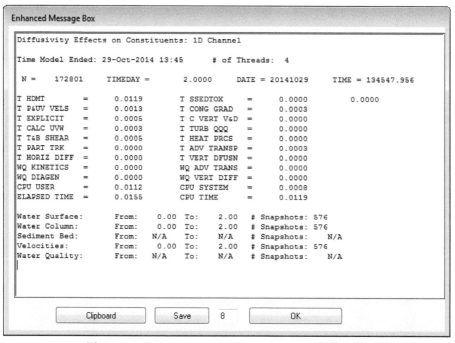

图 8.2.3 "Show Run Time Output Summary"信息图

Q3：HMD、AHD（Dimensional Hor. Momentum Diff）是什么意思？在水动力模块水平动力学涡流黏度和扩散系数（Horizontal Kinematic Eddy Viscosity & Diffusivities Options）中三个选项（图 8.2.4）的区别是什么？

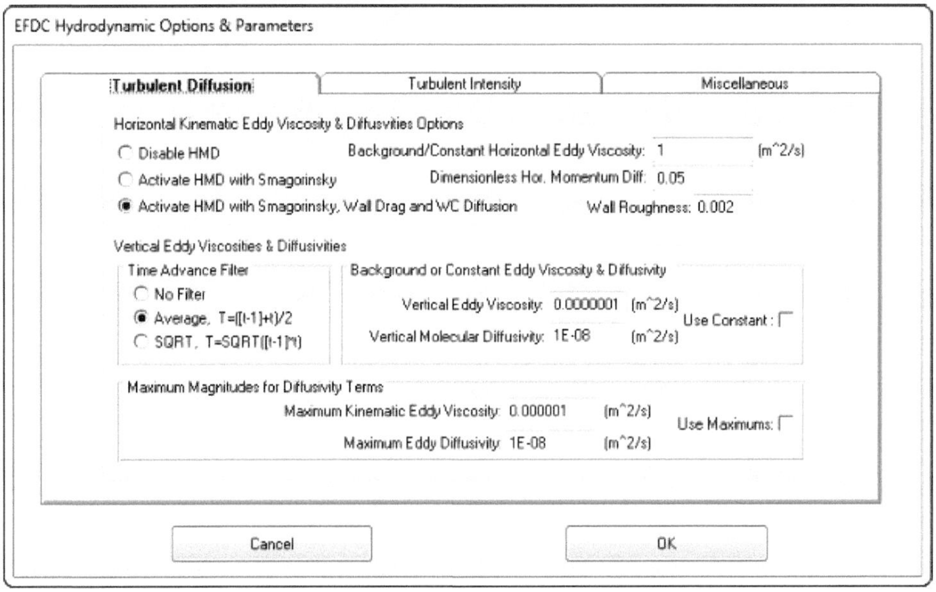

图 8.2.4   紊流参数设置界面示意图

A3：在 EE 中，水平动力学涡流黏度和扩散系数选项框（Horizontal Kinematic Eddy Viscosity & Diffusivities Options）可以启用水平动量扩散量（HMD）。如果选择禁用 HMD（Disable HMD）选项，HMD 将被设置为背景值/常数的涡流黏度（Background / Constant Horizontal Eddy Viscosity，AHO）。

当使用"Activate HMD with Smagorinsky"选项时（ISHMD=1），用户应在无量纲的水平动量扩散系数（Dimensionless Horizontal Momentum Diffusivity）对话框中设置 AHD（Dimensional Hor. Momentum Diff）和"Smagorinsky coefficient"。此时，如果 AHD>0，EE 会使用 HMD 背景值作为 Smagorinsky 计算值，且不考虑污染物扩散。如果 AHD= 0，将会使用"Constant Viscosity"选项。

当选择"Activate HMD with Smagorinsky，Wall Drag and WC Diffusion"时（ISHMD=2），所有的 HMD 作用和边壁效应都会被考虑。这个选项会将扩散作用考虑到包含盐度和温度在内的所有的物质组分传输中。当需要模拟一个非常均匀的流体系统的成分传输时，应使用这个选项。

💡注释：具体可参考程序 calhdmf.f90，其中对"Smagorinsky coefficient"进行解释。这个子程序中，AH 是采用 SMAGORINSKY'S SUBGRID SCALE

FORMULATION PLUS A CONSTANT AHO 计算的（换句话说，用背景值 AHO 计算 "Smagorinsky coefficient"），可以发现 AH 每一个时间步长都是会变化的（EE internal vars）。

以下是 calhdmf.f90 中的 AHD 和 AHO 计算 AH 的代码：

```
     IF (ahd > 0.0) THEN
241  ! *** CALCULATE SMAGORINSKY HORIZONTAL VISCOSITY
242  DO k=1, kc
243  DO l=lf, ll
244  tmpval=ahd*dxp (l) *dyp (l)
245  dsqr=dxu1 (l, k) *dxu1 (l, k) +dyv1 (l, k) *dyv1 (l, k) +sxy (l, k)
*sxy (l, k) /2.
246  ah (l, k) =aho+tmpval*sqrt (dsqr)
247  ENDDO
248  ENDDO
249  ELSEIF (n < 10 .OR. iswave == 2 .OR. iswave==4) THEN
250  ! *** ONLY NEED TO ASSIGN INITIALLY
251  DO k=1, kc
252  DO l=lf, ll
253  ah (l, k) =aho
254  ENDDO
255  ENDDO
256  ENDIF
```

8.2.6　风场设置

Q1：风场的高度和风速风向的单位分别是什么？

A1：风场为距离水面 10m 处的风场；风速单位为 m/s；风向默认北风为 0，顺时针增加。若与风向监测值不对应时，一种是修改 ISWDINT（默认值是 0，改为 1，然后保存，就自动转化成 0 的情况）；另一种是手动转换为模型默认的风向。

Q2：如何设置多站点风场？

A2：当有多站点风场时，可以通过 Winds window→Data Series→Show Params 提供风场观测点的坐标。比如 EE 的风场点位参数界面如图 8.2.5 所示。

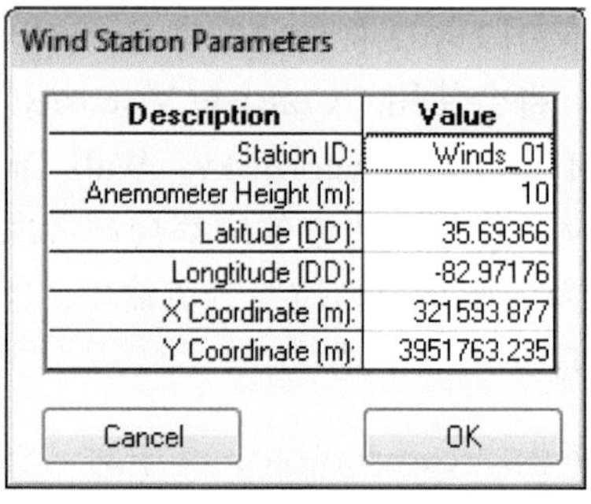

Wind Station Parameters	
Description	**Value**
Station ID:	Winds_01
Anemometer Height (m):	10
Latitude (DD):	35.69366
Longtitude (DD):	-82.97176
X Coordinate (m):	321593.877
Y Coordinate (m):	3951763.235
Cancel	OK

图 8.2.5　风场站点参数设置界面示意图

确定观测点坐标后，选择 Hydrodynamics→Wind Data→Series Weighting（图 8.2.6）。

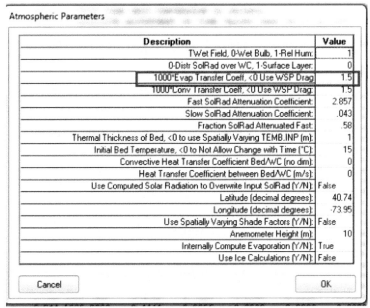

图 8.2.6　风场时间序列的权重设置界面示意图

有 3 种方法可以设定风场时间序列的权重。第一种是给风场权重赋为定值；第二种是使用 XYZ data；第三种是基于站点的坐标自动插值（Automatic based on Station Coordinates）（推荐）。

Q3：在设置风拖曳系数（wind drag coefficient）（图 8.2.7）时，"1000*Evap Transfer Coeff，<0 Use WSP Drag" 是什么意思？

Description	Value
TWet Field, 0-Wet Bulb, 1-Rel Hum:	1
0-Distr SolRad over WC, 1-Surface Layer:	0
1000*Evap Transfer Coeff, <0 Use WSP Drag:	1.5
1000*Conv Transfer Coeff, <0 Use WSP Drag:	1.5
Fast SolRad Attenuation Coefficient:	2.857
Slow SolRad Attenuation Coefficient:	.043
Fraction SolRad Attenuated Fast:	.58
Thermal Thickness of Bed, <0 to use Spatially Varying TEMB.INP (m):	1
Initial Bed Temperature, <0 to Not Allow Change with Time (°C):	15
Convective Heat Transfer Coefficient Bed/WC (no dim):	0
Heat Transfer Coefficient between Bed/WC (m/s):	0
Use Computed Solar Radiation to Overwrite Input SolRad (Y/N):	False
Latitude (decimal degrees):	40.74
Longitude (decimal degrees):	-73.95
Use Spatially Varying Shade Factors (Y/N):	False
Anemometer Height (m):	10
Internally Compute Evaporation (Y/N):	True
Use Ice Calculations (Y/N):	False

图 8.2.7　大气参数设置界面示意图 1

A3：在 EE 中，"1000*Evap Transfer Coeff, <0 Use WSP Drag"是指用风场函数 CLEVAP 计算蒸发。

在子程序中 CALTSXY.f90，CLEVAP 初始值设置如下：CLEVAP（L）= 0.001 × ABS（REVC），然后判断条件，REVC 是小于 0 或不是。

若 REVC 小于 0，则蒸发函数就会计算，函数式如下：

CLEVAP（L）= 1.E-3 ×（0.8 + 0.065×WINDST（L））;

否则使用最大值。

```
1! *** EVAPORATION WIND FUNCTION（FW）
2   IF（ ISTOPT（2）== 1 .OR. IEVAP == 2 ）THEN
3    IF（REVC < 0.）THEN
4     CLEVAPTMP=0.001*ABS（REVC）
5     DO L=LF,LL
6      CLEVAP（L）=1.E-3*（0.8+0.065*WINDST（L））
7      CLEVAP（L）=MAX（CLEVAP（L）,CLEVAPTMP）
8     ENDDO
9    ENDIF
10  ENDIF
```

8.2.7　气象数据设置（ASER.INP）

Q1：EE 中必须设置"Solar Shading Factor"吗？

A1："Solar Shading Factor"是一个太阳辐射的系数，用户可以直接乘在太阳辐射上面，EE 中没有直接提供输入的地方。

Q2：太阳辐射（solar radiation）的单位是什么？公式中 SOLRVCT 的默认值和 SOLSWR 的单位是什么？

SOLRCVT = CONVERTS SOLAR SW RADIATION TO JOULES/S/SQ METER（W/m^2）

SOLSWR = SOLAR SHORT WAVE RADIATION AT WATER SURFACE ENERGY FLUX/UNIT AREA

A2：SOLRCVT 的默认值是 1，SOLSWR 的默认单位是 W/m^2。所以建议如果 SOLSWR 不是这个单位的话，在输入 EFDC 之前，先转化成 W/m^2。

Q3：若缺失蒸发数据，该怎么处理？

A3：可在 aser.inp 中将蒸发量设为 0，再在参数设置中（图 8.2.8），开启自动计算蒸发量和相对湿度，然后需要打开温度模块。具体计算方法如下：

风速计算方程：

$$FW=9.2+0.46×WINDST（L）**2;$$

蒸发量计算方程：

$$RE=FW×（SVPW-VPA（L））;$$

式中，SVPW 是基于水表面温度的饱和蒸汽压；WINDST 是水面 10m 处的风速（m/s）；VPA 是水表面气压。

具体细节可参见 CALHEAT.for 子程序。

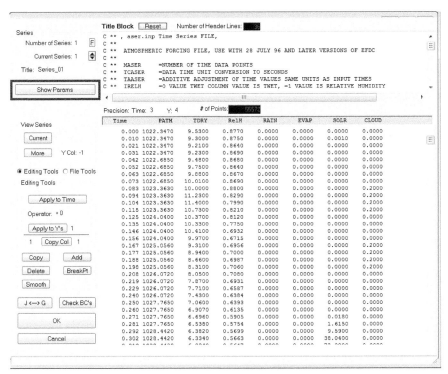

图 8.2.8　大气参数设置界面示意图 2

Q4：如果不打开温度模块，在 aser.inp 中的降雨和蒸发会计入水量平衡吗？

A4：早期版本若是不打开温度模型，EFDC 在水量平衡中没有考虑蒸发和降雨。不计算温度模块时，蒸发对结果不太敏感，因为水体的温度会对蒸发有很大影响。在 EE7.3 以后的版本，有 aser.inp 文件但不能开启温度模块时，EFDC 会将降雨考虑进水量平衡计算过程中。

8.2.8 水动力模块率定验证参数

水动力过程主要的参数见表 8.2.2。

表 8.2.2 水动力过程主要参数列表

参数名	参数范围
bottom roughness height	0.01～0.1m
wind drag coefficient	
solar radiation（increasing or decreasing）	
wind sheltering	根据实际地理位置
smagorinsky coefficient	0.1～0.25
vertical eddy viscosity	$10^{-7}\sim10^{-3}\text{m}^2/\text{s}$
horizontal eddy viscosity	$0.5\sim20\ \text{m}^2/\text{s}$（一般是 $10^2\sim10^7$ 倍垂向黏滞系数）
fast solar radiation attenuation coefficient	
initialize thermal thickness of bed and bed temperature	
heat transfer coefficient between bed / WC	0.3

💡**操作小技巧**：模拟的时候，也需要查看垂向是否存在明显分层。如果实测数据分层明显，但模拟的时候没有进行垂向分层，则需要调整垂向黏滞系数（vertical eddy viscosity）。

对于水位，主要影响的参数就是"smagorinsky coefficient"和"roughness height"。

8.2.9 时间步长设置

Q1：设置时间步长时（图 8.2.9），如果采用动态时间步长（dynamic timestep），安全因子（safety factor）该怎么取？

A1："safety factor"（安全因子）取值的范围为[0,1]。

（1）safety factor = 0，则是固定的时间步长；

（2）0 < safety factor < 1，则是变化的时间步长。这个因子用作最小时间步长变化的因子，然后 dynamic step 会按这个比例增加；通常情况，安全因子小于 0.8（但也有特殊情况）；

（3）Maximum dH/d$T \geq 0$，这个值是基于水深的变化来改变动态时间步长的变化值。该值等于 0 则忽略；大于 0 时，则 CALSTEP 将用额外的标准来设置动态时间步长。

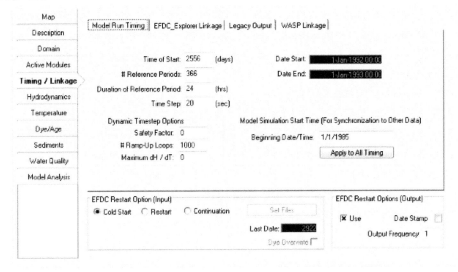

图 8.2.9　时间步长设置界面示意图

采用动态时间步长可以增加模型运算速度，特别是当 dt 特别小时。一般取值是 $[0.3, 0.8]$，只要模型稳定就行。如果模型不稳定，就需要减小这个值直至稳定。主要是基于使用者的经验。

💡操作小技巧：若采用自动时间步长，最好是设定一个较小的初始时间步长。因为自动时间步长必须是初始时间长的倍数。

8.2.10　风浪模块

Q1：二维风浪模型中，哪些参数对模型结果比较敏感？

A1：参考《EFDC_DSI Windwave Submodel Development 说明书》。对风生流、风生浪结果敏感的参数有：风速、风向和风遮挡系数。

有时实测值是内陆上监测的，若直接用于开阔水域，会导致表面粗糙度不够，可调整风遮挡系数，使得流场更为合理。

查看风遮挡系数：the ViewPlan | Viewing Options | Fixed Parameters | Wind Shelter。

风遮挡系数缺省值为 1.0。如果周边有很多植物和岸线遮挡，这个值就应下降（最小为 0）；最大值不超过 1.0，因为开阔水域的风场一般比内陆大。

8.2.11　热启动

Q1：将第一个模型的最后值作为第二个模型的初始条件再运行。但是，结果与直接运行完的模型结果比较，为什么很多参数都不一样呢？

A1：在 EE 热启动时，保留的初始条件包含所有的组分和地形，但是流场和内部剪切应力等是没有保留的，因此，EE 采用的是 warm start 而不是真正的 hot start。所以，比如潮汐，会有不同的能量波通过计算区域。流场被认为是 0，将会引起初始条件对结果的差异性（短期内），但是在计算时间很长的时候，初始条件不影响时，计算结果影响就不大。

Q2：如何设置热启动？

A2：可根据如下步骤进行设置：

Step 1：开启热启动选项，这样输出热启动文件（RESTART.OUT）。如果未选中"Date Stamp"日期标记，则将按照用户定义的输出频率（output frequency）创建一个名为 RESTART.OUT 的文件，每次覆盖上一次输出的文件。如果选中日期标记（非必要），则按照每个 EFDC 激活子模块设定的输出频率创建一个名为 RESTART_YYYYMMDD_HH.MM.OUT 的文件。

💡 操作小技巧：一般输出频率设为 1，这样输出的结果就与参考周期（reference period）一致。具体参考图 8.2.10。

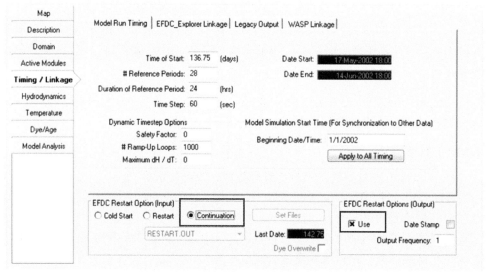

图 8.2.10　热启动设置界面示意图

Step 2：现在把 out 文件变成 inp 文件，调用文件。选择"EFDC EFDC Restart Option（Input）"框中选中热启动"Restart"选项。设置文件"Set Files"按钮用来选择热启动文件，可以指向热启动文件存放的文件夹。EE 将自动将 EFDC 重新启动文件复制并重命名为当前项目目录。用户必须只选择"RESTART.OUT"文件并单击打开，然后其他热启动文件（RSTWD.OUT 等）将由 EE 基于 EFDC 模型的要求自动选择（EE7.2 之前的版本，用户必须依次选择适用于该模型运行的每个热启动文件）。这些文件通常位于"#output"文件夹中，要选择的文件名显示在打开文件界面的标题和左下角。EE 将自动重命名文件，并在选择每个文件后将它们保存到项目目录中。

Step 3：重新设置开始运算时间，计算模型。

8.2.12　其他问题

Q1：大部分 EFDC 的案例都是用于大尺度的水体，EFDC 是否适用于小尺度的水动力模拟，即采用精细网格，具有相对较强的 3D 过程或者高流速梯度的情况？

A1：EE 官网上有一些水槽尺度的案例。EE 可以较好地重现水槽实验结果。但 EFDC 在垂向流上，采用静水压假设。因此，EFDC 不适用于垂向加速明显，特别是垂向高能量梯度差或者高流速梯度差的情况。

8.3　运输模块常见问题解析

8.3.1　染料（dye）

dye 组分代表某种不会影响水动力（如改变水体密度）或者不会改变水体其他过程（如影响光衰减）的物质，可用作：①示踪剂，降解或者无降解；②水龄，计算停留时间，展示研究区域内或边界处水流的混合过程。

Q1：染料（dye）的降解方程是怎样的？

A1：一般大肠杆菌或者dye 的降解可以表示为一阶降解率/生长速率(a first order decay/growth rate)：

$$\mathrm{d}C/\mathrm{d}t = -kC \text{ 或者 } C = C_0\mathrm{e}^{-kt} \tag{8.3.1}$$

式中，C 为 dye 浓度；C_0 为初始浓度；k 为降解率；t 为时间。$k>0$，一阶衰变率；$k=0$，恒定示踪剂；$k<0$，一阶生长率。在 EFDC 模型中，可以用参数 RKDYE 定义降解率。RKDYE < 0，则为降解率。

下面是 EFDC 中描述 dye 降解的代码。从代码中可以看出，若 RKDYE < 0，则计算临时变量 CDYTEMP，跟上述方程式是一样的。然后每一个网格 dye 浓度就可以用 dye 浓度乘以临时变量。具体细节可参见子程序 calconc.f90：

```
1   CDYETMP=EXP（-RKDYE*DELT）
2   ELSE
3   CDYETMP=1./（1.+DELT*RKDYE）
4 ENDIF
5! Now update the DYE concentration
6   DO K=1,KC
7    DO L=2,LA
8     DYE（L,K）=CDYETMP*DYE（L,K）
9    ENDDO
10   ENDDO
```

8.3.2　水龄（water age）

Q1：如何设置计算水龄？

A1：Step 1：打开"Dye/Age"模块，见图 8.3.1；

图 8.3.1　水龄设置界面示意图（1）

Step 2：将 Dye Decay 设置为"1000"；

Step 3：设定边界，将上游来水边界的水龄设为"0"（图 8.3.2），认为上游来水为新水（new water）；

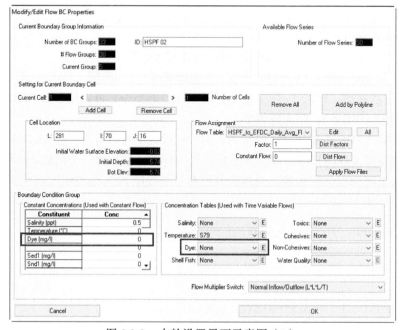

图 8.3.2　水龄设置界面示意图（2）

Step 4：保存运行模型；

Step 5：后处理，ViewPlan→Water by Layer→Other→Age，见图 8.3.3。

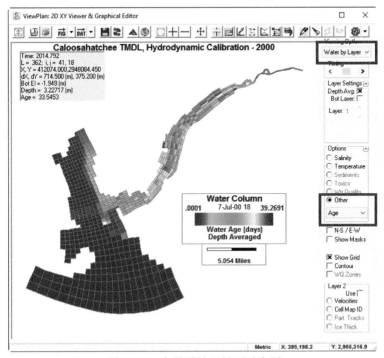

图 8.3.3　水龄后处理界面示意图

8.4　温度和热传输模块常见问题解析

Q1：能否输出热通量（heat flux），比如，太阳辐射（由模型内部计算）、长波辐射、显热和潜热等？

A1：不能从后处理界面上直接输出，但可以通过 EE_ARRAYS.OUT 输出，可查阅源码 CALHEAT.FOR。

Q2：案例分析：水深 10～30m，垂向分 3 层进行计算，结果表明水温分层不明显，只有中间与实测结果较为接近，这是什么原因？

A2：在这个例子中，垂向分 3 层显然减少。可增加一些层数查看是不是有水温分层现象。如果想要模拟时分层现象更加明显，那么需要在 hydrodynamics 部分修改 AVO（background vertical eddy viscosity，背景垂向黏滞系数）和 ABO（background molecular diffusivity，背景分子扩散）。

Hydrodynamics→General→Modify→Turbulent diffusion→Vertical eddy viscosity（AVO）和 Vertical molecular diffusivity（ABO）。

Vertical eddy viscosity 一般取值 $10^{-3}\sim10^{-6}$，但这只是背景值（最小值）。如果垂向只有一层，就不能采用这个值。如果分多层计算，则需要把这个值设置准确一点。

Turbulent Intensity→Turbulent Intensity Advection Scheme→设为"1"。

8.5 泥沙模块常见问题解析

Q1：如何定义泥柱（sediment cores）文件？

A1：有 3 种选项初始化泥床的选项：采用多边形数字化表面模型（polygon digital surface model），使用带有粒径特性的泥柱和创建均匀底床。下面介绍建立泥柱的方法。泥柱样主要是基于实验室分析或者文献报告里的记载。泥柱文件格式如图 8.5.1 所示。

```
VietNam Estuary-Trakhuc Sediment Model
Discrete
Bedcores 72   泥柱名称、数量
265814.313 1673167.375        5.90     4  Core1 第一组泥柱
   0.250    0.560    2.66000        9  层厚、孔隙率、比重、分类数                      筛孔尺寸
          30       75      175       375     1250     3500     7500     15000    20000
         2.2       10     16.5        36       79     84.1     89.5      94.4      100
   0.650    0.560    2.66000        6                                           通过率（%）
           8        30       75       175       375     1250
           9      17.8       33      70.2      90.8      100
   5.000    0.560    2.65000        7
          30       75      175       375     1250     3500     7500
         0.9      4.1     11.3      24.7     84.8     96.8      100
   8.200    0.560    2.66000        7
          30       75      175       375     1250     3500     7500
           1      5.2     13.9      29.3     87.6     97.6      100
265808.094 1673613.875       -0.38     4  Core2 第二组泥柱
   0.250    0.560    2.66000        9
          30       75      175       375     1250     3500     7500     15000    20000
         2.2       10     16.5        36       79     84.1     89.5      94.4      100
   0.850    0.560    2.65000        7
          30       75      175       375     1250     3500     7500
           0      4.2     17.1      27.7     83.1     96.5      100
```

图 8.5.1 泥柱参数设定文件格式

初始化泥床可通过下面步骤进行操作，在底泥参数（sediment and sediment bed properties）下的初始条件中进行如下设置（图 8.5.2）：

Step 1：选择 "Spatially Varying Bed Conditions" "Specify Mass Fraction"；

Step 2：选择 "Use Sediment Cores with Grainsize"；

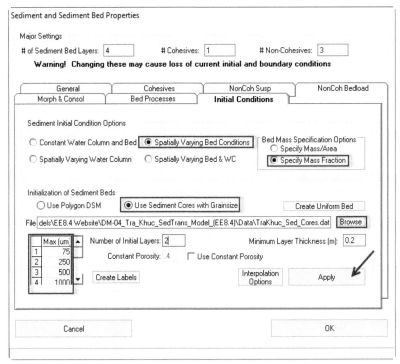

图 8.5.2 底泥初始条件设置界面示意图

Step 3：导入"sediment core"数据文件（图 8.5.3）；

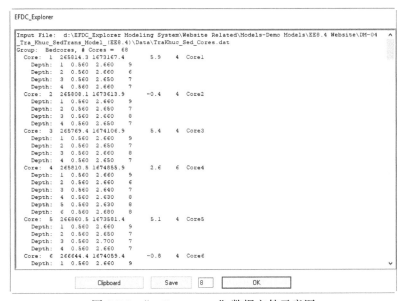

图 8.5.3 "sediment core"数据文件示意图

Step 4：定义 Max diameter of grains，Number of Initial Layers，Minimum Layer Thickness；

Step 5：Apply→OK，可视化界面如图 8.5.4 所示。

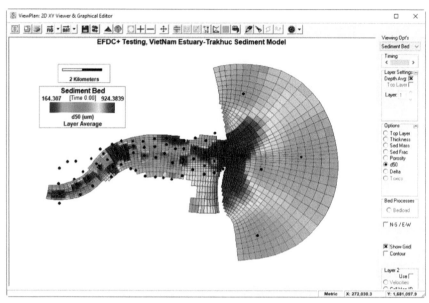

图 8.5.4　底泥可视化界面示意图

如果使用的是 EE7.1 及后续版本，那么不需要按照格式准备 "sediment cores" 文件。可直接进行如下操作（图 8.5.5）：

Step 1：进入 ViewPlan→Sediment Bed（图 8.5.5（a））；

Step 2：按键 "Ctrl+T" 和单击鼠标右键进行定义新的泥柱；

Step 3：输入所有参数，如 *XY* 位置（m）、厚度、粒径分析等（图 8.5.5（b））；

Step 4：利用 "Add" 按键增加其他泥沙层；

Step 5：如有需要选择其他的地理位置；

Step 6：鼠标右击保存泥柱作为初始泥床（图 8.5.5（c）），这样输出的格式和手册附件 B-10 的格式一致；

Step 7：改变 "Number of Initial Layers" 将泥床特性进行内插（图 8.5.5（d））。一般这个层数小于泥床的总层数。具体见泥床初始化步骤。

Q2：模型在计算过程中，为什么沉降（sedimentation）过快？

A2：最主要的原因是沉降速度太快，如果有实测的 TSS 作为负荷，就不会出现这种情况。

Q3：能否设置刚性地基（rigid bed），即不被侵蚀？

A3：不能直接设置，可以使用 mask 将四周围起来，或者把该网格的所有底泥全去掉（zero thickness and zero sediment mass），但旁边的网格底泥还是会参与起悬。

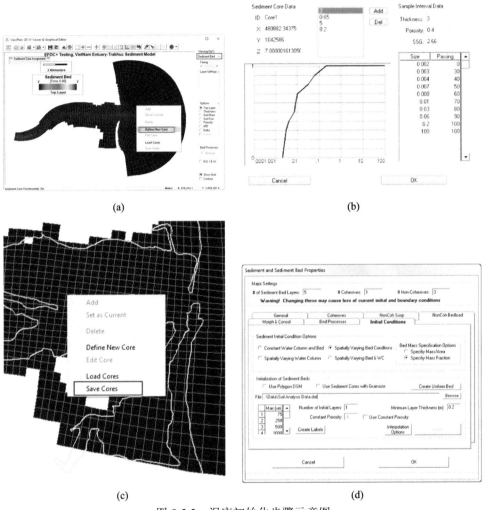

图 8.5.5　泥床初始化步骤示意图

Q4：如果 cohesive setting flag = 0，如何设置"reference setting velocity"？

A4：这个和模拟水体的本底数据有关。一般设置为1～10m/d，也可以设置小到0.1m/d，主要还是依靠数据或文献。

Q5：非黏性泥沙模块如何设置表层泥沙含量？

A5：表层泥沙的含量 sediment concentration 是一个平衡层。EFDC 中不会去定义，而是选一个方法计算，然后达到动态计算的效果。

选项有以下几种：Garcia & Parker，Van Rijn，Smith & Mc Lean etc. These options are available in Sediment→Sediment Transport Options→Modify→Non Coh Susp > Equilibrium Concentration。

Sediment concentration 仅仅指非黏性泥沙的再悬浮。

💡操作小技巧：如果只想模拟黏性泥沙，则将非黏性层数设置为 0。

8.6　有毒物质模块常见问题解析

Q1: 有毒物质（toxic）模块的单位？

A1: 有毒物质浓度的常用单位是 mg/kg 或者 µg/kg。分配因子和浓度因子单位必须一致。

8.7　水质模块常见问题解析

8.7.1　水质边界设置

Q1: 如何设置出流的水质边界？

A1: 如果有出流边界，那么出流的水质浓度是由模型内部计算的，不需要设定。可以控制的是入流边界的流量和水质浓度，但是不能控制出流水质浓度。如果采用开边界（水位），那么可以设定水质浓度，但也同样只能用于上游的开边界（流入主体计算区域）。若开边界有可能流入或有可能流出时（双向流），需要加水质边界条件。

Q2: 处理水质边界时，出现错误"**You truncated the data series. Apply changes across all parameters**"或者"**You added more time to the series. Apply changes across all parameters**"的原因是什么？

A2: 这主要是因为水质边界文件的格式要求较为严格，即任一水质边界上所有水质指标的时间间隔段（起始、结束以及间隔）必须一致。

8.7.2　TSS

Q1: TSS 的组分是什么？如果需要模拟 TSS 的浓度，那么需要模拟 EE 中的其余哪些水质参数？

A1: TSS 在 EFDC 中是指无机悬浮物（inorganic suspended solids）。TSS 作为一个水质参数，但是不属于富营养化必须模拟的指标，所以不需要同时模拟其他水质参数。

8.7.3　藻类

Q1: 三种藻类：①蓝藻（cyanobacteria）、②硅藻（diatom algae）、③绿藻（green algae），在输入文件里面，需要输入藻类生物量（algal biomass）吗？还是叶绿素 a

的浓度？单位是什么？

A1：EFDC 是一个基于碳循环的模型。所以对藻类的输入的单位是碳（C），也就是 gram of carbon / m³（g/m³）或者 mg of carbon /L（mg/L）。

叶绿素 a（Chl-a）是一个衍生参数。EFDC 除了有 22 个水质参数外，还有 26 个衍生水质参数。这些衍生参数不需要给出初始或者边界时间序列，是根据基本参数（表 8.7.1）进行计算的。

表 8.7.1　EFDC 水质参数和衍生水质参数

EFDC 参数		EFDC_Explorer 衍生参数	
缩写	名称	缩写	名称
CBact	蓝藻	POrg C	颗粒有机碳
Alg-D	硅藻	POrg N	颗粒有机氮
Alg-G	绿藻	TKN	总凯氏氮
RPOrg C	难溶颗粒有机碳	Tot N	总氮
LPOrg C	易分解颗粒有机碳	Chl-a	叶绿素 a
DOrg C	溶解性有机碳	TION	总无机氮
RPOrg P	难溶颗粒有机磷	LimP-C	藻类限制：磷-蓝藻
LPOrg P	易分解颗粒有机磷	LimP-D	藻类限制：磷-硅藻
DOrg P	溶解性有机磷	LimP-G	藻类限制：磷-绿藻
TPO₄-P	总磷酸盐	LimN-C	藻类限制：氮-蓝藻
RPOrg N	难溶颗粒有机氮	LimN-D	藻类限制：氮-硅藻
LPOrg N	易分解颗粒有机氮	LimN-G	藻类限制：氮-绿藻
DOrg N	溶解性有机氮	LimNP-C	藻类限制：氮磷-蓝藻
NH₄-N	氨氮	LimNP-D	藻类限制：氮磷-硅藻
NO₃-N	硝态氮	LimNP-G	藻类限制：氮磷-绿藻
PBioSi	颗粒性生物硅	LimL-C	藻类限制：光-蓝藻
AvailSi	溶解性可用硅	LimL-D	藻类限制：光-硅藻
COD	化学需氧量	LimL-G	藻类限制：光-绿藻
DO	溶解氧	LimT-C	藻类限制：温度-蓝藻
TActM	总活性金属	LimT-D	藻类限制：温度-硅藻
FColi	粪大肠杆菌	LimT-G	藻类限制：温度-绿藻
MacAlg	大型藻类	LimA-C	藻类限制：所有因素-蓝藻
EFDC 衍生参数		LimA-D	藻类限制：所有因素-硅藻
Tot C	总有机碳	LimA-G	藻类限制：所有因素-绿藻
Tot P	总磷	TSI	卡尔森营养状态指数
TORN	总有机氮	TSS	总悬浮固体（无机&有机）
TORP	总有机磷	POrg P	颗粒有机磷

Q2：如何设置捕食率？

A2：EFDC 模型中不包括浮游动物。采用一个常量作为藻类的被捕食率，即假设被浮游动物捕食的是一个常量。或者，捕食率也可以看作藻类生物量计算的一部分，与温度对新陈代谢的影响一样。

捕食与新陈代谢最主要的区别就是最终产物。捕食过程中，藻类中的物质（碳、氮、磷和硅）将会返回为环境中的有机或者无机物，特别是有机物。这个捕食过程方程可参见 CE-QUAL-ICM[2,3]。

Q3：在 Algae/temperature 中，只有温度对硅藻被捕食的影响，那么温度对蓝藻和绿藻被捕食的影响呢？

A3：前期版本界面只包含对硅藻的影响，而对蓝藻、绿藻和大型藻的影响没有包含，这是因为代码还没考虑这个影响。但是在《EFDC WQ 理论手册》中包含了温度对捕食率的影响。

8.7.4　水质指标

Q1：如果只有总磷（TP）的实测数据，没有其余组分 RPOrg P，LPOrg P，DOrg P 和 TPO4-P，该如何处理？

A1：模型中其余组分是需要设置的。可按照表 8.7.2 进行简单设置，但最好是有实测数据。

表 8.7.2　部分参数设置列表

HSFP 模型参数	中间变量	转化因子	EFDC 模型参数
Para-meter			Parameter Code
—		—	CHC
—		—	CHD
Chla		0.065	CHG
BODult	TOC1	0.25	ROC
BODult	TOC1	0.4	LOC
BODult	TOC1	0.35	DOC
TP	TORP2	0.1	ROP
TP	TORP2	0.37	LOP
TP	TORP2	0.53	DOP
PO4		1	P4D
TKN	TORN3	0.3	RON
TKN	TORN3	0.35	LON
TKN	TORN3	0.35	DON
NHX		1	NHX
NOX		1	NOX
—		—	SUU

续表

HSFP 模型参数	中间变量	转化因子	EFDC 模型参数
—			SAA
—		—	COD
DO		1	DOX
—		—	TAM
FC		1	FCB

1TOC/BODult=2.67（mg/L）/（MG/L）

2TORP=TP-PO4

3TORN=TKN-NHX

8.7.5　底泥释放通量（sediment flux）

Q1：在水质模块中如何设置时空变化的底泥释放率？

A1：在水质模块中，

（1）若选择 Spatially & temporally constant，则底泥释放率全局都一样；

（2）若选择 Specified spatially/Temporally varying fluxes（图 8.7.1），比如 SOD 的值会按照下面调整：

SOD value = xMud × WQC47（6, 1, IBENMAP（L, 1））+（1 – xMud）× WQC47（6, 1, IBENMAP（L, 2））。也就是说，SOD（time1）= xMud × sod（zone1,time1）+（1 – xMud）× sod（zone2,time1），其中，xMud = percent Mud / 100。所以，SOD 主要受这个区域的 Mud 的百分比影响。

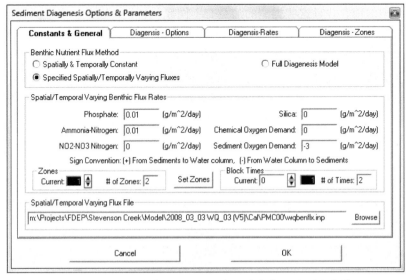

图 8.7.1　底泥营养盐通量——底泥成岩作用选项和参数

block time 的含义：EFDC 允许用户设置季节变化、年变化以及其他任何时间变化的 WQ sediment fluxes。针对每一个系列（set/ time block），用户需要设置对每个组分含量设置一个值。在 block time 中不能改变数值，但是可以和下一个 block time 不同。默认的是没有 block time 的，也就是说，时间上是恒定的，但用户可以自己随意改变。具体参见手册。

（3）采用全沉岩模块。

8.8　拉格朗日粒子追踪（LPT）常见问题解析

Q1：在 EFDC 中，拉格朗日粒子追踪（LPT）中的粒子是一个质点吗？它有什么属性？

A1：在 EFDC 中拉格朗日颗粒物是没有质量的，但可以设定粒子的沉降速度。这种粒子的移动被看作是流的一个元素，即粒子可以被看作流体质点的重心。粒子与粒子之间没有联系，它们都可以自由移动，追随流场动力过程。

Q2：LPT 可以模拟溢油吗？

A2：在 EE7.2 及以上版本，可以基于 LPT 计算溢油的情况，但是需要定义油的面积、总体积、生物降解率、蒸气压等。油保持在水体表层，类似于拉格朗日粒子，在水动力作用下随水流一起移动，并通过蒸发和生物降解来分解（参见官网：https://www.eemodelingstytem.com 中关于 Oil_spill_Tracking 粒子内容）。

"Seeding Options | Group Options" 框如图 8.8.1 所示，用于溢油模型。由于存在许多类型的油，并且这些类型的油具有不同风化特性，因此，应根据其自身的化学性质和每个种子的体积来进行分组。当启用溢油选项时，定义的所有种子选项将被赋给当前通过组 ID 选定的组，溢油的 "Properties"（属性）按钮将变得可用。此外，在 "属性" 按钮下方，将显示该组油的体积和质量。

单击 "Properties"（属性）按钮将显示油参数设置，如图 8.8.2 所示。每个组需要单独的 ID 以及油的密度和体积。为当前组中的所有漂流物输入生物降解和蒸汽压力等属性参数。虽然温度是可选项，但建议考虑热传递，因为溢油蒸发过程取决于周围环境的温度。风也影响蒸发，任何现实的溢油模型都要考虑风场。

应当注意的是，当每个漂流物的含油量小于 $1.0mm^3$ 时，EFDC 将其视为消失。用户可以通过使用 ViewPlan 中的裁剪或 View3D 中的裁剪功能手动选择隐藏高于此油浓度的网格。对于油模拟的后处理，在 ViewPlan 中的 "Viewing Options" 里提供油的厚度、质量和体积 3 个选项，用于查看油的模拟结果。

当配置溢油模型时，应注意，对于指定为模拟油的组，需要忽略使用垂直移动选项。如果油的密度小于水的密度，则粒子总是在表面层中；如果油的密度大于水的密度，则应启用完全 3D 选项。

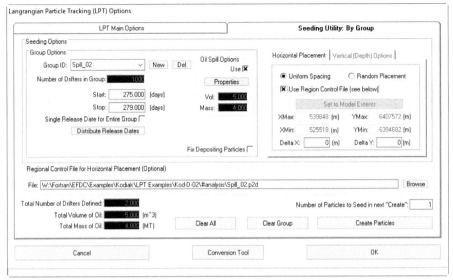

图 8.8.1 LPT 按组分类的种子实用程序

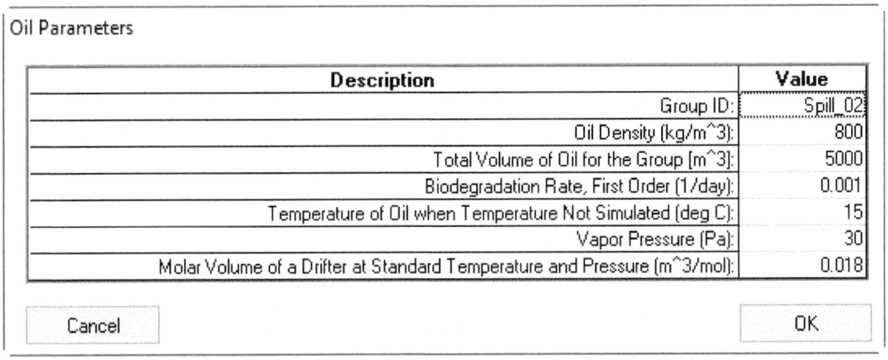

Oil Parameters	
Description	**Value**
Group ID:	Spill_02
Oil Density (kg/m^3):	800
Total Volume of Oil for the Group (m^3):	5000
Biodegradation Rate, First Order (1/day):	0.001
Temperature of Oil when Temperature Not Simulated (deg C):	15
Vapor Pressure (Pa):	30
Molar Volume of a Drifter at Standard Temperature and Pressure (m^3/mol):	0.018

图 8.8.2 油参数设置界面示意图

对于油蒸发过程的模拟，使用了 Warren Stiver 和 Donald Mackay 文章中提出的表面蒸发理论[4]。

EFDC 采用了 Stewart 等提出的简单一阶衰减方法，允许基于用户定义的生物降解速率来模拟油的分解[5]。对应于每天 k=0.011 的降解速率，油的半衰期约为 2 个月。如果用户能提供油类漂流物的温度，则可将其用作最佳生物降解的参考速率。

用户只要将降解速率和蒸汽压力设定为零，就可以模拟保守性的油。

Q3：在设置 particle 时，其坐标范围是什么意思？

A3：假如有很多个释放 particle 的位置，Xmax / Xmin 和 Ymax / Ymin 就是指这些位置的范围。

如果选择的是 uniform spacing，那么需要输入 DeltaX 和 DeltaY 值。或者也可以自行画区域来确定粒子释放的位置，然后直接加载即可。

Q4：风场如何影响 particle？

A4：详细参见："Implementation of a Lagrangian Particle Tracking Sub-Model for the Environmental Fluid Dynamics Code（2009_08_27）.pdf"。

由说明书中的方程可以看出，风场不会直接影响粒子漂流（drift of a particle），但是风场会影响流场，流场会影响粒子的移动，所以在 EFDC LPT 中，没有直接考虑风场因素对粒子漂移的影响。

Q5：查看结果时，出现错误**"Bad drift file. Skipping"**的原因是什么？

A5：在模型设置时可参考成功的案例，Drifts 要位于模型计算区域。如图 8.8.3 所示。

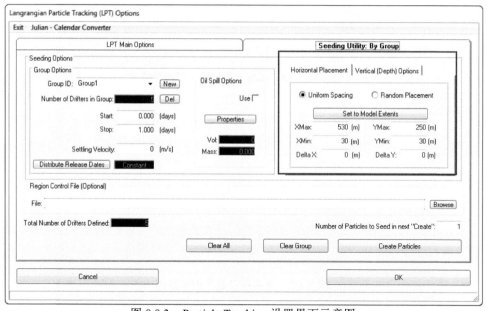

图 8.8.3 Particle Tracking 设置界面示意图

8.9 本 章 小 结

本章主要介绍了 EFDC 源代码框架以及各个子程序的功能。根据 EFDC 前处理及数据要求，总结出模型需要输入的 9 大类文件，详细阐述了各个输入文件的作用。最后分别针对不同的模块，总结了水动力模块、物质输运模块、温度和热传输模块、泥沙模块、有毒有害物质模块、水质模块以及 LPT 模拟应用中部分常见的问题及处理方式，旨在为 EFDC 模型初学者提供相关的指导。

参 考 文 献

[1] Ji Z G. Hydrodynamics and water quality（modeling rivers, lakes, and estuaries）[M]. John Wiley & Sons, 2017.

[2] Cerco C F, Cok T. Three-dimensional eutrophication model of Chesapeake Bay[J]. Journal of Environmental Engineering, 1993, 119（6）: 1006-1025.

[3] Cerco C F. Phytoplankton kinetics in the Chesapeake Bay eutrophication model[J]. Water Quality and Ecosystems Modeling, 2000, 1（1-4）: 5-49.

[4] Stiver W, Mackay D. Evaporation rate of spills of hydrocarbons and petroleum mixtures[J]. Environmental Science & Technology, 1984, 18（11）: 834-840.

[5] Stewart P S, Tedaldi D J, Lewis A R, et al. Biodegradation rates of crude oil in seawater[J]. Water Environment Research, 1993, 65（7）: 845-848.

附录 A EFDC 内部数组可视化介绍

　　用户若要使用 EFDC_Explorer 绘图和内部可视化数组功能，只需修改以下文本框中列出的 EEXPORT 子程序代码。

```
IF(.TRUE..AND.JSEXPLORER.EQ.0)THEN
```

如果想要关掉此功能，使用

```
IF(.FALSE..AND.JSEXPLORER.EQ.0)THEN
```

两个基本输出类型，一个用于静态时间数组，另一个用于动态时间数组（标准情况下）。根据数组的时间性质，用户必须编写 IF/THEN 块循环，其中 IF/THEN 块内部是用于静态时间数组，外部/下部用于动态时间数组。输出数组的基本代码是非常简单的，两种类型的例子都显示在文本框中。用户必须确保标识设置正确，EFDC_Explorer 才能正确的处理这些数组。采用二进制编码的 EFDC_INT.OUT 文件可用来有效读取和磁盘存储。

记住对源代码进行任何改动后都需要重新编译

来自于 EEXPOUT 子程序中的一段代码

```
      INTEGER*4 VER
        CHARACTER*8 ARRAYNAME

C***********************************************************C
C
      ! *** INTERNAL ARRAYS
      IF(.TRUE..AND.JSEXPLORER.EQ.0)THEN

        ! *** TIME STATIC ARRAYS
        IF(N.LT.(2*NTSPTC/NPSPH(8)))THEN
          OPEN(97,FILE='EFDC_INT.OUT',STATUS='UNKNOWN')
          CLOSE(97,STATUS='DELETE')
          OPEN(97,FILE='EFDC_INT.OUT',STATUS='UNKNOWN',
     &         ACCESS='SEQUENTIAL',FORM='BINARY')
          WRITE(97)VER  ! FILE FORMAT VERSION #
          WRITE(97)1    ! # OF TIME VARYING ARRAYS

          ! FLAGS: ARRAY TYPE, TIME VARIABLE
          ! ARRAY TYPE:    0 = L              DIM'D
          !                1 = L,KC           DIM'D
          !                2 = L,0:KC         DIM'D
          !                3 = L,KB           DIM'D
          !                4 = L,KC,NCLASS    DIM'D
          ! TIME VARIABLE: 0 = NOT CHANGING
          !                1 = TIME VARYING

          WRITE(97)0,0
          ARRAYNAME='WVKHV'
          WRITE(97)ARRAYNAME
          DO L=2,LA
            WRITE(97)WVKHV(L)
          ENDDO

        ENDIF

        ! *** TIME VARYING ARRAYS
        WRITE(97)2,1
        ARRAYNAME='QQ'
        WRITE(97)ARRAYNAME
        DO L=2,LA
          DO K=0,KC
            WRITE(97)QQ(L,K)  ! Turbulent Intensity (
          ENDDO
        ENDDO

      ENDIF
C
C***********************************************************C
C
      RETURN
      END
```

附录 B 数 据 格 式

数据格式 B-1 P2D 格式的多段线/多边形文件

同一文件中可以存储多个多段线或多边形数据。每一条多段线/多边形开始绘制时，都需要输入一个"ID"作为这条线段的标志符。这些数据会以 2D 或者 3D 格式输入，多段线/多边形在第一列以"*"作为结束的识别符。在 P2D 文件中的多段线/多边形之间没区别，唯一的区别在于如何处理应用程序读取的文件。

```
Example
-----------------------
Polyline                                                        Test
609115.69390674              3643612.72035394                     0
608828.057738002             3642922.39387814                     0
608569.186338242             3642232.06904821                     0
608396.604307826             3640908.94563456                     0
...
...
601493.350247946             3628713.19503985                     0
601464.586301899             3627763.99747289                     0
601522.11337106              3627016.14485373                     0
601522.11337106              3626642.21854415                     0
*
```

数据格式 B-2　TB2 XYZ 格式的网格数据

这种格式是采用一种紧凑的方式来存储规则网格 X, Y 和 Z 坐标数据。它包含了三个列表，在列表里每一个列的第一个数是该列数据点的总数。这三个列表分别为 X 坐标列，Y 坐标列和 Z 坐标列。

```
Example
-----------------------
195                                                           Nx
-97516.6484
-96511.4938
-95506.3391
-94501.1845
...
...
...
113                                                           Ny
656865
657873.929
658882.857
659891.786
...
...
...
22035                                                         Nz
-28.337
-28.346999
-28.1969829
...
...
...
```

数据格式 B-3　DX 格式的多段线/多边形文件

以下大纲所描述的是 DX 格式的数据文件。在这个文件中，竖线"|"的右侧是对左侧的解释说明。

```
Notes        |Contents of line beginning(内容开始行)
             \/Column 1 of the actual file(实际文件的第一列)
-----------------------------------------------
Line01       |说明行                                          ] 标题行  (文件的第一行)
Line02       |#多段线                                         ]
Line01p1     |索引,nPts,分支,类型,角度,变量增量                 } 每一条多段线的标题行

Line02p1     |多段线 ID                                       } 仅使用的分支,角度和变量增量
Line03p1     |PolyLine 降序                                   } 用于特殊情况,但是必须输入
Line01p1n1   |X,Y or X,Y,Z      ] 数据点                      } 类型= 0 不定义(默认为打开)
Line02p1n2   |X,Y or X,Y,Z      ] Loop over nPts             } 类型= 1 不段线(打开)

Line03p1n3   |X,Y or X,Y,Z      ]                            } 类型= 2 多段线(关闭)
...
Linennp2nn   |X,Y or X,Y,Z      ]                            } 结束多段线点输入
Line01p2     |索引,nPts,分支,类型,角度,变量增量                 }每一条多段线的标题行
Line02p2     |多段线 ID                                       }
Line03p2     |PolyLine 降序                                   }
Line01p2n1   |X,Y or X,Y,Z      ] 数据点                      }
Line02p2n2   |X,Y or X,Y,Z      ] Loop over nPts             }

Line03p2n3   |X,Y or X,Y,Z      ]                            }
...
Linennp2nn   |X,Y or X,Y,Z      ]                            }结束多段线点输入


Example
-------------------------------------------
HR Test Sections
 2
1,10,0,1,0,0
XS022
Geomorph XS022
55907.8741026827,910678.007703451,956.594
55907.2507413484,910678.789637365,956.594
55906.6273800142,910679.57157128,956.604
55906.0040186799,910680.353505195,956.574
55905.3806573456,910681.135439109,956.404
55904.7572960113,910681.917373024,956.884
55904.1339346771,910682.699306939,957.434
55903.5105733428,910683.481240853,956.954
55902.8872120085,910684.263174768,956.764
55902.2638506742,910685.045108683,957.564
2,22,0,1,0,0
XS023
Geomorph Transect XS023
55867.0383902119,910642.619457468,964.856
55866.7836519141,910643.049699725,961.236
55866.6308089354,910643.307845079,959.236
55866.2741753184,910643.910184238,957.346
55865.7646987227,910644.770668752,957.116
55865.255222127,910645.631153266,957.146
55864.7457455313,910646.49163778,957.146
55864.2362689356,910647.352122294,957.106
55863.7267923399,910648.212606807,956.976
55863.2173157442,910649.073091321,957.126
55862.7078391485,910649.933575855,956.756
55862.1983625528,910650.794060349,956.606
55861.688885957,910651.654544862,956.646
55861.1794093613,910652.515029376,956.696
55860.6699327656,910653.37551389,957.206
55860.1604561699,910654.235998404,957.606
55859.6509795742,910655.096482917,957.836
55859.1415029785,910655.956967431,957.716
55858.6320263828,910656.817451945,958.326
55858.1225497871,910657.677936459,958.756
55857.8678114893,910658.108178716,959.236
55857.8168638297,910658.194227167,959.24
```

数据格式 B-4　3D 实测流速数据(TecPlot)

```
TITLE = "ADCP IJK Data"
VARIABLES = "X", "Y", "Z", "V_E_W", "V_N_S", "V_U_D"
ZONE I= 257, J=1, K=1,F=POINT, T="Avg Vel"
56730.14 906511.90 288.38 -0.0443 -0.1582 -0.0001
56731.96 906530.90 288.42 -0.0570 -0.1482 -0.0001
56730.98 906533.00 288.45 -0.0599 -0.1219 -0.0001
56731.46 906535.70 288.49 -0.0578 -0.1042 -0.0001
56733.52 906512.90 288.39 -0.0548 -0.1524 -0.0001
...
...
...
```

数据格式 B-5　I, J, K 格式的 3D 实测流速数据(TecPlot)

```
TITLE = "ADCP IJK Data"
VARIABLES = "X", "Y", "Z", "V_E_W", "V_N_S", "V_U_D"
ZONE I=40, J=26, K=1, F=POINT, T="Velocity"
56728.00 906511.00 288.54 -0.0457 -0.1574 0.00000
56732.00 906511.00 288.51 -0.0492 -0.1563 0.00000
56736.00 906511.00 288.52 -0.0549 -0.1551 0.00000
56740.00 906511.00 288.73 -0.0530 -0.1438 0.00000
...
```

数据格式 B-6　通过多边形设置单元格属性：使用垂直分布分配数值

这个文件是用来分配水域内的水柱垂直和水平参数变量的初始条件。该数据是在任意数量的位置上设置一系列的基本垂直剖面。下面总结某一个位置的输入格式。根据需要的位置可以重复设置。

```
Line0:   数据文件描述

Loop over the number of vertical profile locations
    Line 1: ID            (any user defined ID)
    Line 2: Xc, Yc, nPts  (nPts in vertical profile)
    Loop over nPts
      Input Depth            (Positive depths below water surface, m)
    End Loop
    Loop over nPts
      Input Parameter_Value (units dependent on parameter)
    End Loop
    End Loop
```

数据格式 B-7　时间序列观测数据文件结构

包含观测数据的数据文件 D (*.wq,*.dat)

```
10993  USGS_Speedy, Salinity, PPT
01-Jul-1999 00:00   27.7
01-Jul-1999 01:00   27.6
01-Jul-1999 02:00   27.8
01-Jul-1999 03:00   27.8
01-Jul-1999 04:00   27.7
01-Jul-1999 05:00   27.6
01-Jul-1999 06:00   27.6
01-Jul-1999 07:00   27.5
01-Jul-1999 08:00   27.5
01-Jul-1999 09:00   27.5
01-Jul-1999 10:00   27.6
01-Jul-1999 11:00   27.8
01-Jul-1999 12:00   27.9
01-Jul-1999 13:00   28
01-Jul-1999 14:00   27.9
01-Jul-1999 15:00   28
01-Jul-1999 16:00   28.1
01-Jul-1999 17:00   28.1
. . . . . . . . . . . . . . . . . . . . . .
```

描述

第一行：10993：数据点数；USGS_Speedy，名字，单位：标题有多种意思（这儿指的是：站名，水温用的是摄氏度）。该文本仅用于标注。

第二行：日期（公历日期）（采用儒略日也是可以的，例如从 1999 年的 1 月 1 日算起的第 370 天），时间和参数值。公历日期可以采用任何一种能被 Windows 识别的格式。EE 使用最后一个参数作为该行的数据值。

重复数据线上的所有数据点。

数据格式 B-8　校准验证垂直剖面的信息

第一行：包含多个意思的标题（这里：站名、坐标），EE 不使用该区域。

第二行：垂直剖面上数据点的总数（即 14）；日期（公历）（即 1999 年 8 月 18 日）和时间（即 11:25）。

第三行：沿垂直剖面的数据点水深（从水表面算起）（水深的单位必须与模型单位一致，为米）。

为每个配置文件重复 2～4 行的操作。

```
SE 03, Unknown (Unknown) @ 573370.8125, 3009112

14  18-Aug-1999 11:25
0.000 0.500 1.000 1.500 2.000 2.500 3.000 3.000 3.500 4.000 4.500 5.000 5.500 6.000
6.300 6.300 7.100 7.100 7.400 9.000 10.300 10.300 11.200 11.700 12.300 14.200 16.500 17.500

12  29-Sep-1999 10:15
0.000 0.500 1.000 1.000 1.500 2.000 2.500 3.000 3.500 4.000 4.500 5.000
1.600 1.600 1.500 1.500 1.700 1.700 1.700 1.700 1.700 1.700 1.700 1.700

8   18-Oct-1999 12:05
0.000 0.100 0.500 1.000 1.500 2.000 2.500 3.000
0.100 0.100 0.100 0.100 0.100 0.100 0.100 0.100

13  29-Nov-1999 11:33
0.000 0.500 0.500 1.000 1.500 2.000 2.500 3.000 3.500 4.000 4.500 5.000 5.500
6.300 6.700 7.500 8.400 10.600 12.100 12.700 12.700 16.700 17.000 17.100 17.200 18.400

9   15-Dec-1999 11:00
0.000 0.500 1.000 1.500 2.000 2.500 3.000 3.500
8.500 8.600 8.800 9.300 9.700 9.900 10.700 11.480

13  13-Jan-2000 10:54
0.000 0.500 1.000 1.500 2.000 2.500 3.000 3.500 4.000 4.500 5.000 5.500 6.000
4.100 4.400 8.000 10.300 12.900 14.100 15.100 15.300 15.100 16.800 17.000 17.200 17.500

13  24-Feb-2000 12:26
0.000 0.500 1.000 1.500 2.000 2.500 3.000 3.500 4.000 4.500 5.000 5.500
23.800 24.000 24.200 24.200 24.200 24.200 24.200 24.300 24.300 24.300 24.300 24.400

14  23-Mar-2000 10:52
0.000 0.500 1.000 1.500 2.000 2.500 3.000 3.500 4.000 4.500 5.000 5.500 6.000
21.000 21.000 21.100 21.200 21.200 21.300 21.300 21.300 21.300 21.300 21.700 21.700

14  10-Apr-2000 11:26
0.000 0.500 1.000 1.500 2.000 2.500 3.000 3.500 4.000 4.500 5.000 5.500 6.000
21.600 21.700 21.800 21.800 21.900 22.200 22.600 22.700 22.900 23.000 23.000 23.200 23.300 23.600

15  01-May-2000 12:00
0.000 0.500 1.000 1.500 2.000 2.500 3.000 3.500 4.000 4.500 5.000 5.500 6.000 6.500
1.800 1.800 2.200 4.000 5.100 6.300 7.200 8.700 9.400 9.600 9.700 9.800 9.900 9.900

13  08-May-2000 11:15
0.000 0.500 1.000 1.500 2.000 2.500 3.000 3.500 4.000 4.500 5.000 5.500
2.300 2.500 2.700 2.800 2.900 2.900 2.900 2.900 3.200 3.900 3.900 4.200

11  25-May-2000 12:15
0.000 0.500 1.000 1.500 2.000 2.500 3.000 3.500 4.000 4.500
6.100 6.100 8.200 10.900 13.700 16.100 16.100 18.700 21.200 21.600

12  07-Jun-2000 11:30
0.000 0.500 1.000 1.500 2.000 2.500 3.000 3.500 4.000 4.500 5.000
18.400 18.700 19.100 19.300 20.100 20.600 21.100 21.700 22.500 23.100 23.500

11  26-Jun-2000 13:20
0.000 0.500 1.000 1.500 2.000 2.500 3.000 3.500 4.000 4.500
17.900 17.890 18.300 21.450 21.640 21.710 21.790 21.790 21.960 22.230 22.340

14  06-Jul-2000 11:20
0.000 0.500 1.000 1.500 2.000 2.500 3.000 3.500 4.000 4.500 5.000 5.500 6.000
30.900 20.300 21.800 22.200 22.200 22.600 22.800 23.100 23.600 23.700 24.000 24.000 24.000 24.000

13  21-Aug-2000 11:55
0.000 0.500 1.000 1.500 2.000 2.500 3.000 3.500 4.000 4.500 5.000 5.500
15.400 15.300 15.300 15.400 15.400 15.400 15.500 15.500 15.700 16.100 16.100 16.700

14  18-Sep-2000 12:28
0.000 0.500 1.000 1.500 2.000 2.500 3.000 3.500 4.000 4.500 5.000 5.500 6.000
21.280 21.210 21.240 21.930 22.060 22.200 22.380 22.380 22.230 22.470 22.560 22.850 23.000 23.040
```

数据格式 B-9 多边形 DSM 格式

"多边形"数字泥沙模型的格式文件，包含任意数量的多边形定义的区域，泥沙数据的数据块。这个多边形的 ID 和数据块的 ID 必须相匹配。数据块中包含一条水深线（从水面或者从 0.0m 的地方开始），该水深线包含每一个存在的数据点水深。在每条线上，都必须包括水深点水深。每一种颗粒尺寸和相关尺寸和它们的大小对于文件中的每一个孔隙率和颗粒尺寸。每一种颗粒尺寸是由坐标签数据线的限制空间而决定的。泥沙数据块都必须是相同的。但是，尺寸的分类是相同的或者项目的不同而改变的，只要可以满足项目的需要即可。

```
POLY ID1
X,Y
X,Y
X,Y
...
...
END
DATA ID1
depth thick density porosity Size1mm Size2mm Size3mm ... SizeNmm
Depth 1 data
Depth 2 data
...
...
END

Example

POLY L125.01
56694.6 901917.7
56697.3 901937.2
56678.3 901944.2
56674.4 901924.5
END
DATA L125.01
depth thick density porosity 50mm 19mm 9.5mm 0.85mm 0.25mm 0.075mm 0.065mm 0.023mm 0.013mm 0.004mm 0.003mm
0.000 0.152 1749.3 0.500 1.00000 0.99998 0.99988 0.98257 0.90709 0.70847 0.67613 0.41642 0.28167 0.09082 0.06417
0.152 0.152 1787.6 0.490 1.00000 0.99999 0.99956 0.97004 0.89186 0.68776 0.65569 0.40369 0.27499 0.09192 0.06584
0.305 0.152 1826.7 0.479 0.99999 0.99991 0.99956 0.97004 0.87468 0.66569 0.63396 0.38991 0.26726 0.09230 0.06695
0.457 0.152 1866.7 0.469 0.99998 0.99982 0.99921 0.96138 0.85544 0.64229 0.61100 0.37518 0.25857 0.09199 0.06749
0.610 0.152 1907.6 0.459 0.99996 0.99996 0.99864 0.95077 0.83405 0.61762 0.58686 0.35958 0.24902 0.09101 0.06747
0.762 0.152 1949.4 0.449 0.99990 0.99933 0.99772 0.93794 0.81045 0.59174 0.56162 0.34323 0.23869 0.08941 0.06692
END
```

数据格式 B-10　柱状沉积物粒度的 DSM 格式

"沉积物粒度"数字泥沙模型(DSM)格式文件包含任意数量的核心数。每一个内核可以具有任意数量数量的位于核心顶部之下的水深样品。用户必须指定每个内核在水平空间内的位置。"Z"要求为核心的顶部高程(即底标高为核心位置)。

```
Title Line
"Discrete" Flag: Used to determine data file format
Loop over groupings of cores (Loop Terminated by the "END" statement)
   ID, #Cores
   X Y Z #Depths
   Loop over #Depths
      Thickness, Porosity, SpecGrav, nFractions
      Loop over nFractions
         Max Grainsizes (um)
      EndLoop
      Loop over nFractions
         %Finer
      EndLoop
   EndLoop
END --> End Core Definitions with an "END"
Example  ---------------------------------------------------------------
Tra Khuc Soil Sampling Results
Discrete
Core01   2
265814.3  1673167.4  5.90  4
0.25  56.00  2.66  9
20000 15000 7500 3500 1250 375 175 75 30
100.00 94.40 89.50 84.10 79.00 36.00 16.50 10.00 2.20
0.65  56.00  2.66  6
1250 375 175 75 30 8
100.00 90.80 70.20 33.00 17.80 9.00
5.00  56.00  2.65  7
7500 3500 1250 375 175 75 30
100.00 96.80 84.80 24.70 11.30 4.10 0.90
8.20  56.00  2.66  7
7500 3500 1250 375 175 75 30
100.00 97.60 87.60 29.30 13.90 5.20 1.00      ! *** End of 1st Core
265808.1 1673613.9 0.13 2
0.25 56.00 2.66 9
20000 15000 7500 3500 1250 375 175 75 30
100.00 94.40 89.50 84.10 79.00 36.00 16.50 10.00 2.20
0.85 56.00 2.65 7
7500 3500 1250 375 175 75 30
100.00 96.50 83.10 27.70 17.10 4.20 0.00      ! *** End of 2nd Core
```

数据格式 B-11　水质点源浓度负荷时间序列文件

```
C ** Caloosahatchee TMDL, WQPSLC Concentration Time Series FILE, DDD 5/27/2008 10:28:34 AM
C ** This file is only used by EE to generate mass loadings for EFDC
C ** INPUT UNITS (mg/1) EXCEPT: TAM(mol/1), FCB(MPN/1).
C **
C ** MWQPSR(NS) TCPSER(NS) TAPSER(NS) RMULADJ(NS) ADDADJ(NS)
C ** TWQPSER(M,NS) WQPSSER(M,NWV= 1: 7,NS)
C **               WQPSSER(M,NWV= 8:14,NS)
C **               WQPSSER(M,NWV=15:22,NS)
C **
C ** Time    CHC    CHD    CHG    ROC    LOC    DOC    ROP
C **         LOP    DOP    P4D    RON    LON    DON    NHX
C **         NOX    SUU    SAA    COD    DOX    TAM    FCB    MAC
C **
  732 86400       0       1       0 ! *** S79
2922.000  0.0000 0.0000 0.0000 0.1958 1.3686 1.3686 10.9485 0.0096
          0.0113 0.0113 0.0944 0.1130 0.4181 0.5989  0.0585
          0.2984 0.0000 0.0000 0.0000 0.0000 6.2596  0.0000 49.9881 0.0000
2923.500  0.0000 0.0000 0.0000 0.1988 1.3360 1.3360 10.6880 0.0105
          0.0123 0.0123 0.1139 0.1220 0.4514 0.6465  0.0612
          0.3824 0.0000 0.0000 0.0000 0.0000 6.5626  0.0000 49.9881 0.0000
2924.500  0.0000 0.0000 0.0000 0.2007 1.3255 1.3255 10.6037 0.0104
          0.0121 0.0121 0.1073 0.1214 0.4490 0.6432  0.0543
          0.3633 0.0000 0.0000 0.0000 0.0000 6.4734  0.0000 49.9881 0.0000
2925.500  0.0000 0.0000 0.0000 0.2027 1.3934 1.3934 11.1468 0.0109
          0.0127 0.0127 0.0994 0.1212 0.4484 0.6423  0.0554
          0.3291 0.0000 0.0000 0.0000 0.0000 6.3515  0.0000 49.9881 0.0000
2926.500  0.0000 0.0000 0.0000 0.2047 1.4910 1.4910 11.9281 0.0118
          0.0138 0.0138 0.0910 0.1234 0.4565 0.6538  0.0605
          0.2974 0.0000 0.0000 0.0000 0.0000 6.4037  0.0000 49.9881 0.0000
```